Linß / Linß

Qualitätsmanagement – Grundlagen

Ihr Plus – digitale Zusatzinhalte!

Auf unserem Download-Portal finden Sie zu diesem Titel kostenloses Zusatzmaterial. Geben Sie dazu einfach diesen Code ein:

plus-o4mok-9timv

plus.hanser-fachbuch.de

Gerhard Linß
Elske Kristin Linß

Qualitätsmanagement – Grundlagen

Aufbau und Zertifizierung von Managementsystemen, Metrologie, Messtechnik

5., vollständig überarbeitete Auflage

unter Mitarbeit von:

Prof. Dr. rer. nat. Gunther Notni
Dr.-Ing. Maik Rosenberger
Dr.-Ing. Philipp Greiner
B. Sc. Sebastian Illhardt
Prof. Dr.-Ing. Olaf Kühn
Prof. Dr.-Ing. habil. Dietrich Hofmann
Dr.-Ing. Dominik Höppner
B. Sc. Jennifer Szymkiewicz

HANSER

Print-ISBN: 978-3-446-47157-3
E-Book-ISBN: 978-3-446-47695-0

Bibliografische Information der Deutschen Nationalbibliothek:
Die Deutsche Nationalbibliothek verzeichnet diese Publikation in der Deutschen Nationalbibliografie; detaillierte bibliografische Daten sind im Internet unter http://dnb.d-nb.de abrufbar.

www.hanser-fachbuch.de
Lektorat: Lisa Hoffmann-Bäuml
Herstellung: Carolin Benedix
Coverkonzept: Marc Müller-Bremer, www.rebranding.de, München
Covergestaltung: Max Kostopoulos
Titelmotiv: © dpa Picture-Alliance GmbH, Fotograf Gero Breloer
Satz: Eberl & Koesel Studio, Kempten
Druck: CPI Books GmbH, Leck
Printed in Germany

Vorwort zur fünften Auflage

„So eine Arbeit wird eigentlich nie fertig,
man muss sie für fertig erklären,
wenn man nach Zeit und Umständen
das Mögliche getan hat."

Italienische Reise, 1787 Johann Wolfgang von Goethe

Qualitätsmanagement (QM) hat in der modernen arbeitsteiligen und spezialisierten Produktion weiter und nachhaltig an Bedeutung gewonnen. Auch auf den Gebieten Dienstleistungen, Software und Kommunikationstechnologien entwickelte sich das Qualitätsmanagement zu einem wichtigen Wettbewerbsfaktor. **Neue Normen**, wie beispielsweise zum Umwelt- und Energiemanagement, zur Informations- und Arbeitssicherheit sowie zur Akkreditierung von Prüflaboratorien, sind vor allem seit dem Jahr 2015 in den Organisationen/Unternehmen einzuführen und in Managementsysteme zu integrieren. Dabei hat sich die weltweit gültige **Qualitätsnorm DIN EN ISO 9001** zu einer **Leitnorm mit der High Level Structure** für den Aufbau von **integrierten Managementsystemen** entwickelt. **Qualitätsmanagement** ist eine Querschnittsdisziplin und dient der Analyse, Prüfung, Beurteilung und Qualitätsregelung materieller und immaterieller Produktions- und Dienstleistungsprozesse.

Die Automobilindustrie, Luft- und Raumfahrt, Energietechnik, Kommunikationstechnik und Militärtechnik treiben die Entwicklung moderner Verfahren des Qualitätsmanagements immer mehr voran. Die weit verzweigte globale Zulieferindustrie dieser Branchen muss ebenfalls ihrerseits **höchste Qualitätsstandards** erfüllen. Seit der ersten Einführung der weltweit geltenden **Normenfamilie ISO 9000 ff.** im Jahr 1987 hat sich das Wissensgebiet Qualitätsmanagement sehr stark weiterentwickelt. Darüber hinaus hat es in Kommunen, Verwaltungen, Krankenhäusern, Pflegeheimen und Hochschulen zunehmende Bedeutung erlangt.

Ziel dieses Lehr- und Praxisbuches ist es, die Fachdisziplin **Qualitätsmanagement** in knappen Worten und Übersichten umfassend zu beschreiben und die Zusammenhänge zu anderen Wissensgebieten, insbesondere zur Metrologie, Messtechnik und dem gesetzlichen Messwesen herzustellen.

Die **Anforderungen nach DIN EN ISO 9001** für das **Qualitätsmanagement** werden mit Hinweisen zur Umsetzung so dargestellt, dass auch dem Praktiker und den Studierenden die Anwendung des Wissens einfach möglich wird. Auch **branchenspezifische Anforderungen** der Automobilindustrie, der Lebensmittel- und Pharmaindustrie und der Medizinbranche werden mitgeteilt.

Zwei weitere Bücher des Hanser Verlags vervollständigen das Wissensgebiet zu den Werkzeugen des Qualitätsmanagements und zum Aufbau von integrierten Managementsystemen:

„Qualitätsmanagement – Methoden und Werkzeuge. Planung, Realisierung, Auswertung und Verbesserung“ und

„Qualitätsmanagement – Integrierte Managementsysteme. Umwelt, Energie, Arbeits- und Informationssicherheit“

In beiden ergänzenden Büchern werden Werkzeuge und Methoden (Qualitätstechniken, Quality Tools) des Qualitätsmanagements nach inhaltlichen Kriterien sowie die Integration von Managementsystemen für Umwelt, Energie, Arbeitsschutz und Informationssicherheit systematisiert beschrieben.

Diese **Systematisierung der Inhalte** hat sich sehr bewährt und trägt wesentlich zur Übersichtlichkeit und zum Verständnis für Studierende und Praktiker bei.

In der **5., vollständig überarbeiteten Auflage** wurden die Inhalte dieses Buches wesentlich überarbeitet, verbessert und dem aktuellen Entwicklungsstand angepasst. Seit der ersten Auflage dieses Buches im Jahr 2002 hat sich auf dem Gebiet des Qualitätsmanagements vieles weiterentwickelt. Es wurden Standards aktualisiert, neue Managementbereiche, beispielsweise zum Energiemanagement, zur IT-Sicherheit und zum Risikomanagement, sind hinzugekommen und einige Standards sind auch ungültig geworden.

Insbesondere wurden für den Aufbau von Integrierten Managementsystemen die veränderte Struktur und die neuen Kriterien der DIN EN ISO 9001:2015 sowie die vereinheitlichte High Level Structure berücksichtigt.

Eine umfangreiche **Sammlung** von **Programmen, Qualitätstools, Formularen, QM-Handbüchern, Verfahrens- und Prozessbeschreibungen** sind im Downloadbereich für dieses Lehr- und Praxisbuch auf *www.plus.hanser-fachbuch.de* zu finden. **Praktische Beispiele** und die Beschreibung der rechnergestützten Mittel (CAQ) sowie die Nennung von aktueller Software stellen einen besonderen Praxisbezug für den Leser her. Damit werden den Studierenden und den Praktikern in den Organisationen/Unternehmen wesentliche **Trainings- und Hilfsmittel** für die tägliche Arbeit bereitgestellt.

Zum Training der Methoden und Werkzeuge des Qualitätsmanagements sind beim Hanser Verlag bereits drei weitere Bücher, die auf den oben genannten Büchern aufbauen, erschienen:

„Training Qualitätsmanagement. Trainingsfragen – Praxisbeispiele – Multimediale Visualisierung“,

„Statistiktraining im Qualitätsmanagement“ und

„Qualitätssicherung – Technische Zuverlässigkeit. Lehr- und Arbeitsbuch“

Seit der ersten Auflage des Buches hat Frau Dr.-Ing. *Elske Linß* an diesem Buchprojekt intensiv mitgearbeitet und ist nun in der fünften Auflage als Co-Autorin benannt.

Dieses Buch wäre undenkbar ohne die langjährigen und umfangreichen Arbeiten unserer Fachkollegen und -kolleginnen, Mitarbeitenden und Studierenden, deren Leistungen durch die Quellenangaben gewürdigt werden.

Besonderer Dank gebührt Dr.-Ing. *Philipp Greiner*, B. Sc. *Sebastian Illhardt*, Dr.-Ing. M. Sc. *Dominik Höppner*, Dr.-Ing. *Oksana Fütterer*, Prof. Dr. rer. nat. *Gunther Notni*, Prof. Dr.-Ing. habil. *Dietrich Hofmann*, Dr.-Ing. *Karina Weißensee*, Dr.-Ing. *Peter Brückner*, Dr.-Ing. *Maik Rosenberger*, Dr.-Ing. *Carsten Zinner*, M. Sc. *Jennifer Wolf*, M. Sc. *Luise Adolph*, Doz. Dr.-Ing. *Peter Zochert†*, Prof. Dr.-Ing. *Olaf Kühn*, Dr.-Ing. *Uwe Nehse*, Dipl.-Wirtsch.-Ing. *Christian Kleinen*, Dr.-Ing. *Axel Sichardt*, Dr.-Ing. *Stefan Waßmuth*, Dr.-Ing. *Susanne Töpfer*, Dipl.-Wirtsch.-Ing. *Edgar Reetz*, Dr.-Ing. *Martin Correns*, Dipl.-Wirtsch.-Ing. *Michael Vogel*, Dr.-Ing. habil. *Heinz Wohlrabe*, Dipl.-Ing. *Steffen Lübbecke*, M. Sc. *Alexander Drachenberg*, M. Sc. *Richard Heinold*, Dr.-Ing. Dipl.-Wirtsch.-Ing. *Caspar von Doernberg*, M. Sc. *Katja Kuhn*, Dr.-Ing. *Axel Sichardt*, Dipl.-Des. *Carmen Linß*, Dipl.-Des. *Hendrik Lührs*, M. Sc. *Wladie Leinweber*, M. Sc. *Hardy Grimm*, M. Sc. *Georg Wegener*, M. Sc. *Lucas Krahl*, PD Dr.-Ing. habil. *Katharina Anding*, B. Sc. *Alexander Wemhoff*, M. Sc. *Mareike Viering*, B. Sc. *Jennifer Szymkiewicz* und M. Sc. *Michael Krüger* für ihre Mitarbeit.

An dieser Stelle möchten wir unseren herzlichen Dank für die sehr gute Zusammenarbeit mit Frau *Lisa Hoffmann-Bäuml* und Frau *Sophia Zschache* vom Carl Hanser Verlag München aussprechen. Ohne die redaktionelle Bearbeitung durch Frau Dipl.-Ing. (FH) *Marion Zumpf*, Herrn Dipl.-Ing. (FH) *Rüdiger Schmidt* und Frau B. Sc. *Wiebke Foorden* wären die früheren Auflagen des Buches nicht so gut gelungen.

Gedankt sei auch den Studierenden und Kollegen der Technischen Universität Ilmenau sowie Mitarbeitenden der SQB GmbH Ilmenau, die im Rahmen von Lehrveranstaltungen, Praktika, Bachelor-/Masterarbeiten und durch zahlreiche Hinweise dazu beigetragen haben, das Buch kontinuierlich zu verbessern.

Bei Frau Dipl.-Ing. *Margita Linß* möchten wir uns für ihre unermüdliche Beratung und die langjährige Unterstützung bei den Buchprojekten sehr herzlich bedanken.

Hinweise zur Verbesserung, Korrektur und Weiterentwicklung des Inhaltes dieses Buches sind erwünscht und willkommen.

Weimar, Winter 2023

Gerhard Linß, Elske Linß

Inhalt

1 Einführung

1.1 Bedeutung der Produkt- und Prozessqualität

Höhere Kundenorientierung und zunehmende Komplexität von Produkten und Dienstleistungen (immaterielle Produkte) rücken Fragen der Qualität immer mehr in den Vordergrund unternehmerischen Handelns. Das Wort „Qualität“ ist vom lateinischen „qualis“ – „wie beschaffen“ – abgeleitet. Qualität wird durch die Nutzer wahrgenommen und dient der Bedürfnisbefriedigung der Kunden.

Qualitativ hochwertige Produkte und Prozesse realisieren eine hohe technische Zuverlässigkeit und führen zu einer Risikominimierung und damit zu einer Verringerung der Produkthaftung.

Die Kriterien Qualität, Preis und Termin/Liefertreue sind die wesentlichen Erfolgsfaktoren eines Unternehmens (Bild 1.1).

Zur Herstellung qualitativ hochwertiger Produkte mit minimalem Aufwand sind fähige und beherrschte **Prozesse** Voraussetzung [Hof 86]. Das bedeutet:

Prozessqualität ist die Voraussetzung für Produktqualität.

Produktionsprozesse werden durch eine Reihe unterschiedlicher **Prozessgrößen** beschrieben. Diese dürfen nur in vorgegebenen Grenzen schwanken, um das Produktionssystem im Betriebspunkt zu halten und sowohl die Zwischenprodukte als auch das Endprodukt mit den geforderten Eigenschaften zu erzeugen.

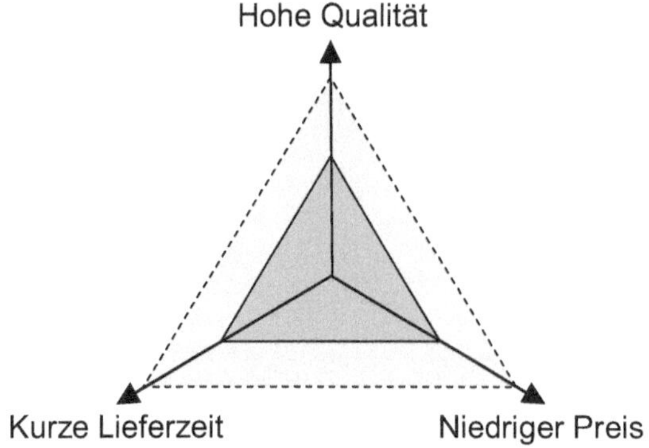

Bild 1.1 Qualität-Preis-Lieferzeit-Dreieck [Mas 14]

Der wirtschaftliche Erfolg von Unternehmen wird wesentlich durch die **Qualität** der hergestellten Produkte und Prozesse bestimmt. Ziel jedes Unternehmens ist es, den beabsichtigten Zweck mit möglichst wenig Mitteln bzw. Kosten zu erreichen. Treten Fehler oder Ausfälle auf, verursachen diese unter Umständen erhebliche Mehrkosten. Diese Mehrkosten sind umso höher, je später im Produktlebenszyklus die Fehler erkannt werden.

Das beschreibt die **Zehnerregel der Fehlerkosten**: Werden Fehler jeweils eine Stufe später im Herstellungsprozess bzw. erst beim Kunden entdeckt, sind die Kosten für die Fehlerbeseitigung etwa 10-mal höher. Wenn also überhaupt Fehler entstehen, sollten diese frühzeitig entdeckt werden. Verfahren für das **präventive Qualitätsmanagement** sind deshalb von besonderer Bedeutung [Pfe 15].

Fehlervermeidung hat Vorrang vor Fehlerbehebung. 80 % der Fehler in der Serienfertigung haben zu 75 % ihre Ursache in Entwicklungs- und Überleitungsleistungen vor dem Serienstart (Bild 1.2).

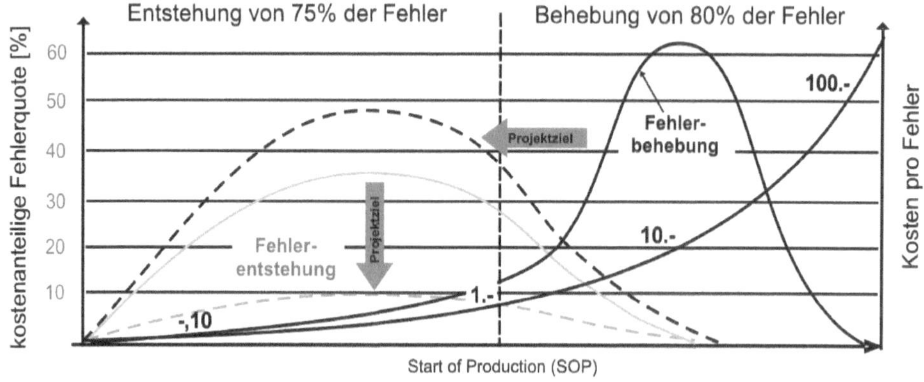

Bild 1.2 Ausgangssituation und Potenziale präventiver Fehlervermeidung [Jan 88]

Darüber hinaus beeinflussen Qualitätsmängel künftige Kaufentschlüsse der Kunden sehr nachhaltig. Analysen in vielen Unternehmen haben gezeigt, dass die Kosten, die durch die Nichterfüllung von Qualitätsforderungen (Nichtkonformitätskosten) verursacht werden, einen erheblichen Anteil des Umsatzes ausmachen (Bild 1.3).

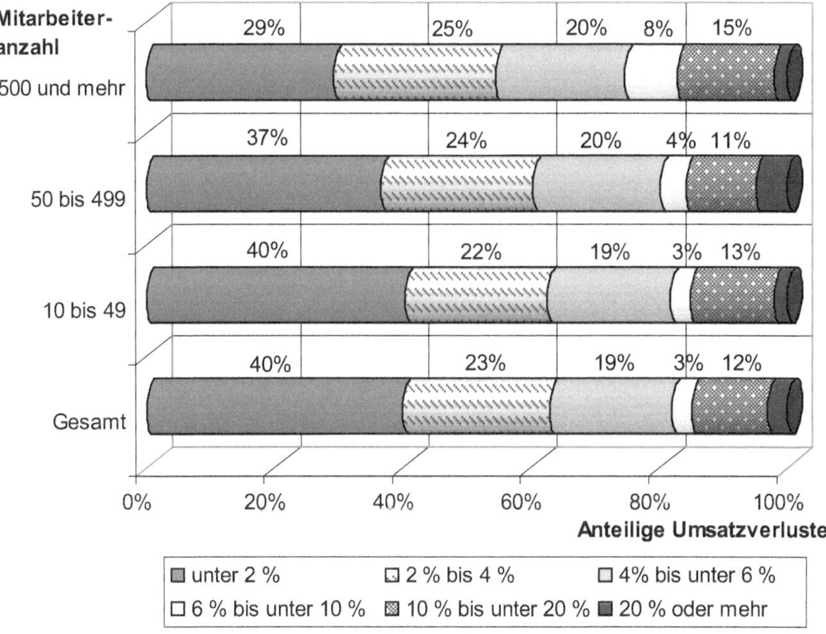

Bild 1.3 Prozentualer Umsatzverlust durch Qualitätsmängel in kleinen, mittleren und großen Unternehmen [ExB 09]

Eine Halbierung der Kosten, die durch mangelhafte Qualität verursacht werden, hätte häufig eine Verdoppelung des Gewinns vor Steuern zur Folge. Andere Erhebungen zeigen den hohen Stellenwert des Qualitätsmanagements für den Unternehmenserfolg.

Umfragen in 3000 Unternehmen in den USA zeigen den Zusammenhang zwischen Qualität, Marktanteil, Return On Investment (ROI) und der Verzinsung des eingesetzten Kapitals. Dabei zeigt es sich, dass bei gleichem Marktanteil die Verzinsung des eingesetzten Kapitals umso höher ist, je besser die Qualität der Produkte des Unternehmens von den Kunden eingeschätzt wird. Der Unternehmenserfolg hängt also wesentlich von der **Zufriedenheit der Kunden** ab.

Die Erwartungen der Kunden hinsichtlich der Qualität von Produkten und Dienstleistungen steigen – sie sind nicht allein mit einem funktionstüchtigen Produkt zu befriedigen.

Der Kunde hat besondere Erwartungen an Zuverlässigkeit, Haltbarkeit, leichte Handhabbarkeit, einfache Inbetriebnahme, Wartung und Service. Er legt zudem immer mehr Wert auf kompetente Beratung und Unterstützung bei der Auswahl und Anwendung der Produkte oder Dienstleistungen. Die Qualität ist deshalb ein besonderer Wettbewerbsfaktor, der über den **langfristigen Geschäftserfolg** entscheidet. Qualitativ hochwertige Produkte werden verstärkt nachgefragt, erzielen einen höheren Preis und tragen so zum Wachstum von Gewinn, Marktanteilen und Rentabilität der Unternehmen bei (Bild 1.4).

Bei Produkten ohne erkennbare Qualitätsunterschiede orientiere ich mich am Preis

Gute Qualität lasse ich mir gerne etwas kosten

Für einen besseren Service bin ich bereit, einen höheren Preis zu zahlen

Qualitätsunterschiede zwischen Produkten sind für mich häufig nicht erkennbar

Ich achte bei der Auswahl von Produkten auf Gütesiegel oder Zertifizierungen

Ich bin immer auf der Suche nach preisgünstigen Angeboten

Bei der Auswahl von Produkten ist mir die Marke wichtiger als der Preis

Werbung ist eine wichtige Orientierung für meine Kaufentscheidung

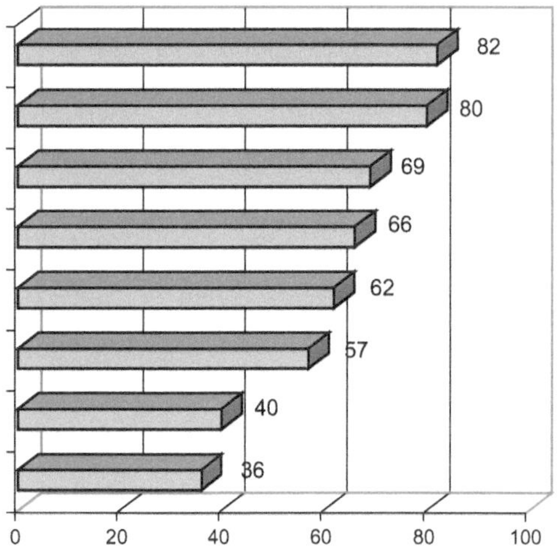

Mittelwert auf einer Skala von 0 „trifft überhaupt nicht zu" bis 100 „trifft vollständig zu"

Bild 1.4 Aussagen zum Kaufverhalten in der Bevölkerung [ExB 09]

An dauerhaft wettbewerbsfähige Unternehmen werden folgende **Anforderungen** gestellt:

- Gewinn steigern
- Qualität kundenorientiert produzieren
- Liefertermine einhalten – Liefertreue verbessern
- Ständige Verbesserungen von Produkten und Prozessen initiieren
- Kosten senken
- Verteilung, Service, Wartung und Recycling organisieren und optimieren

Qualität ist ein Anspruch an das gesamte Unternehmen. Ein Unternehmen kann jedoch nur dauerhaft erfolgreich geführt werden, wenn die Anforderungen für Produktivität und Qualität auch ständig gemessen und im **Wettbewerb angepasst** werden. Die Herstellung der Qualität muss **geplant** werden. Qualität muss **realisiert** und beim Kunden im Gebrauch **erhalten** werden. Qualitätsforderungen können nicht in Produkte und Dienstleistungen „hineingeprüft“ werden. Die ständige **kontinuierliche Verbesserung** der Produkt- und Prozessqualität durch geeignete Werkzeuge zur Qualitätsverbesserung in den Unternehmen ist daher Voraussetzung für einen dauerhaften Geschäftserfolg. Die Globalisierung der Märkte und beschleunigte Innovation von Produkten und Prozessen lassen die Anforderungen an das Qualitätsmanagement in Unternehmen ständig steigen.

So ist die Umsetzung der **Null-Fehler-Strategie** eine ehrgeizige Zielstellung. Die Auswirkungen von **nur 99,9 % Fehlerfreiheit** wären beispielsweise [DGQ 86]:

- Jeden Monat eine Stunde verschmutztes Trinkwasser!
- Jeden Tag zwei unsichere Flugzeuglandungen auf dem Frankfurter Flughafen!
- 1600 Postsendungen, die jede Stunde durch die Post verloren gehen!
- 20 000 falsche Rezepte für Medikamente jedes Jahr!
- 500 falsch durchgeführte chirurgische Operationen jede Woche!
- Jeden Tag 50 neugeborene Babys, die von den Ärzten bei der Geburt aufgegeben werden!
- 32 000 aussetzende Herzschläge pro Person jährlich!
- 22 000 Schecks, die jede Stunde von falschen Bankkonten abgezogen werden! [DGQ]

Demgegenüber haben beispielsweise **fähige Produktionsprozesse** mit einer Prozessfähigkeit von c_{pk} = 1,33 eine Fehlerfreiheit von 99,997 %. Unternehmen müssen 100 % fehlerfreie Produkte und Dienstleistungen an Kunden liefern. Die konsequente Anwendung moderner Methoden und Werkzeuge des Qualitätsmanagements ermöglicht die Erreichung dieses anspruchsvollen Ziels.

1.2 Historische Entwicklung des Qualitätsmanagements

Das Bedürfnis der Menschen nach qualitativ hochwertigen Produkten und Dienstleistungen gab es schon in frühen Zeiten der menschlichen Existenz. Aus dem alten Babylon ist in Keilschrift der „Codex Hammurapi“ überliefert, die erste Gesetzessammlung der Welt (Bild 1.5).

Die von französischen Archäologen im heutigen Irak entdeckten eingemeißelten Keilschriften von Hammurapi (1728 – 1686 v. Chr.) beinhalten Bestrafungen nach dem Prinzip „Auge um Auge, Zahn um Zahn“:

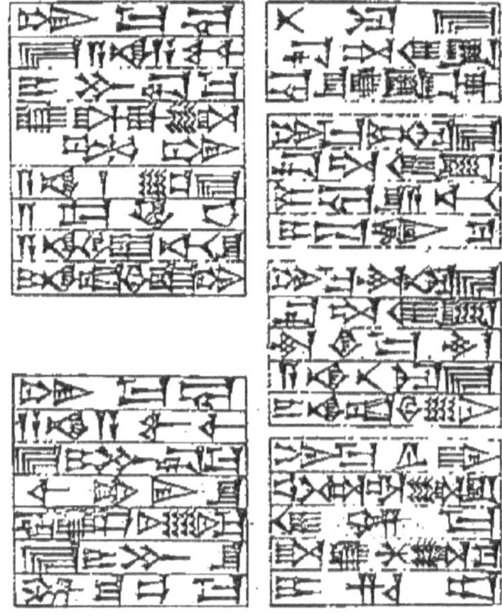

Bild 1.5
Der Gesetzestext in Keilschrift zur „gerechten Ordnung“ Hammurapis

„Wenn der Baumeister für jemanden ein Haus baut und es nicht fest ausführt und das Haus, das er gebaut hat, einstürzt und den Eigentümer totschlägt, so soll jener Baumeister getötet werden. Wenn es den Sohn des Eigentümers totschlägt, so soll der Sohn jenes Baumeisters getötet werden. Wenn es Sklaven des Eigentümers erschlägt, so soll der Baumeister Sklaven für Sklaven geben“ [nach Hammurapi].

Bedeutende Persönlichkeiten der jüngeren Geschichte formulierten den Qualitätsgedanken wie folgt:

„Das Beste oder nichts“

Gottlieb Daimler (1834 – 1900)

„Qualität ist das Anständige“

Theodor Heuß (1884 – 1963)

Das Qualitätsmanagement wurde besonders durch folgende **Branchen und Aktivitäten** vorangetrieben und entwickelt:

- Militärtechnik
- Energie- und Kernenergietechnik
- internationale Automobilindustrie
- nationale und internationale Übereinkünfte zur Produkthaftung
- japanische Qualitätsoffensive
- amerikanische Qualitätsprogramme
- Medizintechnik und Medizingerätetechnik
- Luft- und Raumfahrt

Die nationalen Gesetze zur **Produkthaftung**, unter anderem das Produkthaftungsgesetz der Bundesrepublik Deutschland vom 1.1.1990, haben ebenfalls zu einem bedeutenden Aufschwung des Qualitätsmanagements beigetragen [Pro 17].

In der historischen Entwicklung des Qualitätsmanagements haben wie immer Einzelpersönlichkeiten bedeutende Vorleistungen erbracht. Beispielsweise hat der Begründer des weltbekannten Unternehmens Bosch das ständige Streben nach Qualität wie folgt formuliert:

„Es war mir immer ein unerträglicher Gedanke, es könne jemand bei der Prüfung eines meiner Erzeugnisse nachweisen, dass ich irgendwie Minderwertiges leiste."
Robert Bosch (1861 – 1942)

Die im Jahr 1986 erstmals veröffentlichte ISO-9000-Normenreihe gilt heute als die weltweit bedeutendste Normenfamilie. Im industriellen Bereich haben der Aufbau und die Zertifizierung von Qualitätsmanagementsystemen weltweit kontinuierlich zugenommen (Bild 1.6).

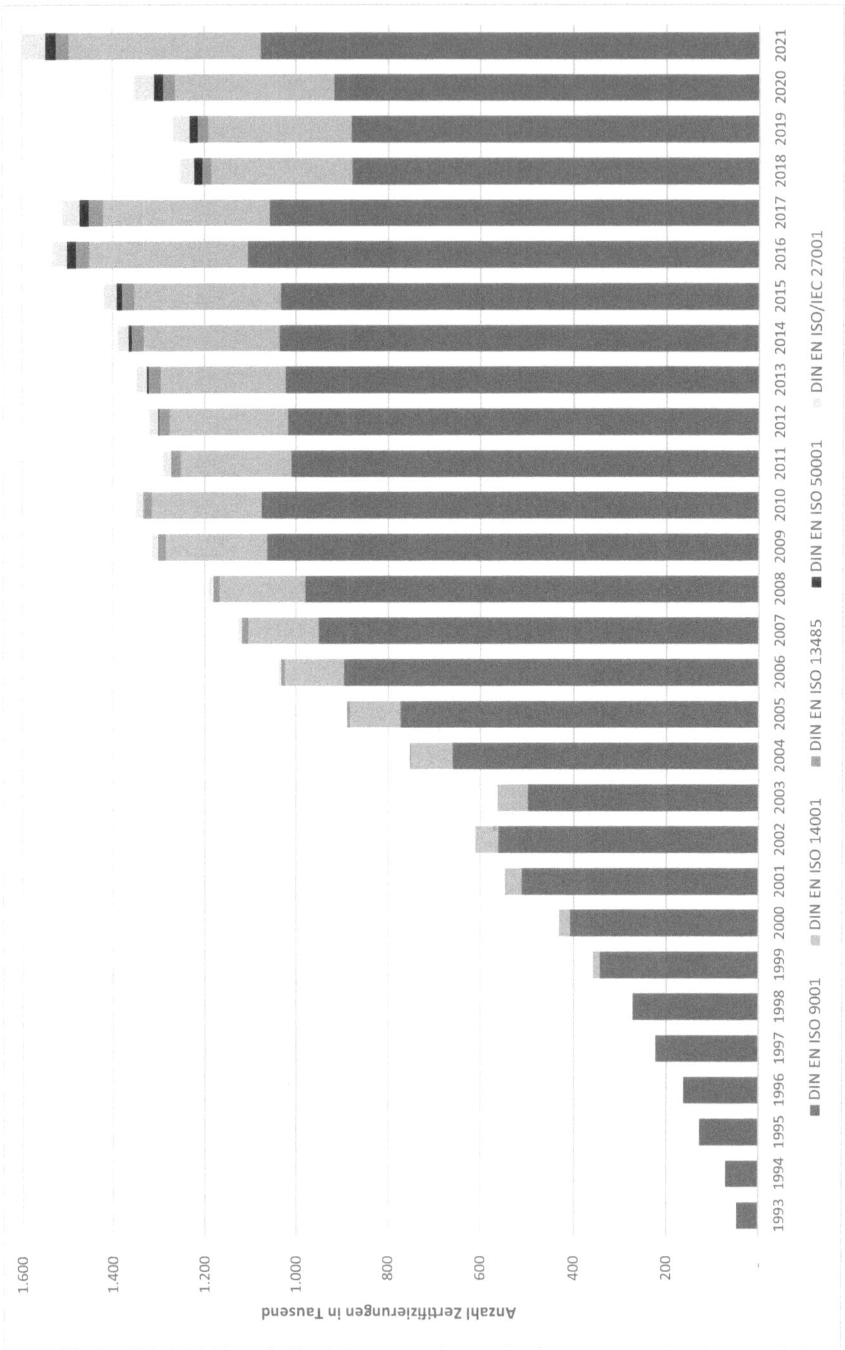

Bild 1.6 Entwicklung der ISO-9001-Zertifizierungen weltweit [ISO 22]

In der **Wissenschaft** haben in den letzten Jahrzehnten die Qualitätswissenschaft/Qualitätssicherung in Deutschland durch ihre Buchveröffentlichungen und Forschungsarbeiten besonders vorangetrieben:

Prof. Dr. Walter Masing

Prof. Dr. Tilo Pfeifer

Prof. Dr. Dietrich Hofmann

Prof. Dr. Gerd Kamiske

Durch die USA wurde auf Basis des **Taylor-Systems** der Weltmarkt mit neuen komplizierten Massenartikeln von mechanisierten Produktionsstätten versorgt. Die neue Arbeitsorganisation war durch Linienstruktur und einen hohen Grad der Arbeitsteilung gekennzeichnet. Das Taylor-System erhöhte die Arbeitsproduktivität in vorher unbekanntem Ausmaß, führte aber gleichzeitig zur Differenzierung, Spezialisierung, Verwendung einseitiger Arbeitscharakteristiken, Disqualifizierung und Verlust der Übersicht und der Verantwortung für den gesamten Produktionsprozess insbesondere in der Fertigungsebene [Jur 87, Fei 87, Dem 87, Seg 13].

Die höchsten Qualitätsanforderungen in den **USA** wurden in der Militärproduktion gestellt. So blieben viele potenzielle Qualitätsreserven zur Befriedigung von Käuferwünschen im zivilen Bereich ungenutzt. Jedoch verursachte riesiger Mangel an Konsumgütern nach dem Ersten und insbesondere nach dem Zweiten Weltkrieg eine hohe Nachfrage nach amerikanischen Gütern, da sie sich durch gute Qualität und akzeptable Preise auszeichneten. „MADE IN U. S. A." wurde von etwa 1920 bis 1960 zum führenden Qualitätssiegel [Jur 87, Dem 87].

Die **japanische** Qualitätsoffensive (Joseph M. Juran, William E. Deming) wurde nach dem Zweiten Weltkrieg durch die amerikanische Besatzungsmacht ausgelöst, als die militärische Produktion in Japan verboten, die mächtigen Konzerne aufgelöst und demokratische Verhältnisse eingeführt wurden.

Um ihre hochgesteckten nationalen Qualitätsziele zu erreichen, setzten die japanischen staatlichen, politischen, wissenschaftlichen und wirtschaftlichen Führungskräfte auf beispielgebende Qualität der zivilen Produktion. Dabei legten sie **amerikanische Militärstandards** zugrunde und ergriffen landesweit Maßnahmen in Erziehung, Ausbildung, Investitionen, Forschung, Entwicklung, Produktion sowie Innen- und Außenhandel mit starker Anlehnung an europäische Vorbilder, um ganz bewusst das Handelssiegel „MADE IN JAPAN" zum führenden in der Welt zu machen, was ab etwa 1960 gelang [Jur 87]. Im japanischen Management wurde in gewissem Grade das alte Handwerksprinzip „große Übersicht und integrierte Verantwortung" eingeführt. Dazu wurden die **schöpferischen Fähigkeiten** der Arbeitskräfte mobilisiert. Hinzu kamen ein großer Binnenmarkt, massiver innerer Wettbewerb, staatliche Förderung sowie strategische und taktische Koordinierung des Exports.

Der Vater der japanischen Qualitätsoffensive, Kaoru Ishikawa, formulierte folgende **Qualitätsphilosophie**:

- Gute Qualität ist das Erste und Wichtigste – nur dann stellt sich anhaltender Qualitätserfolg ein.
- Qualitätsforderungen müssen kundenorientiert sein – nicht herstellerorientiert.
- Einsatz/Anwendung sind entscheidend – nicht die technisch anspruchsvollste Lösung.
- Mit Daten und Fakten arbeiten – nicht nur mit Meinungen.
- Den Faktor Mensch beachten – Arbeitszufriedenheit nicht vergessen.
- Funktional managen – Funktion erfüllen.

In unterschiedliche Regionen der Welt sind sehr unterschiedliche wirtschaftliche Bedingungen gegeben. Das zeigt beispielsweise ein Vergleich Deutschland–China (Bild 1.7).

Auch kulturelle Unterschiede in den Regionen der Welt haben starken Einfluss auf Unternehmensführung und Qualitätsmanagement.

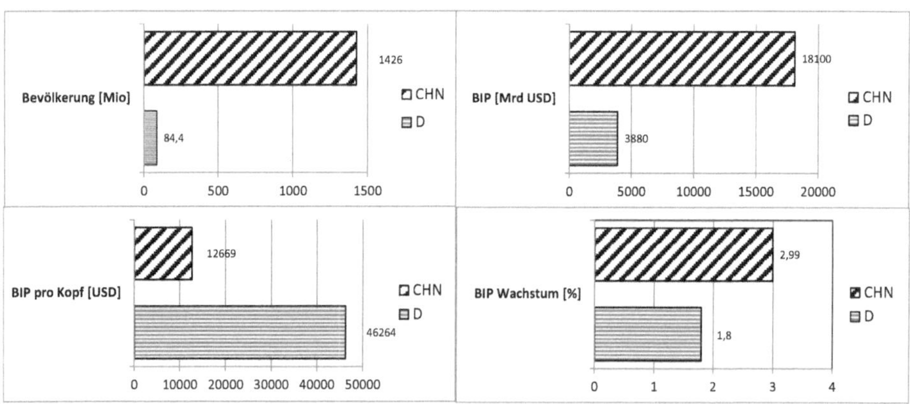

Bild 1.7 Potenzialvergleich Deutschland – China (BIP – Bruttoinlandsprodukt) [Web 21]

Um einen Vergleich zwischen der Kultur einer Gesellschaft und der Kultur in einem Unternehmen zu haben, ist es sinnvoll, einen sog. Werthaltefragebogen (Tabelle 1.1) anzulegen. *Hofstede* hat von 1967 bis 1978 bei dem internationalen Konzern International Business Machines (IBM) 116 000 Mitarbeiterfragebögen zur Kultur der einzelnen Mitarbeitenden unterschiedlicher Länder ausgewertet [Hof 83]. In der ersten Spalte befindet sich die Fragennummer. In Spalte drei erfolgt je nach Antwort die Zuordnung eines Wertes zwischen 1 und 5. Die Kulturdimensionen lassen sich mithilfe der Fragennummer und des zugeordneten Werts ermitteln.

Tabelle 1.1 Werthaltefragebogen [Hof 83]

Nr.	Frage	Antwort
Bitte denken Sie an eine ideale berufliche Tätigkeit – Ihre gegenwärtige Tätigkeit, falls Sie berufstätig sind, außer Acht gelassen. Wie wichtig ist es für Sie bei der Auswahl einer beruflichen Tätigkeit, dass …		**1 = äußerst wichtig 2 = sehr wichtig 3 = einigermaßen wichtig 4 = nicht so wichtig 5 = nicht wichtig**
1	Sie genügend Zeit für sich persönlich oder für Ihr Familienleben haben?	s. o.
2	Sie gute Arbeitsbedingungen haben (gute Be- und Entlüftung und gutes Licht, angemessener Arbeitsplatz usw.)?	s. o.
3	Sie eine gute Beziehung zu Ihrer/m direkten Vorgesetzten haben?	s. o.
4	Sie einen sicheren Arbeitsplatz haben?	s. o.
5	Sie mit Menschen arbeiten, die gut miteinander kooperieren können?	s. o.
6	Sie von Ihrer/m direkten Vorgesetzten bei ihren/seinen Entscheidungen konsultiert werden?	s. o.
7	Sie Aufstiegsmöglichkeiten zu einer beruflichen Tätigkeit auf höherem Niveau haben?	s. o.
8	Ihre berufliche Tätigkeit Abwechslung und Abenteuer enthält?	s. o.
Wie wichtig ist im Privatleben Folgendes für Sie?		
9	Persönliche Stetigkeit und Stabilität	s. o.
10	Sparsamkeit	s. o.
11	Ausdauer (Beharrlichkeit)	s. o.

Tabelle 1.1 Werthaltefragebogen [Hof 83] *(Fortsetzung)*

Nr.	Frage	Antwort
12	Respekt der Tradition	s. o.
13	Wie oft fühlen Sie sich bei Ihrer Arbeit nervös oder angespannt?	1 = nie 2 = selten 3 = manchmal 4 = gewöhnlich 5 = immer
14	Wie häufig haben Ihrer Erfahrung nach Personen Angst, ihren Vorgesetzten gegenüber zum Ausdruck zu bringen, dass sie ihnen nicht zustimmen?	1 = sehr selten 2 = selten 3 = manchmal 4 = häufig 5 = sehr häufig
Inwieweit stimmen Sie folgenden Aussagen zu oder nicht zu?		**1 = abs. gleicher Meinung** **2 = gleicher Meinung** **3 = unentschieden** **4 = anderer Meinung** **5 = abs. anderer Meinung**
15	Den meisten Menschen kann man trauen.	s. o.
16	Man kann ein guter Manager sein, auch ohne auf alle Fragen, die untergeordnete Mitarbeitende bezüglich ihrer Arbeit haben, genaue Antworten geben zu können.	s. o.
17	Eine Organisationsstruktur, bei der bestimmte Beschäftigte zwei Vorgesetzte haben, sollte auf alle Fälle vermieden werden.	s. o.
18	Konkurrenz unter Beschäftigten schadet mehr, als sie nützt.	s. o.
19	Die Regeln einer Firma oder einer Organisation sollten immer eingehalten werden, auch dann, wenn der Beschäftigte denkt, sie liegen nicht im Interesse der Firma.	s. o.
20	Wenn jemand im Leben gescheitert ist, ist es oft durch eigene Schuld.	s. o.

Aus dem Werthaltefragebogen lassen sich folgende Kriterien zur Beurteilung und Einteilung von Kulturdimensionen selektieren [Hof 93]:

- Individualismus versus Kollektivismus (Individualism – IDV)

  Dieser Index spiegelt die Beziehung des Individuums in der Gesellschaft wider. Der Wert 0 lässt auf eine kollektivistische und der Wert 100 auf eine individuelle Kultur schließen.

- Machtdistanz (Power Distance Index – PDI)

  Diese Skala zeigt, wie eine Gesellschaft die Unterschiede ihrer Mitglieder akzeptiert. Geringe Werte bedeuten, dass die Gesellschaft versucht, die Verschiedenheiten ihrer Mitglieder zu verdecken. Ist der Wert hoch, dann werden die Unterschiede in Macht und Wohlstand der Mitglieder unter Akzeptanz der Gesellschaft wachsen.

- Unsicherheitsvermeidung (Uncertainty Avoidance Index – UAI)

  Dieser Aspekt trifft Aussagen darüber, wie sich eine Gesellschaft hinsichtlich der Unsicherheit in der Zukunft verhält. Wenn Gesellschaften ihre Mitglieder lehren, die Unsicherheit in der Zukunft zu akzeptieren, dann besitzen sie einen geringen UAI-Index. Menschen werden leichter Risiken eingehen. Ist der UAI-Index hoch, werden die Gesellschaften versuchen, die Unsicherheit der Zukunft zu umgehen.

- Maskulinität versus Femininität (Masculinity – MAS)

  Als feminin bezeichnete Gesellschaften zeichnen sich durch Zurückhaltung, Betonung von zwischenmenschlichen Beziehungen, Lebensqualität und Umwelterhaltung aus. Die maskulinen Gesellschaften bevorzugen Eigenschaften wie Prahlen, Vorführen, sichtbare Zielerreichung und Geldverdienst. Der MAS-Wert der maskulinen Gesellschaften liegt höher.

- Langzeitorientierung (Longterm orientation – LTO)

  Dieser Wert trifft eine Aussage über den zeitlichen Planungshorizont einer Gesellschaft. Ein hoher LTO-Index spiegelt hohe Langzeitorientierung wider. Sparsamkeit und Beharrlichkeit sind Werte einer derartigen Gesellschaft. Angehörige kurzfristig ausgerichteter Gesellschaften sind meist flexibel und egoistisch [Hof 93].

Zur Quantifizierung der Kulturdimension können Berechnungsformeln zur Bestimmung der Werte für die verschiedenen Faktoren, die in Tabelle 1.1 ermittelt wurden, aufgestellt werden (Tabelle 1.2). Der Wert $m(x)$ ist der Mittelwert der Antworten zur Frage x. Der Faktor vor jedem Mittelwert dient der Gewichtung der einzelnen Frage. Der Summand am Ende jeder Formel dient der Normierung, sodass das Ergebnis meist einen Wert zwischen 0 und 100 aufweist. Ergebnisse, die größer als 100 und kleiner als 0 sind, sind ebenfalls möglich [Hof 93].

Tabelle 1.2 Berechnung der Kulturdimensionen [Hof 93]

Kulturdimension	Berechnung
Individualismus	$IDV = -50\ m(1) + 30\ m(2) + 20\ m(4) - 25\ m(8) + 130$
Machtdistanz	$PDI = -35\ m(3) + 35\ m(6) + 25\ m(14) - 20\ m(17) - 20$
Unsicherheits-vermeidung	$UAI = +25\ m(13) + 20\ m(16) - 50\ m(18) - 15\ m(19) + 120$
Maskulinität	$MAS = +60\ m(5) - 20\ m(7) + 20\ m(15) - 70\ m(20) + 100$
Langzeit-orientierung	$LTO = -20\ m(10) + 20\ m(12) + 40$

Auf Basis der systematisch gesammelten Daten wurden die Kulturunterschiede verschiedener Länder aufgezeigt. Verschiedene Kulturdimensionen haben auch erheblichen Einfluss auf das industrielle Qualitätsmanagement. So sind in Deutschland, China, den Vereinigten Staaten, Brasilien, Mexiko und Indien sehr unterschiedliche Bedingungen vorzufinden (Bild 1.8) [Hof 93].

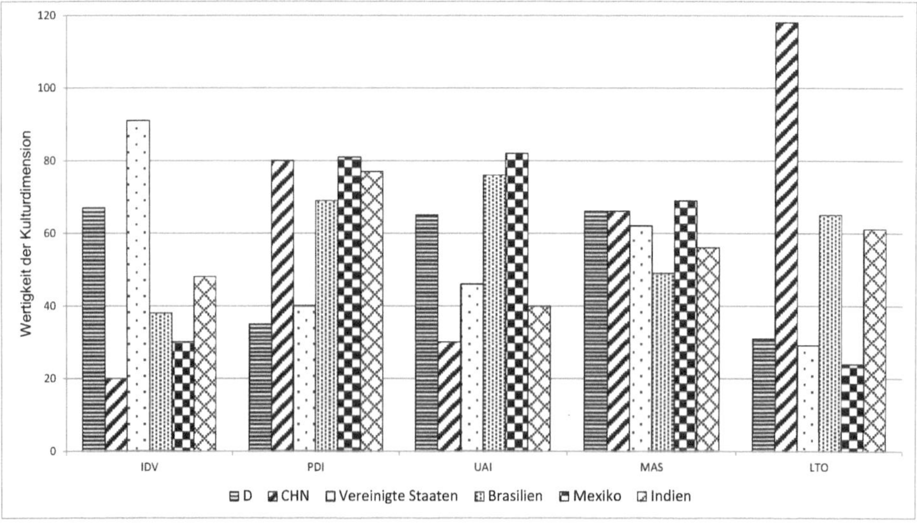

Bild 1.8 Kulturdimensionen von Deutschland, China, Vereinigten Staaten, Brasilien, Mexiko und Indien im Vergleich [Hof 93]

Unterschiede in der Unternehmenskultur können zu Irrtümern und Ziellücken im Qualitätsmanagement führen [Hof 01].

Statt-Strategie

- Qualitätszertifikat statt Qualitätssystem
- Qualitätsverfahren statt Qualitätsziel
- Tagesaufgabe statt Langzeitprogramm
- Insellösung statt Gesamtprojekt
- Naheliegendes statt Wesentliches
- Innovation statt Verbesserung
- Maschine statt Intelligenz

Statt-Personalarbeit

- Fehlerdiskussion statt Fehlerabstellung
- Fehlerkorrektur statt Fehlervermeidung
- Toleranzeinhaltung statt Toleranzeinengung
- Schuldzuweisung statt Prozessanalyse
- Personalabbau statt Produktverbesserung
- Entlassung statt Qualifizierung

Statt-Handeln

- Informieren statt Kommunizieren
- Perfektionieren statt Rationalisieren
- Formalisieren statt Dokumentieren
- Abfordern statt Einbeziehen
- Interpretieren statt Lösen
- Bewahren statt Verändern
- Strohfeuer statt Glut

Ohne-Was

- Pflichten ohne Rechte
- Forderung ohne Maßstab
- Beschäftigung ohne Aufgabe
- Anforderung ohne Qualifizierung
- Abforderung ohne Vorgabe
- Kontrolle ohne Schlussfolgerung

Statt-Wirtschaftlichkeit

- Hersteller statt Kunde
- Kosten statt Nutzen
- Umsatz statt Gewinn
- Ausweichen statt Kämpfen
- Schnäppchen statt Erwerbung
- Bezahlen statt Motivieren
- Erklärungen statt Termintreue

Qualitäts-Dilemma

- Wissen ohne Können
- Können ohne Wollen
- Wollen ohne Dürfen
- Dürfen ohne Haben
- Haben ohne Machen
- Machen ohne Wissen

Eine besondere Bedeutung für die Entwicklung des Qualitätsmanagements hat die Schaffung von betriebsinternen, nationalen und internationalen **Normen und Regelwerken** zum Aufbau von Qualitätsmanagementsystemen (Kapitel 4).

Im 20. Jahrhundert entwickelte sich das Qualitätsmanagement zu einem bedeutenden Wettbewerbsfaktor für Unternehmen (Tabelle 1.3).

Tabelle 1.3 Zeittafel zur Entwicklung des Qualitätsmanagements (Auswahl)

Sommerhoff	2021	QM in Wandel
Schmitt, Pfeifer	2021	Masing: Handbuch Qualitätsmanagement
EFQM-Modell 2020	2020	Überarbeitung des EFQM-Modells für die Excellence
IATF 16949	2016	Qualitätsmanagementsysteme
Kamiske	2015	Handbuch QM-Methoden
ISO 14001	2015	Umweltmanagement
ISO 9001	2015	Revision
Schmitt, Pfeifer	2014	Masing: Handbuch Qualitätsmanagement
Kamiske, Brauer	2011	Qualitätsmanagement von A bis Z
ISO 50001	2011	Energiemanagementsysteme
ISO 19011	2011	Leitfaden zur Auditierung von Managementsystemen
ISO/TS 16949	2010	Qualitätsmanagementsysteme
EFQM-Modell 2010	2009	Überarbeitung des EFQM-Modells für die Excellence
ISO 9004	2009	Anleitung für den nachhaltigen Erfolg einer Organisation
ISO/TS 16949	2009	DIN-Fassung: DIN SPEC 1115
ISO 9001	2008	Redaktionelle Revision
Schmitt, Pfeifer	2007	Masing: Handbuch Qualitätsmanagement
ISO/IEC 17025	2005	Kompetenz von Prüf- und Kalibrierlaboratorien
ISO 9000:2005	2005	Überarbeitung der Norm für QM-Systeme – Grundlagen und Begriffe
VDA 6.1	2003	Prozessorientierter Ansatz
VDA 5.	2003	Prüfprozesseignung
ISO/TS 16949:2002	2002	Anforderungen bei Anwendung von ISO 9001:2000
Pfeifer	2001	Qualitätsmanagement: Strategien, Methoden, Techniken

ISO 9000 ff.	2000	3. Revision der ISO 9000 ff.
ISO/TS 16949	1999	Forderungen der internationalen Automobilbranche
Ludwig-Erhard-Preis	1997	Deutscher Qualitätspreis
Kamiske	1996	Qualitätsmanagement/Total Quality Management - TQM
Pfeifer	1996	Prozessübergreifendes Qualitätsmanagement
VDA 6.1/6.2	1996	Forderungen der deutschen Automobilbranche
Seghezzi	1996	Integriertes Qualitätsmanagement - St. Galler Konzept
QS-9000	1994	Forderungen der amerikanischen Automobilbranche
ISO 9000 ff.	1994	2. Revision der ISO 9000 ff.
European Quality Award - EQA	1992	Europäischer Qualitätspreis
ISO 9000 ff.	1990	1. Revision der ISO 9000 ff.
Juran	1990	Qualität: fitness for use
Robert Bosch GmbH	1990	Fähigkeit von Messeinrichtungen
Ford Motor Company	1989	Ford-Qualitätsrichtlinie Q 101: FMEA, SPC, Prozessfähigkeitsanalyse
European Foundation for Quality Management - EFQM	1988	Gründung der EFQM
Shainin	1988	Design of Experiments
Malcolm Baldrige National Award	1987	Amerikanischer Qualitätspreis
General Motors Corporation	1987	Fähigkeit von Messeinrichtungen
ISO 9000 ff.	1986	1. Weltstandard zu QM
Deming	1986	Plan Do Check Act - PDCA-Zyklus
Hofmann	1986	Integration Messtechnik und Qualitätssicherung
Ishikawa	1985	Company Wide Quality Control/Qualitätszirkel
Masing	1980	Prozessübergreifendes Qualitätsmanagement/ Qualitätskreis
Box	1978	Design of Experiments

Tabelle 1.3 Zeittafel zur Entwicklung des Qualitätsmanagements (Auswahl) *(Fortsetzung)*

Deutsche Gesellschaft für Qualität e. V. – DGQ	1972	Gründung der DGQ aus dem Ausschuss Technische Statistik im AWF
Taguchi	1962	Design of Experiments
Ishikawa	1960	Ishikawa-Diagramm
Feigenbaum	1960	Total Quality Control
Crosby	1960	Null-Fehler-Programm
Deming	1960	Qualitätsmanagement
Umbenennung Ausschuss für Technische Statistik im AWF	1957	Arbeitsgemeinschaft Statistische Qualitätskontrolle – ASQ beim AWF
Juran	1955	Qualitätsmanagement
Ausschuss für wirtschaftliche Fertigung e. V.	1952	Gründung des Ausschusses für Technische Statistik
Shewhart	1940	Qualitätsregelkarten, Stichprobensysteme
Taylorismus	1920	Starke Arbeitsteilung, sortierende Prüfung

1.3 Grundbegriffe der Qualitätslehre

Qualitätsmanagement ist ein interdisziplinäres Fachgebiet und nutzt deshalb Begriffe aus verschiedenen Wissensgebieten. Deshalb ist die **Terminologie** für die Verständigung besonders notwendig. So wie in der Mathematik ein Satz nur dann bewiesen werden kann, wenn er sich auf andere bereits bewiesene Sätze stützen kann, so ist es auch in der Qualitätslehre notwendig, ein festes Gebäude an definierten und wohlgeordnet in Beziehung stehenden Begriffen als Unterbau sämtlicher Ausführungen zu haben.

Für die Weiterentwicklung des Qualitätsmanagements ist es daher unbedingt notwendig, Begriffe einheitlich zu definieren und zu verwenden. Gerade für den Lernenden ist es schwierig, den Sinn eines Sachverhaltes zu verstehen, wenn für diesen die Begrifflichkeiten nicht geordnet sind. Es wird in solchen Fällen zwischen Homonymen und Synonymen unterschieden. Ein **Homonym** bezeichnet einen Begriff, der gleichlautend, aber bedeutungsverschieden mit einem anderen Begriff ist. Beispielsweise bezeichnet „Lehre“ sowohl Ausbildung als auch ein Prüfmittel in der Fertigungsmesstechnik. Ein **Synonym** ist ein Begriff, der bedeutungsgleich, aber nicht gleichlautend ist. Beispielsweise ist der Begriff „Aktivität“ ein Synonym für „Tätigkeit“. Begriffsunsicherheiten können zu Komplikationen führen und den Gedankenaustausch und damit den wissenschaftlichen Fortschritt behindern. Daher werden zunächst einige Grundbegriffe der Qualitätslehre eingeführt.

Im Qualitätsmanagement werden unterschiedliche Objekte zu unterschiedlichen Zwecken betrachtet. Diese Objekte werden als Einheit bezeichnet:

Einheit: Materieller oder immaterieller Gegenstand der Betrachtung [Gei 08], das, was einzeln beschrieben und betrachtet werden kann [Nor 21a].

Eine Einheit ist prinzipiell das, was einzeln beschrieben und betrachtet werden kann. Einheiten können spezifiziert werden als:

- Tätigkeiten
- Produkte (Ergebnisse von Prozessen und Tätigkeiten)
- Systeme
- Personen
- sonstige Einheiten
- Kombinationen aus Einheiten

Produkte werden unterschieden in materielle und immaterielle Produkte. Um Einheiten zu beschreiben, wird der Begriff der Beschaffenheit benötigt:

Beschaffenheit: Gesamtheit der inhärenten Merkmale einer Einheit sowie der zu diesen Merkmalen gehörenden Merkmalswerte [Nor 21a].

Das Merkmal ist definiert als:

Merkmal: kennzeichnende Eigenschaft [Nor 15b].

Merkmale werden unterschieden in

- inhärente (der Einheit innewohnende) Merkmale und
- zugeordnete Merkmale.

Um die Beschaffenheit einer Einheit zu beschreiben, müssen zunächst **Merkmale der Einheit** definiert werden. Soll beispielsweise die Beschaffenheit des Produktes „Schlüsselschraube" beschrieben werden, können folgende Merkmale definiert werden:

- Länge
- Durchmesser
- Gewindesteigung
- Schlüsselweite
- Zugfestigkeit
- Preis
- Farbe
- usw.

Die Liste der Merkmale lässt sich beliebig fortsetzen. Die Festlegung der Merkmale muss daher unter einem bestimmten Blickwinkel erfolgen. So können beispielsweise definiert werden:

- qualitätsbezogene Merkmale
- sicherheitsbezogene Merkmale
- umweltbezogene Merkmale

Sind die Merkmale der Einheit definiert, kann deren **Wert** ermittelt werden. Die Beschaffenheit ergibt sich dann lt. Definition aus den Merkmalen und deren Werten.

An Einheiten werden bestimmte Forderungen gestellt. Sind diese qualitätsbezogen, handelt es sich um Qualitätsforderungen.

Qualitätsforderung: Gesamtheit der betrachteten Einzelforderungen an die Beschaffenheit einer Einheit in der betrachteten Konkretisierungsstufe der Einzelforderungen [Gei 08].

Qualitätsforderungen bestehen demnach aus **Einzelforderungen**; diese sind die Forderungen an die Merkmale der Einheit. Für die in der Definition genannten Konkretisierungsstufen der Einzelforderungen sollen für die Einheit Schlüsselschraube und das Merkmal Länge einige Beispiele angegeben werden (Tabelle 1.4).

Die Qualitätsforderung an die gesamte Einheit ergibt sich aus der Summe der Einzelforderungen in der betrachteten Konkretisierungsstufe, d. h. aus allen Forderungen aller Merkmale. Um Qualitätsforderungen zu graduieren, wird die Anspruchsklasse benutzt.

Anspruchsklasse: Kategorie oder Rang, die oder der den verschiedenen Qualitätsanforderungen an Produkte, Prozesse oder Systeme mit demselben funktionellen Gebrauch zugeordnet ist [Nor 15b].

Tabelle 1.4 Beispiele für Einzelforderungen je Konkretisierungsstufe

Konkretisierungsstufe	Einzelforderung in Konkretisierungsstufe
1 Anforderungsanalyse	Länge muss ausreichend sein, um zwei Bleche miteinander zu verbinden
2 Pflichtenheft	Länge = 100 mm ± 0,5 mm
3 Warenausgangsprüfung	Mittelwert entsprechend DIN ISO 3951 normal mit AQL = 0,4 und Prüfniveau II

Unterschiedliche Anspruchsklassen sind beispielsweise die Klassen bei der Eisenbahn. Die Qualitätsforderungen der Anspruchsklasse 1 (1. Klasse) sind höher als die Qualitätsforderungen der Anspruchsklasse 2 (2. Klasse). Werden Anspruchsklassen nummeriert, sollte die höchste mit 1 und alle weiteren mit 2, 3 usw. bezeichnet werden. Die Qualität einer Einheit ist das Verhältnis zwischen der vorhandenen Beschaffenheit der Einheit und der geforderten Beschaffenheit:

Qualität:

a Realisierte Beschaffenheit einer Einheit bezüglich Qualitätsforderung [Gei 98],

b Grad, in dem ein Satz inhärenter Merkmale Anforderungen erfüllt [Nor 15b],

c „Qualität ist die Übereinstimmung mit den Anforderungen" oder

d „Qualität = Gebrauchstauglichkeit = Fitness for use" [Jur 87].

Dieser Qualitätsbegriff lässt eine differenzierte Aussage über die Qualität von Einheiten zu (Bild 1.9).

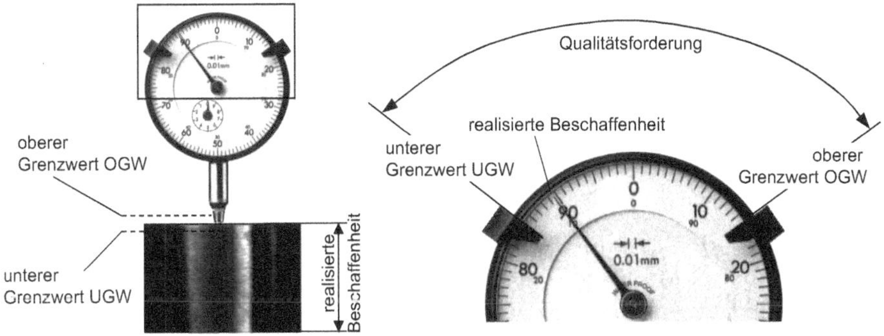

Bild 1.9 Qualitätsforderungen und realisierte Beschaffenheit bei einer Messung

In der Praxis ist es zumeist notwendig, die Qualität alternativ mit ausreichend (forderungskonform) und nicht ausreichend (nicht forderungskonform) zu bezeichnen, wie dieses beispielsweise bei Annahmeprüfungen der Fall ist. Vom Wesen her ist der Qualitätsbegriff jedoch stetig.

Der Begriff „Qualitätsmanagement“ besteht aus dem Grundwort „Management“ und dem Bestimmungswort „Qualität“. Unter Management wird verstanden:

Management: Koordinierte Tätigkeiten zur Erreichung von Zielen [Gei 08].

Dieser Begriff des Managements ist sehr allgemein gefasst. Ist das Management auf die Erreichung spezieller Ziele ausgerichtet, ist es **aufgabenbezogen**. Es kann sich beispielsweise auf Kosten, Umwelt, Prüfmittel, Wissen oder Qualität beziehen. Dieser Bezug wird durch eine Erweiterung des Managementbegriffs dargestellt. Auf diese Weise entstehen beispielsweise die Begriffe Kostenmanagement, Umweltmanagement, Prüfmittelmanagement, Wissensmanagement und Qualitätsmanagement.

Qualitätsmanagement ist dabei wie folgt definiert:

Qualitätsmanagement: aufeinander abgestimmte Tätigkeiten zum Leiten und Lenken einer Organisation bezüglich der Qualität [Nor 15b].

In Wortverbindungen kann Qualitätsmanagement mit dem Kürzel „QM-“ abgekürzt werden (z. B. QM-System). **Bestandteile des Qualitätsmanagements** sind z. B.:

Qualitätspolitik, Qualitätsziele, Qualitätsplanung, Qualitätslenkung, Qualitätssicherung und Qualitätsverbesserung.

Häufig wird noch der Begriff **Qualitätssicherung** als Oberbegriff verwendet, dies ist jedoch nicht mehr zu empfehlen. Die 1974 durch die Deutsche Gesellschaft für Qualität e. V. (DGQ) als Oberbegriff eingeführte Bezeichnung Qualitätssicherung wurde durch die Neuauflage der ISO 9001 im Jahre 1994 durch den Begriff Qualitätsmanagement ersetzt. Qualitätssicherung selbst soll nur noch in Verbindung mit QM-Darlegung benutzt werden:

Qualitätssicherung: Teil des Qualitätsmanagements, der auf das Erzeugen von Vertrauen gerichtet ist, dass Qualitätsanforderungen erfüllt werden [Nor 15b].

Demgegenüber werden mit Qualitätswesen die Organisationsstrukturen im Unternehmen bezeichnet:

Qualitätswesen: Organisatorische Einheit, die sich vorwiegend mit Qualitätsmanagement befasst [Gei 08].

Der Begriff des Systems ist wie folgt erklärt:

System: Satz von in Wechselbeziehung oder Wechselwirkung stehenden Elementen [Nor 15b].

Ein Managementsystem ist ein spezielles System, nämlich:

Managementsystem: System zum Festlegen von Politik und Zielen sowie zum Erreichen dieser Ziele [Nor 15b].

Wird eine Organisation durch das Management hinsichtlich der Qualität geleitet und gelenkt, handelt es sich um ein Qualitätsmanagement.

Qualitätsmanagementsystem: Managementsystem zum Leiten und Lenken einer Organisation bezüglich der Qualität [Nor 15b].

Zur Beschreibung und Qualifizierung von Qualität sind **Messungen** erforderlich. Im folgenden Kapitel wird deshalb der Zusammenhang zwischen Qualitätsmanagement und Messtechnik beschrieben.

2 Qualitätsmanagement, Messtechnik und Gesetzliches Messwesen

2.1 Messgrößen zur Beschreibung der Qualität

Qualitätssicherung und Qualitätsmesstechnik (Qualitätsmetrologie) unter den Bedingungen von Industrie 4.0 ist gekennzeichnet durch digital vernetzte Messtechnik, Sensoren, Bildverarbeitungssysteme und CAQ-Systeme sowie von Menschen, Maschinen, Anlagen und Logistik.

Qualitätsmesstechnik (Qualitätsmetrologie) ist die Vorbereitung, Durchführung und Auswertung von qualitätsfähigen Messungen mit qualitätsfähigen Messmitteln und Messpersonen unter qualitätsfähigen Randbedingungen zur Ermittlung der qualitätsbestimmenden Parameter von Produkten (Erzeugnissen und Dienstleistungen).

Qualitätsfähigkeit ist die Eignung einer Organisation oder eines Systems oder eines Prozesses zum Realisieren eines Produkts, das die Anforderungen an dieses Produkt erfüllt [Nor 15b].

Qualitätsfähige Messungen müssen grundsätzlich unter Wiederholbedingungen vorbereitet, durchgeführt und ausgewertet werden.

Wiederholbedingungen liegen vor, wenn die Messaufgabe eindeutig und vollständig formuliert ist und garantiert gelöst werden kann. Die Messperson oder der Messautomat gewinnen die Messinformation durch vorgeschriebene determinierte Handlungen und Entscheidungen bei der Vorbereitung, Durchführung und Auswertung der Messungen [Hof 86].

Bedeutenden Einfluss auf das Qualitätsmanagement hat die moderne Entwicklung der Mess- und Informationstechnik in Produktion und Dienstleistung.

Für die Sicherung der Qualität im Automobilbau, Geräte- und Maschinenbau ergibt sich als grobe Orientierung in etwa die prozentuale Verteilung der Messgrößen (Produktgrößen und Prozessgrößen), die in Bild 2.1 zu sehen ist.

In Großserienfertigungen des Gerätebaus und der Automobilindustrie ist die Messgröße Länge dominierend. Von den Industrieländern wird der Umfang der Mess- und Prüfprozesse gegenwärtig im Durchschnitt mit 10 bis 15 % angegeben. Gemessen und gewogen hat der Mensch bereits in der Frühzeit, wobei er als Maßeinheit die Größen benutzte, die sein Körper bot; so entstanden die Maßeinheiten Fuß (foot) und Elle. Es entwickelten sich **örtlich begrenzte Festlegungen** für Maße und Gewichte. Sie dienten im Wesentlichen der Orientierung des Menschen in Raum und Zeit, dem Warenaustausch und der Schaffung künstlicher (technischer) Hilfsmittel für den Menschen. Erst nach der Französischen Revolution wurde mit der Schaffung des metrischen Systems eine internationale Vereinheitlichung des gesamten Messwesens eingeleitet [Hel 90]. Das heutige internationale **SI-Einheitensystem** ist in der Geschichte der Menschheit das erste einheitliche System für Maßeinheiten [Pad 76, Hof 12] (Abschnitt 2.6).

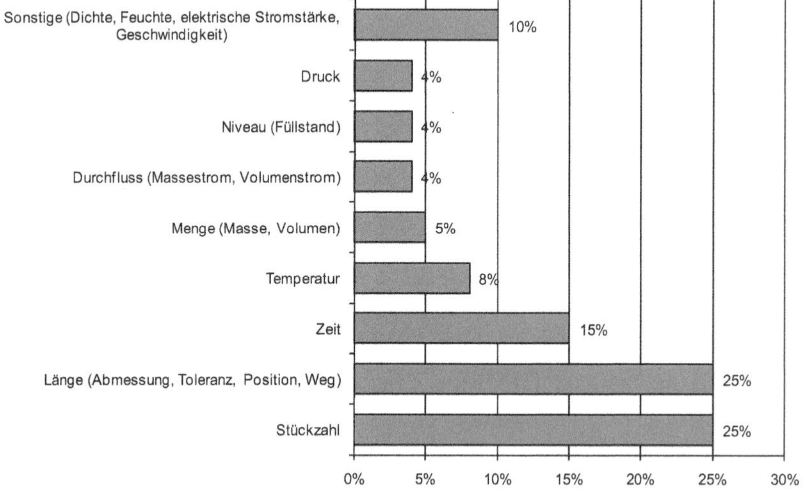

Bild 2.1 Prozentuale Verteilung der Messgrößen [Hof 86]

Qualität ist im Sprachgebrauch ein unscharfer Begriff. Deshalb sind Inhalt, Objektivität, Genauigkeit, Reproduzierbarkeit, Prüfbarkeit und Vergleichbarkeit von Qualität nicht trivial [Hof 86].

Qualität ist der Grad, in dem ein Satz inhärenter Merkmale Anforderungen erfüllt [Nor 15b].

Mit anderen Worten ist Qualität das Verhältnis zwischen realisierter Beschaffenheit und Qualitätsforderungen. Die Beschaffenheit einer Betrachtungseinheit setzt sich wiederum aus den **Merkmalen** und den **Werten dieser Merkmale** zusammen (Abschnitt 1.3 und Abschnitt 2.2). Die Merkmale X_n sind – sofern sie messbar sind – die **messbaren Stellvertreter** der Qualität (Bild 2.2).

Nicht messbare Merkmale können für eine objektivierte Qualitätssicherung **nicht** herangezogen werden.

Durch messbare Stellvertreter verliert Qualität ihre Anonymität und wird fassbar. Darüber hinaus können die Dienste des weltweit akzeptierten staatlichen und betrieblichen Messwesens in Anspruch genommen werden. Es gibt auch Qualitätseigenschaften, die heute noch nicht messbar sind. Für diese müssen schrittweise ebenfalls die Voraussetzungen für ihre Messbarkeit geschaffen werden.

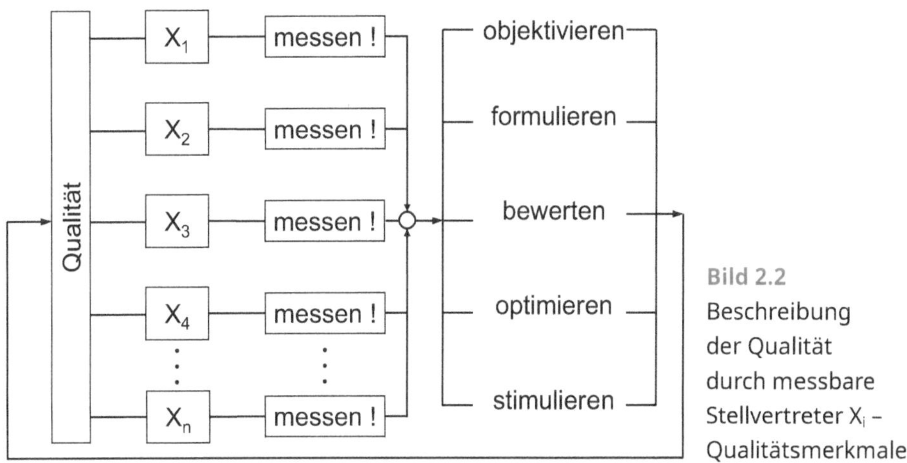

Bild 2.2 Beschreibung der Qualität durch messbare Stellvertreter X_i – Qualitätsmerkmale

Die Messtechnik nimmt hieran selbst erheblichen Anteil, indem sie sich schrittweise von der analogen über die digitale zur intelligenten und wissensbasierten Messtechnik und Qualitätssicherung weiterentwickelt.

Die Entwicklung einer **wissensbasierten vernetzten Qualitätsmesstechnik** QMT aus den Wurzeln beispielsweise der Fertigungsmesstechnik FMT, elektrischen Messtechnik EMT und Prozessmesstechnik PMT steht mit der Entwicklung zu **Industrie 4.0** auf der Tagesordnung. Ziel dieser Entwicklung ist der Gewinn von mehr Messinformation je Zeit zu gleichen oder niedrigeren Kosten.

Dadurch wird ein Anstieg der **Messinformationsqualität** bewirkt:

$$Q = \text{ld}\, \hat{m}/(t_E K)$$

in Bit/(s·€) mit Q Messinformationsqualität, ld binärer Logarithmus, $\hat{m}$ maximales metrologisches Auflösungsvermögen, t_E Einstellzeit, K Kosten, Bit binärer Schritt, s Sekunde, € Geldeinheit.

Zum Wissensgebiet der Messtechnik muss auf die Fachliteratur verwiesen werden [Dut 08; Gev 06; Hof 12; Lem 92; Pfe 10; Wei 00; Hof 86; Schm 23].

2.2 Arten von Merkmalen

Die Merkmale einer zu prüfenden Einheit können unterschiedlicher Art sein (Bild 2.3). Prinzipiell werden Merkmale unterschieden in *qualitative* und *quantitative* Merkmale [DGQ 96].

Quantitative Merkmale: Merkmale, deren Werte einer Skale zugeordnet sind, auf der Abstände definiert sind [DGQ 09].

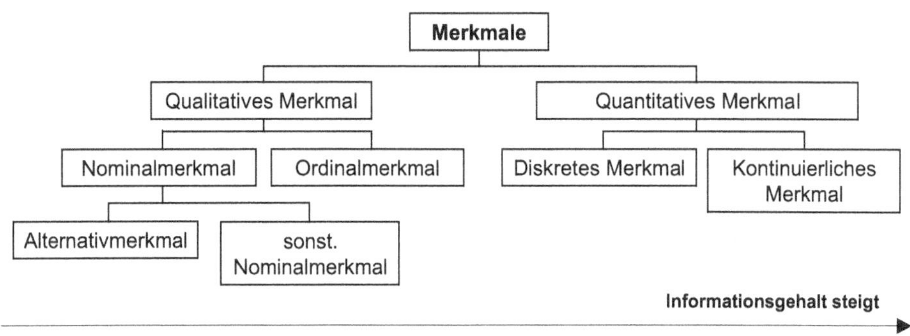

Bild 2.3 Arten von Merkmalen [DGQ 96]

Quantitative Merkmale werden weiter unterschieden in *diskrete* und *kontinuierliche* Merkmale. **Kontinuierlich** sind quantitative Merkmale, wenn sie jeden beliebigen Zwischenwert innerhalb des Wertebereichs annehmen können. **Diskret** sind quantitative Merkmale, wenn ihr Wertebereich endlich oder abzählbar unendlich ist. Ein Sonderfall der diskreten Merkmale sind Zählmerkmale, deren Wertebereich der Wertebereich der natürlichen Zahlen ist [DGQ 09].

Qualitative Merkmale: Merkmale, deren Werte einer Skale zugeordnet sind, auf der Abstände *nicht* definiert sind [DGQ 09].

Qualitative Merkmale werden unterschieden in *Ordinal-* und *Nominalmerkmale.* **Ordinalmerkmale** sind qualitative Merkmale, die eine Ordnungsbeziehung zwischen den Merkmalswerten aufweisen (Noten). **Nominalmerkmale**sind qualitative Merkmale, die keine Ordnungsbeziehung zwischen den Merkmalswerten aufweisen. Ein

Sonderfall der Nominalmerkmale sind **Alternativmerkmale**mit einem Wertevorrat von zwei (iO/niO, ja/nein, Wahr/Falsch, True/False). Datentechnisch gesehen sind Alternativmerkmale vergleichbar mit binären bzw. Boole'schen Variablen.

Die Kenntnis der Art des Merkmals ist von entscheidender Bedeutung für die Qualitäts- und Prüfplanung, da die Prüfung der unterschiedlichen Merkmalsarten in Abhängigkeit vom verwendeten Prüfmittel differenziert geplant werden muss. Von der Art des Merkmals hängt auch der Wertebereich des Merkmals ab. Bei quantitativen Merkmalen ist der Wertebereich allgemein ein Zahlenbereich – qualitative Merkmale lassen sich **Listen** zuordnen [Höp 01].

Mit dem Einsatz der Qualitätsmesstechnik in der Produktion materieller Erzeugnisse und bei der Erbringung von Dienstleistungen lassen sich effektive Qualitätsregelkreise aufbauen.

2.3 Qualitätsregelkreise

Die Umsetzung von Qualitätsmanagement bedeutet, materielle und immaterielle Produkte und Prozesse in Sollqualität herzustellen, Prozesse in einer Sollqualität zu regeln und ständig zu verbessern. In Analogie zu technischen Regelkreisen müssen deshalb für das Qualitätsmanagement Qualitätsregelkreise mit Qualitätsregelstrecke, Qualitätsregler, Qualitätsführungsgröße w, Qualitätsregelabweichung e, Qualitätssteuergröße u und Qualitätsregelgröße x aufgebaut werden (Bild 2.4).

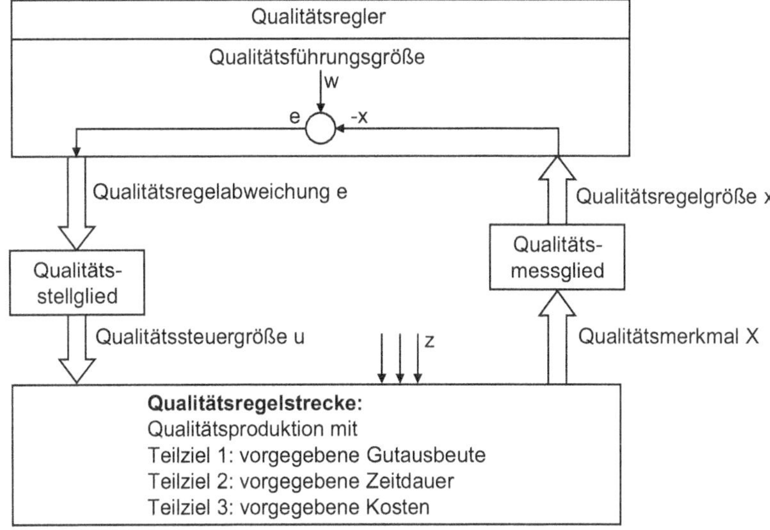

Bild 2.4 Bestandteile und Struktur von Qualitätsregelkreisen

Qualitätsführungsgrößen sind beispielsweise Sollwert und Toleranzbereich eines Qualitätsmerkmals. Der Qualitätsregelkreis wird beschrieben als:

Qualitätsregelkreis: abgeschlossener technologisch-organisatorischer Wirkungsablauf in einem Prozess zur Schaffung eines Qualitätsproduktes.

Für die Modellierung, Dimensionierung und praktische Umsetzung von Qualitätskreisen ist anzustreben, dass

- die Qualität durch messbare Stellvertreter – Qualitätsmerkmale – beschrieben wird
- gestörte Qualitäten messbar sind
- die verursachten Störungen mess- und steuerbar sind
- die Störungen schnell erkannt und erfasst werden
- Störungen schnell ausgeregelt werden
- die bleibende Regelabweichung gegen null strebt
- die Regelung selbsttätig arbeitet
- die Regelung adaptiv arbeitet [Lin 86]

Qualitätsregelkreise müssen sowohl für Produkte (Erzeugnisse und Dienstleistungen) als auch für Prozesse aufgebaut werden.

Der **Produktregelkreis (Erzeugnis-/Dienstleistungsregelkreis)** ist ein Qualitätsregelkreis, der produktorientiert (erzeugnis-/dienstleistungsorientiert) anhand der Qualitätsmerkmale des Produktes (Erzeugnis/Dienstleistung) arbeitet.

Der **Prozessqualitätsregelkreis** ist ein Qualitätsregelkreis, der produktorientiert (erzeugnis-/leistungsorientiert) anhand der Qualitätsmerkmale des Prozesses arbeitet.

Unabhängig von diesen Unterscheidungen sind alle Qualitätsregelkreise in ihrer grundsätzlichen Zielstellung produktorientiert (Bild 2.5).

Für qualitätsgerechte Leistung ist stets die Kombination von Produkt- und Prozessqualitätsregelkreis notwendig – **Produkt-Prozessqualitätsregelung**.

Bei ganzheitlicher Sicht auf den Herstellungsprozess von Produkten und Dienstleistungen muss eine weitere Unterscheidung von Qualitätsregelkreisen in kleine Qualitätsregelkreise (direkte Qualitätsregelung) und große Qualitätsregelkreise (indirekte Qualitätsregelung) erfolgen (Bild 2.5).

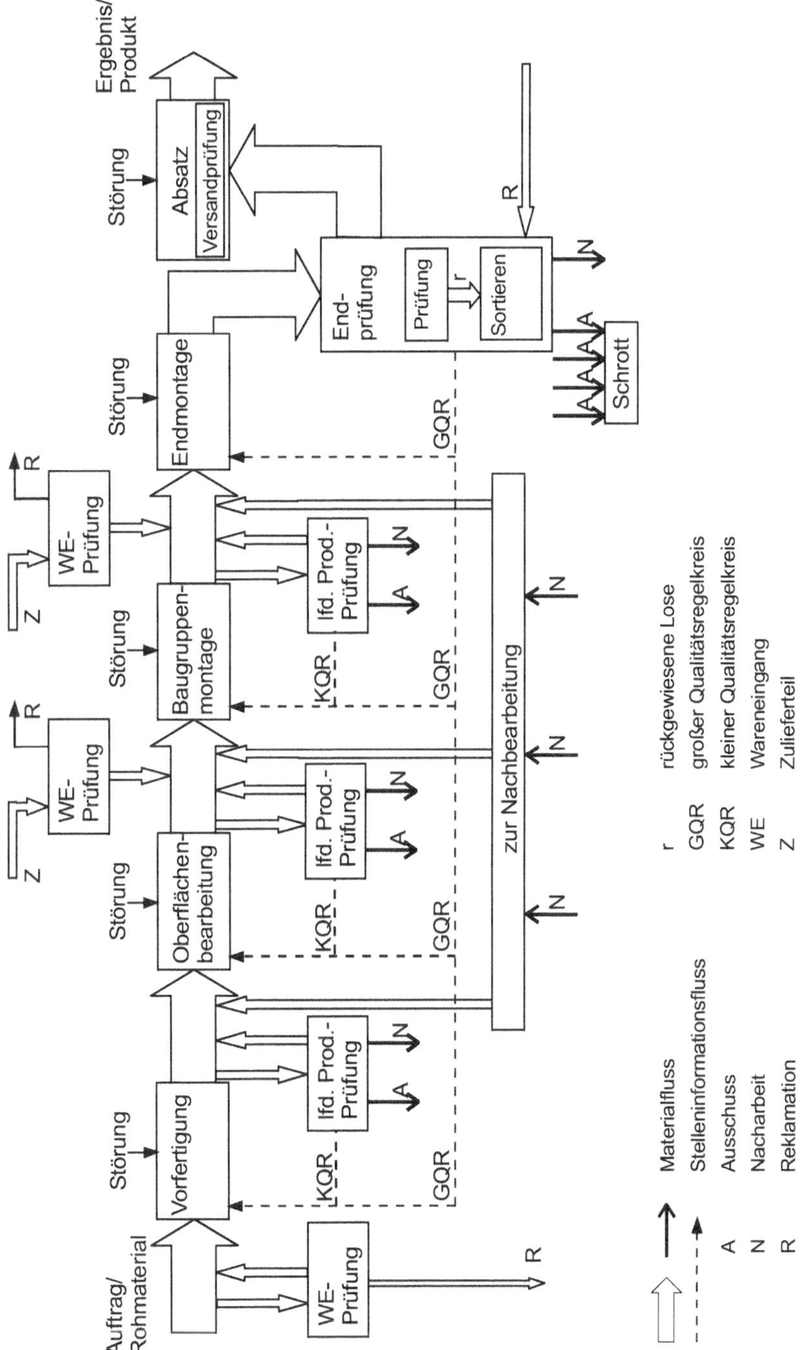

Bild 2.5 Kleine und große Qualitätsregelkreise (KQR; GQR) in einem typischen Produktionsprozess der verarbeitenden Industrie [Lin 86]

Kleine Qualitätsregelkreise dienen der laufenden Steuerung/Qualitätserzeugung im Herstellungsprozess durch unverzögerte Einflussnahme auf die einzelnen Fertigungsschritte (Werkzeugmaschine, Fertigungszelle, Bearbeitungsvorgang). Sie nehmen direkten Einfluss auf die herzustellenden Qualitätsmerkmale in der Phase ihrer Erzeugung [Lin 86].

Große Qualitätsregelkreise dienen der nachträglichen Überprüfung und Qualitätsbestätigung des Herstellungsprozesses durch verzögerte Einflussnahme in mehreren Fertigungsstufen (Vorfertigung, Montage, Endprüfung, Dienstleistung). Sie nehmen indirekten Einfluss auf die herzustellenden Qualitätsmerkmale für die Phase ihrer zukünftigen Erzeugung. Bedingt ermöglichen sie eine nachträgliche Qualitätssicherung gefertigter Produkte/Dienstleistungen durch Sortierung/Korrekturmaßnahmen [Lin 86].

Die regelungstechnische Sicht auf das Qualitätsmanagement ist eng verbunden mit der Modellierung und Beschreibung von Prozessen. Mit der ISO Normenfamilie 9000 ff. wird der Übergang zum **prozessorientierten Qualitätsmanagement** vorangetrieben.

Innerhalb eines Qualitätsregelkreises werden Entscheidungen und Maßnahmen auf Basis von Informationen getroffen. Je nach Richtung der Informationsverarbeitung werden Informationen benutzt, um in einen laufenden Prozess so einzugreifen, dass entweder auf das aktuell produzierte Teil oder auf die nächstfolgenden Teile eingewirkt wird. In der Literatur werden verschiedene Typen von Qualitätsregelkreisen definiert (Tabelle 2.1).

Qualitätsregelkreise können auch nach der Richtung der Informationsverarbeitung in **vorwärts**- und **rückwärtsverkettete Regelkreise** unterschieden werden [Wec 04].

Vorwärtsverkettung

Ein vorwärtsverketteter Qualitätsregelkreis gibt Informationen an nachfolgende Prozessschritte weiter. Alle innerhalb des Regelkreises im Prozess vorgenommenen Änderungen betreffen das derzeit hergestellte Bauteil. Nach Möglichkeit sollte versucht werden, vorhandene Abweichungen in nachfolgenden Prozessschritten auszuregeln und die Qualität des Bauteiles falls nötig zu verbessern [Wec 04]. Auch ist ein dynamisches Überprüfen der Bauteile in einem vorwärtsverketteten Qualitätsregelkreis denkbar. Über ein Modell wird entschieden, ob das aktuell produzierte Bauteil überhaupt noch fertiggestellt oder es gleich aussortiert wird (Bild 2.6).

Tabelle 2.1 Typen von Qualitätsregelkreisen

Hering [Her 03]	Pfeifer [Pfe 10]	Weckenmann [Wec 04]
▪ Prozess-Regelkreis ▪ Teile-Regelkreis ▪ Produkt-Regelkreis	▪ Maschineninterner Qualitätsregelkreis ▪ Maschinennaher Qualitätsregelkreis ▪ Ebenenübergreifender Qualitätsregelkreis	▪ Vorwärtsverketteter Regelkreis ▪ Rückwärtsverketteter Regelkreis

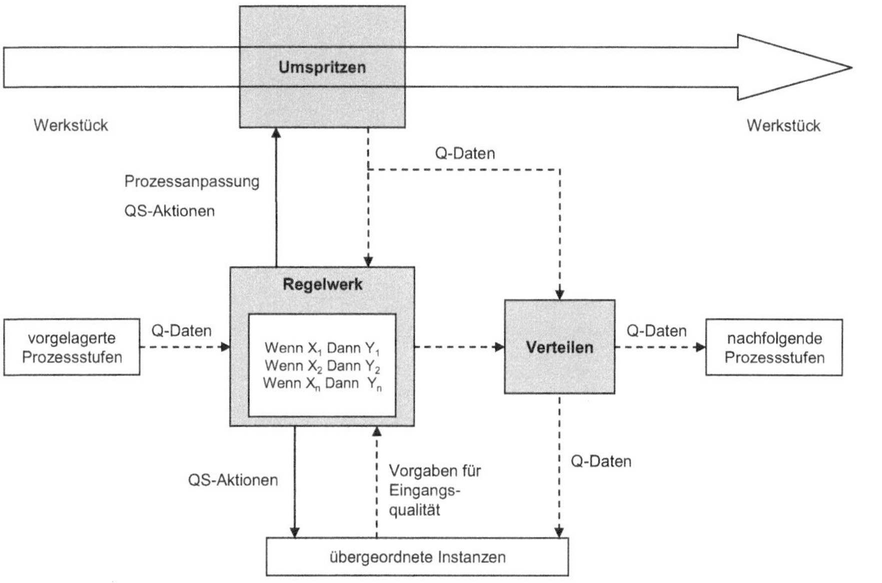

Bild 2.6 Vorwärtsverketteter Qualitätsregelkreis [Wec 04]

Rückwärtsverkettung

In einem rückwärtsverketteten Qualitätsregelkreis werden Prozessabweichungen aus vorherigen Prozessstufen erst in späteren Stufen erkannt. Nachregelungen betreffen nicht mehr das aktuell produzierte Teil, sondern erst die nachfolgenden. Bei Auftreten eines Problems gibt der rückwärtsverkettete Regelkreis die Fehlermeldung an vorgelagerte Prozessstufen zurück. Bei Empfang einer Meldung kann die Regelung Maßnahmen initiieren, um den Prozess wieder auf die Sollwerte einzustellen [Wec 04].

2.4 Messtechnische Tätigkeiten und Normale

Qualitätsmanagement, Qualitätssicherung, Metrologie und Messtechnik sind eng verbundene Fachgebiete. Deshalb werden im Folgenden einige grundlegende messtechnische Tätigkeiten beschrieben.

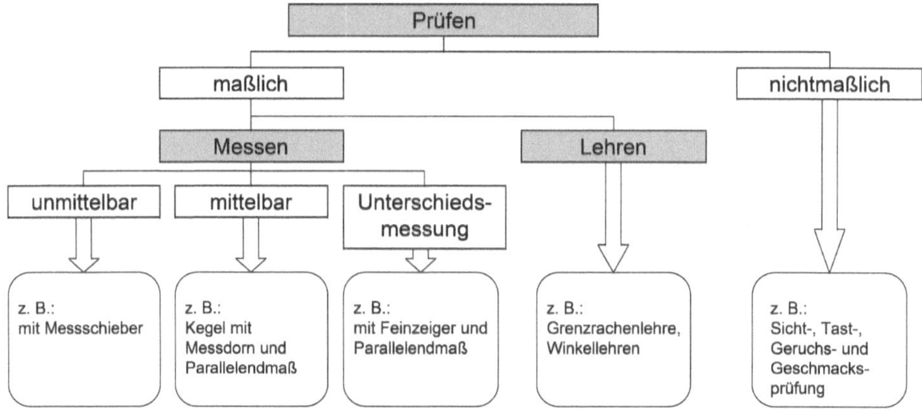

Bild 2.7 Begriffsbestimmung Prüfen

Prüfen ist ein der Messtechnik übergeordneter Begriff (Bild 2.7).

Prüfung (inspection): Feststellen, inwieweit ein Prüfobjekt eine Forderung erfüllt [Nor 95]; Konformitätsbewertung durch Beobachten und Beurteilen, begleitet – soweit zutreffend – durch Messen, Testen oder Vergleichen [Nor 05c]; Ermittlung eines oder mehrerer Merkmale an einem Gegenstand der Konformitätsbewertung nach einem Verfahren [Nor 05c].

Metrologische Bestätigung: Satz von notwendigen Tätigkeiten, um sicherzustellen, dass ein Messmittel die Anforderungen an seinen beabsichtigten Gebrauch erfüllt. Üblicherweise umfasst die Metrologische Bestätigung, Kalibrierung oder Verifizierung, jede notwendige Einstellung oder Reparatur mit nachfolgender Neukalibrierung, den Vergleich mit den metrologischen Anforderungen an den beabsichtigten Gebrauch des Messmittels sowie alle erforderlichen Plombierungen und Etikettierungen [DGQ 09].

Messen (measure): Ausführen von geplanten Tätigkeiten zum quantitativen Vergleich der Messgröße mit einer Einheit [Nor 95].

Messprozess: Satz von Tätigkeiten zur Ermittlung eines Größenwertes [Nor 05c].

Lehren (gauge): maßliches Prüfen, bei dem festgestellt wird, ob die Eigenschaft des Prüfobjektes zwischen zwei vorgegebenen Grenzen liegt (Grenzlehrung) oder ob eine Grenze nicht unter- oder überschritten wird (beispielsweise Lehren eines Gewindes mit einer Formlehre) [Hof 86].

Begriffe für weitere messtechnische Tätigkeiten sind:

Kalibrieren (calibrate): Ermitteln der systematischen Messabweichungen einer Messeinrichtung unter vorgegebenen Anwendungsbedingungen ohne verändernden Eingriff in die Messeinrichtung. Ergebnis ist der Kalibrierschein [DGQ 09].

Externe Kalibrierung

Hierbei wird die Kalibrierung von einem dafür zertifizierten Kalibrierlabor durchgeführt. Diese Variante reduziert zum einen in erheblichem Umfang den Arbeitsaufwand im Unternehmen und erübrigt zum anderen die Anschaffung dazu erforderlicher Mess- und Prüfeinrichtungen.

Interne Kalibrierung

Für die unternehmensinterne Kalibrierung sind für die Durchführung die entsprechenden Umgebungsbedingungen und Prüfanweisungen zu erstellen. In den Prüfmittelüberwachungsrichtlinien VDI/VDE/DGQ 2618, Blatt 1 – 27 [VDI 99] sind die Verfahren zur Kalibrierung von Lehren und Messmitteln sowie Maßverkörperungen beschrieben.

Justieren (adjust): Beseitigen systematischer Messabweichungen durch verändernden Eingriff in das Messgerät, soweit für dessen vorgesehene Anwendung erforderlich [DGQ 09].

Eichen (stamp): Qualitätsprüfung eines Messmittels durch das Eichamt unter Berücksichtigung der gesetzlichen Vorschriften. Bei Erfüllung dieser Vorschriften erfolgt eine externe Kennzeichnung des Messmittels mit einem Vermerk zur Gültigkeitsdauer. Ergebnis ist der Eichschein [DGQ 09].

Für das Qualitätsmanagement ist der turnusmäßige Anschluss (Rückführbarkeit von Messungen) aller im Unternehmen eingesetzten Prüfmittel an das nationale Normal notwendig [Nor 08]. Dazu müssen Unternehmen extern oder intern metrologisch bestätigte Messgrößen nutzen (Tabelle 2.2).

Der sogenannte „Maßanschluss“ erfolgt dabei über die metrologische Hierarchie der Normale (Bild 2.8).

Tabelle 2.2 Beispiel zur metrologischen Bestätigung von Messgrößen im Unternehmen [Mas 14]

Messgröße	Bereich Genauigkeit	Art des Normales	Amtl. Überprüfstelle	Prüfrhythmus	Art des Zertifikats
Kapazität	1 µF ± 0,02 %	Normal-Kapazität GenRad 1409 E	DKD-K-01901	5 Jahre	DAkkS-/ DKD-Kalibrierschein
Induktivität	1 mH, 10 mH ± 0,1 %	Normal-Induktivität GenRad 1482	DKD-K-01901	5 Jahre	DAkkS-/ DKD-Kalibrierschein
Masse	1 mg bis 200 kg E2, F1, M1	verschiedene Kalibriergewichte bzw. Gewichtssätze	Eichamt	4 Jahre	Eichschein
Druck Relativ	0,1 bis 700 bar ± < 0,04 %	Druckwaage Luckas-Barnet 8250/6	DKD-K-05801	5 Jahre	DAkkS-/ DKD-Kalibrierschein

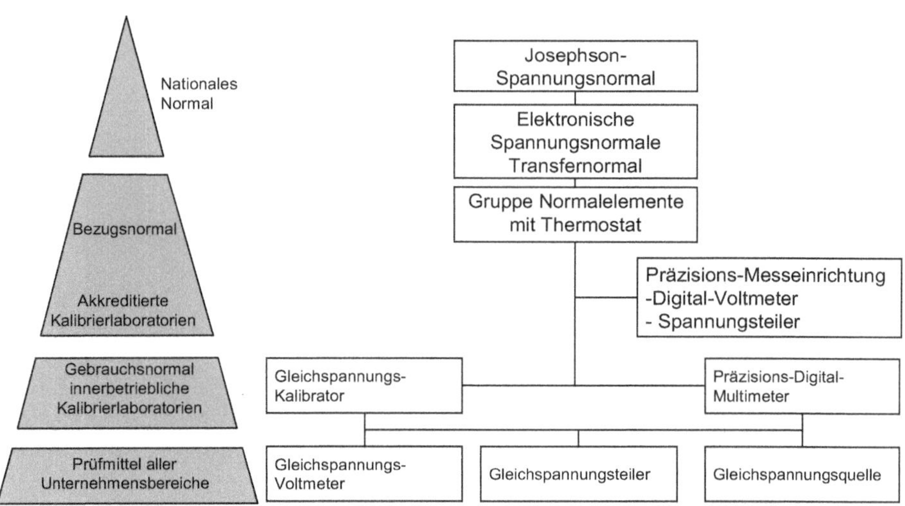

Bild 2.8 Kalibrierhierarchie zum Nachweis der Rückführung von Prüfergebnissen [Web 37]

Rückverfolgbarkeit (traceability): Eigenschaft eines Messergebnisses oder des Wertes eines Normals, durch eine ununterbrochene Kette von Vergleichsmessungen mit angegebenen Messunsicherheiten auf geeignete Normale, im Allgemeinen internationale oder nationale Normale, bezogen zu sein [Nor 05c].

Eine Schlüsselstellung für die Weiterentwicklung der Messtechnik haben **Normale** und **Software** (Bild 2.9).

METROLOGISCHES NORMAL ist ein Messmittel, das die Maßeinheit einer Messgröße definiert, physikalisch vergegenständlicht, bewahrt oder reproduziert, um sie durch Vergleich auf andere Messmittel zu übertragen.

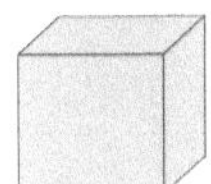

PARTIKULÄRES NORMAL ist ein objektives Muster, das die Identifikationsmarken eines Objekts oder Ereignisses definiert, physikalisch vergegenständlicht, bewahrt oder reproduziert, um sie durch Vergleich auf andere Messmittel zu übertragen.

OBJEKTIVES VIRTUELLES NORMAL ist ein Rechenprogramm oder eine Datenbank, die die Identifikationsmarken eines Objekts oder Ereignisses definiert, physikalisch vergegenständlicht, bewahrt oder reproduziert, um sie durch Vergleich auf andere Messmittel zu übertragen.

SUBJEKTIVES VIRTUELLES NORMAL ist ein subjektives Muster mit beispielsweise numerischen, verbalen, mathematischen und/oder grafischen Symbolen in der Vorstellung eines oder mehrerer Experten, das die Identifikationsmerkmale eines Objekts oder Ereignisses definiert, repräsentiert oder reproduziert, um sie durch Vergleich auf andere Informationsverarbeitungsvorgänge zu übertragen.

Bild 2.9 Normale der Messtechnik [Mas 99]

Nationales Normal: Normal, das nach allgemeiner Beurteilung die höchsten metrologischen Forderungen erfüllt, mit einem Größenwert, der unabhängig von denen anderer Normale für dieselbe Größe akzeptiert ist [DIN 16a].

Bezugsnormal: Normal, im Allgemeinen von der höchsten verfügbaren Genauigkeit an einem betrachteten Ort oder in einer Organisation, von dem dort Messungen abgeleitet werden [DIN 16a].

Gebrauchsnormal: Normal, üblicherweise mit einem Bezugsnormal kalibriert, das routinemäßig benutzt wird, um Maßverkörperungen, Messgeräte und Referenzmaterialien zu kalibrieren oder zu prüfen [DIN 16a].

Referenzmaterial: Material oder Substanz von ausreichender Homogenität, sodass ein oder mehrere Merkmalswerte so genau festgelegt sind, dass sie zur Kalibrierung von Messgeräten, zur Beurteilung von Messverfahren oder zur Zuweisung von Stoffwerten verwendet werden können [Bru 17].

Zertifiziertes Referenzmaterial (ZRM): Referenzmaterial mit einem Zertifikat, in dem unter Angabe der Unsicherheit und des zugehörigen Vertrauensniveaus ein oder mehrere Merkmalswerte aufgrund eines Ermittlungsverfahrens zertifiziert sind, mit dem die Rückführung der Werte auf eine genaue Realisierung der Einheit erreicht wird [DIN 16a].

Die Prüfung und metrologische Bestätigung von virtuellen Normalen und von Software sind fester Bestandteil bei der Bauartzulassung von Messgeräten [Web 20]. Zur Realisierung der Rückführung von Prüfergebnissen steht den Unternehmen die metrologische Infrastruktur in Deutschland zur Verfügung.

2.5 Das gesetzliche Messwesen und die metrologische Infrastruktur in Deutschland

Entwicklung des gesetzlichen Messwesens

Im 16. Jh. gab es in jedem der unzähligen deutschen Herrschaftsgebiete unterschiedliche Maße und Gewichte, die den Aufschwung von Handel und Industrie aufgrund fehlender Vergleichbarkeit behinderten. Um diese Hemmnisse zu überwinden, wurde in Preußen durch mehrere Landesverordnungen die Vereinheitlichung der Maße und Gewichte angeordnet.

Mit Gründung des Deutschen Reiches im Jahre 1871 entstand eine neue Situation und die Bestrebungen nach einer einheitlichen Wirtschaftsgesetzgebung formierten sich. Gleichzeitig wurden Maßnahmen zur Sicherung des wissenschaftlich-technischen Fortschritts eingeleitet. Ein Baustein war die Einführung eines einheitlichen Maßsystems und einheitlicher Regularien für landesweit richtiges und einheitliches Messen. Bereits 1868 wurde auf dem Gebiet des Deutschen Reiches ein einheitliches „Eich"-System geschaffen, um beim Handel mit messbaren Gütern Vergleichbarkeit und Lauterkeit zu sichern. Diesem System liegt das Eichgesetz zugrunde, über dessen Einhaltung Staatsbeamte wachen. Das gesetzlich begründete Messwesen ist hoheitliche Aufgabe des Staates und wird deshalb auch als staatliches Messwesen bezeichnet. Es wurde im Laufe der Zeit immer wieder erweitert, gilt aber im Grunde bis heute und gewährleistet einen hohen Verbraucherschutz und einen fairen Handel.

Mit der Aufgabe, das Maß-, Gewichts- und Zeitwesen in Deutschland zu vereinheitlichen, wurde 1871 die „Kaiserliche Normal-Aichungskommission“ berufen und 1887 die Physikalisch-Technische Reichsanstalt (PTR) in Berlin gegründet. Nach dem Zweiten Weltkrieg entwickelte sich 1950 aus der PTR die Physikalisch-Technische Bundesanstalt (PTB) (*www.ptb.de*). In der damaligen DDR entstand das Deutsche Amt für Maß und Gewicht (DAMG), später unter der Bezeichnung Amt für Standardisierung, Messwesen und Warenprüfung (ASMW). Entsprechend dieser Namensgebung besaß das ASMW gegenüber der PTB bereits die zusätzlichen Aufgabenfelder Normung und Qualitätssicherung. Nach der Wiedervereinigung 1990 wurden Teile des ASMW in die PTB übernommen. Andere Bereiche gingen in die Eichbehörden der Länder über, deren Aufgabe in der Umsetzung des „Eich“-Systems besteht.

Ab 1975 wurden im Europäischen Wirtschaftsgebiet für zahlreiche Messgerätearten das EWG-Richtlinien zur EWG-weiten Umsetzung eingeführt. Die Vorschriften galten neben den deutschen Vorschriften und waren diesen sehr ähnlich. Dieses EWG-Eichrecht wurde ab 1993 im Bereich der nichtselbsttätigen Waagen (NSW) durch die in der EG harmonisierten EG-Richtlinien ersetzt, die nun in den EU-Nationalstaaten im jeweiligen nationalen Eichrecht integriert wurden.

Mit der europäischen Messgeräterichtlinie MID seit Oktober 2006 folgte für weitere zehn Messgerätearten des gesetzlich geregelten Bereiches die EU-weite Harmonisierung der Regularien für das Inverkehrbringen von Messgeräten. Während bis zu diesem Zeitpunkt Messgeräte für den gesetzlich geregelten Bereich erst nach einem Zulassungsverfahren durch die PTB für messbeständig und manipulationsfrei befunden wurden, trat an diese Stelle die Konformitätserklärung des Herstellers, die die Übereinstimmung mit den Anforderungen der EG-Richtlinien darlegt. Eine Konformitätsbewertungsstelle beurteilt, ob einzelne Messgeräte die Richtlinienanforderungen erfüllen, bzw. ob das Qualitätsmanagementsystem des Herstellers geeignet ist sicherzustellen, dass die produzierten Messgeräte die Anforderungen der Richtlinie erfüllen.

Neben diesem Konformitätsbewertungsverfahren (KBV), das den erstmaligen Marktzugang überhaupt erst ermöglicht, findet in Deutschland die turnusmäßige Überprüfung (Nacheichung) der Messgeräte in der Verwendung statt. So werden beispielsweise die Ladentischwaagen (NSW) an den Verkaufsständen oder die Zapfsäulen an Tankstellen alle zwei Jahre auf messtechnische Richtigkeit und Manipulationsfreiheit durch die deutschen Eichbehörden sachkundig und objektiv überprüft.

Mit diesem präventiven System werden Verbraucherschutz und fairer Wettbewerb gewährleistet. Mängel können erkannt werden, bevor Übervorteilung oder Marktverzerrung auftreten können. Dieses traditionelle System der Prävention entspricht in vielerlei Hinsicht auch der Philosophie von Qualitätsmanagementsystemen. Dabei gilt es die Kosten von Fehlern zu reduzieren, indem diese frühzeitig erkannt werden.

Zur Integration der neuen EU-Richtlinien und auch weiter EU-Verordnungen zur Akkreditierung und Marktüberwachung sowie zur Etablierung von Verfahren zur schnellen Umsetzung neuer Messgerätetechnologien und Dateninfrastrukturen wurde das Eichgesetz umfassend überarbeitet und mit der Novelle 2013 als neues Mess- und Eichgesetz präsentiert [Mes 13].

Das innovationsoffene Mess- und Eichgesetzt ermöglicht Herstellern von neuartigen Messgeräten den Marktzugang über das o. g. EU-weit harmonisierte Konformitätsbewertungsverfahren (KBV). Dazu werden in Konformitätsbewertungsstellen die neuen Messgeräte auf Übereinstimmung mit den Anforderungen der EU-Messgeräterichtlinie [RL 2014-32] und EU-Waagenrichtlinie [RL 2014-31] überprüft. Die PTB ist eine Konformitätsbewertungsstelle davon. Vereinzelt sind auch Eichbehörden mit besonderem messtechnischem Profil als KBS bei der EU-Kommission benannt.

Ziele des gesetzlichen Messwesens

Die Ziele des gesetzlichen (staatlichen) Messwesens in Deutschland bestehen darin:

- sowohl den privaten als auch den gewerblichen Verbraucher beim Erwerb messbarer Güter und Dienstleistungen zu schützen und im Interesse eines lauteren Handelsverkehrs die Voraussetzungen für richtiges Messen im Handel zu schaffen,
- die Messsicherheit im Gesundheitsschutz, Umweltschutz und in ähnlichen Bereichen des öffentlichen Interesses zu gewährleisten, und
- das Vertrauen in amtliche Messungen zu stärken.

Diese Schutzziele sind im neuen Mess- und Eichgesetz fort [Web 100, S. 36] enthalten.

Metrologische Infrastruktur

Eine leistungsfähige metrologische Infrastruktur ist die Grundlage für den Schutz der Verbraucher vor unrichtigen Messungen und für die Aufrechterhaltung des fairen Wettbewerbs. Diese metrologische Infrastruktur dient gleichermaßen als Grundlage für die industrielle Messtechnik.

Die industrielle Messtechnik trägt maßgeblich zum wirtschaftlichen Erfolg der industriellen Produktion bei. Die weltweite Vermarktung von Produkten bedingt gleichermaßen das funktionsfähige Zusammenspiel mechanischer, elektrischer, optischer und weiterer Komponenten. Das bedeutet, dass beispielsweise geometrische Merkmale von Baugruppen, elektrische Signale und optische Eigenschaften präzise messbar sein müssen, um die Reproduktion und Austauschbarkeit von Baugruppen und Komponenten national und international sicherzustellen.

Die Wissenschaft des präzisen und richtigen Messens wird als Metrologie bezeichnet. Sie ist die methodische Grundlage jeder technischen Entwicklung und schafft gemeinsam mit den Methoden des Qualitätsmanagements die Voraussetzungen für die Einhaltung und Verbesserung der Produktqualität.

Zur metrologischen Infrastruktur gehört es, national und international einheitliches Messen zu gewährleisten. Dazu ist es zunächst erforderlich, dass die messbaren physikalischen Größen systematisiert und durch standardisierte Einheiten dargestellt werden können. Weltweite Anwendung findet heute das Internationale Einheitensystem SI (Système International d'Unités) (Abschnitt 2.6).

Für welt- und landesweit einheitliches Messen sind **Metrologieinstitute** zuständig, die die verschiedenen physikalischen Größen anhand von Normalen (französisch „Etalons") darstellen, bewahren, reproduzieren und deren Weitergabe bis hin in die betriebliche Qualitätssicherung vorbereiten.

Beispiel: Das Etalon für die Basiseinheit Meter wird in Deutschland bei der PTB aus der bekannten Wellenlänge von frequenzstabilisierten Lasern abgeleitet und beispielsweise auf Endmaße als Maßverkörperung übertragen. In sogenannten Laserinterferometern vergleicht man dazu die Wellenlängen des Lasers mit der zu messenden Länge. Endmaße höchster Präzision dienen als Bezugsnormale zum Anschluss weiterer Längenmessgeräte der betrieblichen Qualitätssicherung.

Das System der staatlichen Metrologieinstitute ist hierarchisch gegliedert (Bild 2.10).

An der Spitze der Pyramide steht die Definition der Messgröße, während die breite Basis von Kalibrierlaboratorien, Prüfstellen und Eichämtern die Weitergabe der Messgröße an die Anwender von Messgeräten sicherstellt.

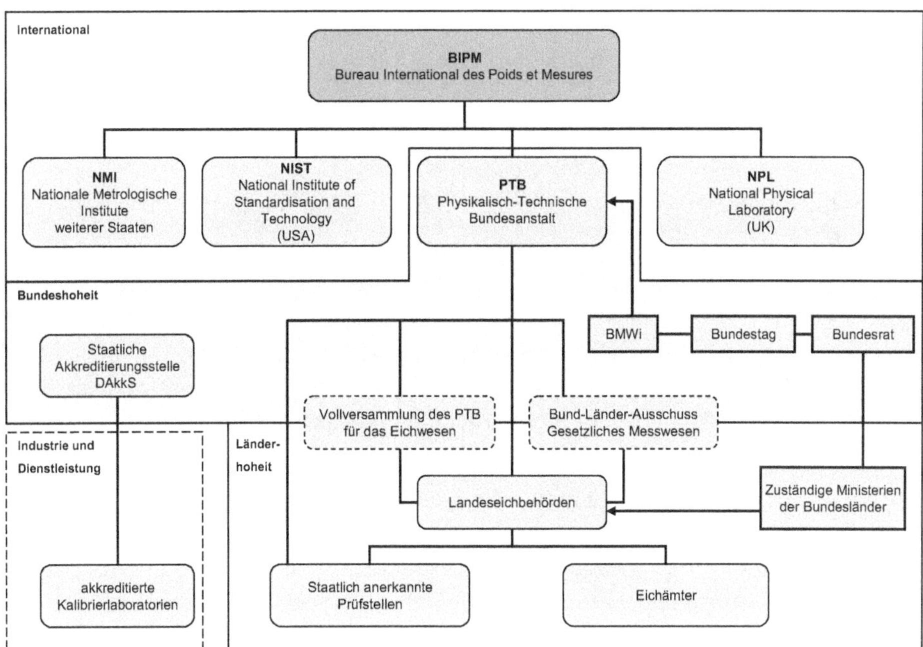

Bild 2.10 Metrologische Infrastruktur, international und national, am Beispiel von Deutschland

Die metrologische Infrastruktur stellt ein flächendeckendes Netz verteilter messtechnischer Kompetenz dar. Für die gesetzlich vorgeschriebenen Messungen und Messgeräte werden in Deutschland die in Länderhoheit stehenden **Eichbehörden** von der Physikalisch-Technischen Bundesanstalt – PTB fachlich beraten. Für industrielle Messungen wird die Weitergabe der verschiedenen Messgrößen über akkreditierte **Kalibrierlaboratorien** realisiert.

Diese Kalibrierlaboratorien werden von der Deutschen Akkreditierungsstelle GmbH (DAkkS) akkreditiert und überwacht. Sie führen Kalibrierungen von Messgeräten und Maßverkörperungen für die bei der Akkreditierung festgelegten Messgrößen und Messbereiche durch.

Die von ihnen ausgestellten Kalibrierscheine sind ein Nachweis für die Rückführung auf nationale Normale, wie sie von der Normenfamilie DIN EN ISO 9000 ff. und der DIN EN ISO/IEC 17025 gefordert wird (Abschnitt 5).

Konformitätsbewertung: Darlegung, dass festgelegte Anforderungen bezogen auf ein Produkt, einen Prozess, ein System, eine Person oder eine Stelle erfüllt sind.

Konformitätsbewertung schließt Tätigkeiten ein, wie Prüfen, Inspektion und Zertifizierung sowie die Akkreditierung von Konformitätsbewertungsstellen [Nor 05c].

Akkreditierung: Bestätigung durch eine dritte Seite, die formal darlegt, dass eine Konformitätsbewertungsstelle die Kompetenz besitzt, bestimmte Konformitätsbewertungsaufgaben durchzuführen [Nor 05c].

Mit der Akkreditierung durch die Deutsche Akkreditierungsstelle GmbH (DAkkS) wird einer Kalibrier-, Prüf-, Inspektions- oder Zertifizierungsstelle bescheinigt, dass sie kompetent ist, eine bestimmte Dienstleistung fachkundig, zuverlässig und effizient zu erbringen (Bild 2.11). Um die Aufgaben in den verschiedenen Sektoren abzubilden, verfügt die DAkkS über sektorbezogene Fachabteilungen [Web 06b].

Die Akkreditierung fördert das Vertrauen in die Dienstleistungen akkreditierter Stellen. Sie schafft auf nationaler und internationaler Ebene Transparenz und Vergleichbarkeit im Markt. Um sicherzustellen, dass die Akkreditierungsanforderungen jederzeit erfüllt werden, sind die Laboratorien regelmäßig durch die Akkreditierungsstelle zu überwachen. Für den hoheitlichen Bereich des Mess- und Eichwesens sichern die Eichbehörden die Richtigkeit von Messungen im öffentlichen Interesse.

Stabsbereiche

Unternehmens-kommunikation	Qualitäts-management	Akkreditierungs-governance, Forschung und Innovation	Recht und Compliance	Organisations-entwicklung

Abteilungen

Abteilung 1	Abteilung 2	Abteilung 3	Abteilung 4	Akkreditierungs-service	Zentraler Service
FB 1.1 Dimensionelle und elektrische Messgrößen | Hochfrequenz- und Strahlungsmessgrößen	FB 2.1 Anlagen- und Maschinensicherheit | Feinmechanik | Optik | Explosionsschutz	FB 3.1 Forensik	FB 4.1 Chemische Produkte und Brennstoffe	AS 1 Kompetenzzentrum Normen und Regulatorik | Gremienkoordination	ZS 1 Personal
FB 1.2 Mechanische, thermodynamische, chemische und medizinische Messgrößen | Messgeräte	FB 2.2 Elektrotechnik | Telekommunikation | EMV | aktive Medizinprodukte	FB 3.2 Ernährung und Landwirtschaft | Forst und Holz | Textil- und Bekleidungsindustrie	FB 4.2 Wasser | Trinkwasser | Wasserversorgung	AS 2 Steuerung komplexer Akkreditierungsverfahren	ZS 2 Begutachter-management
FB 1.3 Bauwesen und Bauprodukte | Brandschutz | Bergbau	FB 2.3 Informationstechnik und Cybersicherheit	FB 3.3 Gesundheitlicher Verbraucherschutz | Veterinärmedizin	FB 4.3 Umwelt | Boden | Abfall | Recycling	AS 3 Antragsservice und Neukundenbetreuung | Internationale Kontaktstelle	ZS 3 Haushalt und Finanzen
FB 1.4 Verkehr | Logistik | Neue Mobilität | Kraftstoffe	FB 2.4 Verbraucherschutz und Produktkennzeichnung (Non-Food)	FB 3.4 Medizin | Pharmazie | nicht aktive Medizinprodukte	FB 4.4 Immissionsschutz	AS 4 Programmprüfung | Produktentwicklung	ZS 4 Controlling
FB 1.5 Automobile | Homologation und Überwachung von Fahrzeugen	FB 2.5 Werkstoffprüfung und -technik (zerstörungsfreie Prüfungen)	FB 3.5 Medizinische Diagnostik	FB 4.5 Innere Sicherheit | Verteidigung | Explosivstoffe	AS 5 DAkkS-Akademie	ZS 5 Standortservice
FB 1.6 Energie und Emissionshandel	FB 2.6 Werkstoffprüfung und -technik (zerstörende Prüfungen)	FB 3.6 Zertifizierung von Personen und branchenübergreifenden Managementsystemen	FB 4.6 Finanz-, Wettbewerbs- und Vergabesysteme | Datenschutz | Korruptions- und Geldwäscheprävention | Handel | Handwerk	AS 6 Technische Zusammenarbeit | Internationale Partnerschaften	ZS 6 Einkauf
			FB 4.7 Sozial- und Bildungswesen | AZAV | Arbeitssicherheit | PSA | Sorgfaltspflichten		ZS 7 IT-Service
			FB 4.8 Gesundheit | Rehabilitation | Apotheken		ZS 8 IT-Projektmanagement | Anwendungsentwicklung

Akkreditierungsausschuss (AkA)

Bild 2.11 Organigramm der Deutschen Akkreditierungsstelle GmbH (DAkkS)

Im Internetauftritt der Physikalisch-Technischen Bundesanstalt (PTB) stehen Vorschriften und anerkannte Regeln der Technik zur Verfügung [Web 08]. Weitere Fachinformationen der Eichbehörden sowie ein Verzeichnis der nationalen Rechtsgrundlagen für das Mess- und Eichwesen erhält man bei der Arbeitsgemeinschaft Mess- und Eichwesen (AGME) [Web 07] (Tabelle 2.3). Die Forschung sowie die strukturellen und gesetzlichen Entwicklungen der Metrologie in den einzelnen Ländern werden über regionale und weltweite Organisationen auf dem Gebiet der Metrologie aufeinander abgestimmt.

Die Forschung sowie die strukturellen und gesetzlichen Entwicklungen der Metrologie in den einzelnen Ländern werden über regionale und weltweite Organisationen auf dem Gebiet der Metrologie aufeinander abgestimmt.

Die größte nicht staatliche Organisation für die internationale Metrologieforschung ist die Internationale Messtechnische Konföderation (IMEKO) (*imeko.org*).

Tabelle 2.3 Bezugsquellen der Vorschriften und anerkannten Regeln

Bundesgesetzblatt, Amtsblatt der Europäischen Gemeinschaften:	Bundesanzeiger Verlagsges. m. b. H. Postfach 10 05 34 50445 Köln	
Normen (ISO, CEN, DIN, ...)	Beuth Verlag GmbH 10772 Berlin	
Eichordnung, PTB-Anforderungen, EWG-Richtlinien	Buch-Express Geranienweg 53A 22549 Hamburg	Tel.: 040 800 1722 Fax: 040 800 1422
PTB-Prüfregeln	Physikalisch-Technische Bundesanstalt, Abt. Presse- und Öffentlichkeitsarbeit Postfach 33 45 38023 Braunschweig	Tel.: 0531 592 9313 Fax: 0531 592 9305
PTB-Mitteilungen	Wirtschaftsverlag NW, Verlag für neue Wissenschaft GmbH Postfach 10 11 10 27511 Bremerhaven	Tel.: 0471 94544-0 Fax: 0471 94544-88
Technische Richtlinien der PTB, Merkblätter	*http://www.ptb.de/*	Kostenfreier Download
OIML-Empfehlungen WELMEC-Publikationen	*http://www.oiml.org/publications* *http://www.welmec.org/pubs.asp*	

Die Weltorganisation für das staatliche Messwesen ist die International Organization of Legal Metrology (OIML) (*www.oiml.org*). Auf europäischer Ebene werden die Aktivitäten im staatlichen Messwesen in der European Cooperation in Legal Metrology (WELMEC) (*www.welmec.org*) abgestimmt.

2.6 Internationales Einheitensystem (SI-Einheiten)

Der Grundstein für das Internationale Einheitensystem (SI-System) wurde am 20. Mai 1875 mit der Unterschrift der Meterkonvention gelegt. Die Meterkonvention entstand aus dem Willen, ein international einheitliches, vergleichbares Einheitensystem zu etablieren. Es wurden drei Organe geschaffen:

- International Bureau of Weights and Measures (BIPM)
- International Committee for Weights and Measures (CIPM)
- General Conference on Weights and Measures (CGPM) [Web 36]

Dabei hat das BIPM die Aufgabe die internationale Einheitlichkeit von Messungen sicherzustellen. Das CIPM ist dem BIPM übergeordnet und berichtet wiederum an die CGPM, welches als beschlussfassendes Organ alle vier Jahre zusammenkommt.

Die CGPM hat im Jahr 1960 das „Système international d'unités" formuliert [BIPM 06]. Dieses internationale Einheitensystem ist seit 1970 in der Bundesrepublik Deutschland gesetzlich vorgeschrieben [BGBl 08; Nor 10a].

Basiseinheiten

Das **SI-System** definiert sieben Basiseinheiten, aus denen alle anderen Einheiten abgeleitet werden.

Die in Tabelle 2.4 zusammengefassten Einheiten sind als Basiseinheiten definiert.

Tabelle 2.4 Basiseinheiten des SI-Systems

Basisgröße	Symbol	Basiseinheit	Symbol
Länge	l	Meter	m
Masse	m	Kilogramm	kg
Zeit	t	Sekunde	s
Elektrische Stromstärke	I	Ampere	A
Temperatur	T	Kelvin	K
Stoffmenge	n	Mol	mol
Lichtstärke	I_v	Candela	cd

Die sieben Basiseinheiten werden wie folgt definiert:

Ein **Meter** ist die Länge der Strecke, die Licht im Vakuum während des Zeitintervalls von 1/299 792 458 Sekunden zurücklegt.

Das **Kilogramm** ist die Einheit der Masse, Einheitenzeichen kg. Dabei war ein Kilogramm gleich der Masse des internationalen Kilogrammprototyps. Seit 2019 wird das Kilogramm ebenfalls auf Naturkonstanten zurückgeführt. Das Kilogramm ist definiert, indem für die Planck-Konstante h der Zahlenwert $6{,}626\ 070\ 15 \times 10^{-34}$ festgelegt wird, ausgedrückt in der Einheit J s, die gleich kg m^2 s^{-1} ist, wobei der Meter und die Sekunde mittels c und $\Delta\nu Cs$ definiert sind [PTB 19].

Die **Sekunde** ist die 9 192 631 770-fache Periodendauer des Bahnübergangs der Hyperfeinstrukturniveaus des Cäsium 133-Atoms im Grundzustand.

Das **Ampere** ist die Stärke eines konstanten Stromes, der durch zwei Leiter fließt und dabei pro Meter Leiterlänge eine Kraft von 2×10^{-7} Newton ausübt. Dabei sind die geradlinigen, im Vakuum 1 m parallel voneinander angeordneten Leiter unendlich lang und besitzen einen vernachlässigbar kleinen, kreisförmigen Querschnitt.

Das **Kelvin**, Einheit der thermodynamischen Temperatur, ist der 273,16-te Teil der thermodynamischen Temperatur des Triplepunktes des Wassers.

Das **Mol** wird als die Stoffmenge eines Systems bezeichnet, die so viele Elementarteilchen enthält wie 0,012 kg des Nuklids Kohlenstoff 12. Bei der Verwendung der Einheit Mol müssen die Elementarteilchen spezifiziert werden. Diese können Atome, Moleküle, Ionen, Elektronen, andere Partikel oder Gruppen dieser Partikel sein.

Das **Candela** ist die Lichtstärke in einer bestimmten Richtung einer Stromquelle, die monochromatische Strahlung der Frequenz 540×10^{12} Hertz aussendet und eine Strahlstärke von 1/683 Watt pro Steradiant besitzt.

Kohärente Einheiten

Abgeleitete Einheiten werden durch Multiplikation verschiedener Basiseinheiten bestimmt.

Die Besonderheit kohärenter Einheiten ist, dass sie in ihrer Herleitung keinen numerischen Faktor ungleich von 1 enthalten (Tabelle 2.5).

Zur Vereinfachung wurden für 22 abgeleitete Einheiten besondere Namen festgelegt. Die besonderen Namen stellen die zusammengesetzten Basiseinheiten in kompakter Form dar. Sie werden ebenfalls zusammen mit Präfixen verwendet, die entstehende Einheit ist jedoch keine kohärente Einheit mehr (Tabelle 2.6).

Tabelle 2.5 Kohärente Einheiten (Auswahl)

Abgeleitete Größe		Abgeleitete SI-Einheit	
Fläche	A	Quadratmeter	m^2
Volumen	V	Kubikmeter	m^3
Geschwindigkeit	v	Meter pro Sekunde	m/s
Beschleunigung	a	Meter pro Quadratsekunde	m/s^2
Massendichte	ρ	Kilogramm pro Kubikmeter	kg/m^3
Flächendichte	ρ_A	Kilogramm pro Quadratmeter	kg/m^2
Magnetische Feldstärke	H	Ampere pro Meter	A/m
Bildleuchtdichte	L_v	Candela pro Quadratmeter	cd/m^2

Tabelle 2.6 Einheiten mit besonderen Namen

Abgeleitete Größe	Abgeleitete SI-Einheit			
	Name	Symbol	Ausgedrückt in SI-Basis-einheiten	Ausgedrückt in anderen SI-Einheiten
Ebener Winkel α	Radiant	rad	1	m/m
Räumlicher Winkel Ω	Steradiant	sr	1	m^2/m^2
Frequenz f	Hertz	Hz		s^{-1}
Kraft F	Newton	N		$m\ kg\ s^{-2}$
Druck, mechanische Spannung p	Pascal	Pa	N/m^2	$m^{-1}\ kg\ s^{-2}$
Energie, Arbeit, Wärmemenge E	Joule	J	N m	$m^2\ kg\ s^{-2}$
Leistung P	Watt	W	J/s	$m^2\ kg\ s^{-3}$
Elektrische Ladung Q	Coulomb	C		s A
Elektrische Spannung U	Volt	V	W/A	$m^2\ kg\ s^{-3}\ A^{-1}$
Kapazität C	Farad	F	C/V	$m^{-2}\ kg^{-1}\ s^4\ A^2$
Elektrischer Widerstand R	Ohm	Ω	V/A	$m^2\ kg\ s^{-3}\ A^{-2}$
Elektrischer Leitwert G	Siemens	S	A/V	$m^{-2}\ kg^{-1}\ s^3\ A^2$

Tabelle 2.6 Einheiten mit besonderen Namen *(Fortsetzung)*

Abgeleitete Größe	Abgeleitete SI-Einheit			
	Name	Symbol	Ausgedrückt in SI-Basiseinheiten	Ausgedrückt in anderen SI-Einheiten
Magnetischer Fluss Φ	Weber	Wb	V s	m^2 kg s^{-2} A^{-1}
Magnetische Flussdichte *B*	Tesla	T	Wb/m^2	kg s^{-2} A^{-1}
Induktivität *L*	Henry	H	Wb/A	m^2 kg s^{-2} A^{-2}
Celsius Temperatur *T*	Grad Celsius	°C		K
Lichtstrom Φ	Lumen	lm	cd sr	cd
Beleuchtungsstärke *E*	Lux	lx	lm/m^2	m^{-2} cd
Aktivität *A* einer radioaktiven Substanz	Becquerel	Bq		s^{-1}
Absorbierte Dosis *D*	Gray	Gy	J/kg	m^2 s^{-2}
Äquivalentdosis *H*	Sievert	Sv	J/kg	m^2 s^{-2}
Katalytische Aktivität	Katal	kat		s^{-1} mol

Präfixe zur Kennzeichnung dezimaler Vielfacher und Teile von Einheiten

Zur vereinfachten Schreibweise sehr großer oder sehr kleiner Werte wurden vom CGPM zahlreiche Präfixe festgelegt. Diese reichen von 10^3 bis 10^{-30} und werden den Einheiten vorangestellt. Die entstehenden Einheiten sind jedoch nicht mehr kohärent. Tabelle 2.7 zeigt alle Präfixe mit den dazugehörigen Symbolen [Web 39].

Eine Sonderstellung nimmt das Kilogramm ein, welches aus historischen Gründen bereits als Basiseinheit ein Präfix enthält. Für weitere Zehnerpotenzen der Masse wird das Präfix jedoch auf das „Gramm“ bezogen.

Tabelle 2.7 Präfixe mit den dazugehörigen Symbolen

Faktor	Name	Symbol	Faktor	Name	Symbol
10^1	Deca	da	10^{-1}	deci	d
10^2	Hecto	h	10^{-2}	centi	c
10^3	Kilo	k	10^{-3}	milli	m
10^6	Mega	M	10^{-6}	micro	µ

Faktor	Name	Symbol	Faktor	Name	Symbol
10^{9}	Giga	G	10^{-9}	nano	n
10^{12}	Tera	T	10^{-12}	pico	p
10^{15}	Peta	P	10^{-15}	femto	f
10^{18}	Exa	E	10^{-18}	atto	a
10^{21}	Zetta	Z	10^{-21}	zepto	z
10^{24}	Yotta	Y	10^{-24}	yocto	y
10^{27}	Ronna	R	10^{-27}	ronto	r
10^{30}	Quetta	Q	10^{-30}	quekto	q

Nicht-SI-Einheiten

Die SI-Einheiten wurden geschaffen, um eine internationale Vergleichbarkeit der Einheiten herzustellen. Dies macht in Wissenschaft, Industrie und Handel Diskussionen über Einheiten überflüssig. Dieser Umstand erleichtert die weltweite Kommunikation zwischen den einzelnen Bereichen.

Dennoch existieren neben den SI-Einheiten noch zahlreiche Nicht-SI-Einheiten. Viele dieser Einheiten haben ihre Berechtigung aus der tiefen Verwurzelung im täglichen Gebrauch, wie etwa Zeitangaben in Minuten oder Stunden, oder Volumenangaben in Litern. Andere Einheiten zeigen sich vor allem im wissenschaftlichen Gebrauch als vorteilhaft, z. B. das Elektronenvolt. Grundsätzlich sollte jedoch der Gebrauch von SI-Einheiten angestrebt werden.

2.7 Anforderungen an Prüf- und Kalibrierlaboratorien nach DIN EN ISO/IEC 17025:2018-03

Die ISO/IEC 17025 „Allgemeine Anforderungen an die Kompetenz von Prüf- und Kalibrierlaboratorien" ist seit 1999 ein weltweit anerkannter Standard für den Nachweis der Kompetenz von Prüf- und Kalibrierlaboratorien sowie Akkreditierungsgrundlage und wurde im Jahr 2005 revidiert [Nor 05b]. Sie ist für alle Laboratorien anwendbar, unabhängig von der Anzahl der Mitarbeitenden und dem Umfang der Prüf- und Kalibriertätigkeiten. Im Jahr 2016 wurde der Entwurf einer überarbeiteten Norm DIN EN ISO/IEC 17025:2018-03 veröffentlicht. Seit März 2018 ist die aktuelle Revision der DIN EN ISO/IEC 17025:2018-03 gültig [Nor 18]. Diese Norm ist noch nicht vollständig nach der **High Level Structure** gegliedert und enthält konkrete Forderungen, die von einem akkreditierten Prüf- und Kalibrierlaboratorium erfüllt werden müssen, wenn es den Nachweis erbringen möchte, dass es

- ein solides QM-System betreibt sowie
- technisch kompetent und fähig ist, fachlich fundierte Ergebnisse für die Art der Prüfungen bzw. Kalibrierungen, die das Labor durchführt, zu erzielen.
- Managementanforderungen: beziehen sich auf das Managementsystem und die Strukturqualität und basieren größtenteils auf den Forderungen der Qualitätsnorm DIN EN ISO 9001.
- Technische Anforderungen: enthalten messtechnisch-fachliche Forderungen an sämtliche Faktoren, die für die Leistungs- und Ergebnisqualität relevant sind.

Akkreditierte Prüf- und Kalibrierlaboratorien führen Kalibrierungen von Messgeräten und Maßverkörperungen für die bei ihrer Akkreditierung festgelegten Messgrößen und Messbereiche durch. Die von ihnen ausgestellten Kalibrierscheine sind ein Nachweis für die Rückführung auf nationale Normale, wie sie von der Normenfamilie ISO 9000 ff. und der DIN EN ISO/IEC 17025 gefordert werden. Der Begriff „Akkreditierung" ist im Abschnitt 2.5 beschrieben.

Kalibrierungen durch akkreditierte Laboratorien geben dem Anwender Sicherheit für die Verlässlichkeit von Messergebnissen, erhöhen das Vertrauen der Kunden und die Wettbewerbsfähigkeit auf dem nationalen und internationalen Markt. Sie dienen als messtechnische Grundlage für die Mess- und Prüfmittelüberwachung im Rahmen des Qualitätsmanagements.

Die DIN EN ISO/IEC 17025:2018-03 legt die allgemeinen Anforderungen an das QM-System und die Arbeitsweise von Prüf- und Kalibrierlaboratorien fest. Sie beschreibt die Führungs- und Managementanforderungen, basierend auf der Philosophie der Normenreihe ISO 9000 ff., und die Arbeitsweisen zur Durchführung kompetenter Analysen von der Kalibrierung der Geräte über die Validierung von Messverfahren bis hin zur Erstellung aussagekräftiger Prüfberichte inklusive einer Interpretation von Ergebnissen.

Die Anwendung der Norm DIN EN ISO/IEC 17025:2018-03 soll die Laboratorien in die Lage versetzen, ihr Managementsystem für Qualität sowie für Verwaltungs- und technische Abläufe zu entwickeln. Kunden, Behörden und Akkreditierungsstelle (DAkkS) können sie auch zur Anerkennung und Bestätigung der Kompetenz von Laboratorien nutzen. Diese Internationale Norm ist nicht für die Anwendung als Grundlage für die Zertifizierung von Laboratorien vorgesehen. Die Akzeptanz von Prüf- oder Kalibrierergebnissen zwischen Staaten sollte erleichtert werden, wenn Laboratorien dieser Internationalen Norm entsprechen und von Stellen akkreditiert sind, die gegenseitigen Anerkennungsvereinbarungen mit gleichwertigen Stellen in anderen Staaten beigetreten sind, die ebenfalls diese Internationale Norm anwenden [Nor 18].

Die Hauptgliederungspunkte der DIN EN ISO/IEC 17025:2018-03 sind:

- 1 Anwendungsbereich
- 2 Normative Verweisungen
- 3 Begriffe
- 4 Allgemeine Anforderungen
- 5 Strukturelle Anforderungen
- 6 Anforderungen an Ressourcen
- 7 Anforderungen an Prozesse
- 8 Anforderungen an das Management

Bei der Erweiterung eines Managementsystems nach DIN EN ISO 9001 durch Anforderungen nach DIN EN ISO/IEC 17025:2018-03 ist es notwendig folgende Dokumente des Managementsystems zu ergänzen/neu zu generieren:

- **Verfahrensanweisungen** zu dokumentierten Informationen, fortlaufende Verbesserung, Personal und Qualifikation und Prüfmittelmanagement.
- **Prozessbeschreibungen** zu Angebotserstellung, internes Audit, Umgang mit fehlerhaften Produkten und Dienstleistungen und Kalibrierung.
- **Arbeitsanweisungen** zu Datensicherung und Abgrenzung der Nutzerbereiche, Ausstellen von Kalibrierscheinen, Kalibrierstopp, Erstellung und Formatierung von Dokumenten und Kalibrierverfahren.

Besondere Bedeutung hat die Unparteilichkeit des beteiligten Personals. Unparteilichkeit bedeutet im weitesten Sinne Neutralität und Unabhängigkeit. Das bedeutet, dass alle Labortätigkeiten unparteilich durchgeführt werden und derart strukturiert sind, dass die Unparteilichkeit immer sichergestellt ist. Die Leitung des Prüf- und Kalibrierlabors verpflichtet sich zur Unparteilichkeit. Das Kalibrierlaboratorium ist unabhängig von Parteien, Kunden, Gesellschaftern und gesellschaftlichen Interessenten. Das Personal des Prüf- und Kalibrierlabors muss kompetent sein, diese Kompetenz nachweisen und dokumentieren sowie die Bedeutung von Abweichungen bewerten können. Dazu muss eine Unparteilichkeitserklärung dokumentiert werden.

Eine komprimierte Übersicht branchenspezifischer Zusatzanforderungen der DIN EN ISO/IEC 17025:2018-03 für Prüf- und Kalibrierlaboratorien gegenüber der Qualitätsnorm DIN EN ISO 9001:2015 sind im Anhang A 16.3 enthalten.

Für die praktische Einführung eines zertifizierten Managementsystems nach DIN EN ISO/IEC 17025:2018-03 ist die Nutzung des Teil II-Begutachtungsberichts/Checkliste zu empfehlen [DAkkS 21].

Internet: FO-B_PL_ZE_EU-BauPVO.docx (live.com)

Die DIN EN ISO/IEC 17025:2018-03 gilt für Prüfmittellaboratorien und die damit verbundenen Managementsystemprozesse des Unternehmens. Kalibrierdienstleistungen erfolgen entweder in Zusammenhang mit den für den Kunden hergestellten Kalibriergegenständen oder der Kunde gibt seine Kalibriergegenstände zum Kalibrieren. Die Kalibrierdienstleistungen und insbesondere die DAkkS-Kalibrierung werden grundsätzlich nur in ortsfesten Messlaboratorien durchgeführt. DAkkS-Kalibrierungen müssen grundsätzlich nach den Vorgaben der spezifischen DAkkS-DKD-Richtlinien durchgeführt werden.

Beispielsweise können Kalibrierungen für Lehren (Lehrdorne, Lehrringe) im Durchmesserbereich 1 – 100 mm nach den Vorgaben der Richtlinie DAkkS-DKD-R 4-3 in der aktuellen Fassung durchgeführt werden (Tabelle 2.8).

Tabelle 2.8 Ausschnitt Richtlinie DAkkS-DKD-R 4-3 für Lehrdorne und Lehrringe für zugelassenen Durchmesser

Messgröße/Kalibriergegenstand	Messbereich/Messspanne	Messbedingungen/Verfahren	Kleinste angebbare Messunsicherheit
Lehrdorne Ø	1 mm bis 100 mm	DKD-R 4-3 Bl. 4.1	0,9 µm
Lehrringe Ø	2 mm bis 100 mm	DKD-R 4-3 Bl. 4.1	0,9 µm

2.7.1 Kalibrierverfahren und deren Validierung [DIN EN ISO/IEC 17025:2018-03, Abschnitt 7]

In diesem Abschnitt werden einige wesentliche Auszüge der DIN EN ISO/IEC 17025:2018-03 beschrieben (Anhang A 16.3).

In akkreditierten Kalibrierlaboratorien kommen grundsätzlich nur genormte Kalibrierverfahren zum Einsatz. Sie sind auch Bestandteil der Gerätesoftware. Die einschlägigen Normen werden regelmäßig auf ihre Aktualität überprüft. Es werden keine eigenen Entwicklungen zu Messverfahren bzw. zur Gerätetechnik betrieben. Insofern sind dem Kunden generell nur Kalibrierungen nach Norm anzubieten. Sonderleistungen bewegen sich ausschließlich in dem in der jeweiligen Norm zugelassenen Rahmen.

Messaufgaben, die von den im akkreditierten Bereich beschriebenen Verfahren abweichen, müssen in jedem Falle einer Validierung unterzogen werden. Dabei ist eine Abschätzung der Messunsicherheit nach DAkkS-DKD-3 vorzunehmen. Entsprechend der Brauchbarkeitsregel (*Goldene Regel der Messtechnik*) nach DIN 2257 ist zu prüfen, ob die abgeschätzte Messunsicherheit für die zu prüfenden Toleranzen ausreichend ist. Der Auftraggeber ist in jedem Fall vorab über das zur Anwendung kommende Messverfahren und die zu erwartende Messunsicherheit aufzuklären.

Verfahren, die vom Kunden vorgeschlagen werden, sind ebenfalls zu validieren. Für den Fall, dass bei diesen Verfahren normative Forderungen nicht erfüllt werden können, sind diese abzulehnen.

Kalibrierverfahren, die von den in den Normen festgelegten Mindestanforderungen abweichen, sind mit dem Auftraggeber im Rahmen eines Werkvertrags als Werkskalibrierung zu vereinbaren.

Durch Menüführung bzw. vorliegende Bedienungshandbücher und Schulungen wird gesichert, dass wichtige Einrichtungen fehlerfrei bedient werden und die Verfahren einschließlich der Handhabung und Vorbereitung von Kalibriergegenständen normenkonform ausgeführt sowie dokumentiert werden.

Alle Vorgabedokumente und Anleitungen sind in einer Verfahrensanweisung zu regeln und auf dem neuesten Stand zu halten und den betreffenden Mitarbeitenden zugänglich zu machen.

Die Ergebnisse von Kalibrierungen, einschließlich Berechnungen und Datenübertragungen, sind zu prüfen.

Soweit EDV-Systeme für die Erfassung, Verarbeitung oder Aufzeichnung von Prüfdaten oder die Erstellung von Berichten verwendet werden, sind diese für den Verwendungszweck geeignet.

Käufliche Standardsoftware (Textverarbeitung, Tabellenkalkulation, statistische Programme, Gerätesoftware) wird als validiert angesehen. Darüber hinaus erstellte bzw. entwickelte Software ist, sofern zutreffend, vor dem Einsatz für den Verwendungszweck zu prüfen (validiert).

2.7.2 Einrichtungen [DIN EN ISO/IEC 17025:2018-03, Abschnitt 6.4]

Ein Unternehmen verfügt nach dem Stand der Technik über geeignete Einrichtungen, um die Kalibriertätigkeiten durchzuführen.

Alle für die Kalibrierungen erforderlichen Einrichtungsgegenstände, einschließlich ihrer Hard- und Software, werden im Prüfmittelverwaltungssystem verwaltet. Damit werden die erforderliche Genauigkeit, Zuverlässigkeit und Einsatzfähigkeit sichergestellt.

Die Einrichtungen unterliegen einer systematischen Überwachung, d.h., sie werden nach festgelegten Plänen in regelmäßigem Turnus kalibriert, justiert, gewartet oder anderweitig überwacht. Regelungen hierzu sind beispielsweise in einer Verfahrensanweisung „Ressourcen zur Überwachung, Messung und Kalibrierung“ zu beschreiben. Die Mitarbeitenden, die mit Prüfeinrichtungen arbeiten, sind dafür qualifiziert und autorisiert. Alle Maßnahmen werden aufgezeichnet und in Gerätelogbüchern abgelegt.

2.7.3 Metrologische Rückführbarkeit [DIN EN ISO/IEC 17025:2018-03, Abschnitt 6.5]

Alle qualitätsrelevanten Messeinrichtungen, die einen signifikanten Einfluss auf die Genauigkeit und Gültigkeit der Kalibrierergebnisse haben, werden vor Benutzung kalibriert. Zusätzlich werden sie innerhalb festgelegter Fristen vom jeweiligen Hersteller bzw. einer festgelegten Stelle nachkalibriert. Damit wird sichergestellt, dass alle Messungen im Kalibrierlabor auf SI-Einheiten zurückgeführt sind.

Für die eingesetzten Kalibriernormale wird der Maßanschluss (Bezug zu den SI-Einheiten) gesichert und nachgewiesen. In einer Verfahrensanweisung „Gebäudetechnische und räumliche Ausstattung" des Kalibrierlabors können beispielsweise die Kalibrierketten für Mess-Schieber, Bügelmess-Schrauben, Messuhren und Bohrungslehren dargestellt werden. Für weitere Details kann beispielsweise eine Verfahrensanweisung „Ressourcen zur Überwachung, Messung und Kalibrierung" erarbeitet werden.

2.7.4 Handhabung von Prüf- und Kalibriergegenständen [DIN EN ISO/IEC 17025:2018-03, Abschnitt 7.4]

Gegenstände, die zur Kalibrierung benötigt werden, bleiben Eigentum des Auftraggebers und werden als solches entsprechend behandelt. Ihre Sicherheit, Unversehrtheit und die Aufrechterhaltung ihrer Eigenschaften ist zu gewährleisten. Dafür ist im Zusammenhang mit dem Eingang und der Handhabung von Kalibriergegenständen folgendes zu beachten:

- ein geeignetes Kennzeichnungs- und Aufzeichnungssystem,
- geeignete Lager- und Transportbedingungen, einschließlich der Verfahren für Schutz und Aufbewahrung,
- Lenkung nichtkonformer Arbeiten (DIN EN ISO/IEC 17025:2018-03, Abschnitt 7.10).

Details können beispielsweise in einer Verfahrensanweisung *„Lenkung von Kalibriergegenständen"* geregelt werden.

Sicherung der Qualität von Ergebnissen [DIN EN ISO/IEC 17025:2018-03, Abschnitt 7.7]

Mit aufeinander abgestimmten Verfahren sind die Qualität der angebotenen Kalibrierleistungen zu verfolgen, Abweichungen frühzeitig zu erkennen und notwendige Korrekturmaßnahmen (DIN EN ISO/IEC 17025:2018-03, Abschnitt 8.7) rechtzeitig einzuleiten.

Zusätzlich zu den internen Audits (DIN EN ISO/IEC 17025:2018-03, Abschnitt 8.8) sind Maßnahmen und statistische Verfahren zur Überwachung der Richtigkeit der ermittelten Kalibrierergebnisse systematisch zu planen und anzuwenden.

Die Methoden zur Qualitätssicherung sind in den Arbeitsanweisungen für die einzelnen Kalibrierverfahren zu regeln.

Den Verfahren angemessen sind, sofern zutreffend, anzuwenden:

- interne Qualitätslenkungsprogramme mit Anwendung statistischer Verfahren;
- regelmäßige Teilnahme an Vergleichsmessungen mit anderen Laboratorien – Ringversuche im Rahmen der metrologischen Anerkennung [Nor 22];
- Vergleichsmessungen mit zertifiziertem Referenzmaterial;
- interne Qualitätslenkung unter Verwendung von sekundärem Referenzmaterial bzw. von Kontrollproben;
- Korrelation von Ergebnissen für verschiedene Merkmale eines Gegenstandes, Plausibilitätstest;
- Anwendung weiterer statistischer Verfahren zur Überwachung der Prüfergebnisse;
- Turnusmäßige Qualifikation des Messpersonals und deren Nachweis sowie die zugehörige Dokumentation.

Die Aufzeichnungen über die Überwachungsmethoden und Daten werden aufbewahrt und zur Qualitätslenkung analysiert. Stellt sich heraus, dass die Kenndaten außerhalb von definierten Eingriffskriterien liegen, müssen geplante Maßnahmen ergriffen werden, um das Problem zu beseitigen und zu verhindern, dass unrichtige Ergebnisse berichtet werden (DIN EN ISO/IEC 17025:2018-03, Abschnitt 8.4).

Werden Anzeichen dafür entdeckt, dass Ergebnisse fehlerhaft sein können, sind die Grundsätze und Verfahren zur Lenkung fehlerhafter Kalibrierarbeiten beispielsweise nach einer Verfahrensanweisung „Steuerung nichtkonformer Prozessergebnisse, Produkte und Dienstleistungen" anzuwenden.

Zur metrologischen Absicherung der Messergebnisse in akkreditierten Prüflaboratorien muss ein regelmäßiger Maßanschluss (Vergleich) mit Referenzmaterialien bzw. geeichten Kalibriernormalen durchgeführt werden.

Zusätzlich haben regelmäßige Teilnahmen an Vergleichsmessungen (Ringversuche) mit anderen akkreditierten Laboratorien im Rahmen der metrologischen Anerkennung eine besondere Bedeutung.

Die Auswertung und Bewertung von Vergleichsmessungen erfolgt mithilfe der Kenngröße des E_n-Wertes [PTB 18]:

$$E_n = \frac{x_{\text{Lab}} - \overline{x}}{\sqrt{u_{\text{Lab}}^2 + u^2\left(\overline{x}\right)}}$$

Dabei bedeuten

x_{Lab} Mittelwert des Labors

$\overline{x}$ gewichteter Mittelwert

u_{Lab}^2 erweiterte Messunsicherheit des Labors (k = 2)

$u^2\left(\overline{x}\right)$ kombinierte Messunsicherheit des gewichteten Mittelwertes

Der gewichtete Mittelwert $\overline{x}$ berechnet sich aus den Mittelwerten von $n = 6$ Einzelmessungen der einzelnen Labore des Ringvergleiches und den Unsicherheiten u_{Lab}^2 der einzelnen Labore:

Gewichteter Mittelwert:

$$\overline{x} = \frac{\frac{x_1}{u^2(x_1)} + \ldots + \frac{x_n}{u^2(x_n)}}{\frac{1}{u^2(x_1)} + \ldots + \frac{1}{u^2(x_n)}}$$

Die kombinierte Messunsicherheit des gewichteten Mittelwertes $u^2\left(\overline{x}\right)$ ergibt sich nach:

$$\frac{1}{u^2\left(\overline{x}\right)} = \frac{1}{u^2\left(x_1\right)} + \ldots + \frac{1}{u^2\left(x_n\right)}$$

mit

$$u\left(\overline{x}\right) = \sqrt{\frac{1}{\left(\frac{1}{u^2(x_1)} + \ldots + \frac{1}{u^2(x_n)}\right)}}$$

Für die Bewertung des Ringvergleiches gilt dann:

- $|E_n| \leq 1$ Vergleich bestanden – Abweichungen der Vergleichsmessungen der beteiligten Prüflaboratorien liegen innerhalb einer zulässigen Toleranz.
- $|E_n| > 1$ Vergleich nicht bestanden – Abweichungen der Vergleichsmessungen der beteiligten Prüflaboratorien liegen außerhalb der zulässigen Toleranz.

Die Ergebnisse von Vergleichsmessungen (Ringversuchen) sind zu dokumentieren und aufzubewahren.

2.7.5 Berichten von Ergebnissen [DIN EN ISO/IEC 17025:2018-03, Abschnitt 7.8]

Kalibrierergebnisse werden genau, klar, eindeutig, objektiv und vollständig auf der Grundlage von Aufzeichnungen und Auswertungen sowie Kundenforderungen auf dem Kalibrierschein (DIN EN ISO/IEC 17025:2018-03, Abschnitt 7.8.4) dargestellt. Ein Beispiel für eine DAkkS-konforme Gestaltung eines Kalibrierscheins für einen Lehrdorn ist **im Anhang A 16.0** enthalten.

Es sind die Grundsätze zur Erstellung, Übermittlung und Änderung von Ergebnisberichten sowie zur Archivierung beispielsweise in einer Verfahrensanweisung festzulegen.

3 Prozessorientiertes Qualitätsmanagement

3.1 Prozesse

Das Ziel einer Unternehmung ist es, Gewinn zu erzielen. Dieses ist jedoch nur durch die Schaffung von Mehrwert möglich – durch Wertschöpfung. **Wertschöpfung** ist die Erbringung von Dienstleistungen und die Produktion materieller Erzeugnisse. Somit ist Wertschöpfung gleichbedeutend mit **Leistungserbringung**. Ein Gewinn wird jedoch nur dann erzielt, wenn der Kunde das Produkt auch abnimmt. Der Grad der Befriedigung der Kundenbedürfnisse ist daher einer der wichtigsten Faktoren der Gewinnerzielung [Höp 01]. Das Mittel der Leistungserbringung ist das Ausführen von **Kundenaufträgen** oder erwarteten Kundenaufträgen (Lageraufträgen). Die für das Unternehmen so wichtige Auftragsabwicklung besteht aus unterschiedlichen Aktivitäten. Diese werden als „Prozesse" bezeichnet (Bild 3.1).

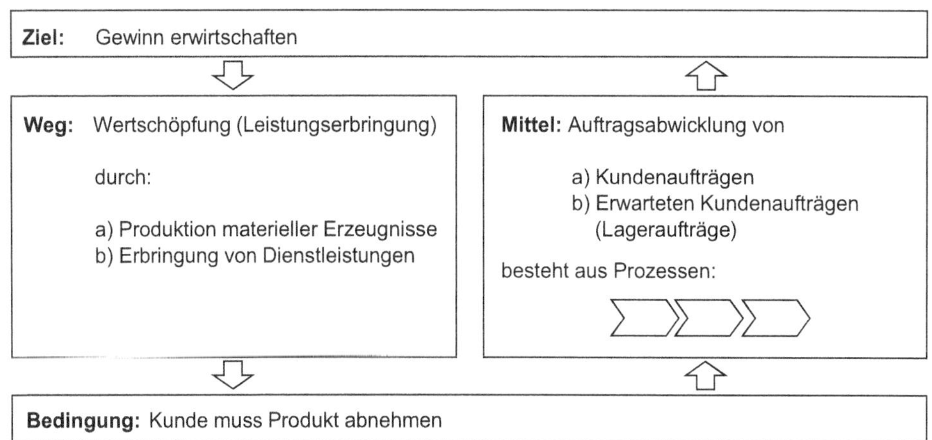

Bild 3.1 Auftragsabwicklungsprozesse als Mittel zur Zielerreichung von Unternehmen

Der Erfolg der Unternehmung ist also direkt mit der **Leistungsfähigkeit** und der **Kundenorientierung** der Prozesse verknüpft. Daher besteht die Forderung, die Qualität der Unternehmensprozesse systematisch zu lenken und zu leiten. Das System zum Leiten und Lenken der Organisation bezüglich Qualität (QM-System) muss sich daher an den Prozessen des Unternehmens ausrichten (Bild 3.2).

Der Begriff „Prozess" wird in der Qualitätslehre wie folgt definiert.

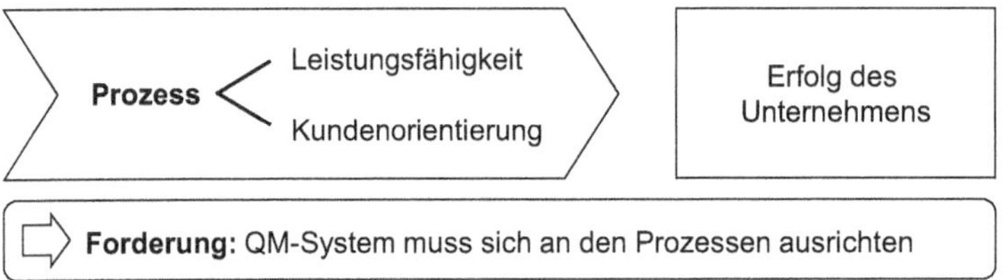

Bild 3.2 Verknüpfung von Prozesseigenschaften und Unternehmenserfolg

Prozess: System von Tätigkeiten, das Eingaben in Ergebnisse umgestaltet [Gei 08].

Diese in der Definition genannten Tätigkeiten stehen in Wechselwirkung und Wechselbeziehung untereinander (vergleiche Definition des „System"-Begriffs in Abschnitt 1.3).

Tätigkeit: Verändern des Zustandes einer Einheit [Gei 08].

Der „Zustand" bezieht sich auf den Betrachtungszeitpunkt:

Zustand: Beschaffenheit einer Einheit zum Betrachtungszeitpunkt [Gei 08].

Jeder Prozess wandelt bestimmte **Eingaben** (Inputs) in **Ergebnisse** (Outputs) um. Für diese Transformation werden bestimmte Mittel benötigt. Solche **Mittel** sind u. a.:

- Einrichtungen
- Anlagen
- Technologien
- Personen
- Methoden

Jeder Prozess besteht somit aus den folgenden vier Elementen (Bild 3.3) [DGQ 10].

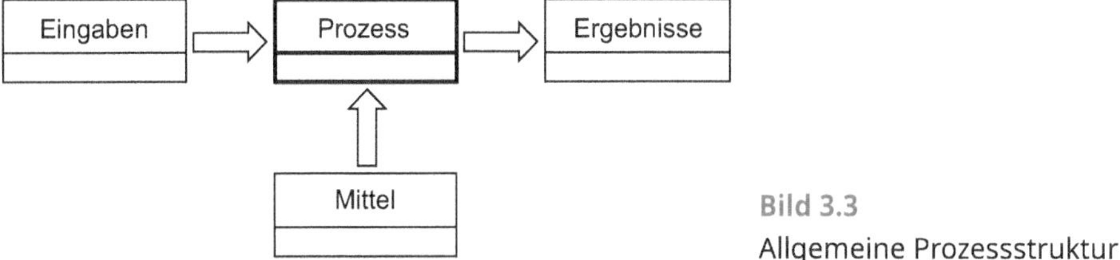

Bild 3.3 Allgemeine Prozessstruktur

Zur Veranschaulichung sollen zwei Beispiele angeführt werden (Bild 3.4).

Zwischen mehreren Prozessen bestehen Schnittstellen. Für die Visualisierung der Prozesse und deren Schnittstellen wird im Qualitätsmanagement die „Prozesslandschaft" erarbeitet (Abschnitt 7.3.1).

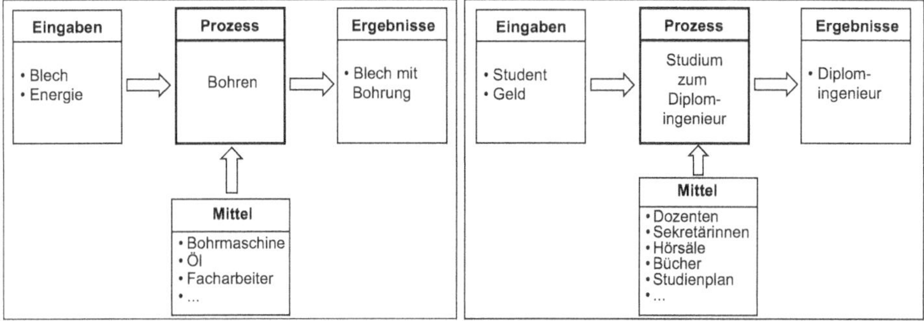

Bild 3.4 Beispiele für Prozesse

Wie die Beispiele zeigen, können Prozesse unterschiedliche **Detaillierungen** aufweisen. So ist der Beispielprozess „Bohren" eng abgegrenzt als ein Arbeitsgang, der von einer Person durchgeführt wird. Der Prozess „Studium zum Master" ist hingegen weitaus komplexer. Hier wird sofort erkennbar, dass dieser Prozess aus vielen Teilprozessen besteht, wie z. B. „Mathematik lernen", „Bücher kaufen", „Master-Thesis schreiben" etc. Jedoch besteht bei genauerer Betrachtung auch das Bohren aus Teilprozessen, wie z. B. „Blech einspannen", „Bohrmaschine einschalten", „Öl zuführen" usw. Weiterhin lassen sich sämtliche dieser Teilprozesse erneut in Teilprozesse unterteilen. Beispielsweise besteht der Teilprozess „Master-Thesis schreiben" aus „Gliederung anlegen", „Literatur studieren", „Manuskript anfertigen" etc. (Bild 3.5).

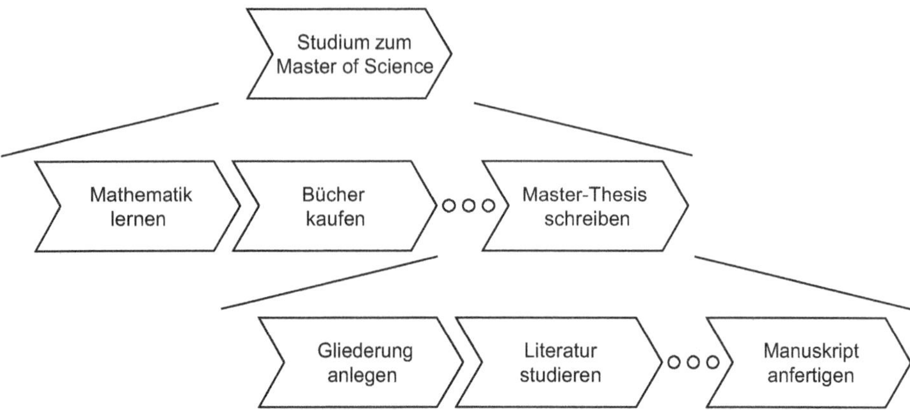

Bild 3.5 Detaillierung von Prozessen

Prozesse weisen insbesondere zwei Eigenschaften auf:

Abgegrenztheit: Jeder Prozess hat einen definierten Anfang und ein definiertes Ende.

Selbstähnlichkeit: Jeder Prozess kann in weitere Prozesse zerlegt werden.

Für die Identifizierung und Dokumentation von Prozessen muss je nach Zweck eine geeignete Detaillierungsebene gefunden werden.

3.2 Prozessketten

Prozesse im Unternehmen sind in vielfältiger Weise untereinander verknüpft. So sind die Ergebnisse eines Prozesses Eingaben anderer Prozesse. Auf diese Weise entstehen Prozessketten. Jedes der Elemente dieser Prozessketten ist Zwitter. Es ist gleichzeitig **Kunde** eines Prozesskettenelementes und **Lieferant** eines anderen Prozesskettenelementes.

Die Ergebnisse von Produktionsprozessen sind Produkte. Diese können materiell (Materie) oder immateriell (Energie, Information) sein. Die Forderungen an die Produkte werden von den nachfolgenden Prozesskettenelementen gestellt.

Daher gilt:

Der Fluss von Forderungen und Produkten verläuft gegensätzlich.

Um die Prozesse hinsichtlich ihrer Leistungsfähigkeit zu bewerten, sind **Messungen** erforderlich. Diese können sowohl vom zu bewertenden Prozesskettenelement selbst (aus Lieferantensicht) als auch vom nachfolgenden Prozesskettenelement (aus Kundensicht) durchgeführt werden.

Die Übereinstimmung von Forderung und Produkt wird vorwärts als **Kundenzufriedenheit** und rückwärts als **Lieferantenbewertung** gemessen. Es ist daher möglich, zur Bestimmung der Kundenzufriedenheit der Organisationseinheit OE_{j-1} die Lieferantenbewertung der Organisationseinheit OE_j (des Kunden der Organisationseinheit OE_{j-1}) heranzuziehen. Es gibt dabei keinen prinzipiellen Unterschied zwischen internen und externen Größen (Bild 3.6).

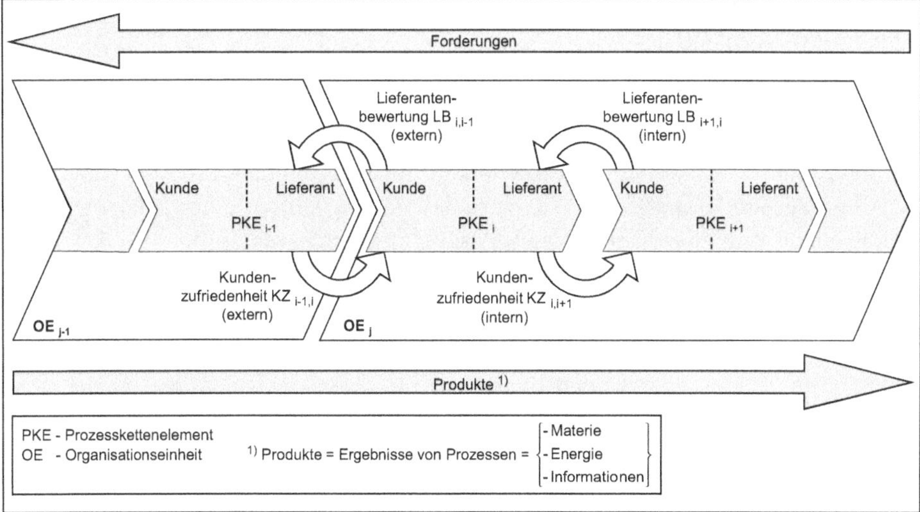

Bild 3.6 Prozessketten mit Kunden-Lieferanten-Beziehungen [Höp 01]
(PKE – Prozesskettenelement; OE – Organisationseinheit)

Prozessketten enden nicht an den Grenzen von Organisationseinheiten. So verläuft die in Bild 3.6 dargestellte Prozesskette durch mehrere Organisationseinheiten. Solche **Organisationseinheiten** können beispielsweise sein:

- Unternehmen
- Unternehmensgruppen
- Profit-Center
- Abteilungen
- Arbeitsplätze

Bei n Organisationseinheiten sind die Organisationseinheiten OE_2 bis OE_{n-1} im Verlauf der Prozesskette sowohl Lieferant als auch Kunde (dies gilt im internen und im externen Verhältnis). Die Organisationseinheiten OE_1 und OE_n entwickeln bezüglich ihres Geltungsbereichs nur eine Ausprägung:

intern:

$$OE_1 = \text{Wareneingang}$$

$$OE_n = \text{Warenausgang}$$

extern:

$$OE_1 = \text{„Urlieferant“}$$

$$OE_n = \text{Endverbraucher}$$

Die Ausweitung des Managements von Prozessketten über die Organisationsgrenzen hinweg führt zum **Supply Chain Management** (Bild 3.6).

Im Unternehmen existieren Prozessketten, die direkt Produkten/Produktgruppen zugeordnet werden können, und Prozessketten, die Bestandteil einer Unternehmensfunktion sind. Daher werden Prozessketten unterschieden in

- produktbezogene Prozessketten und
- funktionsbezogene Prozessketten.

Produktbezogene Prozessketten: Prozessketten, die Prozesse der Herstellung bzw. Werterhöhung von Produkten umfassen.

Funktionsbezogene Prozessketten: Prozessketten, die produktübergreifend einer Unternehmensfunktion zugeordnet werden können.

Bei der Prozessgestaltung ist es notwendig, sowohl produktbezogene als auch funktionsbezogene Prozessketten zu modellieren. Dadurch ergibt sich eine **Matrixorganisation** (Bild 3.7).

Die Gestaltung **produktbezogener Prozessketten** hat den Vorteil der Betonung der Orientierung auf den externen Kunden, da die Prozesskette in Richtung der Werterhöhung weist. Eine zu einseitige Ausrichtung auf produktbezogene Prozessketten kann den Verlust von Know-how zur Folge haben. Dies kann beispielsweise bei der sequenziellen Durchführung von Projekten eintreten, wenn das Personal der Entwicklungsabteilung wiederholt in Projektteams verteilt wird. Es besteht dann die Gefahr des Verlustes an Kompetenz in der Struktureinheit „Entwicklungsabteilung“.

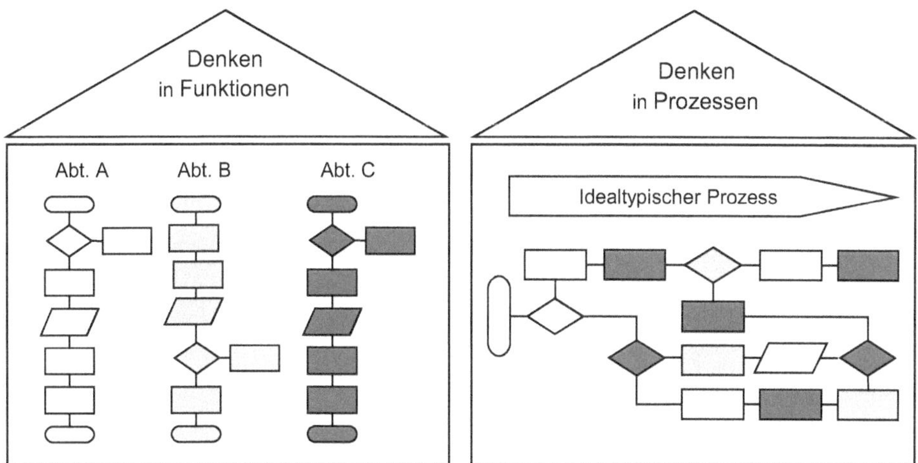

Bild 3.7 Matrixorganisation funktionsbezogener und produktbezogener Prozessketten [Bay 03]

Funktionsbezogene Prozessketten bringen wiederum dann Vorteile, wenn gleichartige Methoden und Ressourcen auf verschiedene Produkte/Produktgruppen (beispielsweise das Know-how einer Entwicklungsabteilung) angewendet werden. Eine typische funktionsbezogene Prozesskette ist die Abwicklung der Instandhaltung – sie wirkt produktunabhängig. Eine zu starke Orientierung auf funktionsbezogene Prozessketten kann den Aufbau effizienter produktbezogener Prozessketten beeinträchtigen. Aufgabe eines Unternehmens ist es deshalb, stets ein ausgewogenes Verhältnis von produktbezogenen und funktionsbezogenen Prozessketten zu gewährleisten.

3.3 Plan-Do-Check-Act-Zyklus – PDCA

Um die Leistungsfähigkeit von Prozessen zu sichern und weiter zu erhöhen, ist es hilfreich, Prozesse als wiederkehrende Abfolge der Phasen

- Planen (Plan),
- Ausführen (Do),
- Prüfen (Check) und
- Verbessern/Agieren (Act)

zu gestalten. Dieser Ablauf wird nach Deming mit dem Begriff **PDCA-Zyklus** bezeichnet (Bild 3.8) [Dem 94].

Die Anwendung des ursprünglich auf Shewhart zurückgehenden Deming-Zyklus ermöglicht die ständige Verbesserung der Prozesse. Durch Integration objektiver Messungen und die Rückführung der Ergebnisse in den Planungsprozess wird eine **Regelkreisstruktur** aufgebaut. Der PDCA-Zyklus kann auf alle Detaillierungsstufen von Prozessen angewandt werden.

Agile Methoden setzen zumeist auf eine iterative Vorgehensweise, planen mit kleinen Schritten und sind eng mit dem PDCA-Zyklus verwandt.

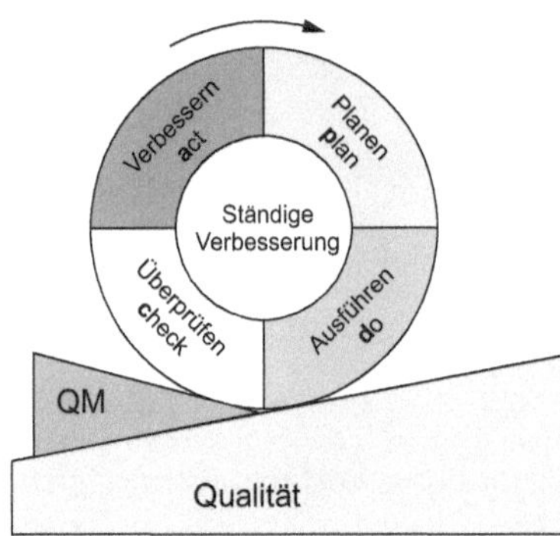

Bild 3.8
Deming'scher PDCA-Zyklus

3.4 Prozessgestaltung

Der Aufbau von Prozessstrukturen wird als **prozessorientierter Ansatz** bezeichnet. Er ist in der ISO 9000:2005 definiert:

Prozessorientierter Ansatz: Systematisches Erkennen sowie Handhaben verschiedener Prozesse innerhalb einer Organisation, vor allem aber der Wechselwirkungen zwischen solchen Prozessen [Nor 15b].

Folgende Schritte sind zum **Aufbau einer Prozessstruktur** notwendig:

a Prozessdefinition: Identifizierung und Systematisierung der Prozesse

b Benennung der Prozessverantwortlichen

c Analyse der Prozesse

d Reengineering: Aufbau einer PDCA-Struktur

a) Prozessdefinition: Identifizierung und Systematisierung der Prozesse

Zunächst sind Prozesse zu identifizieren und gegeneinander abzugrenzen. Dazu eignet sich die Methode des **Brainstormings**, die im Team anzuwenden ist. Dabei ist jeweils die geeignete Detaillierungsstufe für den Prozess zu finden.

Bei der Prozessdefinition sollte man sich insbesondere auf die Kernprozesse des Unternehmens konzentrieren. Kernprozesse sind die Prozesse, die die Wertschöpfung des Unternehmens bewirken und die Qualität beeinflussen. Sie enthalten das höchste Unternehmens-Know-how und sind daher von höchster Relevanz.

Es sollten weiterhin auch solche Prozesse identifiziert werden, die funktionsübergreifenden Charakter haben.

b) Benennung der Prozessverantwortlichen

Für jeden Prozess sind Prozessverantwortliche – Prozesseigentümer – festzulegen.

c) Analyse der Prozesse

Für jeden Prozess sind zu ermitteln:

- Eingaben (Input)
- Anforderungen an die Eingaben
- Lieferanten
- Ergebnisse (Output)
- Anforderungen an die Ergebnisse
- Prozesseigentümer
- Kunden
- Mittel (Ressourcen)
- Arbeitsinhalt des Prozesses
- Methoden zur wirksamen Durchführung und Lenkung von Prozessen

d) Reengineering: Aufbau einer PDCA-Struktur

Der Aufbau von PDCA-Strukturen sichert die ständige Verbesserung von Prozessen (Abschnitt 3.3). Es ist insbesondere festzulegen:

- Wer plant den Prozess?
- Wie wird der Prozess gemessen, was sind die Messgrößen des Prozesses?
- Wie wird gewährleistet, dass die Messergebnisse zur Verbesserung der Prozessplanung verwendet werden?

Ein gut gestalteter Prozess ...

- ist kundenorientiert,
- erhöht den Wert eines Produktes bzw. einer Dienstleistung,
- hat einen Prozessverantwortlichen,
- wird von allen Beteiligten verstanden,
- wird anhand von Messgrößen beurteilt und
- wird kontinuierlich verbessert.

4 Normen für Qualitätsmanagementsysteme

4.1 Gründe für den Aufbau von QM-Systemen

Jede Organisation ist davon abhängig, dass ihre Lieferanten ihre Produkte in gleicher guter Qualität liefern. Gerade bei Anwendung von Just-in-time-Philosophien ist hohe Liefertreue und Qualitätsfähigkeit von Lieferanten unabdingbare Voraussetzung für eine reibungslose Produktion.

Der Kunde erhofft und erwartet vom gekauften Produkt, dass dieses die gestellten Erwartungen in Bezug auf Funktionalität, Fehlerfreiheit und Sicherheit erfüllt. Er hat jedoch im Vorfeld des Kaufes keine Möglichkeit, um dieses mit Gewissheit festzustellen. Er kann zwar einzelne Produkte prüfen, hat jedoch keine Gewähr dafür, dass zukünftige Produkte des Lieferanten die gleiche Qualität haben werden. Er kann auch die Zuverlässigkeit des Lieferanten in Bezug auf Termineinhaltung, Service und Wartung schlecht einschätzen. Daher ist jeder Kauf ein **Vertrauensvorschuss des Kunden an den Lieferanten**.

Der Lieferant wiederum kann das Vertrauen des Kunden im Vorfeld der Produktbenutzung nur schwer schaffen, da die Kunden oftmals durch übersteigerte Marketing- und Werbeaussagen misstrauisch geworden sind.

Das Vertrauen des Kunden würde jedoch dann geschaffen, wenn der Lieferant nachweist, dass er systematisch organisierte Maßnahmen zum Erhalt und zur Verbesserung der Qualität seiner Produkte durchführt. Ein solches System von Maßnahmen, das sich auf alle Unternehmensprozesse erstreckt, ist das **QM-System**.

Es beinhaltet die Planung, Durchführung, Überwachung und Verbesserung aller Prozesse, die sich auf die Qualität der Produkte auswirken. Für den Lieferanten ist der Aufbau eines solchen QM-Systems mit einer Reihe von **Vorteilen** verbunden:

- **Schaffung von Vertrauen zwischen Kunden und Lieferanten**

  Die qualitätsbezogenen Tätigkeiten und Zielsetzungen des Lieferanten sind in einem System geordnet. Dadurch wird Vertrauen des Kunden in die Organisationsstruktur des Lieferanten geschaffen. Es ergibt sich damit ein direkter Wettbewerbsvorteil gegenüber Mitbewerbern.

- **Verbesserung der betrieblichen Abläufe und ihrer Dokumentation**

  Der Aufbau des QM-Systems beinhaltet die Analyse, Optimierung und Dokumentation der betrieblichen Prozesse. Es ist dadurch möglich, Schwachstellen zu erkennen, die Leistungsfähigkeit und die Kundenorientierung der Prozesse sprungartig zu verbessern.

- **Schaffung von Vertrauen der Organisation in die eigenen Geschäftsprozesse**

  Mit dem QM-System werden Regelungen geschaffen und dokumentiert, um die eigenen Prozesse zu lenken und zu verbessern. Das schafft Sicherheit und Vertrauen der Leitung der Organisation und der Mitarbeitenden der Organisation in die eigenen Prozesse.

- **Entlastungsmöglichkeit im Produkthaftungsfall**

  Der Aufbau eines QM-Systems bestätigt die Erfüllung der Sorgfaltspflichten zur Strukturierung der qualitätsbezogenen Tätigkeiten und Zielsetzungen und ihren Wechselwirkungen. In Fällen der verschuldensabhängigen Haftung hat der Lieferant Aussicht auf Entlastung, wenn er nachweisen kann, dass er unter Einsatz des Standes der Technik alle Maßnahmen getroffen hat, um Fehler bei Entwicklung, Herstellung und Einsatz des Produktes zu vermeiden (Kapitel 14).

Für den Aufbau von QM-Systemen wurde die internationale Normenfamilie ISO 9000 ff. entwickelt.

4.2 Entstehung der Normenfamilie ISO 9000 ff.

Ebenso wie die Produkte eines jeden Unternehmens einzigartig sind, unterscheiden sich auch die Geschäftsprozesse der Unternehmen. Daher sind auch QM-Systeme unternehmensspezifisch und nicht normierbar. Trotzdem gibt es bestimmte **Mindestanforderungen** an QM-Systeme, die eingehalten werden müssen.

Normen für QM-Systeme beschreiben daher **Mindestbestandteile** von QM-Systemen und die **Anforderungen** an diese. Sie sind keine Gesetze, jedoch enthalten sie die

Mehrheitsauffassung zum aktuellen Stand der Technik und werden durch vertragliche Vereinbarung der Anforderungsnormen für die Vertragsparteien verbindlich.

Wie so oft in der Geschichte des wirtschaftlichen Fortschritts hatte auch die Entwicklung der Normenfamilie ISO 9000 ff. ihren Ursprung im **militärischen Bereich**. Gerade hier ist der Anspruch an die Qualität der Produkte besonders hoch, da einerseits Leib und Leben von ihnen abhängen und andererseits eine hohe Einsatzbereitschaft gesichert werden muss.

An der Entwicklung von Normen zum Qualitätsmanagement wurde auf nationaler und internationaler Ebene gearbeitet. Als Ergebnis der Entwicklungen entstanden die US-Norm MIL-Q-9858A, die kanadische Z 299.1 bis Z 299.4 und die britische Norm BS 5750. Diese waren wichtige Grundlagen für die Entwicklung der 1987 verabschiedeten Normen ISO 9000 bis ISO 9004 (Bild 4.1).

Die als Normenfamilie ISO 9000 ff. bezeichnete Normenreihe bestand zunächst aus der ISO 9000, die Grundlagen und Konzepte darlegte, den Normen ISO 9001, 9002 und 9003, die die nachzuweisenden Anforderungen enthielten, wenn das Gesamtsystem, ein System ohne Entwicklungstätigkeiten oder Systeme, die sich nur auf Liefertätigkeiten (Endprüfung) beschränken, dargelegt werden sollte, sowie aus der ISO 9004, die einen Leitfaden zum Aufbau und zur Verbesserung von QM-Systemen bot.

Gleichzeitig wurde eine Reihe von Normen zu QM-Werkzeugen entwickelt, beispielsweise zu Auditanforderungen, zum Konfigurations- und Projektmanagement oder zu QM-Dokumenten.

Da die ersten QM-Anforderungsnormen sehr stark an einer Stückfertigung orientiert waren, wurden weitere Normen entwickelt, die die Anwendung für Dienstleistungsprozesse, Softwareentwicklung oder Produktion verfahrenstechnischer (fluider) Stoffe anpassen bzw. erleichtern sollten. Dennoch gab es in der Folgezeit eine starke Entwicklung branchenspezifischer Regelungen, sodass Unternehmen mit Kunden aus verschiedenen Branchen durchaus nach fünf oder noch mehr Normen bzw. Regelwerken auditiert werden mussten.

Um eine weitere Ausuferung zu verhindern, entwickelte ISO mit der Vision ISO 2000 ein neues Normungskonzept. In dessen Folge wurde die Normenanzahl reduziert und die Normenfamilie neu strukturiert.

Die ISO-9001-Familie besteht nunmehr aus den Kernnormen der Nummernreihe ISO 9000 ff. und den unter der Nummernreihe ISO 10000 ff. zusammengefassten QM-Werkzeug-Normen [DIN 16a; DIN 16]. Eine Ausnahme bildet die Kernnorm ISO 19011, da sie gleichermaßen Anforderungen an Audits zum Qualitäts- und zum Umweltmanagement beinhaltet. Weiterhin wurden Normen, die eher erklärenden oder hinweisenden Charakter hatten, als Technische Regeln (ISO TR) oder Broschüren von ISO veröffentlicht. Sie können zum Teil auf der Homepage der International Organization for Standardization abgerufen werden [Web 35].

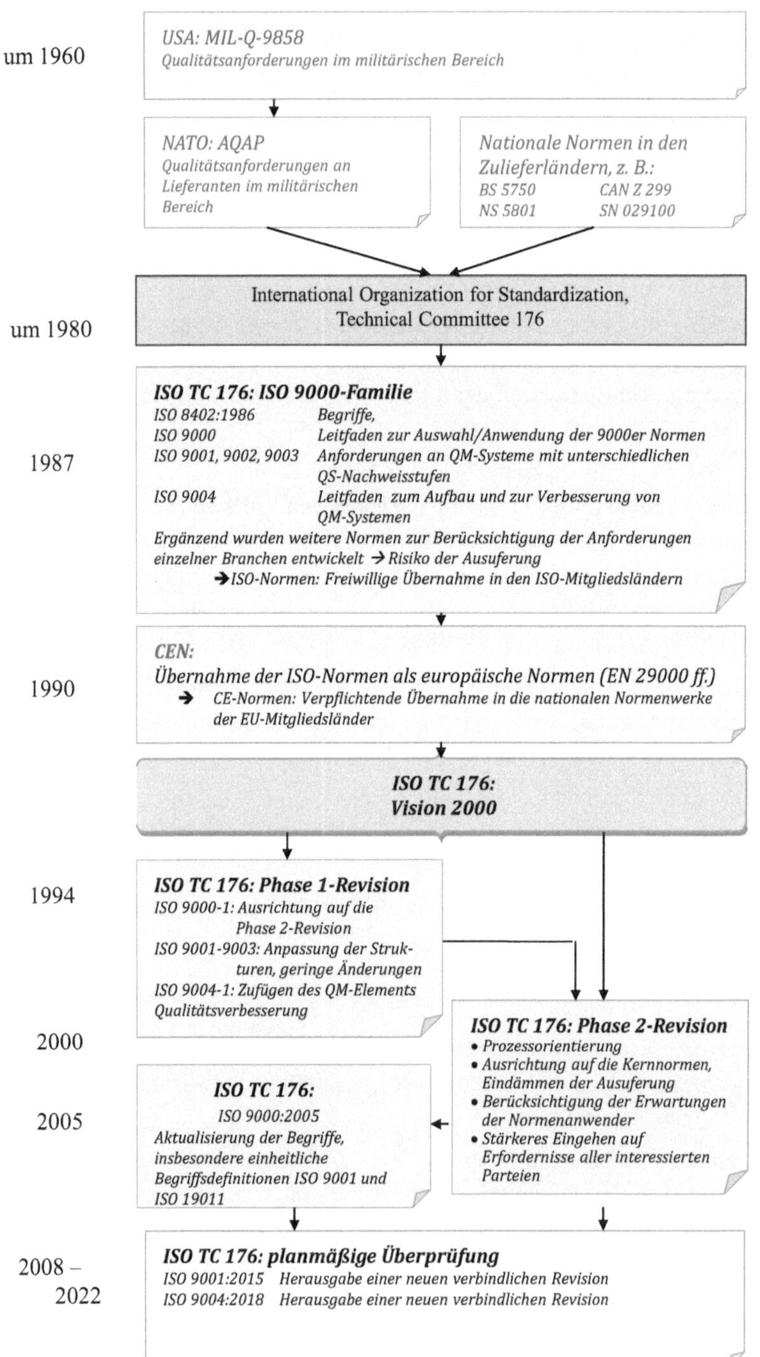

Bild 4.1 Entstehung und Entwicklung der Normenfamilie ISO 9000 ff.

Normen unterliegen einer periodischen Überprüfung, als deren Ergebnis die betreffenden Normen bestätigt werden oder Überarbeitungen erfolgen können. Eine wichtige Etappe war hier die Revision der ISO-9000-Kernnormen im Jahr 2000. Der Entwicklung im Qualitätsmanagement Rechnung tragend, wurde erstmals ein prozessorientierter Ansatz eingeführt.

ISO 9001 und 9004 bildeten ein sogenanntes konsistentes Paar mit Anforderungen (ISO 9001:2000) und einem Leitfaden zur ständigen Verbesserung (ISO 9004:2000). Während ISO 9001:2000 insbesondere auf die Kundenforderungen fokussiert, orientiert sich ISO 9004:2000 stärker an den Erwartungen aller an der Organisation interessierten Parteien, nämlich der Kunden, der Eigentümer, der Mitarbeitenden, der Lieferanten und Partner sowie der Gesellschaft. Auf diese Normen wird im Kapitel 5 näher eingegangen.

Im November 2008 wurde eine weitere Revision der ISO 9001 durchgeführt. Mit dieser Revision wurden keine Anforderungen geändert oder erweitert, sondern es wurden unklare oder missverständliche Formulierungen nach Hinweisen der Normenanwender beseitigt.

Parallel dazu erfolgte eine Überarbeitung der ISO 9004 im Jahr 2009. Bereits der neue Titel *Leiten und Lenken zu nachhaltigem Erfolg – Ein Qualitätsmanagementansatz* macht deutlich, dass hier grundlegende Änderungen erfolgten, die sich an der weltweiten Entwicklung des Qualitätsmanagements orientierten.

Im Dezember 2015 erfolgte eine weitere Revision zur nunmehr DIN EN ISO 9001:2015. Im Vergleich zur Ausgabe aus dem Jahr 2008 erfolgte eine fachliche Überarbeitung, die inhaltliche Gliederung wurde verändert (High Level Structure), die „Grundsätze des Qualitätsmanagements“ wurden überarbeitet und neue Begriffe aufgenommen (Kapitel 5).

4.3 Überblick Normen und Regelwerke für QM-Systeme

Normen und Regelwerke zu QM-Systemen entstehen wie andere Normen auch auf verschiedenen internationalen und nationalen Ebenen oder branchenspezifisch.

- **Internationale Normen**

  Die internationale Normung erfolgt beispielsweise durch die

  - International Organization for Standardization (ISO),
  - International Electrotechnical Commission (IEC).

  Internationale Normen können ins nationale Normenwerk übernommen werden, müssen aber nicht. Bei Übernahme sind sie vollständig und identisch zu übernehmen. Nationale Normen zum gleichen Gegenstand dürfen bestehen bleiben.

Um branchenspezifische Regelungen zu QM-Systemen international zu veröffentlichen, besteht die Möglichkeit der Entwicklung von Normen auf der Basis von ISO 9001 (z. B. ISO 13485 Medizinprodukte) oder der Ergänzung der ISO 9001 in Technischen Spezifikationen (z. B. IATF 16949, Zusatzforderungen Automotive Industries).

- **Europäische Normen**

  Die europäische Normung erfolgt durch die Organisationen

  - Comité Européen de Normalisation (CEN),
  - Comité Européen de Normalisation Électrotechnique (CENELEC),
  - European Telecommunications Standards Institute (ETSI).

  Europäische Normen müssen ins nationale Normenwerk Übernommen werden. Nationale Normen zum gleichen Gegenstand müssen aufgehoben werden. ISO und CEN haben die Übernahme der ISO 9000 ff. ins europäische Normenwerk vereinbart, insofern sind sie national ebenfalls zu übernehmen.

- **Nationale Normen**

  DIN: Deutsche Industrie-Norm

  ÖNorm: Österreichische Norm

  BS: British Standard

  usw.

  Wenn internationale oder europäische Normen in das nationale Normenwerk übernommen werden, erhalten sie den entsprechenden Vorsatz, z. B. DIN ISO, DIN EN oder DIN EN ISO.

- **Branchenspezifische Regelwerke**

  VDA 6: Regelwerk der deutschen Automobilindustrie

  GMP, HACCP: Regelwerk der Pharma- und Lebensmittelindustrie

  usw.

- **Unternehmensspezifische Regelwerke**

  Q 1: Regelwerk von Ford

  Formel Q: Regelwerk von VW

  Valeo 1000: Regelwerk von Valeo

  usw.

Im Folgenden soll ein Überblick über verschiedene Normen und Regelwerke für QM-Systeme nach den Kategorien branchenspezifisch/branchenneutral und auf der ISO 9000 ff. aufbauend/eigenständig gegeben werden (Bild 4.2).

In den nachfolgenden Tabelle 4.1 bis Tabelle 4.5 sind ausgewählte Normen und Regelwerke zum Qualitätsmanagement aufgeführt.

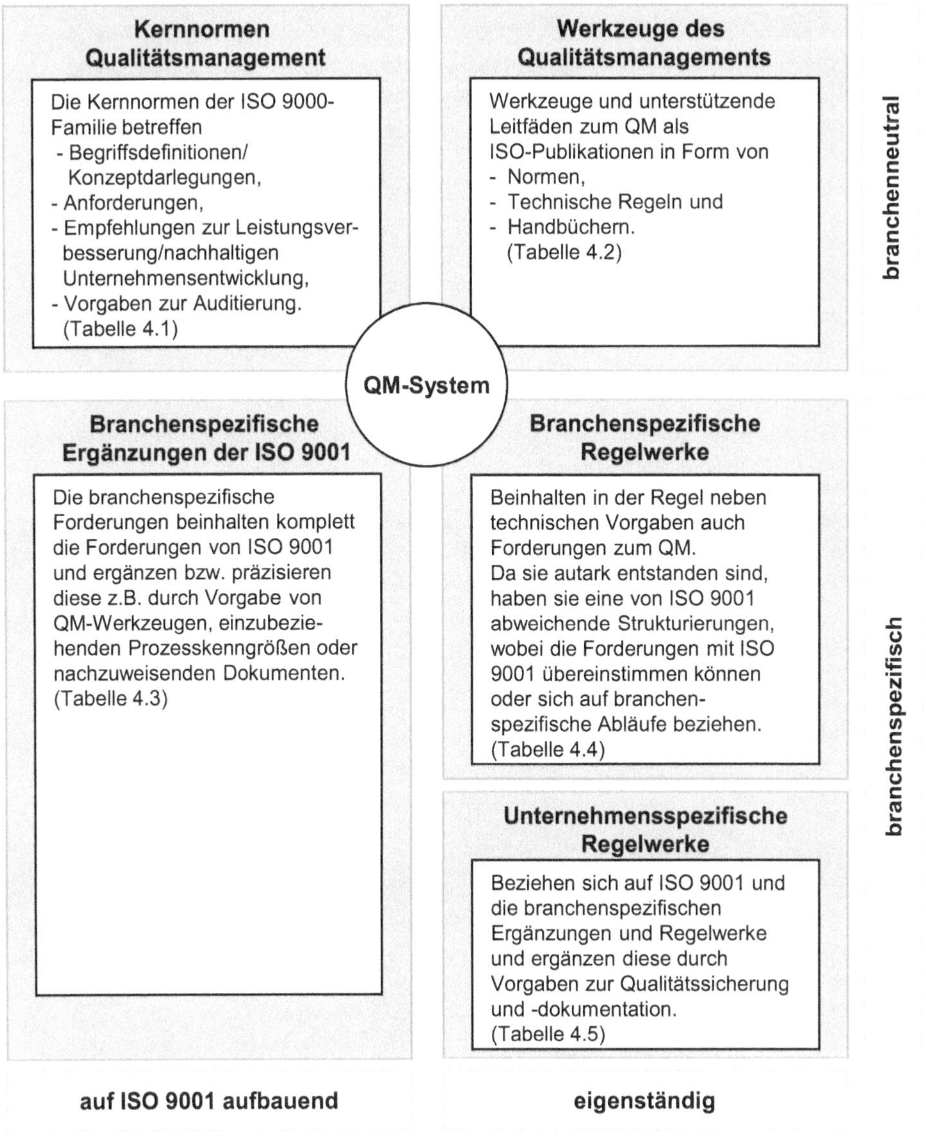

Kernnormen Qualitätsmanagement

Die Kernnormen der ISO 9000-Familie betreffen
- Begriffsdefinitionen/ Konzeptdarlegungen,
- Anforderungen,
- Empfehlungen zur Leistungsverbesserung/nachhaltigen Unternehmensentwicklung,
- Vorgaben zur Auditierung.

(Tabelle 4.1)

Werkzeuge des Qualitätsmanagements

Werkzeuge und unterstützende Leitfäden zum QM als ISO-Publikationen in Form von
- Normen,
- Technische Regeln und
- Handbüchern.

(Tabelle 4.2)

branchenneutral

QM-System

Branchenspezifische Ergänzungen der ISO 9001

Die branchenspezifische Forderungen beinhalten komplett die Forderungen von ISO 9001 und ergänzen bzw. präzisieren diese z.B. durch Vorgabe von QM-Werkzeugen, einzubeziehenden Prozesskenngrößen oder nachzuweisenden Dokumenten. (Tabelle 4.3)

Branchenspezifische Regelwerke

Beinhalten in der Regel neben technischen Vorgaben auch Forderungen zum QM.
Da sie autark entstanden sind, haben sie eine von ISO 9001 abweichende Strukturierungen, wobei die Forderungen mit ISO 9001 übereinstimmen können oder sich auf branchenspezifische Abläufe beziehen.
(Tabelle 4.4)

Unternehmensspezifische Regelwerke

Beziehen sich auf ISO 9001 und die branchenspezifischen Ergänzungen und Regelwerke und ergänzen diese durch Vorgaben zur Qualitätssicherung und -dokumentation.
(Tabelle 4.5)

branchenspezifisch

auf ISO 9001 aufbauend | **eigenständig**

Bild 4.2 Systematik Normen und Regelwerke für QM-Systeme

Tabelle 4.1 Kernnormen der ISO-9000-Familie

Norm	Titel	Ausgabe
DIN EN ISO 9000	QM-Systeme – Grundlagen und Begriffe	11/2015
DIN EN ISO 9001	QM-Systeme – Anforderungen	11/2015
DIN EN ISO 9004	QM-Systeme – Leitfaden zur Leistungsverbesserung	08/2018
DIN EN ISO 19011	Leitfaden für Audits von Qualitätsmanagement- und/oder Umweltmanagementsystemen	10/2018

Tabelle 4.2 Normen, Leitfäden und andere ISO-Publikationen zu QM-Werkzeugen und zur Unterstützung der Kernnormen

Norm	Titel	Ausgabe
DIN ISO 10001	Qualitätsmanagement – Kundenzufriedenheit – Leitfaden für Verhaltenskodizes für Organisationen	07/2019
DIN ISO 10002	Qualitätsmanagement – Kundenzufriedenheit – Leitfaden zur Behandlung von Reklamationen in Organisationen	07/2019
DIN ISO 10003	Qualitätsmanagement – Kundenzufriedenheit – Leitfaden für Konfliktlösung außerhalb von Organisationen	07/2019
DIN ISO 10004	Qualitätsmanagement – Kundenzufriedenheit – Leitfaden zur Überwachung und Messung der Kundenzufriedenheit	07/2019
DIN ISO 10005	Qualitätsmanagement – Leitfaden für Qualitätsmanagementpläne	10/2020
DIN ISO 10006	Qualitätsmanagement – Leitfaden für Qualitätsmanagement in Projekten	10/2020
DIN ISO 10007	Qualitätsmanagement – Leitfaden für Konfigurationsmanagement	10/2020
DIN ISO 10008	Leitfaden für den elektronischen Geschäftsverkehr zwischen Unternehmen und Verbrauchern	01/2015
DIN EN ISO 10012	Messmanagementsysteme – Anforderungen an Messprozesse und Messmittel	03/2004
DIN EN 50001	Energiemanagementsysteme – Anforderungen mit Anleitung zur Anwendung	12/2018

Norm	Titel	Ausgabe
ISO 10013	Qualitätsmanagementsysteme – Anleitung für dokumentierte Information	03/2021
ISO 10014	Qualitätsmanagementsysteme-Führung und Steuerung einer Organisation bezüglich Qualitätsergebnissen-Leitfaden zur Erzielung finanziellen und wirtschaftlichen Nutzens	04/2021
ISO 10015	Qualitätsmanagement – Leitfaden für das Kompetenzmanagement und die Entwicklung von Personen	12/2019
ISO/TR 10017	Leitfaden für die Anwendung statistischer Verfahren für ISO 9001:2000 (Veröffentlichung in Deutschland als DIN-Fachbericht ISO/TR 10017:2004)	09/2004
ISO 10019	Leitfaden für die Auswahl von Beratern zum Qualitätsmanagementsystem und für den Einsatz ihrer Dienstleistungen	01/2005
Unterstützende Publikationen, Downloads usw.		
Beuth-Verlag	DIN EN ISO 9001 – Anleitung für kleine Organisationen – Hinweise von ISO TC 176	2015
www.iso.org	ISO 9000 Introduction and Support Package: Guidance on the Concept and Use of the Process Approach for management systems	2008
Beuth-Verlag	ISO 9001:2015 Anleitungen für kleine Unternehmen, Hinweise von ISO/TC 176	06/2017
www.iso.org	Selection and use of the ISO 9000 family of standards	03/2016

Tabelle 4.3 Beispiele von branchenspezifischen Ergänzungen auf der Grundlage von ISO 9001

Norm	Titel	Ausgabe
Automobilbranche		
IATF 16949:2016	Anforderungen an Qualitätsmanagementsysteme für die Serien- und Ersatzteilproduktion in der Automobilindustrie	10/2016
VDA 6.1	Qualitätsmanagement in der Automobilindustrie – QM-Systemaudit – Serienproduktion	12/2016
VDA 6.2	QM-Systemaudit – Dienstleistungen	2017

Tabelle 4.3 Beispiele von branchenspezifischen Ergänzungen auf der Grundlage von ISO 9001 *(Fortsetzung)*

Norm	Titel	Ausgabe
VDA 6.4	QM-Systemaudit – Produktionsmittel – Besondere Anforderungen an Hersteller von Produktionsmitteln für die Automobilwirtschaft	06/2017
Transportwesen		
DIN EN 12507	Dienstleistungen im Transportwesen – Leitfaden zur Anwendung von EN ISO 9001:2000 auf den Straßen- und Schienengüterverkehr, die Lagerhaltung und die Verteilerindustrie	12/2005
DIN EN 12798	Qualitätsmanagementsystem für die Beförderung – Beförderung auf der Straße, mit der Eisenbahn und auf Binnenwasserstraßen – Forderungen des Qualitätsmanagementsystems zur Ergänzung von EN ISO 9001 im Hinblick auf Sicherheit bei der Beförderung gefährlicher Güter	08/2007
Telekommunikation		
DIN EN 62673	Methodik zur Beurteilung und Sicherstellung der Zuverlässigkeit von Kommunikationsnetzen (IEC 62673:2013); Deutsche Fassung EN 62673:2013	04/2014
Medizinprodukte, Kosmetik, Verpackungen		
DIN EN ISO 13485	Medizinprodukte – Qualitätsmanagementsysteme – Anforderungen für regulatorische Zwecke (ISO 13485:2016); Deutsche Fassung EN ISO 13485:2016 + AC:2018 + A11:2021	12/2021
DIN EN ISO 22716	Kosmetik – Gute Herstellungspraxis (GMP) – Leitfaden zur guten Herstellungspraxis (ISO 22716:2007); Deutsche Fassung EN ISO 22716:2007	12/2008
DIN EN ISO 15378	Primärpackmittel für Arzneimittel – Besondere Anforderungen für die Anwendung von ISO 9001:2015 entsprechend der Guten Herstellungspraxis (GMP) (ISO 15378:2017); Deutsche Fassung EN ISO 15378:2017	04/2018
Luft- und Raumfahrt		
EN 9100	Qualitätsmanagementsysteme – Anforderungen an Organisationen der Luftfahrt, Raumfahrt und Verteidigung; Deutsche und Englische Fassung EN 9100:2018	08/2018

Norm	Titel	Ausgabe
DIN EN 9137	Qualitätsmanagementsysteme – Anleitung für die Anwendung von AQAP 2110 in einem EN 9100-Qualitätsmanagementsystem; Deutsche und Englische Fassung EN 9137:2012	04/2012
AS/EN 9110	Qualitätsmanagementsysteme-Normen für die Luft- und Raumfahrtindustrie	2016
AS/EN 9120	Qualitätsmanagementsysteme für die Luft- und Raumfahrt	2017
EN/AS 9003	Inspection and Test Quality Systems, Requirements for Aviation, Space, and Defense Organizations	12/2021

Die größte Bedeutung innerhalb der verschiedenen Normen und Regelwerke haben die Kernnormen der ISO-9000-Familie als weltweit angewendete Normen. Daher wird im Abschnitt 4.4 auf Bestandteile, Struktur und Philosophie der ISO 9000 ff. näher eingegangen.

Tabelle 4.4 Beispiele von eigenständigen branchenspezifischen Regelungen zu QM-Systemen und QM-/QS-Werkzeugen

Regelwerk	Titel	Ausgabe
Verschiedene Bereiche: Medizin/Lebensmittel/Chemie/Pharmazie usw.		
GMP GLP GCP	Good manufacturing practice/Gute Herstellungspraxis Good laboratory practice/Gute Laborpraxis Good clinical practice/Gute Klinikpraxis Allgemeine Richtlinien (OECD/national), in der Regel in Gesetzen oder Verwaltungsvorschriften vorgegeben (z. B. Chemikaliengesetz, Anhang 1) und in Normen übernommen	2010
HACCP-Konzept	Hazard Analysis and Critical Control Point/Gefährdungsanalyse und kritische Lenkungspunkte Verordnung (EG) Nr. 852/2004 des Europäischen Parlaments und des Rates vom 29. April 2004 über Lebensmittelhygiene	2006 04/2004
NATO		
AQAP 2000 und AQUAP 2009 AQUAP 2110 bis AQUAP 2131	Allied Quality Assurance Publications: NATO-Leitfaden für die Anwendung der AQUAP-200-Reihe	06/2016

Tabelle 4.4 Beispiele von eigenständigen branchenspezifischen Regelungen zu QM-Systemen und QM-/QS-Werkzeugen *(Fortsetzung)*

Regelwerk	Titel	Ausgabe
Kerntechnik		
KTA 1401	Allgemeine Forderungen an die Qualitätssicherung	11/2017
Medizin		
KTQ GmbH	KTQ-Katalog für den Nachweis eines internen Qualitätsmanagements mit den sechs Kategorien: Patientenorientierung, Mitarbeiterorientierung, Sicherheit, Informations- und Kommunikationswesen, Führung sowie Qualitätsmanagement	2021
Bildung		
ISO 21001	Bildungsorganisationen – Managementsysteme für Bildungsorganisationen – Anforderungen mit Anleitung zur Anwendung	05/2018
Automobilindustrie		
PPAP	Production Part Approval Process/Produktionsteil-Abnahmeverfahren (Handbuch, deutsch übersetzt)	06/2021
FMEA	Potential Failure Mode and Effects Analysis (Handbuch, engl.)	06/2020
APQP	Advanced Product Quality Planning/Projektmanagement für die Produkt- und Qualitätsplanung (Handbuch, dt. übersetzt)	05/2013
VDA-Bände	Beinhalten QM-Werkzeuge wie Dokumentation, Sicherung Lieferqualität, Sicherung Qualität vor Serieneinsatz, FMEA, Projektplanung oder Prüfmittel	unterschiedliche Ausgabedaten

Tabelle 4.5 Beispiele für unternehmensspezifische Regelwerke zur Qualitätssicherung bei Lieferanten

Regelwerk	Titel	Ausgabe
Ford Q 101	Ford worldwide quality system standard Q-101: for manufacturing operations and outside suppliers of production andservice products	10/2008
VW Formel Q	QM-Vereinbarungen zwischen VW und seinen Lieferanten, 8. Überarbeitete Auflage	06/2015
Valeo TCV	VALEO TCV Supplier Quality Manual, Rev. 12.0	01/2020

4.4 Die Kernnormen der ISO-9000-Normenfamilie

Die Normenfamilie ISO 9000 ff. besteht aus vier Kernnormen (Bild 4.3) und den Normen der 10000er-Reihe, wobei die Kernnormen folgenden Ausgabestatus haben:

- DIN EN ISO 9000:2015 – Grundlagen und Begriffe [Nor 15b]
- DIN EN ISO 9001:2015 – Anforderungen [Nor 15d]
- DIN EN ISO 9004:2018 – Anleitung zum Erreichen nachhaltigen Erfolgs [Nor 18c]
- ISO 19011:2018 – Leitfaden zur Auditierung von Managementsystemen [Nor 18d]
- ABNT ISO/TS 9002:2022 – Quality management systems – Guidelines for the application of ISO 9001:2015 [Nor 22a]

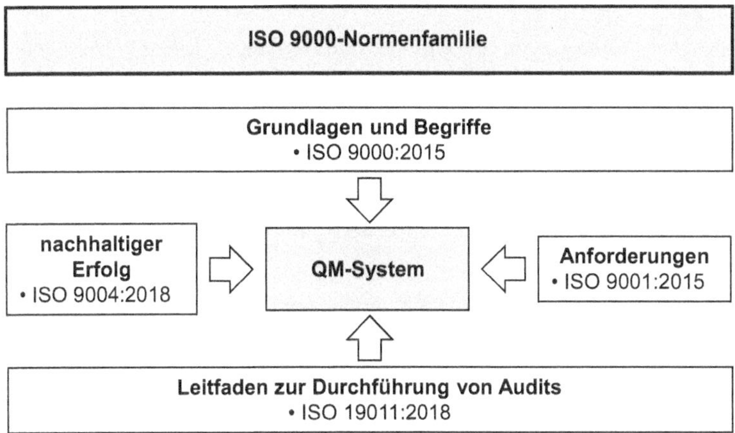

Bild 4.3 Kernnormen der Normenfamilie ISO 9000 ff.

Die Kernnormen wurden entwickelt, um Organisationen jeder Art und Größe beim Verwirklichen von und beim Arbeiten mit wirksamen Qualitätsmanagementsystemen zu unterstützen [Nor 15b].

Die **ISO 9000:2015** beschreibt dabei die Grundlagen von QM-Systemen und legt die Terminologie für QM-Systeme fest. So wurden die sieben Grundsätze des Qualitätsmanagements aufgestellt, auf deren Basis die Leistungsfähigkeit von Organisationen verbessert werden kann und die die Grundlage der QM-Normen der ISO-9000-Familie bilden:

- Kundenorientierung
- Führung
- Einbeziehung von Personen

- prozessorientierter Ansatz
- Verbesserung
- faktengestützte Entscheidungsfindung
- Beziehungsmanagement

Weiterhin werden in der ISO 9000 die den Kernnormen zugrunde liegenden Konzepte erläutert.

Managementsysteme können helfen, die Kundenzufriedenheit durch anforderungsgerechte Bereitstellung der Produkte und Leistungen zu erhöhen und die Effektivität der Bereitstellungsprozesse zu verbessern. Beherrschte Prozesse geben der Organisation und ihren Kunden Vertrauen in die Fähigkeit, die gewünschten Produkte kontinuierlich bereitzustellen.

Die ISO-9000-Familie ist auf alle Arten von Organisationen anwendbar, da sie ausschließlich auf die QM-Systeme fokussiert. Dagegen werden Produktanforderungen in von den QM-Normen unabhängigen Spezifikationen festgelegt. Diese werden entweder von den Kunden oder – in Vorwegnahme der Kundenforderungen bzw. in Umsetzung von gesetzlichen oder behördlichen Forderungen – von der Organisation selbst vorgegeben.

Die ISO 9000 erläutert weiter die Ansätze zur Entwicklung von QM-Systemen und regt die Anwendung eines prozessorientierten Ansatzes an, der auf dem Modell des PDCA-Zyklus aufbaut (Abschnitt 3.3).

Des Weiteren finden sich Ausführungen zur Rolle der obersten Leitung, zur Qualitätspolitik und zu Qualitätszielen, zu Nutzen und Arten der Dokumentation sowie zur Beurteilung von Qualitätsmanagementsystemen. Die Bedeutung der ständigen Verbesserung und die Rolle der statistischen Methoden werden erläutert.

Nach der Darstellung der Konzepte werden die im Qualitätsmanagement gebräuchlichen Begriffe an die aktuellen Normen angepasst, erweitert und definiert sowie eine redaktionelle Überarbeitung durchgeführt.

Die **ISO 9001:2015** legt die Anforderungen an ein QM-System für den Fall fest, dass eine Organisation ihre Fähigkeit darlegen muss, anforderungsgerechte Produkte (Kunden- oder/und behördliche Forderungen) bereitzustellen und dass sie darüber hinaus anstrebt, die Kundenzufriedenheit zu erhöhen. Dabei kann die Darlegung in Form von Eigenkontrollen (interne Audits), im Rahmen vertraglicher Kunden-Lieferanten-Beziehungen (Kunden- bzw. Lieferantenaudits) oder ebenfalls auf vertraglicher Basis im Rahmen von Audits durch Dritte (Zertifizierungsverfahren) erfolgen.

ISO 9001 baut auf dem in ISO 9000 entwickelten Prozessmodell (Bild 4.4) und den sieben Managementgrundsätzen auf.

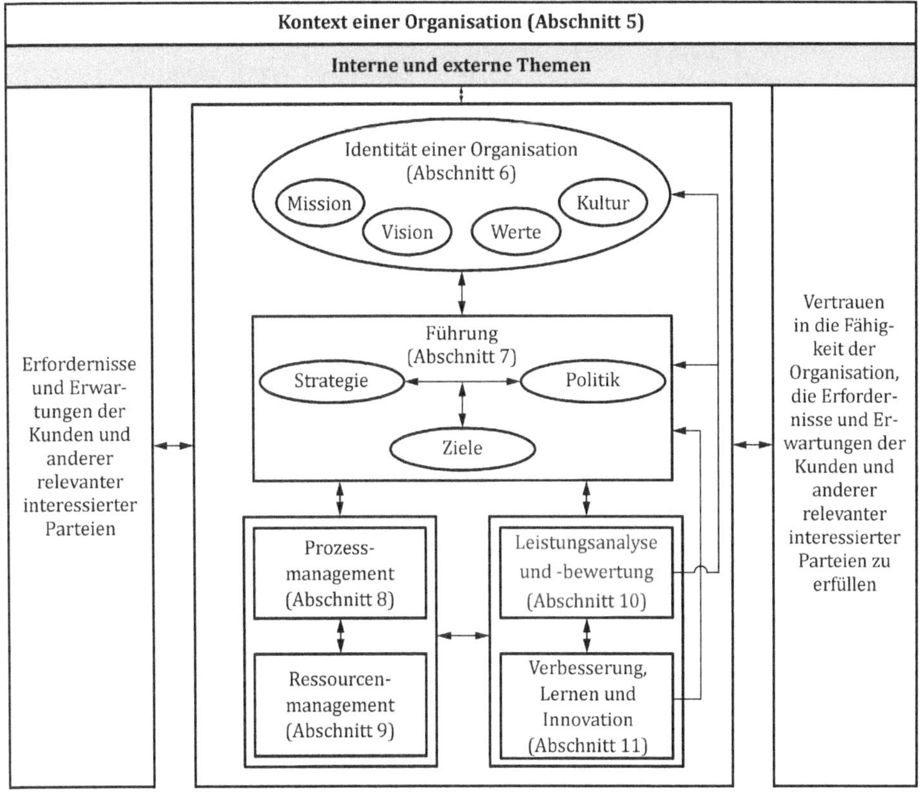

Bild 4.4 Prozessmodell der ISO 9001 [Nor 15d]

Um dem Anspruch gerecht zu werden, eine universell für alle Arten von Organisationen anwendbare Norm zu sein, besteht die Möglichkeit, Prozesse „nicht zutreffend hinsichtlich des Anwendungsbereiches des QM-Systems“ bzw. nicht vorkommende Prozesse auszuschließen. Diese Ausschlussmöglichkeit ist im Abschnitt 4.3 und im Anhang A.5 der ISO 9001:2015 geregelt. Ausschlüsse sind im Handbuch (Anwendungsbereich des QM-Systems) aufzuführen und zu begründen. Alle anderen Prozesse müssen geregelt und dargelegt werden, um die **Konformität** mit ISO 9001 nachweisen zu können. Das schließt auch die Verantwortung für die Prozesse ein, die von der Organisation an andere Firmen oder Stellen ausgelagert wurden.

Die notwendige Prozessüberwachung muss von der Organisation festgelegt werden und ist abhängig von der Art der ausgelagerten Prozesse. Sie kann von der einfachen Wareneingangsprüfung über die Bereitstellung und Überwachung von Werkzeugen, Prüfmitteln und Verfahrens- bzw. Produktspezifikationen bis hin zur Produktprüfung bzw. zur Durchführung von Audits im Hause des Lieferanten reichen.

Für QM-Systeme ist die ISO 9001 auch für die EU-Konformitätserklärung nach dem EG-Beschluss 768/2008/EG vom 9. Juli 2008 für unterschiedliche Richtlinien (beispielsweise Niederspannungsrichtlinie 2014/35/EU, Maschinenrichtlinie 2022/EG, Richtlinie über Druckgeräte 2014/68/EU, Funkanlagenrichtlinie 2014/53/EU, Richtlinie über die elektromagnetische Verträglichkeit 2014/30/EU, Messgeräterichtlinie 2014/32/EU, Richtlinie über selbsttätige Waagen 2014/31/EU, Richtlinie über Explosivstoffe für zivile Zwecke 2014/28/EU, Pyrotechnische Gegenstände 2014/29/EU, ATEX-Richtlinie (Geräte und Schutzsysteme – explosionsgefährdete Bereiche) 2014/34/EU und Richtlinie über Aufzüge 2014/33/EU) von Bedeutung (Geregelter Bereich). Die internationale Norm DIN EN ISO/IEC 17000:2020 „Konformitätsbewertung – Begriffe und allgemeine Grundlagen“ ist die Grundlage für die EG-Konformitätsbewertung für unterschiedliche Branchenrichtlinien [Nor 20]. Nach Konformitätsbewertungsverfahren im Gemeinschaftsrecht gelten dann die Module D, E und F.

Mit der Revision 2018 wurde der Fokus der **ISO 9004** auf den nachhaltigen Erfolg einer Organisation gerichtet, die sich in einem komplexen, anspruchsvollen und sich ständig ändernden Umfeld befindet [Nor 18c].

ISO 9004 geht davon aus, dass der Erfolg einer Organisation durch ihre Fähigkeit erreicht wird, die Erfordernisse und Erwartungen ihrer Kunden und sonstiger interessierter Parteien langfristig und in ausgewogener Weise zu befriedigen. Der nachhaltige Erfolg kann durch das wirkungsvolle Leiten und Lenken der Organisation, durch Wachsamkeit im Hinblick auf das Umfeld der Organisation, durch das Lernen sowie durch die geeignete Umsetzung von Verbesserungen und/oder Innovationen erreicht werden [Nor 18c].

Die ISO 9004 ist nicht für Zertifizierungs- oder Vertragszwecke vorgesehen, sie unterstützt jedoch die Selbstbewertung als ein wichtiges Werkzeug für die Bewertung des Reifegrades der Organisation, indem deren Leitung, die Strategie, das Managementsystem, Ressourcen und Prozesse in einem Prozessmodell beschrieben werden, um Bereiche der Stärken und Schwächen sowie Möglichkeiten für Verbesserungen und/oder Innovationen herauszufinden [Nor 18c], (Bild 4.5).

Die Kernnorm **ISO 19011:2018** [Nor 18d] stellt im Rahmen der ISO-9000-Familie eine Besonderheit dar, indem sie ein Leitfaden für die Auditierung sowohl von Qualitätsmanagementsystemen als auch von weiteren Managementsystemen, beispielsweise von Umweltmanagementsystemen ist. Sie wurde von Fachleuten aus verschiedenen Managementbereichen erarbeitet und ist ein wichtiger Schritt zur Integration von Managementsystemen.

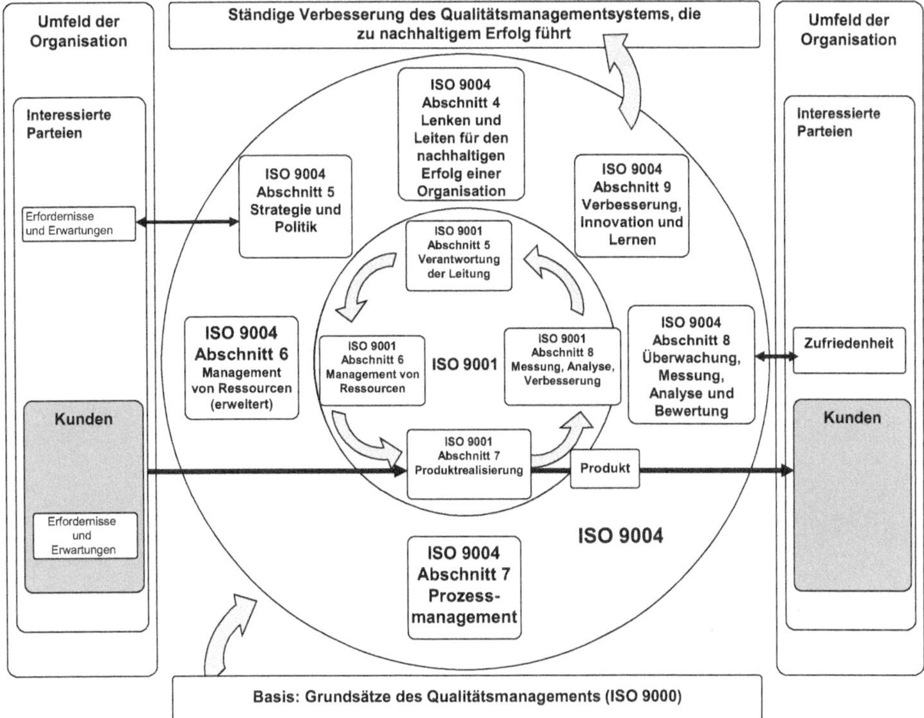

Bild 4.5 Prozessmodell der ISO 9004 [Nor 18c]

Die Hauptgliederungspunkte der ISO 9004 sind:

- 1 Anwendungsbereich
- 2 Normative Verweisungen
- 3 Begriffe
- 4 Auditprinzipien
- 5 Steuerung eines Auditprogramms
- 6 Durchführen eines Audits
- 7 Kompetenz und Beurteilung von Auditoren

Anhang A Anleitung für Auditoren zum Planen und Durchführen von Audits sowie Literaturhinweise.

Der Anhang A der ISO 9004:2018 enthält eine zusätzliche Anleitung für Auditoren zum Planen und Durchführen von Audits. Dabei werden folgende 18 inhaltlichen Schwerpunkte benannt:

- A.1 Anwenden von Auditmethoden
- A.2 Prozessansatz des Auditierens
- A.3 Fachmännisches Urteil
- A.4 Leistungsbezogene Ergebnisse
- A.5 Verifizieren der Informationen
- A.6 Stichprobenahme
- A.7 Auditieren von Compliance innerhalb eines Managementsystems
- A.8 Auditkontext
- A.9 Auditieren von Führung und Verpflichtung
- A.10 Auditieren von Risiken und Chancen
- A.11 Lebenszyklus
- A.12 Audit der Lieferkette
- A.13 Erstellen von Auditarbeits-unterlagen
- A.14 Auswählen von Informationsquellen
- A.15 Begehung des Standortes der auditierten Organisation
- A.16 Auditierung virtueller Tätigkeiten und Standorte
- A.17 Durchführen von Befragungen
- A.18 Auditfeststellungen

5 Qualitätsmanagementsysteme – Anforderungen nach DIN EN ISO 9001 und Anleitung zum nachhaltigen Erfolg nach DIN EN ISO 9004

Organisationen sind erfolgreich, wenn sie Produkte bereitstellen, die die Kunden zufriedenstellen und die in effektiver Weise erzeugt wurden.

Der Begriff „**Produkte**" umfasst dabei sowohl Hardware (z. B. Teile, Geräte), Software (z. B. Programme, Bücher), verfahrenstechnische Produkte (z. B. Schütt- und Fließgüter) als auch Dienstleistungen (z. B. Transport, Krankenpflege, Beratung).

Da Produkte immer das Ergebnis von Prozessen sind, kommt es darauf an, die notwendigen Prozesse zu ermitteln und zu planen und diese dann in beherrschter Weise effektiv und effizient durchzuführen.

Die DIN EN ISO 9001:2015 [Nor 15d] wurde im Jahr 2015 grundlegend überarbeitet.

Die Norm DIN EN ISO 9001:2015 ist nach der **High Level Structure** aufgebaut – diese Struktur ist für die Integration unterschiedlicher Managementsysteme geeignet, weil die entsprechenden Normen nach gleichen Gliederungen aufgebaut sind bzw. zukünftig aufgebaut werden (nach ISO-Direktiven festgelegte Grundstruktur für Managementsystemnormen – High Level Structure). Bild 5.1 zeigt die Gliederung der High Level Structure, die dem PDCA-Zyklus folgt (Abschnitt 3.3).

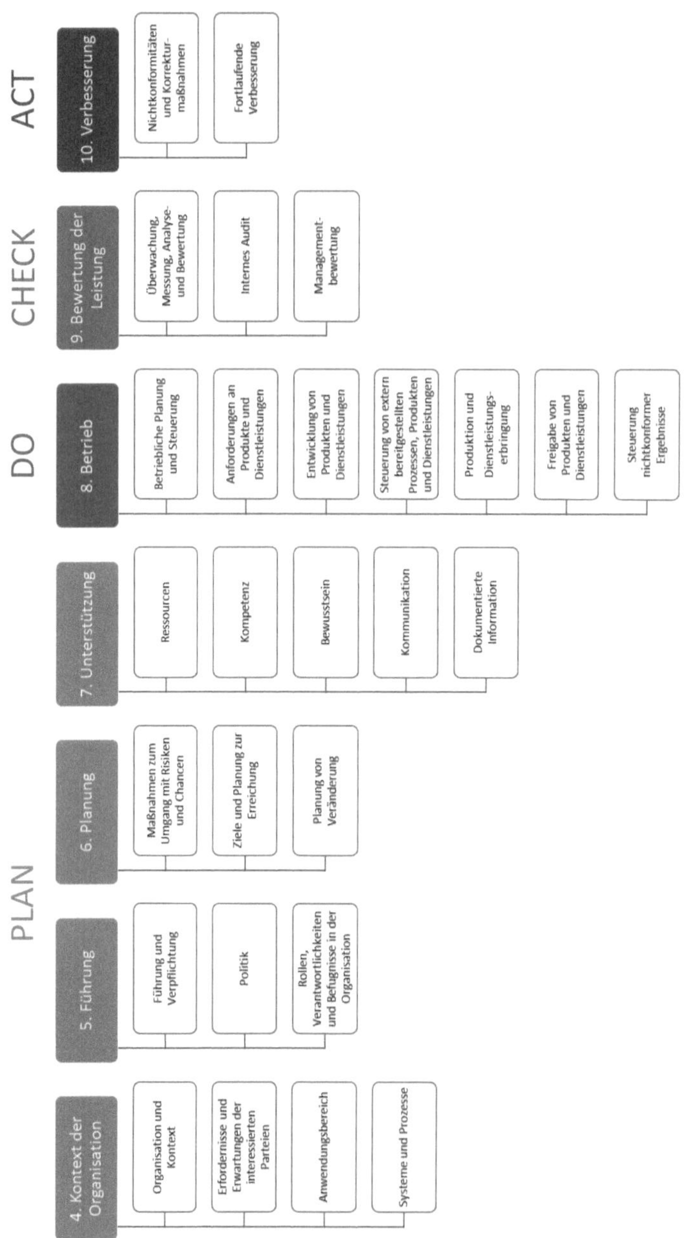

Bild 5.1 Grundstruktur für Managementsystemnormen – High Level Structure [Tei 18; Nor 15d]

In der Norm DIN EN ISO 9001:2015 sind gemeinsame Benennungen sowie Basisdefinitionen für den Gebrauch in unterschiedlichen Managementsystemnormen mit High Level Structure erarbeitet worden. Der Begriff „dokumentierte Information“ wurde als neuer Sammelbegriff der bisher bekannten „dokumentierten Verfahren“ und „Aufzeichnungen“ eingeführt. Ein Qualitätsmanagementhandbuch ist nicht mehr ausdrücklich gefordert. Wenn bisher von „Produkten“ gesprochen wurde, was den Begriff „Dienstleistungen“ mit beinhaltet hat, wird in der neuen Norm ausdrücklich von „Produkten und Dienstleistungen“ gesprochen, um die Bedeutung der Norm auch für den Dienstleistungssektor hervorzuheben. Der Begriff „Lieferant“ wurde ersetzt durch den Begriff „Anbieter“. Ein „Beauftragter der obersten Leitung“ für das Qualitätsmanagementsystem ist nicht mehr explizit gefordert. Diese Aufgaben sind der obersten Leitung zugeordnet worden. Für die Planung und Durchführung von Änderungen am Qualitätsmanagementsystem wurden neue Anforderungen formuliert. Tätigkeiten nach der Lieferung des Produktes bzw. Erbringung der Dienstleistung wurden standardisiert.

Im Anhang A der Norm DIN EN ISO 9001 sind wesentliche „Grundsätze des Qualitätsmanagements“ formuliert [Nor 15d].

In Anhang B der neuen Norm DIN EN ISO 9001 ist eine Übersicht über die Normen der ISO 9000-Reihe und der ISO 10000-Reihe enthalten, die Organisationen bei der Einführung oder bei Verbesserungen ihrer Qualitätsmanagementsysteme, deren Prozesse oder deren Tätigkeiten unterstützen sollen [Nor 15d].

Die ISO 9000-Familie unterstützt das Qualitätsmanagement. ISO 9000 beschreibt Grundlagen für Qualitätsmanagementsysteme und die Begriffe des Qualitätsmanagements. Sie ist daher beim Aufbau und der Einführung eines QM-Systems von Bedeutung [Nor 15b].

- ISO 9001 legt die Anforderungen an ein Qualitätsmanagementsystem für den Fall fest, dass eine Organisation ihre Fähigkeit darlegen muss, Produkte bereitzustellen, die die Anforderungen der Kunden und die behördlichen Anforderungen erfüllen, und anstrebt, die Kundenzufriedenheit zu erhöhen [Nor 15d].
- ISO 9004 stellt einen Qualitätsmanagementansatz bereit, der auf den nachhaltigen Erfolg einer Organisation in einem komplexen, anspruchsvollen und sich ständig ändernden Umfeld gerichtet ist [Nor 18c].
- ISO 19011 stellt Anleitungen bereit, um die Wirksamkeit eingeführter Managementsysteme durch Audits festzustellen [Nor 18d].

Sind in Managementsystemen andere Aspekte zu beachten, wie beispielsweise Umwelt, Arbeitssicherheit, Medizintechnik oder Hygiene, sind andere Managementnormen zu beachten und anzuwenden (Kapitel 7).

Im Folgenden sind wesentliche Anforderungen von ISO 9001:2015 – ab jetzt immer als DIN EN ISO 9001 bezeichnet – aufgeführt, ergänzt um Hinweise aus der Praxis für die Umsetzung der Anforderungen. Danach werden die wichtigsten Empfehlungen von ISO 9004 bezüglich des Lenkens und Leitens für den nachhaltigen Erfolg einer Organisation dargestellt.

Ein sehr gutes digitales Trainingsmodul zum Kennenlernen der Norm DIN EN ISO 9001:2015 ist auch das Workflow Tool QM eSolution mit integrierter Wissensdatenbank [Hof 23].

Da im Folgenden der Begriff Organisation ständig verwendet wird, soll hier zunächst die Bedeutung dieses Begriffes beschrieben werden.

Organisation ist eine Person oder eine Personengruppe, wie zum Beispiel Einzelunternehmer, Gesellschaft, Konzern, Firma, Unternehmen oder Behörde, die eigene Funktionen mit Verantwortlichkeiten, Befugnissen und Beziehungen hat, um ihre Ziele zu erreichen [Nor 15b].

Die Abschnitte 0 bis 3 der DIN EN ISO 9001:2015 geben grundsätzliche Erläuterungen zur Norm und deren Anwendung.

5.1 Kontext der Organisation [Nor 15d]

Verstehen der Organisation und ihres Kontextes

Anforderungen nach ISO 9001, Abschnitt 4.1

Es müssen interne Themen (z. B. eigene Stärken) und externe Themen (z. B. Gesetze) ermittelt werden, die für die strategische Ausrichtung einer Organisation relevant sind und sich darauf auswirken, ob die beabsichtigten Ergebnisse des QM-Systems erreicht werden. Diese Informationen müssen überwacht und überprüft werden.

Hinweise für die Umsetzung:

- Externe Themen können durch gesetzliche, technische, wettbewerbliche, marktbezogene, kulturelle, soziale oder wirtschaftliche Aspekte beeinflusst sein.
- Interne Themen können sich aus den Werten, der Kultur, dem Wissen und der Leistung des Unternehmens ergeben.

Die Ermittlung der internen und externen Themen ist eng mit der strategischen Ausrichtung des Unternehmens verknüpft.

Verstehen der Erfordernisse und Erwartungen interessierter Parteien

Anforderungen nach ISO 9001, Abschnitt 4.2

Es müssen die Stakeholder („interessierte Parteien") sowie die Anforderungen dieser, die für das QM-System relevant sind, definiert werden. Diese Informationen und die ermittelten Anforderungen müssen überwacht und überprüft werden.

Im Fokus steht dabei, dass stets die Produkte und Dienstleistungen „die Anforderungen der Kunden und die zutreffenden gesetzlichen und behördlichen Anforderungen erfüllen".

Hinweise für die Umsetzung:

Beispiele: interessierte Partei und deren Anforderung

- Belegschaft:
  - *Erwartungen:* pünktliches Gehalt; bereitgestellte Ausrüstung; definierte Aufgaben; Weiterbildung
  - *Erfordernisse:* Controlling; Stellenbeschreibung; Schulungsplan; Führungskultur
- Lieferant:
  - *Erwartungen:* klare Anforderungen; störungsfreier Ablauf; pünktliche Zahlung; Rahmenverträge
  - *Erfordernisse:* Zeichnungen; Mengenangabe; Farbe; Material; Vertragsinhalte; Controlling

Festlegen des Anwendungsbereichs des Qualitätsmanagementsystems

Anforderungen nach ISO 9001, Abschnitt 4.3

Der Anwendungsbereich und die Grenzen des QM-Systems müssen festgelegt werden. Eine Organisation muss also den Bereich definieren, für den das QM-System gilt und der dann auch alle Anforderungen des QM-Systems erfüllen muss. Wichtig dabei ist, dass

- der Anwendungsbereich als dokumentierte Information vorliegt,
- die ermittelten internen und externen Themen, die Anforderungen der relevanten Stakeholder (Normabschnitte 4.1 und 4.2) sowie die Produkte und Dienstleistungen berücksichtigt werden,
- Nichtzutreffendes mit Begründung genannt wird.

Hinweise für die Umsetzung: Ausschlüsse aus dem QM-System sind zu begründen.

Qualitätsmanagementsystem und dessen Prozesse

Anforderungen nach ISO 9001, Abschnitt 4.4

Im Sinne der ISO 9001 muss das QM-System prozessorientiert umgesetzt und fortlaufend verbessert werden. Voraussetzung für eine prozessorientierte Umsetzung ist, dass die entsprechenden Prozesse definiert und sie in ihrer Gesamtheit einschließlich der möglichen Wechselwirkungen betrachtet werden. Zu dieser Normanforderung gehören folgende Aspekte:

- Definition der Inputs, der gewünschten Outputs, der Abfolge und der Wechselwirkungen der Prozesse
- Steuerung und Umsetzung der Prozesse (Kriterien, Verfahren) mit dem Ziel, dass die Prozesse die gewünschten Outputs erzielen
- Definition der zur Umsetzung benötigten Ressourcen und Sicherstellen, dass diese Ressourcen zur Verfügung stehen
- Klärung und Zuweisung der notwendigen Verantwortlichkeiten und Entscheidungsspielräume („Befugnisse")
- Berücksichtigung ausgegliederter Prozesse
- Berücksichtigung der Risiken und Chancen (Normabschnitt 6.1) sowie des fortlaufenden Verbesserungsansatzes
- Sicherstellen der dokumentierten Information

Hinweise für die Umsetzung:

Analyse aller für die Produktbereitstellung notwendigen Abläufe zusammen mit den Prozessbeteiligten

Festlegen und Abgrenzen der Prozesse nachfolgenden, z. T. empirischen Regeln:

- Jeder Prozess muss ein In- und Output haben.
- Jeder Prozess muss einen Prozessverantwortlichen haben.
- Ein Prozess sollte keine verschachtelten oder tiefer gegliederten Schleifen haben, es ist dann besser, Unterprozesse zu definieren.

Das Prozessflussbild sollte lesbar sein und nicht mehr als eine DIN-A4-Seite umfassen. Ermittlung aller für die Produktbereitstellung bzw. Dienstleistungserbringung notwendigen Abläufe.

Das Strukturieren der Prozesse exakt nach Normgliederung ISO 9001 ist sehr nützlich und übersichtlich, Vorrang hat aber immer der Ablauf in der Organisation. Ein Unterscheiden in Managementprozesse, Kernprozesse, Unterstützungsprozesse sowie ausgelagerte Prozesse ist zu empfehlen.

Die Beschreibung des Managementsystems erfolgt im Qualitätsmanagement-Handbuch mit den besonders wesentlichen Teilen Allgemeines, Zuständigkeiten, Organigramm, Prozesslandkarte, Prozess- und Verfahrensanweisungen, Dokumente, Formulare, Risiko- und Krisenmanagement, Änderungsverzeichnis, Audit, Archiv und Notfalldokumente (siehe auch Kapitel 7). **Wenn in der ISO 9001 auch nicht ausdrücklich gefordert, ist die Benennung eines Beauftragten der obersten Leitung zu empfehlen.**

Beim Strukturieren der Prozesse und Verfahren ist immer der Ablauf in der Organisation maßgebend.

Prozessbeschreibungen sollen Folgendes beinhalten:

- Input, Tätigkeit, Output
- Leistungsindikator (Kennzahl)
- Verantwortlichen
- Betrachtung von Risiko/Chance, ggf. Gegenmaßnahmen
- mitgeltende Unterlagen

Verfahrensanweisungen sollen Folgendes beinhalten:

- Input, Tätigkeit, Output
- Verantwortlichen
- Betrachtung von Risiko/Chance, ggf. Gegenmaßnahmen
- mitgeltende Unterlagen

5.2 Führung

5.2.1 Führung und Verpflichtung

Allgemeines

Anforderungen nach ISO 9001, Abschnitt 5.1.1

Die Führung („oberste Leitung") muss in Bezug auf das QM-System Führung und Verpflichtung zeigen. Dazu gehört:

- Rechenschaftspflicht für die Wirksamkeit des QM-Systems
- Festlegung der Qualitätspolitik und Qualitätsziele
- Integration der Anforderungen an das QM-System in die Geschäftsprozesse
- Fördern des prozessorientierten Ansatzes, von Verbesserungen sowie des risikobasierten Denkens
- Sicherstellen der Verfügbarkeit der Ressourcen
- Vermitteln der Bedeutung eines wirksamen Qualitätsmanagements sowie der Wichtigkeit der Erfüllung der Anforderungen
- Erzielen der geforderten Ergebnisse des QM-Systems
- Sicherstellen, dass das eingesetzte Personal zur Wirksamkeit des QM-Systems beiträgt und dieses Personal entsprechend angeleitet und unterstützt wird
- Unterstützung anderer Führungskräfte in ihrer Führungsrolle

Hinweise für die Umsetzung:

Der Nachweis kann beispielsweise erfolgen durch:

- Festsetzung im Handbuch (unterschriebene Verpflichtungserklärung)
- entsprechend gestaltete Aushänge
- Führungsrichtlinien
- Vorgaben für das betriebliche Vorschlagswesen
- Arbeiten mit betriebs-/abteilungsbezogenen Ziele
- Vorlage von Protokollen
- Pläne

Kundenorientierung

Anforderungen nach ISO 9001, Abschnitt 5.1.2

Auch in Bezug auf die Kundenorientierung muss die oberste Leitung Führung und Verpflichtung zeigen, indem sie sicherstellt, dass:

- „die gesetzlichen, behördlichen Anforderungen und Anforderungen der Kunden bestimmt, verstanden und erfüllt werden
- die Risiken und Chancen, die die Konformität von den Erzeugnissen beeinflussen können, sowie die Fähigkeit zur Erhöhung der Kundenzufriedenheit bestimmt und berücksichtigt werden
- der Fokus auf die Verbesserung der Kundenzufriedenheit aufrechterhalten wird"

Hinweise für die Umsetzung:

Die gesetzlichen und behördlichen Anforderungen sind in diversen Onlineportalen einsehbar. Kundenanforderungen können beispielsweise durch Angebote, Verträge, Qualitätssicherungsvereinbarungen, Ansprüche an Umwelt, Sicherheit etc. festgehalten werden. Die Erhöhung der Kundenzufriedenheit sollte immer das Wesentliche im Unternehmen sein.

5.2.2 Politik

Festlegung der Qualitätspolitik

Anforderungen nach ISO 9001, Abschnitt 5.2.1

Es muss eine Qualitätspolitik festgelegt und umgesetzt werden, die zur Organisation passt und die grundsätzliche strategische Ausrichtung unterstützt. Von dieser Qualitätspolitik müssen sich konkrete Qualitätsziele ableiten lassen. Zugleich muss sie einen Passus beinhalten, der sich auf die „Verpflichtung zur Erfüllung zutreffender Anforderungen und zur fortlaufenden Verbesserung des QM-Systems" bezieht. Verantwortlich für die Qualitätspolitik ist die oberste Führungsebene.

Hinweise für die Umsetzung:

Die Qualitätspolitik sollte periodisch oder bei Änderungen hinsichtlich ihrer Angemessenheit überprüft werden, also dahingehend, ob sie die tatsächlichen Unternehmensziele und die Organisation reflektiert und ob sie geeignet ist, einen Rahmen für die Entwicklung der Organisation zu setzen.

Die Qualitätspolitik sollte auf der Vision der Organisation und den von den interessierten Parteien der Organisation vorgegebenen Inputs aufbauen.

Bekanntmachung der Qualitätspolitik

Anforderungen nach ISO 9001, Abschnitt 5.2.2

Die Qualitätspolitik muss als dokumentierte Information vorliegen. Sie muss der Belegschaft bekannt sein, sie muss verstanden und sie muss vor allem auch umgesetzt werden. Zudem muss möglich sein, dass relevante Stakeholder („soweit angemessen") darauf Zugriff haben.

Hinweise für die Umsetzung:

Die Qualitätspolitik muss durch die Führung verbindlich und offiziell die Qualitätspolitik bekannt geben und kontinuierlich umsetzen. Das kann mithilfe von Betriebsversammlungen, Aushängen, monatlichen/quartalsweisen Auswertungen, Qualitätsreports und Plan-Ist-Vergleichen von Qualitätskennziffern erfolgen. Auch durch Schulungen und Trainingsmaßnahmen kann die Qualitätspolitik erläutert werden.

5.2.3 Rollen, Verantwortlichkeiten und Befugnisse in der Organisation

Anforderungen nach ISO 9001, Abschnitt 5.3

Das QM-System muss die Anforderungen der Norm (auch bei Änderungen) erfüllen und die Prozesse müssen die gewünschten Ergebnisse erreichen. Es muss klar sein, wer über die Leistung und über die Verbesserungsmöglichkeiten berichtet und wer sich um die Umsetzung der Kundenorientierung kümmert. Alle hierfür notwendigen Verantwortlichkeiten und Entscheidungsspielräume müssen zugewiesen und von allen verstanden werden. Transparenz ist dabei oberstes Gebot. Auch hierfür ist die oberste Führungsebene verantwortlich.

Hinweise für die Umsetzung:

Möglichkeiten der Festlegung sind Arbeitsverträge/Funktionspläne bzw. Zuständigkeitsmatrizen/-beschreibungen.

Möglichkeiten der Bekanntmachung sind Organigramme und Zuständigkeitsbeschreibungen.

5.3 Planung

5.3.1 Maßnahmen zum Umgang mit Risiken und Chancen

Anforderungen nach ISO 9001, Abschnitt 6.1

Mögliche Chancen und Risiken müssen definiert werden. Wichtig ist, dass das QM-System stets die gewünschten Ergebnisse erreicht, dass Verbesserungen erzielt werden, dass gewünschte Auswirkungen (Chancen) verstärkt und unerwünschte Auswirkungen (Risiken) verhindert oder verringert werden.

Diese Aspekte müssen neben den Themen und Anforderungen (Normabschnitte 4.1 und 4.2) bei Planungen für das QM-System berücksichtigt werden.

Es müssen zudem Maßnahmen definiert werden, wie mit den möglichen Chancen und Risiken umgegangen werden soll. Diese definierten Maßnahmen müssen dabei zu den möglichen Auswirkungen passen.

Hinweise für die Umsetzung: Es ist zweckmäßig, die grundsätzlich auftretenden Risiken im Unternehmen zu analysieren. Solche Risiken können beispielsweise sein: Marktrisiko/Wettbewerb; Marktrisiko/Presse; IT-Systemausfall; Vertragsrisiko/technologische Lieferantenabhängigkeit; Personalrisiko; Betriebsrisiko Umweltvorfall; Unfälle; Betriebsrisiko Produktionsausfall.

5.3.2 Qualitätsziele und Planung zu deren Erreichung

Anforderungen nach ISO 9001, Abschnitt 6.2

Für alle „relevanten Funktionen, Ebenen und Prozesse (...), die für das QM-System benötigt werden", müssen Qualitätsziele festgelegt werden. Diese müssen zur Qualitätspolitik passen, „anwendbare Anforderungen berücksichtigen", sich auf die Konformität der Produkte bzw. Dienstleistungen beziehen sowie die Kundenzufriedenheit steigern. Die Qualitätsziele müssen „überwacht, vermittelt und aktualisiert werden" und als dokumentierte Information vorliegen.

Bei der Planung, wie die Qualitätsziele erreicht werden sollen, muss definiert werden,

- „was getan wird,
- welche Ressourcen benötigt werden,
- wer verantwortlich ist,
- wann es abgeschlossen wird und
- wie die Ergebnisse bewertet werden."

Hinweise für die Umsetzung: Messbarkeit von Zielen kann auch die Vorgabe und Einhaltung von Terminen sein. Ziele sollten in einem überschaubaren Zeitraum erfüllbar sein. Die Ziele können beispielsweise in einer Tabellenform dargestellt werden.

Die SMART-Formel sollte bei der Formulierung der Ziele berücksichtigt werden (spezifisch - messbar - attraktiv - realistisch - terminiert).

5.3.3 Planung von Änderungen

Anforderungen nach ISO 9001, Abschnitt 6.3

Im Sinne der ISO 9001 müssen Änderungen am QM-System stets geplant umgesetzt werden. Berücksichtigt werden müssen dabei:

- „der Zweck der Änderung und mögliche Konsequenzen,
- die Integrität des QM-Systems,
- die Verfügbarkeit der Ressourcen,
- die Zuweisung von Verantwortlichkeiten und Befugnissen".

Hinweise für die Umsetzung:

Zur Sicherstellung der Integrität des QM-Systems bei Änderungen hat sich bewährt, dass vom Prozessverantwortlichen ein begründeter Änderungsantrag eingereicht wird, der mit den betroffenen Funktionen abgestimmt ist, während vor Freigabe durch die Leitung die Passfähigkeit im System bzw. die Notwendigkeit von weiteren Änderungen von einem Verantwortlichen geprüft wird.

5.4 Unterstützung

5.4.1 Ressourcen

Allgemeines

Anforderungen nach ISO 9001, Abschnitt 7.1.1

Damit das QM-System erfolgreich umgesetzt wird, sind Ressourcen nötig. Diese Ressourcen müssen definiert werden und zur Verfügung stehen. Zu berücksichtigen sind hierbei „die Fähigkeiten und Beschränkungen von Ressourcen" sowie auch die Ressourcen, die von externen Anbietern (z. B. Leiharbeiter) bezogen werden.

Hinweise für die Umsetzung: Zu diesen Ressourcen gehören Mitarbeitende, Infrastruktur und Arbeitsumgebung. Weitere wichtige Ressourcen sind:

- Informationen
- Lieferanten und Partner
- natürliche Ressourcen
- finanzielle Ressourcen

Personen

Anforderungen nach ISO 9001, Abschnitt 7.1.2

Damit das QM-System erfolgreich umgesetzt und Prozesse gesteuert werden können, müssen die hierfür benötigten Personen bestimmt werden. Dabei muss sichergestellt werden, dass diese Personen auch zur Verfügung stehen.

Hinweise für die Umsetzung:

Der klassische QM-Beauftragte ist so in der neuen ISO 9001 nicht mehr gefordert, allerdings sind die Zuständigkeiten klar zu definieren. Die Erfüllung der Produktanforderungen kann in direkter oder indirekter Weise durch Personal, das eine beliebige Tätigkeit innerhalb des QM-Systems ausführt, beeinflusst werden.

Infrastruktur

Anforderungen nach ISO 9001, Abschnitt 7.1.3

Wichtig ist im Sinne der ISO 9001, dass die Konformität der Produkte und Dienstleistungen sichergestellt wird. Dazu muss die für die Umsetzung der Prozesse notwendige Infrastruktur „bestimmt, bereitgestellt und instandgehalten werden“.

Hinweise für die Umsetzung:

Zur Infrastruktur kann Folgendes zählen:

- Gebäude und zugehörige Gebäudetechnik
- technische Ausrüstung, Maschinen, Anlagen, einschließlich Hardware und Software
- Transporteinrichtungen
- Informations- und Kommunikationstechnik

Prozessumgebung

Anforderungen nach ISO 9001, Abschnitt 7.1.4

Damit die Prozesse wie gewünscht umgesetzt werden können und die Konformität gesichert ist, muss auch die „Umgebung bestimmt, bereitgestellt und aufrechterhalten werden“.

Hinweise für die Umsetzung:

Arbeitsumgebung bezieht sich auf die Bedingungen, unter denen die Tätigkeiten ausgeführt werden. Das sind in erster Linie physikalische Faktoren (Temperatur, Feuchte, Beleuchtung, Lärm), aber auch Ordnung, Sauberkeit und Hygiene.

Eine geeignete Umgebung kann eine Kombination von menschlichen und physikalischen Faktoren sein, wie z. B.:

- soziale Faktoren
- psychologische Faktoren
- physikalische Faktoren

Ressourcen zur Überwachung und Messung: Allgemeines

Anforderungen nach ISO 9001, Abschnitt 7.1.5.1

Die Konformität von Produkten und Dienstleistungen muss gültig und zuverlässig nachweisbar sein. Für diese Überwachung und Messung müssen geeignete Ressourcen bestimmt und dauerhaft bereitgestellt werden. Die Eignung der Ressourcen muss dabei als dokumentierte Information vorliegen (Nachweis der Eignung der Ressourcen).

Hinweise für die Umsetzung:

Zu diesen Ressourcen gehören Mitarbeitende, Infrastruktur und Arbeitsumgebung.

Weitere wichtige Ressourcen sind:

- Informationen
- Lieferanten und Partner
- natürliche Ressourcen
- finanzielle Ressourcen

Ressourcen zur Überwachung und Messung: Messtechnische Rückführbarkeit

Anforderungen nach ISO 9001, Abschnitt 7.1.5.2

Wenn eine Rückverfolgbarkeit der Messung nötig ist, dann muss „die Messausrüstung:

- in bestimmten Abständen oder vor jeder Anwendung verifiziert und kalibriert werden und
- auf internationale oder nationale Messstandards zurückzuführen sein (wenn es solche Normale nicht gibt, muss die Grundlage für die Kalibrierung und Verifizierung als dokumentierte Information aufbewahrt werden),
- gekennzeichnet werden, um den Status bestimmen zu können,
- vor Einstellungsänderungen, Beschädigungen oder Verschlechterung, die den Kalibrierstatus und demzufolge die Messergebnisse ungültig machen würden, geschützt sein."

Wird eine Abweichung festgestellt, muss überprüft werden, ob auch vorherige Messergebnisse ungültig waren. Ist dies der Fall, müssen entsprechende Maßnahmen umgesetzt werden.

Hinweise für die Umsetzung:

Wenn ein solcher Messstandard nicht vorliegt, muss die Grundlage für die Kalibrierung/Verifizierung als dokumentierte Information aufbewahrt werden.

Wissen der Organisation

Anforderungen nach ISO 9001, Abschnitt 7.1.6

Damit Prozesse erfolgreich durchgeführt werden können und die Konformität von Produkten und Dienstleistungen gesichert wird, ist Wissen nötig. Dieses benötigte Wissen muss definiert, „aufrechterhalten und ausreichend vermittelt werden".

Bei Änderungen muss klar sein, welches Wissen nötig ist und wie sichergestellt wird, dass dieses Wissen dann auch zur Verfügung steht.

Hinweise für die Umsetzung:

Das Wissen der Organisation kann auf Folgendem basieren:

- internen Quellen – z. B. geistiges Eigentum, Erfahrungsschatz, Lektionen aus Fehlern und erfolgreichen Projekten
- externen Quellen – z. B. Normen, Fachbücher, Konferenzen, Hochschulen, Wissenserwerb der Kunden oder externen Anbieter

5.4.2 Kompetenz

Anforderungen nach ISO 9001, Abschnitt 7.2

Es muss die notwendige Kompetenz der Personen definiert werden, die „die Leistung und Wirksamkeit des QM-Systems beeinflussen" und die im Auftrag der Organisation tätig sind. Ist die Kompetenz definiert, muss sichergestellt werden, dass die benötigte Kompetenz vorhanden ist. Ist sie nicht vorhanden, müssen bewertbare Maßnahmen (z. B. Schulungen) umgesetzt werden, mit denen die Kompetenz erworben wird.

Kompetenznachweise müssen als dokumentierte Information vorliegen.

Hinweise für die Umsetzung:

Geeignete Maßnahmen können beispielsweise Schulungen, Mentoring, Versetzungen von gegenwärtig angestellten Personen oder Anstellung von kompetenten Personen sein.

5.4.3 Bewusstsein

Anforderungen nach ISO 9001, Abschnitt 7.3

Alle Personen, die „unter der Aufsicht der Organisation tätig sind“, müssen sich klar darüber sein,

- was die Qualitätspolitik und die Qualitätsziele bedeuten,
- welchen Beitrag sie zur Wirksamkeit des QM-Systems leisten und was eine verbesserte Leistung bringen würde,
- welche Konsequenzen eine Nichterfüllung der Anforderung des QM-Systems haben würde.

Hinweise für die Umsetzung:

Das Bewusstsein lässt sich beispielsweise mittels Aushängen, Versammlungen, Schulungen erhöhen.

5.4.4 Kommunikation

Anforderungen nach ISO 9001, Abschnitt 7.4

Die interne und externe Kommunikation in Bezug auf das QM-System müssen bestimmt werden, einschließlich,

- worüber
- wann
- mit wem
- wie

kommuniziert wird und wer kommuniziert.

Hinweise für die Umsetzung:

Dies lässt sich beispielsweise in einer Tabellenform verbindlich festhalten.

5.4.5 Dokumentierte Information

Allgemeines

Anforderungen nach ISO 9001, Abschnitt 7.5.1

Die von der ISO 9001 geforderte dokumentierte Information und die dokumentierte Information, die für die Effektivität („Wirksamkeit") des Managementsystems als notwendig definiert wurde, müssen im QM-System berücksichtigt werden.

Hinweise für die Umsetzung:

Der Umfang dokumentierter Informationen kann sich von Organisation zu Organisation unterscheiden aufgrund:

- der Größe und der Art ihrer Tätigkeiten, Prozesse, Produkte und Dienstleistungen
- der Komplexität ihrer Prozesse und deren Wechselwirkungen
- der Kompetenz der Personen

Erstellen und Aktualisieren

Anforderungen nach ISO 9001, Abschnitt 7.5.2

Die dokumentierte Information muss „angemessen" gekennzeichnet und beschrieben werden. Es müssen ein angemessenes Format sowie ein angemessenes Medium gewählt werden. Auch eine angemessene Überprüfung einschließlich des Genehmigungsverfahrens in Bezug auf die Eignung und Angemessenheit muss sichergestellt werden.

Hinweise für die Umsetzung: Unter „Erstellen und Aktualisieren" versteht man die einheitliche und nachvollziehbare Erstellung, Genehmigung, Verteilung und, nach Ablauf der Gültigkeit, Einzug und Vernichtung von Dokumenten.

Hinweise, Erläuterungen und Beispiele zur Dokumentenlenkung, aber auch zu anderen Normenabschnitten finden sich in den von ISO herausgegebenen und bei DIN veröffentlichten „Unterstützungsanleitungen" [Web 04].

Vom QM-System geforderte Dokumente, deren Lenkung nachzuweisen ist, sind:

- die von ISO 9001 geforderten Dokumente
- Dokumente, die von anderen Normen, Gesetzen oder Vorschriften gefordert werden, sofern sie die Erfüllung von Produktanforderungen betreffen
- von Kunden vorgegebene Dokumente und Lenkungsmethoden
- für das Funktionieren des QM-Systems notwendige Dokumente

Lenkung dokumentierter Information

Anforderungen nach ISO 9001, Abschnitt 7.5.3

Die dokumentierte Information muss in der Form und zu der Zeit, in der sie gebraucht wird, sicher zur Verfügung stehen. Dazu muss sie gesteuert werden. Geregelt werden müssen („falls zutreffend"):

- „Verteilung, Zugriff, Auffindung und Verwendung,
- Ablage/Speicherung und Erhaltung, einschl. Erhaltung der Lesbarkeit,
- Überwachung von Änderungen,
- Aufbewahrung und Verfügungen über den weiteren Verbleib".

Dient eine dokumentierte Information als Nachweis der Konformität, muss auch gewährleistet werden, dass sie nicht unbeabsichtigt verändert werden kann. Ist eine externe dokumentierte Information nötig, dann muss diese als solche gekennzeichnet und gesteuert werden.

Hinweise für die Umsetzung:

Zur Lenkung von Informationen ist eine benutzerfreundliche Bedienoberfläche empfehlenswert – Intranet, strukturierte Serverablage etc. Aufzeichnungen und deren Lenkung können vom Kunden oder durch rechtliche Vorschriften vorgegeben sein. Aufzeichnungen dürfen nicht geändert werden. Die Erhaltung der Lesbarkeit bei elektronischen Dokumenten kann das periodische Umkopieren bei geänderter Hard- und Software bedeuten. Wichtige Dokumente sollten regelmäßig in einem Updateprozess auf einem zweiten Speichermedium gesichert bzw. auch ggf. ausgedruckt werden. Archivierungsfristen sollten möglichst einheitlich gestaltet werden, um den Verwaltungsaufwand in Grenzen zu halten.

5.5 Betrieb

5.5.1 Betriebliche Planung und Steuerung

Anforderungen nach ISO 9001, Abschnitt 8.1

Die Prozesse müssen zum Bereitstellen von Produkten und Dienstleistungen und zur Umsetzung der Maßnahmen „geplant, verwirklicht und gesteuert werden". Dazu gehören nachfolgende Aspekte:

- Bestimmen der Anforderung an die Produkte und Dienstleistungen
- Definition der Kriterien für die Prozesse sowie für die Annahme von Produkten und Dienstleistungen
- Definition der benötigten Ressourcen (Ziel: Sicherstellen der Konformität)
- Prozesssteuerung
- Sicherstellen der notwendigen dokumentierten Information, und zwar in der Form, dass die Prozesse wie gewünscht umgesetzt werden können und die Konformität nachweisbar ist

Diese Planung muss zu den Betriebsabläufen der Organisation passen („geeignet sein").

Sind Änderungen geplant, so müssen diese überwacht werden. Die Folgen von unbeabsichtigten Änderungen müssen „beurteilt werden, und falls notwendig, Maßnahmen ergriffen werden, um negative Auswirkungen zu vermindern".

Werden Prozesse ausgegliedert, dann müssen sich diese in „Übereinstimmung mit Normabschnitt 8.4" steuern lassen.

Hinweise für die Umsetzung:

Beispiele zur Umsetzung:

- Projektmanagement
- Produktspezifikation (Lastenheft, Pflichtenheft)
- Reporting/Kennzahlen
- Datenbanken

5.5.2 Anforderung an Produkte und Dienstleistungen

Kommunikation mit dem Kunden

Anforderungen nach ISO 9001, Abschnitt 8.2.1

Die Kommunikation mit den Kunden muss verbindlich geregelt werden.

Dabei geht es um die Bereitstellung von Informationen über Produkte und Dienstleistungen, das Managen von Anfragen, Verträgen oder Aufträgen, einschließlich deren Änderungen, den Erhalt von Rückmeldungen durch Kunden zu Produkten und Dienstleistungen, einschließlich Kundenbeschwerden, die Handhabung oder Steuerung von Kundeneigentum und die Erstellung spezifischer Anforderungen für Notfallmaßnahmen, sofern zutreffend.

Hinweise für die Umsetzung:

Es ist empfehlenswert, Vorgaben zur Kundenkommunikation zu definieren. Kundeneigentum ist zwingend eindeutig als solches zu kennzeichnen. Tätigkeiten nach der Lieferung ergeben sich beispielsweise aus Gewährleistungsbestimmungen, aus vertraglichen Pflichten wie Serviceleistungen oder durch ergänzende Dienstleistungen wie Rücknahme zur Wiederverwertung oder Entsorgung nach Nutzungsende.

Bestimmen von Anforderungen in Bezug auf Produkte und Dienstleistungen

Anforderungen nach ISO 9001, Abschnitt 8.2.2

Es muss sichergestellt werden, dass:

- die Anforderungen an das Produkt und die Dienstleistungen,
- die Anforderung von der Organisation,
- die behördlichen bzw. gesetzlichen Anforderungen sowie
- die Zusagen an die von der Organisation angebotenen Produkte und Dienstleistungen

festgelegt sind.

Hinweise für die Umsetzung:

Durch die Organisation festgelegte Anforderungen können beispielsweise bei Produktentwicklung Verbesserungen zu Wettbewerbsprodukten betreffen oder auch Anforderungen an Zwischenprodukte (z. B. Bearbeitungsmaße).

Überprüfung von Anforderungen in Bezug auf Produkte und Dienstleistungen

Anforderungen nach ISO 9001, Abschnitt 8.2.3

Die Anforderungen an Produkte und Dienstleistungen müssen erfüllt werden. Dazu muss eine Organisation überprüfen, ob folgende Anforderungen erfüllt werden:

- Vom Kunden festgelegte Anforderungen, einschließlich der Anforderungen in Bezug auf die Lieferung und die Tätigkeiten nach der Lieferung
- Anforderungen, die zwar vom Kunden nicht explizit formuliert wurden, die jedoch für den Gebrauch notwendig sind
- Anforderungen, die von der Organisation selbst festgelegt wurden
- Zutreffende gesetzliche und behördliche Anforderungen
- Weitere vereinbarte Anforderungen

Die Organisation muss sicherstellen, dass

- Unterschiede zwischen Anforderungen im Vertrag oder Auftrag und den zuvor angegebenen Anforderungen bestimmt und beseitigt werden,
- die Kundenanforderungen vor der Annahme von der Organisation bestätigt werden müssen, wenn der Kunde keine dokumentierte Angabe über seine Anforderungen macht,
- dokumentierte Informationen über die Ergebnisse der Überprüfung und über neue Anforderungen an die Produkte und Dienstleistungen dokumentiert und aufbewahrt werden.

Hinweise für die Umsetzung:

Die Anforderungen hinsichtlich der Machbarkeitsbewertung betreffen auch das Vermeiden von nicht realisierbaren Zusicherungen bezüglich der Produkteigenschaften oder die auftragsunabhängige Vorbereitung der Marktfreigabe durch Prüfung der Produktinformationen in Katalogen oder Werbematerial. Dieser Prozess ist eng mit dem Produktentwicklungsprozess verbunden. Die Prüfung der Fähigkeit zur Erfüllung der Produktanforderungen schließt auch die Verfügbarkeit der erforderlichen Ressourcen sowie die terminliche und ökonomische Machbarkeit ein. Gehen Leistungen oder Lieferungen des Kunden in die bereitzustellenden Produkte ein (Kundeneigentum, Know-how, Entwicklungsleistungen), sind diese bereits in dieser Phase zu klären.

Änderungen von Anforderungen an Produkte und Dienstleistungen

Anforderungen nach ISO 9001, Abschnitt 8.2.4

Ändern sich Anforderungen an Produkte und Dienstleistungen, muss auch die dokumentierte Information entsprechend korrigiert und die zuständigen Personen auf diese Änderungen hingewiesen werden (verbindlich geregelter Änderungsdienst).

Hinweise für die Umsetzung:

Änderungen sind zu dokumentieren und den entsprechenden Personen mitzuteilen. Dazu sollte eine entsprechende Verfahrensanweisung dienen.

5.5.3 Entwicklung von Produkten und Dienstleistungen

Allgemeines

Anforderungen nach ISO 9001, Abschnitt 8.3.1

Der Entwicklungsprozess muss so „geplant, umgesetzt und aufrechterhalten werden", dass die anschließende Produktion oder Dienstleistungserbringung sichergestellt ist.

Hinweise für die Umsetzung:

Die Planung der Entwicklungsabläufe „an sich" hängt vom Charakter und der Komplexität der zu entwickelnden Produkte und Prozesse ab.

Entwicklungsplanung

Anforderungen nach ISO 9001, Abschnitt 8.3.2

Die Durchführung des Entwicklungsprozesses muss verbindlich geregelt werden. Dabei ist Folgendes zu beachten:

- Art, Dauer und Umfang der Entwicklungstätigkeit
- Notwendige Prozessphasen (inkl. Überprüfungen)
- Erforderliche Tätigkeiten zur Verifizierung und Validierung
- Verantwortlichkeiten und Entscheidungsspielräume
- Ressourcenbedarf für die Entwicklung von Produkten und Dienstleistungen

- Definition von Schnittstellen zwischen den beteiligten Personen
- Einbindung der Kunden und Nutzer in den Entwicklungsprozess
- Anforderungen an die anschließende Produktion oder Dienstleistungserbringung
- Steuerungsebene, die von den Stakeholdern erwartet wird
- Notwendige dokumentierte Informationen (Nachweis, dass die Anforderungen an die Entwicklung erfüllt wurden)

Hinweise für die Umsetzung:

In der Regel gehören die Bewertung der Lastenheftforderungen, das Entwicklungskonzept bzw. die Pflichtenhefterstellung, Entwürfe (Zeichnungen, Laborversuche), Erprobungen im Haus oder beim Kunden sowie die Herstellung/Bereitstellung unter endgültigen Realisierungsbedingungen zu den typischen Entwicklungsphasen. In jedem Fall sollte die Produkteinführungsphase interdisziplinär bearbeitet werden. Bewertung, Verifizierung und Validierung verfolgen unterschiedliche Zwecke. Sie können getrennt oder in jeglicher Kombination in einer für das Produkt oder die Organisation geeigneten Weise durchgeführt werden.

Entwicklungseingaben

Anforderungen nach ISO 9001, Abschnitt 8.3.3

Die wesentlichen Anforderungen für die Produkte und Dienstleistungen müssen ermittelt werden. Insbesondere sind das:

- Funktions- und Leistungsmerkmale
- Informationen aus ähnlichen Entwicklungstätigkeiten
- Anforderungen aus behördlichen und gesetzlichen Regelungen
- Anforderungen aus Normen
- Anforderungen aus Verfahren der Organisation
- Erfahrungen aus Fehlern ähnlicher Produkte und Dienstleistungen
- Keine widersprüchlichen und unvollständigen Eingaben für die Entwicklung
- Aufbewahrung dokumentierter Informationen über die Entwicklungseingaben

Hinweise für die Umsetzung:

Für die Zusammenstellung der Produktanforderungen wird häufig der Begriff „Lastenheft“ verwendet. Nach Prüfung der Eingaben und Ergänzung um zeitliche Abläufe, Verantwortlichkeiten, Inhalte/Annahmekriterien für die einzelnen Entwicklungsphasen und Dokumentationsanforderungen spricht man vom „Pflichtenheft“.

Funktions- und Leistungsanforderungen an die Produkte können nicht isoliert betrachtet werden. Sie sind oft verbunden mit Anforderungen an die Verpackung/Konservierung, Zuverlässigkeit, Reparaturfähigkeit, Entsorgung/Wiederverwertung nach Nutzungsende und Kosten oder Anforderungen an die Herstellung wie Effektivität oder Prozessfähigkeit usw.

Steuerungsmaßnahmen für die Entwicklung

Anforderungen nach ISO 9001, Abschnitt 8.3.4

Es müssen Steuerungsmaßnahmen für den Entwicklungsprozess realisiert werden, darunter fallen folgende Punkte:

- Definition der geplanten Ergebnisse
- Durchführung von Reviews mit dem Ziel, die Ergebnisse der Entwicklung in Bezug auf die Erfüllung der Anforderungen zu bewerten und um eventuell notwendige Maßnahmen einzuleiten
- Durchführung von Verifizierungstätigkeiten (zentrale Frage hierbei: Erfüllen die Entwicklungsergebnisse die Anforderungen?)
- Durchführung von Validierungstätigkeiten (zentrale Frage hierbei: Erfüllen die zu entwickelnden Produkte und Dienstleistungen die Anforderungen, die sich aus der geplanten Anwendung und dem beabsichtigten Gebrauch ergeben?)
- Einleitung notwendiger Maßnahmen zur Lösung etwaiger ermittelter Probleme
- Erstellen dokumentierter Informationen über die Steuerungsmaßnahmen

Hinweise für die Umsetzung: Die Steuerungsmaßnahmen für den Entwicklungsprozess können Aussagen zu Qualitätsrisiken, Kosten, Vorlaufzeiten, kritische Pfade oder anderes enthalten. Die Entwicklungsbewertung kann separat oder in Verbindung mit der Entwicklungsverifizierung bzw. -validierung erfolgen und aufgezeichnet werden. Die Verifizierung soll die Überprüfung miteinschließen, ob die Entwicklungseingaben zum jeweiligen Zeitpunkt noch aktuell und vollständig sind. Für die Validierung und das Freigabeverfahren können oft Kundenvorgaben bestehen.

Entwicklungsergebnisse

Anforderungen nach ISO 9001, Abschnitt 8.3.5

Entwicklungsergebnisse müssen

- alle Eingabeanforderungen erfüllen,
- geeignet sein, die sich anschließenden Prozesse zur Bereitstellung von Produkten und Dienstleistungen zu realisieren,
- Anforderungen/Annahmekriterien an die Prüfung und Messung enthalten,
- die Qualitätsmerkmale von Produkten und Dienstleistungen festlegen.

Die Entwicklungsergebnisse sind zu dokumentieren und aufzubewahren.

Hinweise für die Umsetzung:

Häufig von Kunden geforderte oder typischerweise benutzte Aufzeichnungen und Dokumente für den Realisierungsprozess können sein:

- Produkt- und Prozess-FMEA
- Ergebnisse von Zuverlässigkeitsuntersuchungen
- Fehlervermeidungsstrategien
- Spezifikationen in Form von Zeichnungen oder Daten
- Prozess-Layouts
- Arbeits- und Prüfanweisungen einschließlich Produkt- und/oder Prozessannahmekriterien

Entwicklungsänderungen

Anforderungen nach ISO 9001, Abschnitt 8.3.6

Es muss ein Änderungsdienst implementiert werden, der während oder nach der Entwicklung alle erforderlichen Änderungen verbindlich regelt und dokumentiert.

Es muss sichergestellt werden, dass daraus keine nachteiligen Auswirkungen auf die Konformität entstehen.

Es müssen „dokumentierte Informationen über

- die Entwicklungsänderungen,
- Ergebnisse von Überprüfungen und
- Befugnisse zur Änderung und zum Einleiten notwendiger Maßnahmen

aufbewahrt werden."

Hinweise für die Umsetzung:

„Entwicklungsänderung" meint nicht Änderungen im Laufe des Entwicklungsprozesses (Änderung der Aufgabenstellung oder iterative Annäherung an das endgültige Ergebnis), sondern Änderungen, die infolge bzw. in Umsetzung des Entwicklungsergebnisses vorzunehmen sind.

Typische Fragestellungen sind:

- Umgang mit bereits gefertigten, aber noch nicht ausgelieferten Erzeugnissen nach altem Design
- Änderungen in Prozessen und an Ausrüstungen (z. B. Prüfung von Werkzeugspezifikationen)
- Dokumentationsänderungen
- Vorhalten alter Versionen für Reparatur- bzw. Ersatzzwecke über einen festzulegenden Zeitraum (beispielsweise Software).

5.5.4 Steuerung von extern bereitgestellten Prozessen, Produkten und Dienstleistungen

Allgemeines

Anforderungen nach ISO 9001, Abschnitt 8.4.1

Die Organisation muss sicherstellen, dass extern bereitgestellte Prozesse, Produkte und Dienstleistungen den Anforderungen entsprechen.

Dazu müssen Prüfungen festgelegt werden, und zwar in folgenden Fällen:

- Integration von Produkten und Dienstleistungen von externen Anbietern in die eigenen Produkte und Dienstleistungen
- Bereitstellung der Produkte bzw. Dienstleistungen an den Kunden durch den externen Anbieter direkt
- Bereitstellung eines Prozesses oder Teilprozesses von einem externen Anbieter

Dabei müssen Kriterien für die Beurteilung, Auswahl, Leistungsüberwachung und Neubeurteilung externer Anbieter bestimmt und angewendet werden.

Diese Tätigkeiten und Maßnahmen müssen als dokumentierte Informationen vorliegen.

Hinweise für die Umsetzung:

Mögliche Kontrollinstrumente sind beispielsweise:

- Eingangsprüfungen
- Qualitätssicherungsvereinbarungen
- Erhalt und Auswertung von Prüfzeugnissen, Konformitätsbescheinigungen oder statistischer Daten
- Bereitstellen von Arbeits- und Prüfmitteln oder Verfahrensspezifikationen (insbesondere bei ausgelagerten Prozessen)
- Bewertung der Produktionsstandorte/QM-Systeme der Lieferanten (Lieferantenaudit oder Zertifizierungsverfahren)
- neutrale Bewertung durch ein festgelegtes Prüflabor

Dazu kann auch die Zusammenarbeit mit Lieferanten gehören, um sie zu befähigen, die gestellten Anforderungen zu erfüllen. Anforderungen an Lieferanten können auch vom Kunden vorgegeben sein (z. B. Freigabe von Bezugsquellen).

Art und Umfang der Kontrolle

Anforderungen nach ISO 9001, Abschnitt 8.4.2

Extern bereitgestellte Produkte oder Dienstleistungen dürfen „die Fähigkeit der Organisation, ihren Kunden fortlaufend konforme Produkte und Dienstleistungen zu liefern, nicht nachteilig beeinflussen" und müssen durch das QM-System gelenkt werden.

Dabei muss sowohl die Steuerung der externen Anbieter als auch die Steuerung der Ergebnisse definiert werden.

Insbesondere müssen dabei berücksichtigt werden:

- Auswirkungen der extern bereitgestellten Prozesse, Produkte oder Dienstleistungen auf die Erfüllung der Kundenanforderungen sowie der gesetzlichen und behördlichen Anforderungen
- Wirksamkeit der durch den externen Anbieter angewendeten Prüfverfahren

Hinweise für die Umsetzung:

Die Art der Lenkungsmethoden ist vielfältig. Sie reichen von der einfachen Waren-Eingangskontrolle (Identität, Vollzähligkeit) über die Prüfung von Qualitätseigenschaften, das Abschließen von Qualitätssicherungsvereinbarungen, das Bereitstellen von Arbeits- und Prüfmitteln oder Verfahrensspezifikationen (insbesondere bei ausgelagerten Prozessen), das Anfordern von Lieferantenerklärungen oder das Mitliefern von Prüfergebnissen bis hin zur Durchführung von Lieferantenaudits.

Informationen für externe Anbieter

Anforderungen nach ISO 9001, Abschnitt 8.4.3

Die Eignung der externen Anbieter muss sichergestellt werden. Daher müssen den externen Anbietern folgende Informationen zu den Anforderungen mitgeteilt werden:

- Informationen zu den bereitzustellenden Prozessen, Produkten und Dienstleistungen
- Genehmigungen und/oder Freigaben
- Notwendige Kompetenz für die Bereitstellung externer Produkte, Prozesse und Dienstleistungen

- Art und Weise wie externe Anbieter mit der Organisation zusammenwirken
- Überwachung und Steuerung der Leistungen von externen Anbietern
- Anforderungen der Organisation zu den Verifizierungs- oder Validierungstätigkeiten, die beim externen Anbieter durchgeführt werden sollen

Hinweise für die Umsetzung:

Bestellunterlagen müssen Informationen enthalten, die das zu beschaffende Produkt eindeutig beschreiben.

Vor Mitteilung an den Lieferanten ist die Angemessenheit der in den Beschaffungsdokumenten spezifizierten Anforderungen sicherzustellen.

5.5.5 Produktion und Dienstleistungserbringung

Steuerung der Produktion und Dienstleistungserbringung

Anforderungen nach ISO 9001, Abschnitt 8.5.1

Die Produktion und Dienstleistungserbringung müssen unter folgenden „beherrschten Bedingungen" erfolgen:

- Dokumentierte Informationen und Merkmale von Produkten und Dienstleistungen sowie die Tätigkeiten und die zu erzielenden Ergebnisse müssen verfügbar sein.
- Es müssen geeignete Ressourcen zur Messung und Überwachung sowie deren Anwendung gesichert sein.
- Eine geeignete Infrastruktur und Umgebung für die Durchführung von Prozessen muss vorhanden sein.
- Es müssen kompetente Personen benannt werden.
- Wenn Ergebnisse der Produktion und Dienstleistungserbringung nicht verifiziert werden können, muss eine regelmäßige Validierung der Fähigkeiten durchgeführt werden.
- Maßnahmen zur Verhinderung menschlicher Fehler müssen eingeführt werden.
- Nach der Lieferung von Produkten und Dienstleistungen muss eine Freigabe erfolgen.

Hinweise für die Umsetzung:

Die Planung der Produktions- und Dienstleistungserbringung sollte Reaktionspläne einschließen, die Maßnahmen für den Fall enthalten, dass die beherrschten Bedingungen nicht mehr vorliegen bzw. die Prozessfähigkeit nicht mehr gegeben ist (Notfallpläne).

Die Pläne für die Produktrealisierung haben traditionell oder branchenspezifisch verschiedene Bezeichnungen, z. B.:

- Arbeitsplan
- Fertigungsplan
- Laufkarte
- technologische Dokumentation
- Arbeitsgangliste
- Arbeitsplanstammkarte
- Produktionslenkungsplan
- Control Plan

Die Notwendigkeit von Arbeitsanweisungen hängt von der Kompetenz des Personals und der Art der Tätigkeit ab. Arbeits- (Prüf-) Anweisungen können auch in Form von Fotos oder Grenzmustern dargestellt werden.

Kennzeichnung und Rückverfolgbarkeit

Anforderungen nach ISO 9001, Abschnitt 8.5.2

Folgendes muss die Organisation realisieren:

- Zur Sicherstellung der Konformität während der gesamten Produktion und Dienstleistungserbringung müssen geeignete Mittel angewendet werden, um die Konformität der Ergebnisse zu kennzeichnen.
- Der Status der Ergebnisse in Bezug auf die Überwachungs- und Messanforderungen muss gekennzeichnet werden.
- Die eindeutige Kennzeichnung der Ergebnisse muss gesteuert werden, wenn die Rückverfolgbarkeit eine Anforderung ist.
- Dokumentierte Informationen sind aufzubewahren.

Hinweise für die Umsetzung:

Das Produkt muss an jeder Stelle des Realisierungsprozesses identifiziert werden können. Konfigurationsmanagement oder Umstempelung dienen in einigen Branchen als Mittel für die Aufrechterhaltung der Rückverfolgbarkeit. Bei sehr kleinen Produkten muss die Rückverfolgbarkeit über die Kennzeichnung auf der Verpackung realisiert werden.

Eigentum der Kunden oder externer Anbieter

Anforderungen nach ISO 9001, Abschnitt 8.5.3

Überlässt ein Kunde oder ein externer Anbieter der Organisation „zum Gebrauch oder zur Einbeziehung in die Produkt- und Dienstleistungen" eigenes Eigentum, dann muss dieses fremde Eigentum sorgfältig behandelt, gesichert sowie gekennzeichnet werden.

Verluste, Beschädigungen oder andere Fehler müssen dem Kunden oder externen Anbietern mitgeteilt und dokumentiert werden.

Hinweise für die Umsetzung:

Kundeneigentum kann sein:

- materielle Produkte (z. B. Material, Komponenten, Werkzeuge, Prüfmittel)
- immaterielle Produkte (geistiges Eigentum, vertraulich übermittelte Informationen, Software)

Dies gilt auch, wenn Montagen oder Arbeiten an Ausrüstungen, PC- oder Kommunikationsnetzen usw. beim Kunden durchgeführt werden.

Erhaltung

Anforderungen nach ISO 9001, Abschnitt 8.5.4

Die Konformität mit den Anforderungen muss stets sichergestellt sein. Dazu müssen die Ergebnisse während der Produktion und der Dienstleistungserbringung entsprechend dem erforderlichen Umfang zur Verfügung stehen.

Hinweise für die Umsetzung:

Ziel des Prozesses ist es, die einmal realisierte Produktkonformität durch die nachfolgenden Prozesse nicht wieder zu beeinträchtigen. In Lagern sollte der Produktzustand in angemessenen, geplanten Abständen beurteilt werden (oft in Zusammenhang mit Inventuren). Dabei sollten veraltete Produkte in vergleichbarer Weise wie fehlerhafte Produkte behandelt werden. „First in – first out" kann als Lagerbestandssystem dazu nützlich sein.

Tätigkeiten nach der Lieferung

Anforderungen nach ISO 9001, Abschnitt 8.5.5

Nach Lieferung muss die Organisation die gesetzlichen und behördlichen Anforderungen erfüllen sowie unerwünschte Folgen in Verbindung mit den Produkten und Dienstleistungen berücksichtigen. Die Art, Nutzung und die beabsichtigte Lebensdauer der Produkte und Dienstleistungen, die Kundenanforderungen und Rückmeldungen von Kunden sind ebenfalls zu berücksichtigen und auszuwerten.

Hinweise für die Umsetzung:

Tätigkeiten nach der Lieferung ergeben sich beispielsweise aus Gewährleistungsbestimmungen, aus vertraglichen Pflichten wie Serviceleistungen oder durch ergänzende Dienstleistungen wie Rücknahme zur Wiederverwertung oder Entsorgung nach Nutzungsende.

Überwachung von Änderungen

Anforderungen nach ISO 9001, Abschnitt 8.5.6

Die Konformität mit den Anforderungen muss stets gewährleistet sein. Änderungen müssen in dem hierfür erforderlichen Ausmaß beurteilt und überwacht werden.

Die „Ergebnisse der Beurteilungen von Änderungen, die Personen, die die Änderung genehmigt haben" sowie die Beschreibung der notwendigen Tätigkeiten müssen als dokumentierte Information vorliegen.

Hinweise für die Umsetzung:

Änderungen sind zu dokumentieren und den entsprechenden Personen mitzuteilen. Wenn Anforderungen an Produkte und Dienstleistungen Änderungen unterliegen, muss sichergestellt werden, dass dokumentierte Informationen berichtigt und die zuständigen Personen auf die geänderten Anforderungen hingewiesen werden. Dazu sollte eine entsprechende Verfahrensanweisung dienen.

5.5.6 Freigabe von Produkten u. Dienstleistungen

Anforderungen nach ISO 9001, Abschnitt 8.6

„An geeigneten Stellen des Ablaufs" muss verifiziert werden, ob das Produkt oder die Dienstleistung so ist wie gewünscht.

Die Freigabe von Produkten und Dienstleistungen für den Kunden darf erst nach einer erfolgreichen Endprüfung erfolgen, sofern nicht schon andere Tätigkeiten eine Genehmigung beinhalten.

Es müssen dokumentierte Informationen über die Freigabe von Produkten und Dienstleistungen zur Lieferung an den Kunden aufbewahrt werden.

Hinweise für die Umsetzung: Die Freigabe von Produkten und Dienstleistungen sollte in einer Verfahrensbeschreibung verbindlich geregelt sein, beispielsweise für die Endprüfung. Die Verantwortung für die Freigabe muss geregelt sein.

5.5.7 Steuerung nichtkonformer Ergebnisse

Anforderungen nach ISO 9001, Abschnitt 8.7

Fehlerhafte Produkte/Zwischenprodukte und Dienstleistungen müssen gekennzeichnet und gesteuert werden, um „unbeabsichtigten Gebrauch" oder eine Auslieferung bzw. Erbringung zu vermeiden.

Bei Nichtkonformität müssen geeignete Maßnahmen die Konformität von Produkten und Dienstleistungen absichern.

Die Weiterverarbeitung nichtkonformer Ergebnisse muss verhindert werden durch:

- Korrektur/Nacharbeit
- Aussonderung, Sperrung, Rückweisung oder Sonderfreigabe von Produkten und Dienstleistungen
- Benachrichtigung der Kunden

Nach der Korrektur muss die Konformität mit den Anforderungen verifiziert werden. Dazu muss die Organisation dokumentierte Informationen aufbewahren, die die Nichtkonformität, die eingeleiteten Maßnahmen und erhaltene Sonderfreigabe einschließlich der verantwortlichen Entscheider enthalten.

Hinweise für die Umsetzung:

- Identifikation der Ursachen der Nichtkonformität und Abstellen dieser Ursachen, um eine Wiederholung auszuschließen.
- Ein definierter Ablauf ist empfehlenswert. Dieser sollte auch die Befugnisse und den Ablauf festlegen, wenn aufgrund entstehender Fehler die Fertigung oder Auslieferung angehalten werden muss. In jeder Fertigungsschicht muss diesbezüglich befugtes Personal vorhanden oder unverzüglich erreichbar sein.
- Wenn der Prüfstatus nicht erkennbar ist, muss das Produkt bis zur Prüfung als fehlerhaft eingestuft werden.
- Insbesondere bei Just-in-time-Lieferungen ist diese Verfahrensweise mit dem Kunden abzustimmen.
- Sonderfreigaben sind eindeutig zu lenken. Das schließt die Information des betroffenen Personals und die Kennzeichnung des Postens/der Charge usw. mit Sonderfreigabe ein, wobei zeitliche oder sachliche Begrenzungen beachtet und verfolgt werden müssen.
- Bei Fehlerfeststellung nach Auslieferung kann die Produkthaftung von Bedeutung sein.

5.6 Bewertung der Leistung

5.6.1 Überwachung, Messung, Analyse und Bewertung

Allgemeines

Anforderungen nach ISO 9001, Abschnitt 9.1.1

Die Organisation muss festlegen, was überwacht und gemessen werden muss.

Auch der Zeitpunkt, Methoden zur Überwachung, Messung, Analyse und Bewertung müssen festgelegt werden.

Weiterhin muss festgelegt werden, wie die Ergebnisse zu analysieren und zu bewerten sind. Die Führung muss die Wirksamkeit (Effektivität) des QM-Systems bewerten und die Ergebnisse als Nachweis dokumentieren.

Hinweise für die Umsetzung:

Die Maßnahmen zur Überwachung, Messung, Analyse und Verbesserung sind besonders bedeutsam für den Prozess der ständigen Verbesserung. Deshalb müssen alle Ergebnisse sorgfältig ausgewertet und, wenn erforderlich, Verbesserungsmaßnahmen eingeleitet und abgearbeitet werden.

Kundenzufriedenheit

Anforderungen nach ISO 9001, Abschnitt 9.1.2

Die Organisation muss die Kundenzufriedenheit analysieren. Dazu sind Methoden zur Analyse und Überwachung zu identifizieren und anzuwenden.

Hinweise für die Umsetzung:

Kundenwahrnehmungen können ermittelt werden aus:

- Kundenzufriedenheitsermittlungen
- Kundendaten zur Produktqualität
- Umfragen unter Nutzern
- Analysen entgangener Geschäftsabschlüsse
- Anerkennungen
- Händlerberichten
- Garantieleistungsforderungen

Die notwendigen Regelungen betreffen sowohl die direkte Kommunikation mit dem Kunden (Befugnis, Ablauf) als auch die Kommunikation innerhalb der Organisation (einheitlicher Kenntnisstand und Auftritt gegenüber dem Kunden).

Analyse und Bewertung

Anforderungen nach ISO 9001, Abschnitt 9.1.3

Die Organisation muss Daten und Informationen aus der Messung der Kundenzufriedenheit analysieren und bewerten, um einzuschätzen, ob die

- Konformität der Produkte und Dienstleistungen,
- Kundenzufriedenheit,
- Leistung und Wirksamkeit des QM-Systems,
- effektive Umsetzung von Plänen,
- Effektivität von Maßnahmen zum Umgang mit Risiken und Chancen,
- Leistung externer Anbieter,
- ermittelten Verbesserungen des QM-Systems

gewährleistet und wirksam sind.

Hinweise für die Umsetzung:

Die Methoden zur Datenanalyse können statistische Verfahren umfassen. Die Analyse von Daten ist weiterhin erforderlich, um den Erfolg von Verbesserungsmaßnahmen/Prozessänderungen bewerten zu können. Die Analyse von Prozess- und Produktmerkmalen soll insbesondere deren Trends und die Möglichkeit für Vorbeugungs- und Verbesserungsmaßnahmen erfassen.

5.6.2 Internes Audit

Anforderungen nach ISO 9001, Abschnitt 9.2

Es müssen in „geplanten Abständen" interne Audits durchgeführt werden. Mit einem internen Audit soll in Erfahrung gebracht werden, ob das QM-System

- „die Anforderungen der Organisation und dieser Norm erfüllt sowie
- wirksam verwirklicht und aufrechterhalten wird."

Es müssen

- ein oder mehrere Auditprogramme geplant, aufgebaut, verwirklicht und aufrechterhalten werden,
- die Auditkriterien sowie der Umfang festgelegt werden,
- Auditoren so ausgewählt und Audits so durchgeführt werden, dass die Objektivität und Unparteilichkeit des Auditprozesses gewährleistet wird,
- die Auditergebnisse gegenüber der zuständigen Führung berichtet werden,
- geeignete Korrekturen und Korrekturmaßnahmen zeitnah umgesetzt werden,
- Maßnahmen realisiert werden, um dokumentierte Informationen als Nachweis der Verwirklichung des Auditprogramms und der Ergebnisse des Audits zu erhalten.

Hinweise für die Umsetzung:

Die Unabhängigkeit der Auditoren wird insofern gesichert, dass sie ihre eigene Tätigkeit nicht auditieren dürfen. Eine Anleitung für die Planung, Vorbereitung und Durchführung von Audits wird in ISO 19011 gegeben. Ein Audit ist keine Prüfung, sondern eine systematische Erfassung von Sachverhalten, die dann ausgewertet werden. In der Begriffsdefinition wird bewusst das „Bewerten" vermieden, man soll daher in Audits Prüfungssituationen vermeiden. Die Anforderungen an Auditoren sind ebenfalls in ISO 19011 festgelegt. Die Kenntnis der Qualitätsnormen und der Zusammenhänge des konkreten Managementsystems sind Grundvoraussetzungen für die Auditorentätigkeit auch bei internen Audits.

In Abhängigkeit von den festzulegenden Auditzielen gibt es eine Reihe von eingeführten Auditbezeichnungen wie System-, Prozess- oder Produktaudit. Weitere Auditarten sind:

- Compliance-Audits (Feststellung der Übereinstimmung mit Einhaltung der gesetzlichen oder behördlichen Vorgaben)
- Lieferantenaudit (wird beim Lieferanten durchgeführt)
- Selbstbewertung (auditierter Bereich füllt in der Regel Fragebogen aus)

5.6.3 Managementbewertung

Allgemeines

Anforderungen nach ISO 9001, Abschnitt 9.3.1

Das QM-System der Organisation muss durch die oberste Führungsebene in „geplanten Abständen" bewertet werden. Damit soll die „fortlaufende Eignung, Angemessenheit und Wirksamkeit sowie dessen Angleichung an die strategische Ausrichtung der Organisation" sichergestellt werden.

Hinweise für die Umsetzung:

Die Managementbewertung ist sinnvollerweise mit anderen Berichten zusammenzufassen (z. B. Abschluss Geschäftsjahr). Das hat den Vorteil, dass aktuelle Zahlen/Analysen vorliegen und die Managementbewertung Grundlage für die Planung von Zielen/Maßnahmen im Folgejahr ist.

Eingaben für die Managementbewertung

Anforderungen nach ISO 9001, Abschnitt 9.3.2

Managementbewertungen müssen im Sinne der ISO 9001 Folgendes leisten:

- Den Status von Maßnahmen vorheriger Managementbewertungen beachten
- Veränderungen bei QM-Themen beachten
- Leistung und Wirksamkeit des QM-Systems aufzeigen
- Die Entwicklung der Kundenzufriedenheit und Rückmeldungen von Parteien auswerten

- Die Erreichung der Qualitätsziele beinhalten
- Prozessleistung und Konformität von Produkten und Dienstleistungen widerspiegeln
- Nichtkonformität und Korrekturmaßnahmen enthalten
- Ergebnisse von Überwachungen und Messungen enthalten
- Auditergebnisse enthalten
- Leistung von externen Anbietern bewerten
- Eignung von Ressourcen enthalten
- Wirksamkeit von Maßnahmen zur Behandlung von Risiken und Chancen beinhalten
- Möglichkeiten zur Verbesserung aufzeigen

Hinweise für die Umsetzung:

Die Bewertung von qualitätsbezogenen Kosten (Prüf-, Fehler- und Fehlerverhütungskosten) ist in die Managementbewertung mit einzubeziehen. Rückmeldungen von Kunden können beispielsweise deren Informationen zur Lieferantenbewertung, Protokolle von Kundengesprächen oder Reklamationen/Qualitätshinweise sein.

Ergebnisse der Managementbewertung

Anforderungen nach ISO 9001, Abschnitt 9.3.3

Aus den Ergebnissen der Managementbewertungen müssen folgende Entscheidungen und Maßnahmen abgeleitet werden:

- Möglichkeiten der Verbesserung
- Änderungsbedarf am QM-System
- Bedarf an Ressourcen

Es müssen dokumentierte Informationen als Nachweis der Ergebnisse der Managementbewertung aufbewahrt werden.

Hinweise für die Umsetzung:

Die Lenkung bzw. Verfolgung der Maßnahmen muss geregelt sein. Vorteilhaft kann die Verknüpfung mit der Lenkung anderer QM-bezogener Maßnahmen sein (Audits, Verbesserungsprojekte usw.). Dazu ist ein Maßnahmenmanagement zu empfehlen.

5.7 Verbesserung

5.7.1 Allgemeines

Anforderungen nach ISO 9001, Abschnitt 10.2

Es müssen Möglichkeiten zur Verbesserung abgeleitet werden, um notwendige Maßnahmen zu formulieren und umzusetzen, damit die Anforderungen des Kunden erfüllt und die Kundenzufriedenheit erhöht werden.

Dabei ist Folgendes besonders zu beachten:

- „Verbesserung von Produkten und Dienstleistungen, um Anforderungen zu erfüllen
- Korrigieren, Verhindern oder Verringern von unerwünschten Auswirkungen
- die Verbesserungen der Leistung und Wirksamkeit des QM-Systems“

Hinweise für die Umsetzung:

Beispiele für die Verbesserung sind Korrekturen, Korrekturmaßnahmen, fortlaufende Verbesserung, Veränderungen, Innovationen und Neuorganisation.

5.7.2 Nichtkonformität und Korrekturmaßnahmen

Anforderungen nach ISO 9001, Abschnitt 10.2

Wenn Nichtkonformitäten auftreten, muss die Organisation folgende Aktionen einleiten:

- angemessene und zeitnahe Korrektur- und Überwachungsmaßnahmen umsetzen
- Ursachen ermitteln
- Maßnahmen zur Beseitigung der Ursachen einleiten
- Folgen der Nichtkonformitäten bewerten
- wiederholtes Auftreten vermeiden
- Wirksamkeit ergriffener Korrekturmaßnahmen prüfen

- Risiken und Chancen, die während der Planung bestimmt wurden, aktualisieren
- ggf. das QM-System ergänzen

Es müssen dokumentierte Informationen zu Nichtkonformitäten aufbewahrt werden. Darin sollen die Art der Nichtkonformität und die daraus abgeleiteten Maßnahmen sowie die Ergebnisse der Korrekturmaßnahmen enthalten sein.

Hinweise für die Umsetzung:

Die klassischen Vorbeugungsmaßnahmen aus der vorhergehenden Norm gibt es nicht mehr, diese finden sich in Chancen und Risiken wieder. Hinweise zum Umgang mit Kundenbeschwerden und -reklamationen sind in der Norm ISO 10002 enthalten.

5.7.3 Fortlaufende Verbesserung

Anforderungen nach ISO 9001, Abschnitt 10.3

Die „Eignung, Angemessenheit und die Wirksamkeit" des QM-Systems müssen fortlaufend überwacht und verbessert werden. Analyseergebnisse und Auswertungen sowie die Ergebnisse der Managementbewertung müssen berücksichtigt werden, um zu erkennen, ob es eine Notwendigkeit oder Chancen gibt, eine fortlaufende Verbesserung des QM-Systems einzuleiten.

Hinweise für die Umsetzung:

Die klassische „ständige" Verbesserung aus der vorherigen Norm wurde durch den Begriff der „fortlaufenden" Verbesserung ersetzt.

5.8 Qualitätsmanagement – Qualität einer Organisation – Anleitung zum Erreichen eines nachhaltigen Erfolgs nach DIN EN ISO 9004

Ziel der DIN EN ISO 9004:2018 ist es, Möglichkeiten der Verbesserung des Managementsystems aufzuzeigen. Die Realisierung der Anforderungen der DIN EN ISO 9001:2015 ist Pflicht. Die Norm DIN EN ISO 9004:2018 gibt Hinweise zur Leitung und Lenkung von Organisationen, die dazu beitragen sollen, dass die Organisation in einem komplexen, fordernden und sich ständig ändernden Umfeld nachhaltigen Erfolg erreicht [Nor 18c].

Im Unterschied zur Norm ISO 9001 enthält die Norm ISO 9004 keine Anforderungen, sondern Anleitungen, sodass diese Norm nicht für Zertifizierungszwecke oder zur Verwendung in behördlichen Anordnungen bzw. in Verträgen vorgesehen ist.

Nachfolgend wird die Grundstruktur der DIN EN ISO 9004:2018 erläutert (Bild 5.2) [Nor 18c].

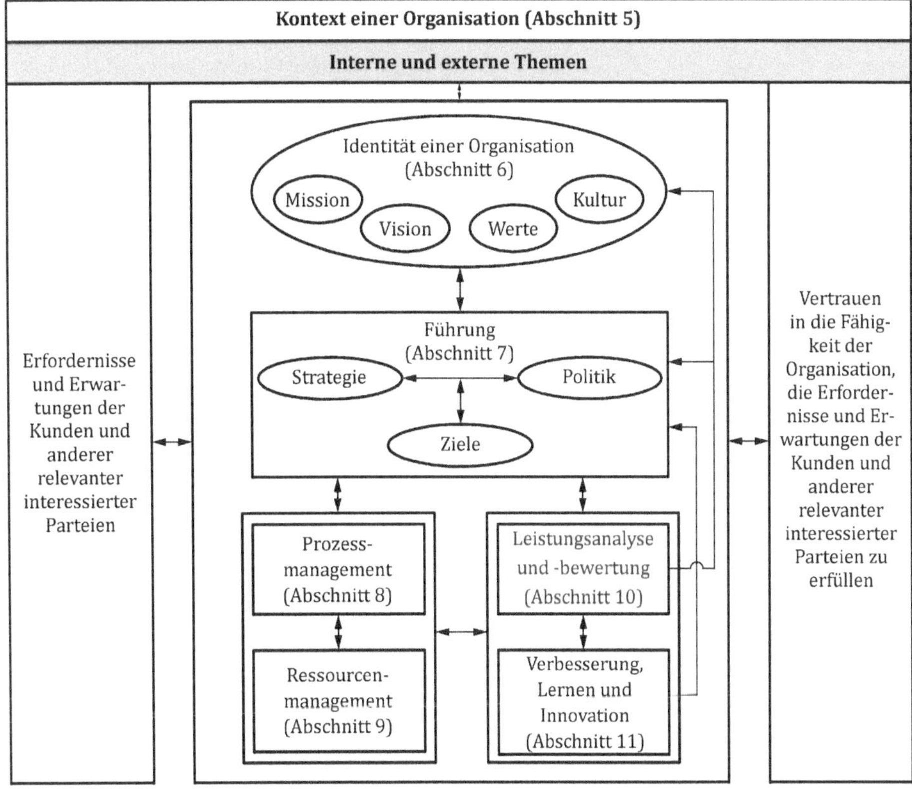

Bild 5.2 Struktur der DIN EN ISO 9004:2018 [Nor 18c]

Tabelle 5.1 hält sich an die Gliederung der ISO 9004 und ergänzt diese mit Hinweisen zur praktischen Umsetzung. Die ersten Gliederungspunkte Europäisches Vorwort, Vorwort, Einleitung, 1 Anwendungsbereich, 2 Normative Verweisungen und 3 Begriffe sind wie in allen Managementnormen standardisiert vorhanden.

Tabelle 5.1 Inhaltliche Gliederung der DIN EN ISO 9004:2018 mit Hinweisen zur praktischen Umsetzung

Gliederung ISO 9004:2018	Hinweise
4 Qualität einer Organisation und nachhaltiger Erfolg	
4.1 Qualität einer Organisation 4.2 Leiten zum nachhaltigen Erfolg einer Organisation	▪ **Langfristige Strategie** im Einklang mit kurz- und mittelfristigen Zielen verfolgen ▪ Formulierung und Erläuterung der **Qualitätsmanagementgrundsätze** ▪ Möglichkeiten, einen nachhaltigen Erfolg zu sichern ▪ Verweis auf **Managementprinzipien** ▪ Welche **Erfordernisse und Erwartungen** haben die Kunden und anderen **interessierten Parteien**, um nachhaltigen Erfolg zu erzielen und deren Zufriedenheit zu steigern ▪ Besondere Schwerpunkte sind die **Kundenorientierung** und das **Beziehungsmanagement**
5 Kontext einer Organisation	
5.1 Allgemeines 5.2 Relevante interessierte Parteien 5.3 Externe und interne Themen	▪ Zusammenstellung **der relevanten interessierten Parteien** und deren typischen Erwartungen ▪ **Externe Themen** ermitteln und formulieren (Gesetze, Behörden, Verträge, Globalisierung, politische, soziale, wirtschaftliche und kulturelle Faktoren, Innovationen und natürliche Umgebung) ▪ **Interne Themen** ermitteln und formulieren (Größe der Organisation, Tätigkeiten und Prozesse, Arten der Produkte und Dienstleistungen, Ressourcen, Wissen der Organisation, Reifegrad, Innovationen) ▪ **Risiken** für den nachhaltigen Erfolg identifizieren, wenn Erfordernisse und Erwartungen nicht erfüllt werden ▪ **Prozesse** identifizieren, die besonders zu einem nachhaltigen Erfolg beitragen ▪ Festsetzung, Umsetzung und Aufrechterhaltung eines Prozesses zur **kontinuierlichen Überwachung/Überprüfung** externer und interner Themen

Gliederung ISO 9004:2018	Hinweise
6 Identität einer Organisation	
6.1 Allgemeines 6.2 Mission, Vision, Werte und Kultur	Um nachhaltigen Erfolg zu haben, sollte die Organisation ▪ eine **Mission** – Grund, warum die Organisation existiert ▪ eine **Vision** – was will die Organisation sein und wie will sie von interessierten Parteien gesehen werden? ▪ **Werte** haben – diese in Strategie und Politik formulieren, ständig aktuell halten, umsetzen und kommunizieren und eine ▪ **Unternehmenskultur** haben Mission, Vision, Werte und Kultur müssen im Einklang mit der Politik und Strategie der Organisation stehen und bei Bedarf ständig entsprechend angepasst werden
7 Führung	
7.1 Allgemeines 7.2 Politik und Strategie 7.3 Ziele 7.4 Kommunikation	▪ Es sollte ein **Prozessansatz/Organisationsstruktur** gewählt werden, um das proaktive Lenken und Leiten der Prozesse zu ermöglichen und sicher zu stellen, dass die Erfüllung von Auftrag und Zielen der Organisation wirksam und effizient umgesetzt werden ▪ Formulierung und Kommunikation der **Politik und Strategie** der Organisation und deren kontinuierliche Aktualisierung ▪ Formulierung der wesentlichen **Ziele der Organisation** und deren kontinuierliche Aktualisierung ▪ Schaffung einer **wirksamen internen und externen Kommunikation**
8 Prozessmanagement	
8.1 Allgemeines 8.2 Bestimmung der Prozesse 8.3 Verantwortlichkeit und Befugnis für Prozesse 8.4 Management von Prozessen	Das sich ständig verändernde und unsichere Umfeld und die Leistung einer Organisation sollten durch **Prozesse überwacht/analysiert** werden, um ▪ alternative, konkurrierende oder neue Produktangebote, ▪ neue interessierte Parteien, ▪ neue Märkte/Technologien, ▪ gesetzliche Änderungen und ▪ mögliche Risiken zu ermitteln. ▪ Identifikation der wesentlichen Prozesse der Organisation ▪ Aufbau einer Prozesslandschaft/ eines Prozessnetzwerkes und Festlegung der Prozesseigentümer sowie deren Verantwortung und Befugnisse

Tabelle 5.1 Inhaltliche Gliederung der DIN EN ISO 9004:2018 mit Hinweisen zur praktischen Umsetzung *(Fortsetzung)*

Gliederung ISO 9004:2018	Hinweise
	▪ Beachtung und Beschreibung der Wechselwirkungen zwischen den Prozessen ▪ Formulierung von Kenngrößen zur Messbarkeit von Prozessen
9 Ressourcenmanagement	
9.1 Allgemeines 9.2 Personen 9.2.1 Allgemeines 9.2.2 Engagement von Personen 9.2.3 Befähigung und Motivierung von Personen 9.2.4 Kompetenz von Personen 9.3 Wissen der Organisation 9.4 Technologie 9.5 Infrastruktur und Arbeitsumgebung 9.5.1 Allgemeines 9.5.2 Infrastruktur 9.5.3 Arbeitsumgebung 9.6 Extern bereitgestellte Ressourcen 9.7 Natürliche Ressourcen	▪ Die Organisation sollte für den nachhaltigen Erfolg die **notwendigen internen und externen Ressourcen ermitteln** und ihre Verfügbarkeit im Einklang mit der Strategie sicherstellen ▪ Die Organisation sollte **ressourcenbezogene Prozesse** einrichten, um deren wirksame und effiziente Nutzung sicherzustellen ▪ Die Organisation sollte die **Risiken bei einer möglichen Verknappung der Ressourcen** ermitteln und sicherstellen ▪ Die Organisation sollte den **Ressourceneinsatz optimieren.** Es sollte ständig nach neuen Ressourcen, Prozessen und Technologien gesucht werden ▪ **Finanzmittel und Liquidität** sollten kontinuierlich überwacht werden
10 Analyse und Bewertung der Leistung einer Organisation	
10.1 Allgemeines 10.2 Leistungsindikatoren 10.3 Leistungsanalyse 10.4 Leistungsbewertung 10.5 Internes Audit 10.6 Selbstbewertungen 10.7 Überprüfungen	▪ Die Organisation sollte einen **Prozess zur Erfassung, Analyse und ständigen Bewertung der Leistung** implementieren ▪ **Interne Audits und Verfahren zur Selbstbewertung** sollten angewendet werden ▪ Formulierung praktikabler **Leistungsindikatoren** für Prozesskenngrößen, Risikobewertungen von Prozessen, Produkten und Dienstleistungen ▪ Bewertung **externer Anbieter** ▪ Ermittlung von Informationen zur **Zufriedenheit der interessierten Parteien** ▪ Erarbeitung von **Schlüsselleistungskennzahlen KPI** (key performance indicator) für messbare Ziele, Trendbeobachtung, Verbesserungen, strategische Entscheidungen, relevante Prozesse und Verfahren

Gliederung ISO 9004:2018	Hinweise
	■ Die KPI müssen mit der Strategie und Zielen der Organisation in Einklang stehen ■ Methodik zur **Beurteilung der Wechselwirkung zwischen Führungstätigkeiten und Wirkung auf die Leistung der Organisation** – zum Beispiel Maßnahmenverfolgung ■ **Methodik für den kontinuierlichen Leistungsvergleich** mit Zielwerten ■ Nutzung der Ergebnisse interner Audits zur **Messung des Grades der Konformität mit dem Managementsystem** und zur Analyse und Verbesserung der Organisation ■ **Selbstbewertungsverfahren** zur Bestimmung von Stärken und Schwächen der Organisation ■ **Kontinuierliche Überprüfung** mittels Leistungsvergleich, Analysen, Bewertungen, internen Audits und Selbstbewertungen durch die oberste Leitung und in geeigneten Führungsebenen
11 Verbesserung, Lernen und Innovation	
11.1 Allgemeines 11.2 Verbesserung 11.3 Lernen 11.4 Innovation	■ Beobachtung von Veränderungen der externen und internen Themen und der Erfordernisse und Erwartungen der interessierten Parteien ■ **Festlegung von Zielen zur Verbesserung** von Produkten, Prozessen, Dienstleistungen und zur Struktur des Managementsystems ■ Methodik zur Analyse und **Bewertung der Leistungen der Organisation** ■ **Formulierung von Lerninhalten** – Lernen und Innovationen auf allen Ebenen der lernenden Organisation

Anhang A Werkzeug zur Selbstbewertung
A.1 Allgemeines
A.2 Reifegradmodell
mit Tabelle A1 Allgemeines Model der Selbstbewertungselemente und -kriterien in Verbindung mit den Reifegraden
A.3 Selbstbewertung einzelner Elemente
A.4 Anwendung der Selbstbewertungsinstrumente mit ausführlichen Tabellen A2 bis A32 für die Bewertung des Reifegrades der einzelnen Elemente in den Unterabschnitten der Norm DIN EN ISO 9004:2018 mit Schlussfolgerung/Ergebnissen/Kommentar sowie Literaturhinweisen

Die „DIN EN ISO 9004:2018 Qualitätsmanagement – Qualität einer Organisation – Anleitung zum Erreichen nachhaltigen Erfolgs" nähert sich mit ihrer Gliederung und Terminologie inhaltlich der High Level Structure an und ist mit den Qualitätsmanagementgrundsätzen der DIN EN ISO 9001:2015 konsistent. Sie ist ein Werkzeug zur Selbstbewertung, um zu überprüfen, in welchem Grad die Organisation die enthaltenen Konzepte eingeführt hat. Die DIN EN ISO 9004 ist eine Guidance (Empfehlung) [Nor 18c].

5.9 Risiko- und Krisenmanagement

Für jedes Unternehmen besteht eine gewisse Wahrscheinlichkeit von Risiken und somit von möglichen Krisen. Zudem hat sich das Krisenmanagement in den letzten Jahren als fester Bestandteil des Qualitätsmanagements etabliert [Len 12]. Vor allem die Fokussierung auf das Risikomanagement in der ISO 9001:2015 zeigt die zunehmende Relevanz dieser Thematik [Nor 15d]. Dabei steht das nutzbringende und gefahrlose Zusammenspiel von Mensch, Maschine und Umwelt im Vordergrund. Hierbei nehmen die Risiken, denen ein Unternehmen ausgesetzt ist, in den letzten Jahren immer mehr zu [Bun 11]. Grund dafür sind die sich kontinuierlich veränderten technologischen, wirtschaftlichen und vor allem globalen Bedingungen sowie der zunehmende Fokus der Medien und die öffentliche Aufarbeitung solcher Situationen.

Dementsprechend können auftretende Krisen und deren falsche Handhabung hohe wirtschaftliche Schäden für das Unternehmen/die Organisation bedeuten. Deshalb müssen Risiken nicht erst im Notfall beachtet werden, sondern es müssen präventiv entsprechende Vorkehrungen getroffen werden. Mittels Risikomanagement können eventuelle Probleme früher erkannt und Chancen sowie Nutzen abgeleitet werden, um ein Unternehmen/ eine Organisation sicherer zu gestalten. Dadurch kann in Krisensituationen ein schnelles und effizientes Vorgehen ermöglicht werden, indem im Notfall die richtigen Handlungen **planmäßig** vollzogen werden. Mit der Integration eines Risikomanagementsystems in Managementsysteme können Risiken besser identifiziert, analysiert, entsprechend minimiert und Krisen bewältigt werden.

5.9.1 Ziele des Risiko- und Krisenmanagements

Ziel des Risiko- und Krisenmanagements ist nicht die komplette Vermeidung von möglichen Risiken, sondern die Schaffung von Handlungsspielräumen, um die Risiken und dessen Folgen besser beherrschen zu können. Dabei müssen diese potenziellen Risiken bekannt sein sowie deren Wirkungszusammenhänge, um diesen effizient entgegenwirken zu können. Das Risiko- und Krisenmanagement soll das Potenzial an

Gefährdungen verringern und den Bestand einer Organisation sichern [Höl 02]. Dies erfolgt durch eine gezielte Analyse aller auf das Unternehmen einwirkenden Risiken, dabei sollen diese regelmäßig bewertet und Maßnahmen zur Absicherung gegen diese Risiken getroffen werden. Die Folge ist eine höhere Transparenz im Unternehmen sowie die Straffung der Organisation. Zudem ist die Bewältigung von Krisen unter Berücksichtigung der Instandhaltung der Funktionsweise sowie eine schnelle Rückkehr zu einem normalen Ablauf von kritischen Prozessen von höchster Bedeutung [Bun 11]. Die oberste Priorität jedes Risiko- und Krisenmanagements ist der Schutz des Menschen, alles andere wird diesem nachgestellt. Des Weiteren folgt der Schutz von Sachen, Umwelt und Interessen [Brü 16].

5.9.2 Begriffe zum Risiko- und Krisenmanagement

Im Folgenden werden wesentliche Begriffe zum Risiko- und Krisenmanagement beschrieben:

- **Risiko:** Kombination aus der Wahrscheinlichkeit des Eintretens eines gefährlichen Ereignisses und seiner Auswirkung [Ebe 13]
- **Risikomanagement:** Risikomanagement beschäftigt sich mit potenziellen Krisen, indem Prozesse, Verhaltensweisen und koordinierte Aktivitäten darauf ausgerichtet sind, eine Organisation bezüglich der Risiken zu steuern. Dabei beinhaltet es vor allem methodische Anwendungen von Grundsätzen, Verfahren und Tätigkeiten, um Risiken zu erkennen, zu analysieren und zu bewerten sowie zu überwachen und zu kontrollieren. Dementsprechend steht die gezielte Reduzierung bzw. Eliminierung von Risiken im Vordergrund [DGQ 07]. Durch das Verteilen und Abschwächen von Risiken und durch geeignete Techniken können Risiken besser beherrscht werden [Ebe 13]. Risikomanagement hat die Aufgabe, seine Objekte von möglichen Risikofaktoren fern zu halten, indem diese identifiziert werden, bevor sie auftreten können. Entscheidend ist somit ein vorsorgliches und proaktives Risikomanagement [Gar 14].
- **Krise:** Ausnahmesituation, welche vom Normalzustand abweicht und ein Risikopotenzial vorhanden ist bzw. bereits ein Schaden in der Einrichtung vorliegt. Normale betriebliche Strukturen sind nicht mehr ausreichend [Mei 05].
- **Krisenmanagement:** Trotz entsprechender Risikopräventionen durch technische und menschliche Maßnahmen bleibt ein Restrisiko vorhanden, welches zu Krisen führen kann, sogenannte Schadensrisiken [Brü 16]. Die Wechselwirkung zum Risikomanagement liegt in der Bewältigung von Krisen, welche mittels präventivem Risikomanagement nicht verhindert werden können [Bun 11]. Dazu gehört eine aktive Bewältigung sowie ein schnelles und planvolles Handeln innerhalb der Krisensituation. Dabei soll die Krisensituation in einen normalen Zustand zurückge-

führt werden, indem die eingetretene Krise mittels koordinierter Tätigkeiten bewältigt wird. Hierbei sollte der Krisen- und der betroffene Produktionsbereich klar gekennzeichnet sein, um auf deren Auswirkungen einen besseren Einfluss nehmen zu können [Béd 09]. Hinzu kommen entsprechende Informationen an die Öffentlichkeit, die zuständigen Behörden sowie Versicherungen und Kunden. Dieser Vorgang ist unabdingbar, da die Kommunikation nach außen ein weiterer wesentlicher Punkt des Krisenmanagements darstellt [Kam 15].

- **Notfall:** Plötzliches und unvorhergesehenes, auf eine Organisation begrenztes Schadensereignis mit folgenschweren Schäden [Brü 16]. Es kann zu einem außerordentlichen Zustand führen, bei dem ein eingeschränkter Einsatz oder sogar Ausfall betrieblicher Geschäftsprozesse vorliegt. Dazu müssen außerordentliche und zudem schnellstmögliche Maßnahmen ergriffen werden [Nor 14e]. Gefährdungen von Leben, Gesundheit und Umwelt können erhebliche Konsequenzen für eine Organisation und dessen Kontinuität bedeuten [Béd 09]. Eine Krise kann durch einen Notfall ausgelöst werden, indem Notfälle falsch behandelt werden oder durch eine zunehmende und verschärfte Ausnahmesituation. Dabei ist der Übergang von Notfall zu Krise nur ein schmaler Grat und kann zum Teil fließend und kaum erkennbar von statten gehen.
- **Notfallmanagement:** Das Notfallmanagement beschreibt den planmäßigen Umgang und die erforderlichen Maßnahmen bei eintretenden Notfällen sowie die daraus resultierenden Störungen und deren Bewältigung [Mac 99]. Dabei steht die Vermeidung/Minimierung von Personenschäden im Vordergrund. Dazu zählen die Schadensvermeidung, die Schadensminderung sowie die Schadensbeseitigung [Sch 14].
- **Ursachen:** Es werden verschiedene Arten von potenziellen Ursachen unterschieden, die entsprechende Vorkehrungen benötigen, um bestmöglich behandelt zu werden. Auftretende Auslöser können technischen, natürlichen oder menschlichen Ursprungs sein (Bild 5.3). Zu den technischen Störungen zählen Ursachen, wie Kontaminationen beispielsweise mit Öl oder giftigen Stoffen, Systemfehler, Produktionsausfall, Explosionen oder Energieausfall, welche zu Beeinträchtigungen der Betriebsfunktion führen [Nor 14e]. Ebenso können Notfälle und Krisen natürlichen Ursprungs sein, welche von der Umwelt herbeigeführt werden können, wie Unwetter, Hochwasser, Stürme oder Erdbeben. Außerdem können Notfälle und Krisen durch menschliches Versagen verursacht werden, beispielsweise durch Feuer, einen IT-System- oder IT-Security-Fehler oder schwere Unfälle, bei denen Personen aber auch Gefahrgut beteiligt sein können [Nor 14e].
- **Kontinuität:** Wiederherstellung der beeinträchtigten kritischen Betriebsfunktionen und der Wertschöpfungsprozesse [Ebe 13]. Das Kontinuitätsmanagement beabsichtigt, die durch einen Notfall oder einer Krise beeinträchtigten kritischen Betriebsfunktionen und Wertschöpfungsprozesse, so schnell wie möglich wiederherzustel-

len und einen „Normalzustand“ zu gewährleisten, um die Leistungsfähigkeit und Geschäftstätigkeit der Organisation zu sichern [Brü 08]. Dementsprechend müssen Prozesse geplant sein, um rasch die Normalsituation in der Organisation wiederherzustellen, insbesondere durch relevante Ersatzbeschaffungen. Dabei betrifft das Kontinuitätsmanagement die gesamte Organisation von betroffenen Mitarbeitenden, über beschädigte Anlagen und Infrastrukturen sowie resultierende Informationen. Der Übergang vom Risiko- und Krisenmanagement zum Kontinuitätsmanagement verläuft trotz verschiedener Ausführungen dabei fließend [Rös 05].

- **Kontinuitätsmanagement:** Das Kontinuitätsmanagement ist das Resultat vorausgehender Planung und handelt von der schnellen Wiederherstellung zu den ursprünglichen Betriebsfunktionen, sodass ein weiterer Verlust verhindert wird und eine Organisation zurück zur Wertschöpfung geführt werden kann [Brü 08]. Wichtig für eine Organisation sollte dabei sein, den möglichen Ausfall der Betriebsfunktionen so kurz wie möglich zu halten und auch weiterhin eine hohe Qualität zu gewährleisten. Zu den Maßnahmen des Kontinuitätsmanagements gehört unter anderem die Schaffung von Kapazitätsreserven wie Ressourcen oder Infrastrukturen, auf welche im Falle einer Krise ausgewichen werden kann oder die Möglichkeit zur schnellen Ersatzbeschaffung. Einbezogen werden dabei Mitarbeitende, Räumlichkeiten, Anlagen, Informationen, Rohstoffe, Energien sowie Lieferanten. Wichtig ist hierbei, mögliche alternative Maßnahmen vorausgehend zu planen und sicher zu stellen, um diese nach einer Krise rasch und effizient nutzen zu können [Nor 14e]. Hinzu kommt die Evaluierung und Prüfung der Wirksamkeit vorher definierter Prozesse zur Krisenbewältigung. Außerdem sollten Anpassungen des Krisenplanes vorgenommen werden, um dementsprechend einen kontinuierlichen Verbesserungsprozess zu gewährleisten.

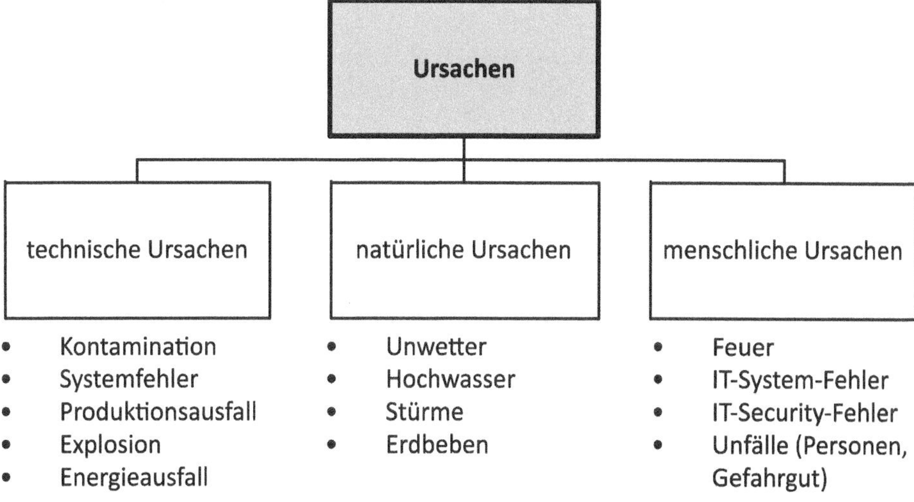

Bild 5.3 Übersicht der Ursachen von Notfällen und Krisen [Nor 14e]

5.9.3 Ausgewählte Normen und Gesetze zum Risiko- und Krisenmanagement

- **DIN 14096:2014 – Brandschutzordnung**

Die Brandschutzordnung befasst sich mit dem Verhalten von Personen im Brandfall sowie deren Maßnahmen zur Brandvermeidung. Sie ist in drei Teile gegliedert. Teil A befasst sich mit dem Verhalten im Brandfall, der für alle Personen geeignet ist und welcher die Flucht- und Rettungspläne enthält. Für Personen, welche sich in der Situation eines Brandfalles befinden, jedoch nicht zu der Organisation gehören z. B. Besucher ist Teil B vorgesehen. Der Teil C beschäftigt sich mit den Personen für besondere Aufgaben, wie zum Beispiel der Brandschutzbeauftragte oder die Brandschutzhelfer [Nor 14c]. Ein Brand und dessen Folgen bedeuten eine extreme Krise für eine Organisation, sodass dies auch ein Teil des Risiko- und Krisenmanagements sein muss. Aus diesem Grund müssen sich die Anforderungen der Brandschutzordnung in der Bewältigung der Krisensituation wiederfinden, z. B. die erfolgreiche Meldung eines Brandes.

- **DIN EN ISO/IEC 27001:2017-06 Sicherheitsverfahren – Informationssysteme – Anforderungen**

Unter Berücksichtigung von IT-Risiken gibt diese Norm Anforderungen für die Implementierung eines dokumentierten Informationssicherheits-Managementsystems vor. Dazu werden zur Handhabung von Informationssicherheitsrisiken bestimmte Sicherheitsmechanismen vorgegeben [Nor 13g]. Hinzu kommt die Analyse von Risiken im jeweiligen IT-Bereich. Inhaltlich vergleichbar ist diese Norm auf internationaler Ebene mit der BS 25999-2, dabei handelt es sich um einen britischen Standard, welcher sich mit der Thematik „betriebliches Kontinuitätsmanagement" ausführlich befasst.

Ziel eines Informationssicherheitsmanagementsystems ist der Schutz von vertraulichen Daten sowie die Unversehrtheit und die stetige Verfügbarkeit von Informationen [Nor 13g, Nor 22d]. Durch den Risikomanagementprozess werden entsprechend auftretender Risiken behandelt.

- **DIN ISO 31000:2018 Risikomanagement – Leitlinien**

Die DIN ISO 31000 beinhaltet internationale Standards und Grundsätze sowie Leitlinien und Prozesse zur Umsetzung des Risikomanagements [Brü 08]. Somit kann diese Norm zur Unterstützung bei der Integration eines Risikomanagements genutzt werden, dabei werden Risiken aller Art und deren Auswirkung auf eine Organisation berücksichtigt. Das Risikomanagement wird als Teil der Führungsaufgabe angesehen, indem Risiken gezielt gesteuert und beeinflusst werden. Hierbei wird der PDCA-Zyklus verfolgt, um einen stetigen Verbesserungsprozess innerhalb des Risikomanagementsystems zu erlangen. Zudem beinhaltet die Norm einen umfassenden Top-Down-Ansatz, sodass Risiken auf allen Ebenen und Bereichen einer Organisation jeglicher

Art (technische Risiken, finanzielle Risiken etc.) vermieden bzw. gelenkt werden können [Hau 01].

Ziel dieser internationalen Norm ist die Vorgabe einer Richtlinie für das Risikomanagement sowie eine effiziente Handhabung von Risiken mittels entscheidungsorientierter Unternehmenssteuerung. Dazu sollten auch Kriterien zum Thema Sicherheit, Gesundheit und Umweltschutz hinsichtlich des Risikos hinterfragt und in den Prozess eingearbeitet werden. Zudem soll der Risikomanagementprozess an bereits vorhandene Managementsysteme angepasst (integriert) werden können. Ein weiteres Ziel ist die stetige Verbesserung der Prozesse, auch durch die Integration einer Risikoberichterstattung [Nor 09d].

- **ONR 49000 ff. – Risikomanagement für Organisationen und Systeme**

Diese österreichischen Normen ONR 49000 ff. „Risikomanagement für Organisationen und Systeme“ umfasst ein ausführliches Regelwerk zum Thema Risikomanagement [Nor 14d]. Mithilfe dieser Normen soll die praktische Umsetzung für Unternehmen und Organisationen erleichtert werden. Die Normen ONR 49000, 49001 sowie 49002 dienen als Grundlage zur Umsetzung des Risiko- und Krisenmanagements und helfen bei der Integration in ein gemeinsames Managementsystem. Hierbei wird auch das Krisenmanagement als wesentlicher Teil des Risikomanagements angesehen und deren Zusammenhang aufgezeigt. Bestandteile dieser Normenfamilie sind [Brü 08]:

- ONR 49000 – Begriffe und Grundlagen
- ONR 49001 – Risikomanagement
- ONR 49002-1 – Leitfaden zur Einbettung ins Managementsystem
- ONR 49002-2 – Leitfaden für Methoden der Risikobeurteilung
- ONR 49002-3 – Leitfaden für das Notfall-, Krisen- und Kontinuitätsmanagement
- ONR 49003 – Anforderungen an die Qualifikation des Risikomanagements

Es wird ein einheitliches Verständnis für die zu verwendenden Begrifflichkeiten bereitgestellt. Anschließend wird der organisatorische Rahmen des Risikomanagements aufgezeigt, wobei Planung, Umsetzung und Bewertung als Prozesse fungieren. Daraufhin wird die Einbettung in ein vorhandenes Managementsystem bzw. die Schaffung eines neuen Managementsystems aufgezeigt sowie die Beurteilung von Risiken. Kernnorm ist die ONR 49002 Teil 3, die eine ausführlichen Betrachtung des Notfall-, Krisen- und Kontinuitätsmanagement für Organisationen enthält. Trotz ausführlicher präventiver Maßnahmen, können mögliche Restrisiken bestehen bleiben oder entstehen. Deshalb stellt das Notfall- und Krisenmanagement nach ONR ein System zur Verfügung, bei denen Abweichungen vom Normalzustand entsprechend zielgerichtet verarbeitet werden [Nor 14e].

- **ITSicherhG:2021-05-07 Gesetz zur Erhöhung der Sicherheit informationstechnischer Systeme (IT-Sicherheitsgesetz 2.0)**

Das IT-Sicherheitsgesetz hat das Ziel, die Sicherheit von Organisationen und Unternehmen, die entsprechende IT-Technik und die Sicherheit von Informationen zu verbessern und auf ein aktuelles Level zu heben. Weiterhin werden die Betreiber sicherheitsrelevanter Infrastrukturen verpflichtet, durch die Informationssicherheitskriterien Verfügbarkeit, Integrität, Vertraulichkeit und Authentizität die Sicherheit von IT-Anlagen zu gewährleisten. Dazu sollen Sicherheitsaudits, Prüfungen oder Zertifizierungen dienen. Im Bundesanzeiger wurde beispielsweise mit dem veröffentlichten IT-Sicherheitskatalog und Umsetzungsvorgaben für die Energiebranche (ISO 27019) ein Leitfaden vorgegeben. Weitere solcher Ableitungen von ISO 27001 werden für andere kritische Infrastrukturen erwartet.

- **KonTraG – Gesetz zur Kontrolle und Transparenz im Unternehmensbereich**

Das KonTraG ist ein Beweis dafür, dass Risiken nicht nur technischen Ursprungs sein müssen und zeigt somit eine bereichsübergreifende Relevanz des Themas. Aufgrund von wirtschaftlich bedingten Unternehmenskrisen, kam die Forderung nach mehr Kontrolle und Transparenz für Unternehmen auf. Dementsprechend sollte ein Kontrollsystem geschaffen werden, um frühzeitig gefährliche Entwicklungen von sog. bestandsgefährdenden Risiken aufzeigen zu können z. B. Vermögen-, Finanz und Ertragslage [Sto 05]. Mit der Einführung des KonTraG-Gesetzes am 01. 05. 1998, hat der Gesetzgeber die Unternehmen dazu verpflichtet, ein entsprechendes Risikomanagementsystem zu integrieren. Aus diesem Grund wird der Vorstand einer Aktiengesellschaft dazu verpflichtet, ein entsprechendes Risikomanagementsystem im Sinne des Unternehmens zu führen. Mittels Einführung eines Überwachungssystems, welches Risiken frühzeitig erkennen kann, soll der Fortbestand eines Unternehmens sichergestellt werden. Hinzu kommt der Lagebericht über die Risiken im Unternehmen zur besseren Beurteilung der Situation [DGQ 07].

Inhalt dieses Systems ist die Messung von bestandsgefährdenden Risiken, dabei gibt es jedoch keine expliziten Vorgaben zum Aufbau einer solchen Anwendung [Wol 09]. Das Anliegen des Gesetzgebers war es, die Sensibilisierung der Unternehmen zum Thema Risikomanagement voran zu bringen.

- **StaRUG – Sanierungsgesetz**

Das neue StaRUG-Gesetz gilt für mittelständische Unternehmen mit mehr als 100 Mitarbeitenden. Mit StaRUG-Verfahren haben Unternehmen eine weitere Möglichkeit, sich eigenverantwortlich zu sanieren und somit eine Insolvenz zu vermeiden. StaRUG bedeutet – Stabilisierungs- und Restrukturierungsrahmen für Unternehmen [Web 70]. Das Gesetz setzt die Europäische Restrukturierungs-Richtlinie in deutsches Recht um.

Das StaRUG ermöglicht im finanziellen Krisenmanagement eine Sanierung ohne Insolvenzverfahren. Kern von StaRUG ist die Umsetzung eines Sanierungskonzepts des Schuldners und die Vermeidung eines Insolvenzverfahrens. Ziel ist eine Restrukturierung nach dem StaRUG-Verfahren mithilfe eines Restrukturierungsplans des Schuldners. Letztlich ist es das Ziel eine Entschuldung des Unternehmens. Auch natürliche Personen, die unternehmerisch tätig sind, können sich mithilfe des StaRUG sanieren und so einer drohenden Privatinsolvenz abwenden.

5.9.4 Umsetzung des Risiko- und Krisenmanagements

Für die Umsetzung eines Risiko- und Krisenmanagements sind eine ganze Reihe von Informationen und dokumentierten Verfahren für unterschiedliche Führungsebenen notwendig (Bild 5.4).

Der Prozess des Risiko- und Krisenmanagements beginnt mit der Vorsorge für eine Organisation, eingeschlossen sind hierbei, dass auch alle Unterprozesse, bei denen zuerst die Risiken identifiziert, danach beurteilt und letztendlich bewältigt werden. Nachfolgend kommt es zur Fürsorge während einer Notfall- oder Krisensituation. Kern dieses Prozesses sind die Notfall- und Krisenvorbereitung, -bekämpfung und -nachbereitung. Zum Schluss folgt das Kontinuitätsmanagement mit der Rückführung zum Normalzustand und den daraus resultierenden Verbesserungen für das stetig anzupassende Risikomanagement.

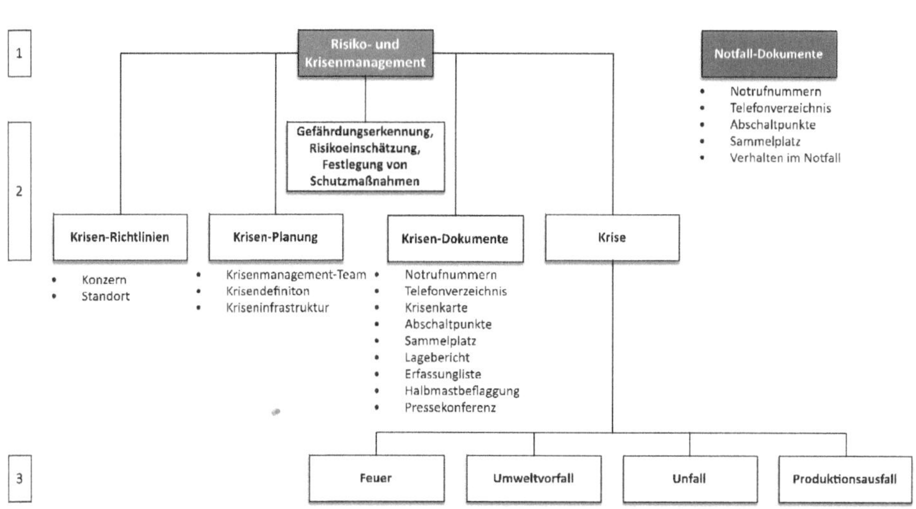

Bild 5.4 Umsetzung eines Risiko- und Krisenmanagements [Kra 15]

Wichtig für die Etablierung eines Risiko- und Krisenmanagements ist die Schaffung eines Risikobewusstseins auf allen Ebenen einer Organisation [Bun 11]. Hinzu kommt die Formulierung von strategischen Zielen, die aufzeigen sollen, welche Ziele und Verbesserungen erreicht werden sollen. Dazu gehören vor allem der Schutz der Personen und die Aufrechterhaltung der Funktionsfähigkeit in Krisensituationen, um wirtschaftliche Schäden abzuwenden und eventuellen Imageschäden zu vermeiden. Für die Umsetzung des Risikomanagements in einer Organisation ist die Berücksichtigung in allen Prozessen und Verfahren der Organisation notwendig. Deshalb sind die entsprechenden Risiken und Chancen bei allen dokumentierten Informationen (Prozess- und Verfahrensbeschreibungen, Abschnitt 7.3) zu berücksichtigen und zu beschreiben (Bild 5.5 und Bild 5.6).

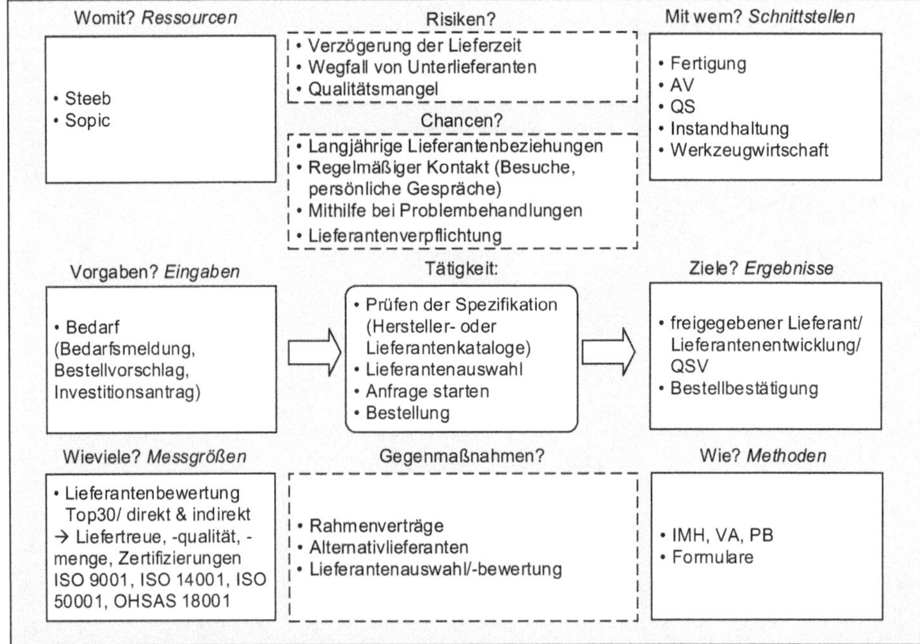

Bild 5.5 Risiken und Chancen am Beispiel einer Prozessbeschreibung „Beschaffung" [Kra 15]

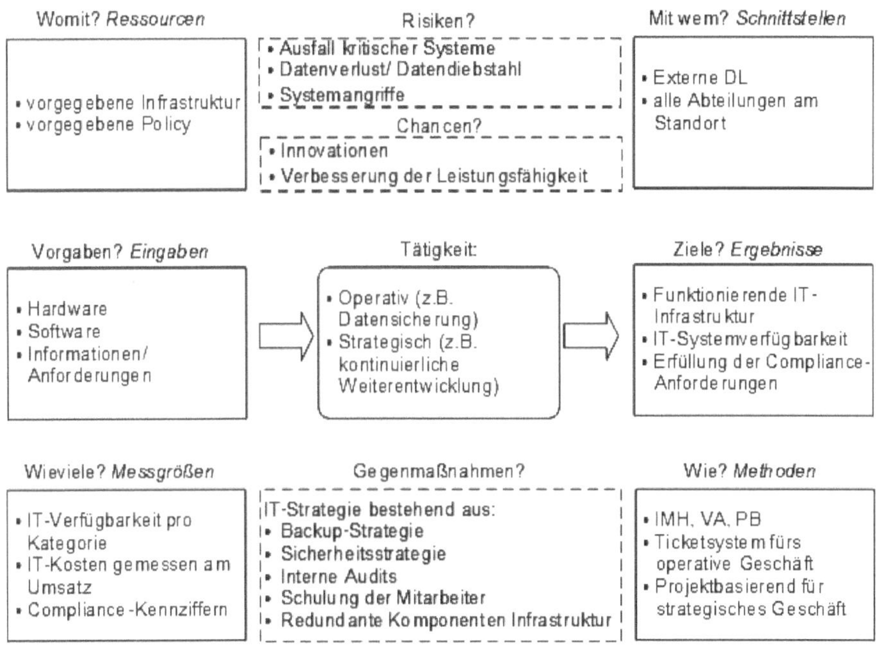

Bild 5.6 Risikomanagement am Beispiel einer Prozessbeschreibung „Informationstechnik und Datenfluss – IT“ [Kra 15]

5.9.5 Risikomanagement

- **Risikoidentifizierung**

Ziel der Risikoidentifizierung ist es, maßgebliche Risiken aufzudecken, welche die Prozess- und Produktziele beeinträchtigen könnten [DGQ 07]. Risiken treten nicht mit konstanter Wahrscheinlichkeit auf. sondern sich durch Eintreten neuer Situationen innerhalb einer Organisation verändern können. Deshalb muss eine Risikoidentifizierung kontinuierlich durchgeführt werden und Teil der alltäglichen Arbeitsorganisation sein [DGQ 07].

- **Risikobeurteilung**

Die Risikobeurteilung beschreibt die systematische Anwendung bereits erlangter Informationen aus der Risikoidentifizierung, sodass die Ursachen von Risiken analysiert werden und besser einzuschätzen sind. Diese setzt sich zusammen aus Risikoanalyse und Risikobewertung [DGQ 07].

Die Risikoanalyse bestimmt die Eintrittswahrscheinlichkeiten des Auftretens eines Risikos und deren mutmaßliche Auswirkungen auf die Organisation und deren angestrebte Ziele. Zudem werden mögliche, schwerwiegende Folgen, die durch das Zusammenwirken einzelner Risiken auftreten können, analysiert. Diese Untersuchung kann beispielsweise qualitativ und quantitativ in Form einer Risikomatrix durchgeführt werden [DGQ 07]. Anschließend erfolgt die Bewertung der Risiken dahingehend, ob ein Risiko entsprechend zu tolerieren ist oder weitere Maßnahmen zur Steuerung und Bewältigung des Risikos vorgenommen werden sollen. Diese Toleranz muss eine Organisation im Voraus festlegen, um bei Überschreitungen der Schwelle handeln zu können.

- **Risikobewältigung**

Die Hauptaufgabe des Risikomanagements liegt in der Bewältigung der Risiken. Dementsprechend werden die bereits analysierten und beurteilten Risiken durch gezielte Maßnahmen aktiv gesteuert und bewältigt [DGQ 07]. Hierbei lassen sich verschieden Prozesse der Bewältigung je nach Art des Risikos und Strategie der Organisation unterscheiden. Dazu zählen:

  - vollständige Vermeidung von Risiken
  - Minderung der Eintrittswahrscheinlichkeit von Risiken
  - Überwälzung von Risiken
  - Tolerierung von Restrisiken
  - **Risikobewältigung**

Die **Risikovermeidung** tritt nur in Kraft, wenn andere Methoden ein zu hohes Gefahrenpotenzial offenlassen würden. Hierbei werden Maßnahmen umgesetzt, bei denen keine Gefährdung entsteht. Jedoch ist eine vollständige Vermeidung von Risiken unmöglich, da immer ein Restrisiko (Restwahrscheinlichkeit) bestehen bleibt [Bun 11]. Restrisiken, welche plötzlich und unvorhergesehen auftreten, können trotz präventiver Maßnahmen entstehen und zu Krisen führen. Diese werden im Notfall- und Krisenmanagementprozess effizient bewältigt. Letztendlich steht jede Organisation in der Pflicht, ihre Risiken stetig zu überwachen und zu überprüfen sowie die Evaluierung der angewendeten Prozesse durchzuführen [Bun 11].

- **Risikominderung**

Eine Risikominderung trägt dazu bei, dass ein mögliches Risiko mit einer geringeren Wahrscheinlichkeit eintritt und im Falle eines Auftretens ein geringerer Schadensumfang entsteht [Rei 00].

- **Risikoüberwälzung**

Eine Risikoüberwälzung verteilt die Risiken mittels Versicherungen oder Vertragsbedingungen auf andere Organisationen z. B. Lieferanten [Bun 11].

5.9.6 Notfall- und Krisenmanagement

5.9.6.1 Organisation des Notfall- und Krisenmanagements

- **Führungsgrundsätze und strategische Ziele des Notfall- und Krisenmanagements**

Verantwortlich für die Vorbereitung sowie die Bewältigung von Notfall- und Krisensituationen ist die oberste Führung einer Organisation [Nor 14e]. Zu beachten ist, dass derartige Situationen jederzeit auftreten können, sodass personenungebundene Verantwortlichkeiten und flexible Alarmprozesse bestehen müssen [Nor 14e]. Entsprechend identifizierte und analysierte Notfall- und Krisensituationen sollten in die Planung einbezogen und eingeübt werden, sodass eine effizientere Abhandlung im Krisenfall unter Zeitdruck von statten gehen kann [Nor 14e].

- **Aufgaben des Notfall- und Krisenmanagements**

Bei größeren Organisationen kann zwischen Notfall- und Krisenmanagement unterschieden werden, womit in Abhängigkeit von der Situation, festgelegte Prozesse stattfinden [Nor 14e]. Zu den Aufgaben des **Notfall- und Krisenmanagements** zählen:

- Alarmierung des Notfalls
- Ergreifung von Sofortmaßnahmen (Räumung, Evakuierung, Schadensbekämpfung und Schadensbegrenzung)
- Situationsbeurteilung und Beschaffung von Informationen
- Verbindung zu Einsatzkräften und Behörden
- falls erforderlich: Krisenalarm → Krisenteam
- Krisenkommunikation intern/extern
- Situationsbewertung
- Organisationsweite Maßnahmen zur Schadensbekämpfung, -begrenzung
- Organisationsweite Krisenkommunikation intern/extern
- kurzfristige Sicherstellung von Informationen für Beteiligte (Mitarbeitende, Kunden und Öffentlichkeit)
- Überführung zum Kontinuitätsmanagement
- **Krisenteam**

Das Krisenteam, auch Krisenstab genannt, ist die zentrale und organisatorische Anlaufstelle im Laufe einer Krise. Dabei handelt es sich um einen Personenkreis mit Verantwortlichen aus verschiedenen Bereichen einer Organisation [Nor 14e].

Das Krisenteam setzt sich anfangs aus Krisenleitung bzw. Leitung des Krisenteams, einer Koordination sowie einem Verantwortlichen für die Kommunikation zusammen [Nor 14e].

Die Krisenkommunikation ist eine wichtige Aufgabe des Krisenteams (Bild 5.7). Deshalb muss das Krisenteam im ständigen Austausch zwischen Krisenleitung, Geschäftsleitung, weiteren Fachbereichen, den Medien, externen Experten sowie Einsatzkräften und Behörden sein. Dabei verläuft der Informationsfluss in beide Richtungen – es werden sowohl Informationen eingeholt als auch weitergegeben. Wichtig für die Dokumentation ist die Erfassung aktueller Kontaktdaten aller Mitglieder des Krisenteams, um im Falle einer Krise eine schnellstmögliche Kommunikation aller Verantwortlichen zu gewährleisten. Eine klare Aufgabenteilung innerhalb des Krisenteams ist zu realisieren, um Konflikte zu vermeiden sowie eine rasche Auflösung der Krisensituation zu garantieren. Die handelnden Personen sollten über ein geschultes Wissen hinsichtlich der gegebenen Situation verfügen [Brü 16]. Zudem muss festgelegt werden, in welchen Situationen ein Krisenteam eingesetzt wird und wie dieses alarmiert werden kann. Dabei wird unabhängig vom Ereignis immer der gleiche Personenkreis alarmiert [Nor 14e]. Eine Alarmierung des Krisenteams erfolgt über entsprechende und vorher festgelegte Medien, wie Telefon, Intranet, Alarm, interner Funk etc. Dabei muss ein möglicher Ausfall entsprechender Alarmierungswege im Krisenfall berücksichtigt werden [Nor 14e]. Aufgaben des Krisenteams sind zum einen die Beurteilung der Lage, um entsprechende Sofortmaßnahmen ergreifen zu können, den Austausch mit relevanten Behörden (Feuerwehr, Polizei, Notarzt etc.), Maßnahmen zur Schadensminimierung sowie die Bereitstellung von entsprechenden Ressourcen. Außerdem bildet es die Zentrale aller Informationen und nimmt eine Kommunikationsfunktion ein, um diese an die richtigen Stellen weiterleiten zu können (Mitarbeitende, Angehörige, Behörden, Öffentlichkeit, Medien etc.). Zudem kann ein Krisenteam nur erfolgreich arbeiten, wenn regelmäßig entsprechende Situation unter Einbezug aller Teilnehmer trainiert und kontinuierlich verbessert werden [Nor 10b].

- **Kriseninfrastruktur**

Für das Notfall- und Krisenmanagement müssen Räumlichkeiten, ein sog. Krisenraum, zur Verfügung stehen, um ein effizientes Organisieren gewährleisten zu können [Bun 11]. Dieser dient als Sammelpunkt und Schaltzentrale im Falle einer Krise oder eines Notfalls. Die Größe und Ausstattung dieses Krisenraumes richtet sich entsprechend nach der Größe der Organisation. Zudem stehen Kommunikationsmittel und relevante Dokumente sowie dokumentierte Informationen (Prozessbeschreibungen, Karten, Adressen, Checklisten etc.) zur Verfügung [Nor 14e].

Hinzu kommt eine Ausstattung der Räumlichkeiten mit Kommunikationsmitteln wie Telefon, Fax, Internet sowie Kurierdienst, sodass auch im Falle eines Infrastrukturausfalls auf Alternativen zurückgegriffen werden kann. Im Falle einer Krise am vorhergesehenen Sammelort, muss ein Alternativstandort vorher definiert sein [Nor 14e].

- **Krisenarten**

Krisen haben verschiedene Ursachen. Dabei ist die Art der Krise davon abhängig, wie mit dieser umgangen werden muss und welche Maßnahmen dazu getroffen werden müssen. Demensprechend ist es wichtig, alle potenziellen Krisen zu definieren sowie deren Bewältigung aufzuzeigen, da in der Krisensituation schnell und effizient reagiert werden muss.

5.9.6.2 Prozess des Notfall- und Krisenmanagements

Zur Bewältigung von Notfällen und Krisen müssen mehrere vorher festgelegte und beschriebene Prozesse abgearbeitet werden, die durch die verantwortlichen Personen (Krisenteam) vorzunehmen sind. Jeder Notfall- und Krisenmanagementprozess beginnt mit der Alarmierung und wird mit der Rückführung zum Normalzustand beendet (Bild 5.7).

- **Alarmierung**

Im Falle eines Notfalls muss zunächst das zuständige Krisenteam informiert werden. Dabei muss jeder Mitarbeitende in der Lage sein, zu jeder Zeit, sowohl betriebsintern als auch -extern, diesen Alarm entsprechend auszulösen und an die richtige Position weiterleiten zu können. Hierzu muss die Leitung des Krisenteams als erste Person kontaktiert werden. Diese leitet entsprechende weitere Maßnahmen ein. Anschließend beurteilt die Krisenleitung anhand von vorher definierten Merkmalen, ob es sich um einen Notfall oder eine Krise handelt. Je nachdem werden weitere Maßnahmen eingeleitet [Nor 14e].

- **Lagebeurteilung**

Die erste Aufgabe des Krisenteams ist es, die vorliegende Situation so schnell wie möglich zu bewerten, um gezielte Maßnahmen einleiten zu können. Deshalb müssen folgende Informationen ermittelt werden [Bun 11]:

  - Was ist passiert? (Ursache, Ausmaß, aktueller Stand?)
  - Wer ist beteiligt? (Personen, wie viele?)
  - Welche Produktion/Dienstleistung ist betroffen und in welchem Ausmaß?
  - Mit welchen Folgen ist zu rechnen?
  - Was wurde bereits getan?

- **Sofortmaßnahmen**

Bei den Sofortmaßnahmen handelt es sich um notwendige und zeitnahe Eingriffe. Dazu zählen vor allem die Räumung und Evakuierung von betroffenen Bereichen. Wichtig dabei ist auch die Kontaktaufnahme mit den zuständigen Behörden, wie Feuerwehr, Polizei, Notarzt sowie zum Management und den beteiligten Personen. Falls nötig, sollte das Krisenteam mit Spezialisten und verantwortlichen Personen erweitert werden. Besonders relevant ist die Sicherstellung der Krisenkommunikation nach innen und außen [Nor 14e].

- **Organisation**

Entsprechend der Beurteilung der Lage können Aufgaben sowie konkrete Aktionen durch das Krisenteam koordiniert werden. Die wichtigsten Bestandteile sind die Schadensbekämpfung, Schadensbegrenzung sowie die Kommunikation. Dazu zählen vor allem die Räumung und Evakuierung der betroffenen Bereiche [Nor 14e].

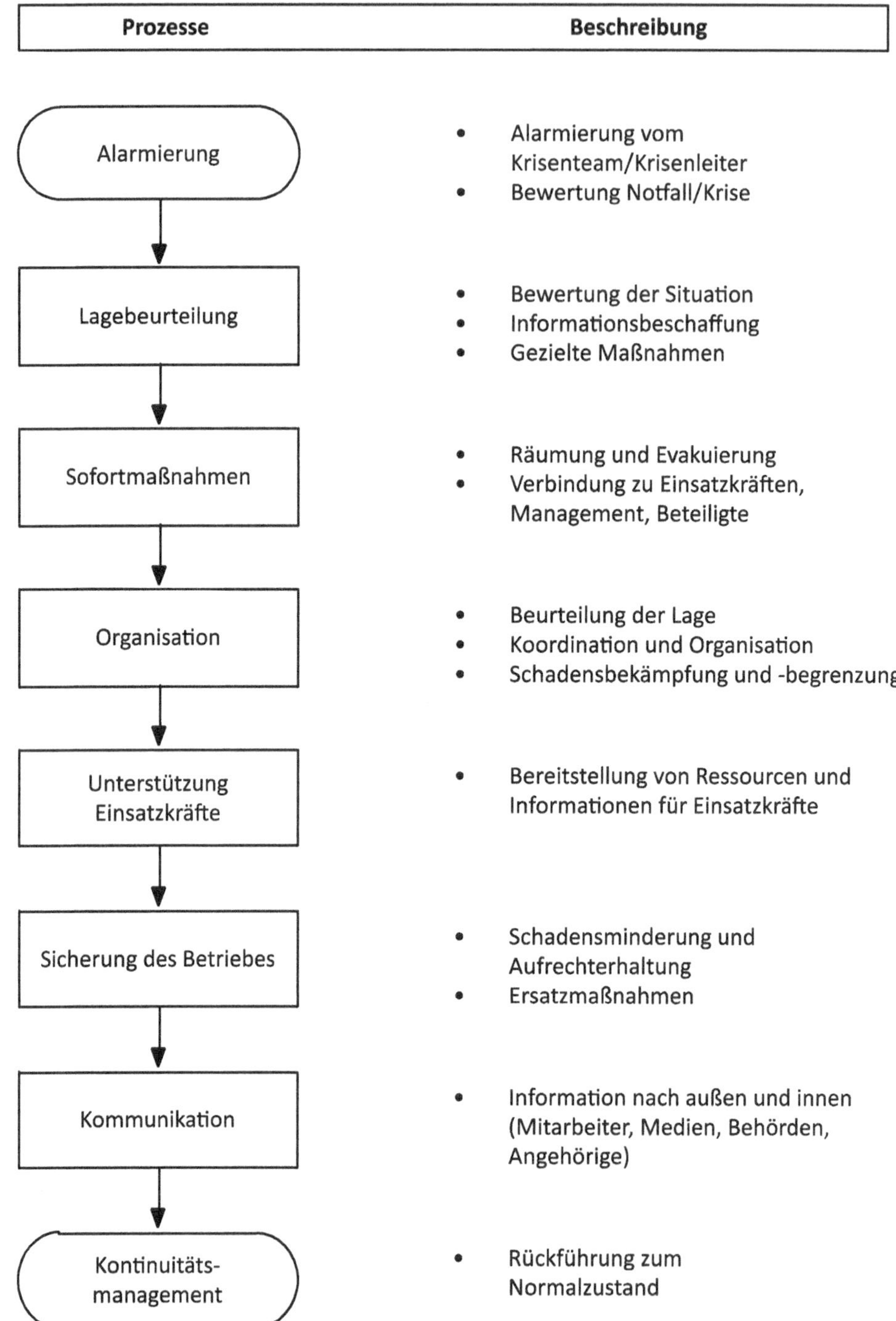

Bild 5.7 Prozesse des Notfall- und Krisenmanagements [Nor 14e]

Aus diesem Grund müssen vorab mögliche Ziele und Handlungsspielräume definiert werden. Im Falle einer in der Notsituation schnell zu treffenden Entscheidung unter Abwesenheit der Führungsgremien, müssen die Kompetenzen ebenfalls klar verteilt sein, um das Treffen wichtiger Entscheidungen sicherzustellen, z. B. durch die Leitung des Krisenteams. Es müssen, wenn notwendig bestimmte Bereiche abgeschaltet werden. Dazu sind Dokumente zu den Abschaltpunkten vorzuhalten. Hinzu kommt die Betreuung von betroffenen Personen sowie die interne und externe Krisenkommunikation [Nor 10b].

- **Unterstützung der Einsatzkräfte**

Eintreffende Einsatzkräfte wie Polizei, Feuerwehr, Notarzt etc. müssen gegebenenfalls unterstützt werden. Dazu sollten entsprechende Ressourcen zur Verfügung gestellt werden und eine Räumung des betroffenen Bereichs zur optimalen Bearbeitung der Gefahrensituation vorgenommen werden. Die kontinuierliche Verarbeitung aller zur Krise notwendigen Informationen ist sicherzustellen [Nor 14e].

- **Sicherung des Betriebes**

Um den Schaden im Falle einer Krise so gering wie möglich zu halten, sollten Maßnahmen zur Schadensminderung getroffen werden, beispielsweise durch Reparaturen sowie Einleitung von Ersatzmaßnahmen, welche bereits vorher definiert sein müssen [Nor 14e].

- **Kommunikation**

Die Krisenkommunikation beinhaltet die Kommunikation im Krisenfall innerhalb einer Organisation und gegenüber der Öffentlichkeit [Bun 11]. Die interne Kommunikation befasst sich mit den Interaktionen zwischen Krisenthemen und betroffenen Mitarbeitenden sowie deren Pflicht der erforderlichen Informationsbeschaffung, um mögliche Spekulationen auszuräumen und weiterhin geordnet arbeiten zu können [Béd 09].

Die externe Kommunikation betrifft Behörden, Bevölkerung, Medien und Angehörige mit entsprechenden Informationen zu versorgen. Dementsprechend muss der Umgang mit den Medien strategisch ausgerichtet sein und vor allem zeitnah, zuverlässig und eindeutig sein. Die Einberufung einer Pressekonferenz und die Stellungnahme eines Pressevertreters kann ebenso zu einer erfolgreichen Krisenkommunikation führen, hierfür sollten Pressemitteilungen schnellstens zur Verfügung gestellt werden [Nor 14e].

5.9.6.3 Dokumentation des Notfall- und Krisenmanagements

Die beschriebenen Leitfäden und Prozesse zum Notfall-, Krisen- und Kontinuitätsmanagement müssen in der Organisation dokumentiert werden. Dabei bietet das integrierte Managementsystem oder ein eigenständiges Risikomanagement-System eine geeignete Plattform. Relevante Dokumente müssen im Falle einer Krisensituation schnell und übersichtlich für die verantwortlichen Personen und das Krisenteam zur Verfügung stehen, um so situationsbedingt eingesetzt werden zu können (Bild 5.8).

Die Inhalte der Krisen-Dokumente sind zum einen die intern und extern Notrufnummern. Die internen Notrufnummern ermöglichen die Erreichbarkeit der Mitglieder aus dem Krisenmanagement-Team, die Ersthelfer, den Brandschutzdienst sowie den Havariedienst-Schlosser und -Elektriker. Diese können mithilfe Sammelruf oder Kurzwahl erreicht werden. Die externen Notrufnummern umfassen u. a. Feuerwehr, Polizei, Rettungsdienst sowie weitere wichtige Leitstellen. Das darauffolgende Telefonverzeichnis muss alle Mitarbeitenden mit Abteilungen und Telefonnummern beinhalten.

/ 08_Notfall-Dokumente /		
..	01_Verhalten_im_Notfall.pdf	02_Notrufnummern_Intern.pdf
03_Notrufnummern_Extern.pdf	04_Telefonverzeichnis.pdf	05_Abschaltpunkte.pdf
06_Sammelplatz.pdf		

/ 09_Risiko-_und_Krisenmanagement / Krisen-Dokumente /		
..	01_Notrufnummern_Intern.pdf	02_Notrufnummern_Extern.pdf
03_Telefonverzeichnis.pdf	04_Krisenkarte.pdf	05_Abschaltpunkte.pdf
06_Sammelplatz.pdf	07_Lagebericht.pdf	08_Erfassungsliste.pdf
09_Halbmastbeflaggung.pdf	10_Pressekonferenz.pdf	11_Dokumentenübersicht.pdf
12_Bearbeiten		

Bild 5.8 Dokumente/Dateien/Struktur für das Notfall- und Krisenmanagement einer Organisation [Kra 15]

Ein weiteres wichtiges Dokument im Krisenfall ist die Krisenkarte. Diese muss im Besitz jedes Mitglieds des Krisenmanagement-Teams sein. Hierbei sind nochmals die Kontaktdaten der anderen Mitglieder enthalten, um schnellen Kontakt untereinander aufbauen zu können. Zudem sind die besprochenen Notfallzentralen mit Lage festgehalten und die wichtigsten Schritte des Mobilisierungsplans, um im Fall einer Krise schnell und entsprechend der Vorgaben handeln zu können.

Dokumentierte Informationen zu den Abschaltpunkten in Gebäuden z. B. für den Gasanschluss, Wasseranschluss und der Elektroversorgung müssen vorhanden sein, sodass diese Informationen für externe Notfallkräfte schnell einsehbar sind und in einer Notsituation sofort reagiert werden kann. Der Lageplan des Sammelplatzes kennzeichnet den Stellplatz, der für eine Evakuierung vorgesehen ist, sodass alle Mitarbeitenden geschlossen gezählt werden können und eine Übersicht der personellen Situation im Krisenfall geschaffen werden kann.

Der folgende Lagebericht dient als Krisenprotokoll, um sämtliche relevanten Informationen zusammenzutragen, damit im Nachhinein z. B. Art der Krise, Anzahl der verletzten Personen sowie Art der Maßnahme rekonstruiert werden können. Dieser Bericht dient auch dazu, evtl. Verbesserungen, welche während der Krise ersichtlich wurden, später realisieren zu können.

In der Erfassungsliste werden alle Mitarbeitenden während einer Evakuierung aufgenommen, damit der personelle Zustand der jeweiligen Abteilungen aufgezeigt werden kann. Im Falle eines tragischen Unfalles beschreibt ein Dokument die korrekte Ausführung der Halbmastbeflaggung.

Eine Pressekonferenz sollte nach einer Krise einberufen werden – auch hierfür dient ein Dokument als Checkliste, um alle nötigen Schritte einzuleiten.

Eine Übersicht zu allen Dokumenten des Risiko- und Krisenmanagements mit Dateinamen, verantwortlichen Personen, Datum der Erstellung, der nächsten Prüfung und wo sich die Dokumente befinden ist stets auf einem aktuellen Stand zu halten. Unterschieden wird dabei zwischen dem integrierten Managementhandbuch, in welchem alle Dokumente vorhanden sind und dem Krisenordner, welcher alle Informationen während einer Krise beinhaltet sowie dem Aushang mit den ausgewählten Dokumenten, welche für alle Mitarbeitenden an dem betreffenden Ort ersichtlich sein müssen.

Die Notfall- und Krisendokumente müssen für jeden Mitarbeitenden im integrierten Managementsystem zugänglich sein müssen.

Prozess- und Verfahrensanweisungen für Feuer, Umweltvorfall, Unfall und Produktionsausfall müssen vorhanden sein (Bild 5.9).

Grundsätzlich ist eine Integration des Risiko- und Krisenmanagements in das Integrierte Managementsystem einer Organisation anzustreben. damit können die Synergien mit den anderen Aspekten (Qualität, Umwelt, Arbeitssicherheit, Energie usw.) genutzt werden.

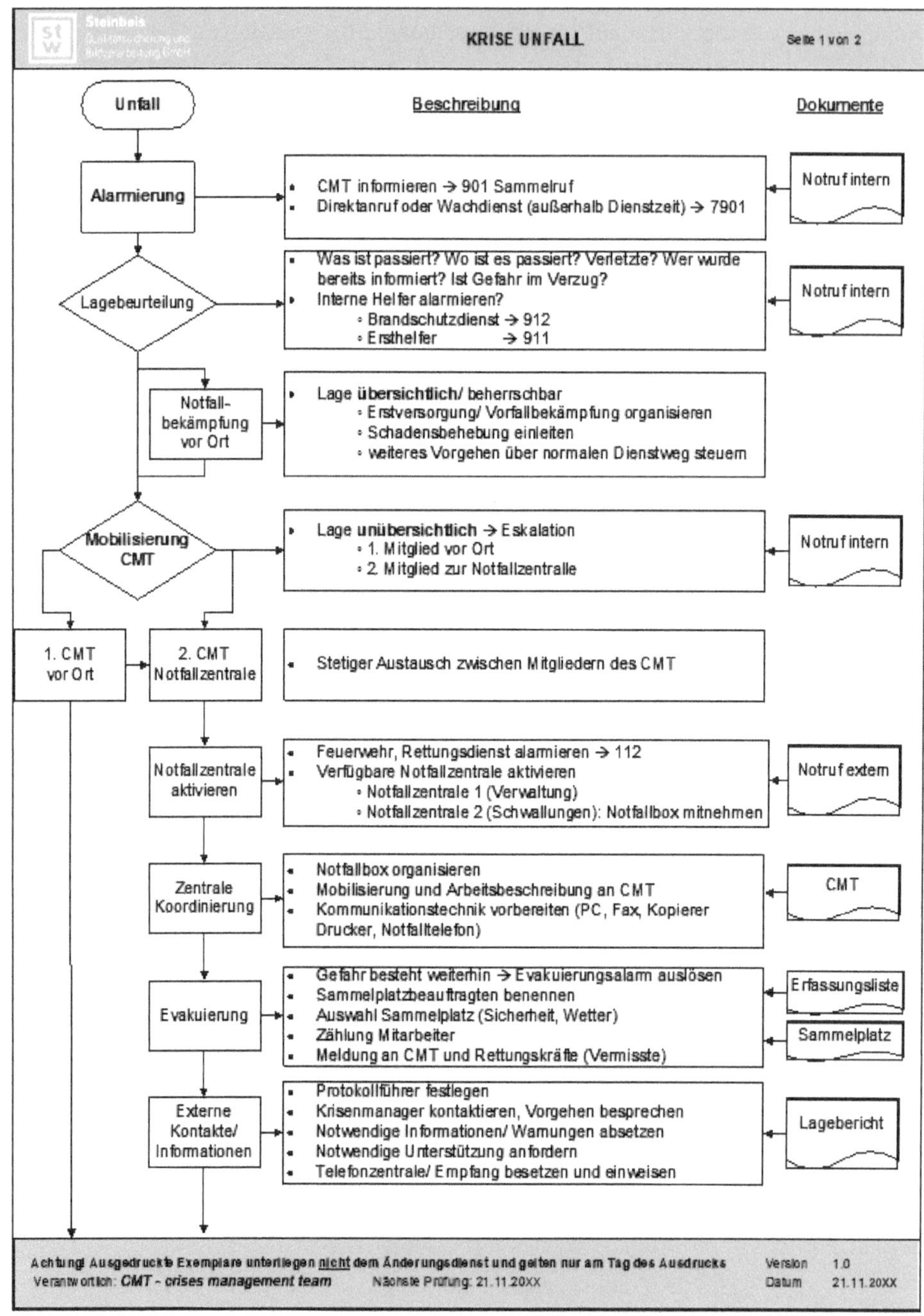

Bild 5.9 Beispiel Auszug aus Prozessbeschreibung „Unfall“

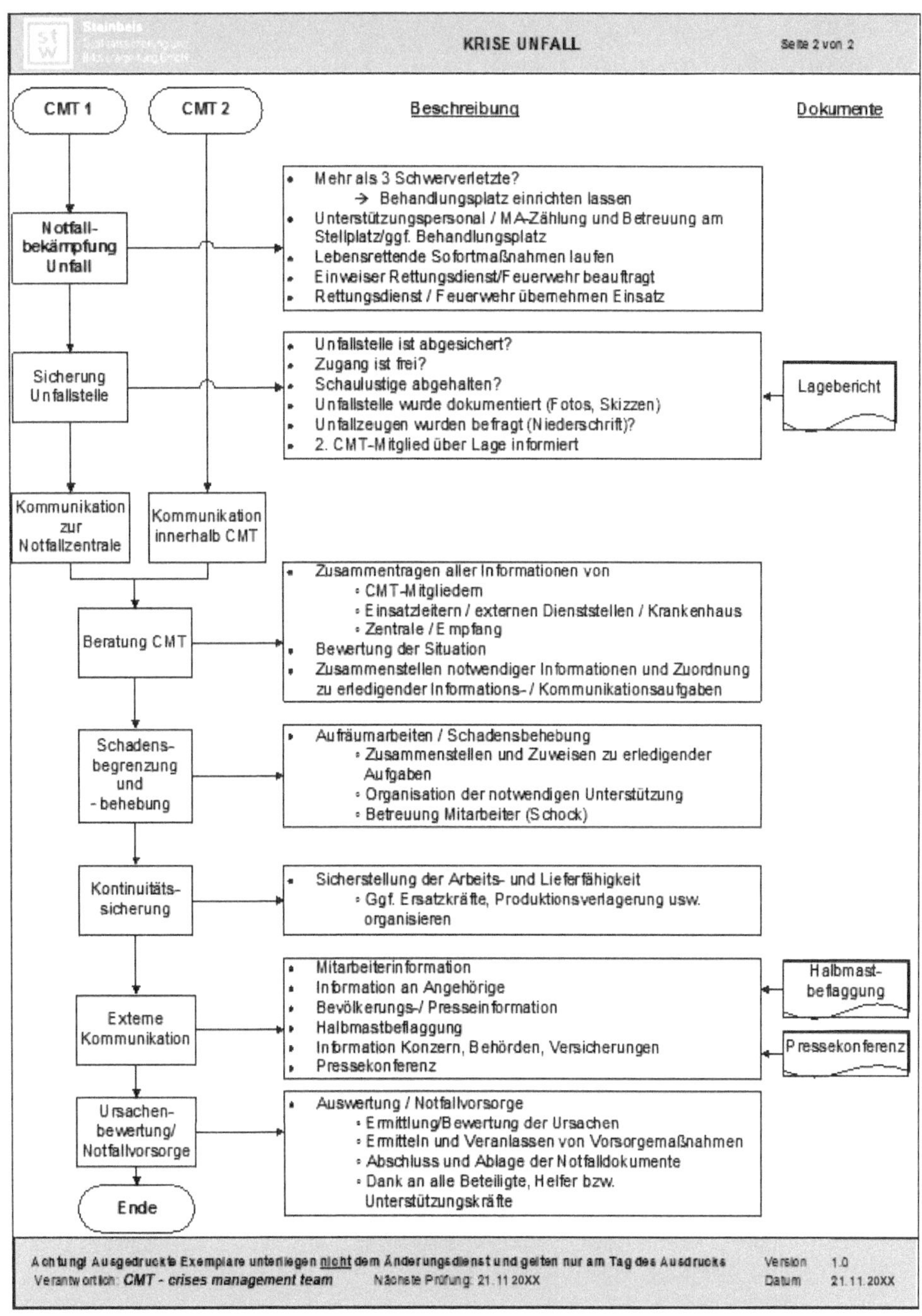

Bild 5.9 Beispiel Auszug aus Prozessbeschreibung „Unfall" *(Fortsetzung)*

6 Branchenspezifische Anforderungen an QM-Systeme

Die branchenunabhängigen Anforderungen der ISO 9001:2015 sind für QM-Systeme in bestimmten Wirtschafts- bzw. Industriezweigen nicht ausreichend. Daher wurden Regelwerke geschaffen, die für den Aufbau und die Validierung von QM-Systemen solcher Branchen gelten. Sie werden bei internen und Lieferantenaudits, aber auch bei Zertifizierungsverfahren angewendet. Diese branchenspezifischen Regelwerke **präzisieren** oder **ergänzen** die Anforderungen der ISO 9001 oder haben **eigenständige** Anforderungskataloge. Häufig setzen sie ein QM-System nach ISO 9001 voraus.

ISO fördert wirksame Verbindungen mit den Branchenorganisationen, um einerseits eine Ausuferung von Regelwerken einzudämmen und das Verständnis für die Normenprodukte von ISO zu erhöhen.

Das Technische Komitee ISO TC 176, das für die Entwicklung der ISO 9000-Familie zuständig ist, pflegt beispielsweise Verbindungen mit folgenden Organisationen AKMS, ASQ, BIPM, EFQM, IAEA, IAF, IATF, ILAC, INLAC, IQNet.

Aus diesen Verbindungen sind die nachfolgend aufgeführten Regelwerke entstanden.

6.1 Anforderungen der Automobilbranche

Die Automobilbranche stellt aufgrund der engen Verknüpfung mit ihren Lieferanten (z. B. Einbeziehung im laufenden Entwicklungsprozess, Just-in-time-Lieferungen) hohe Anforderungen an QM-Systeme, daher reichen hier die branchenunabhängigen Anforderungen der ISO 9001 nicht aus. Deshalb sahen sich die Automobilhersteller gezwungen, bei ihren Lieferanten weiterhin individuelle, zeit- und kostenintensive System-Audits zur Beurteilung der Qualitätsfähigkeit der Lieferanten durchzuführen. Um einheitliche Bewertungsrichtlinien zu haben und eine Hilfestellung beim Aufbau von QM-Systemen zu geben, wurden folgende spezifische Regelwerke geschaffen, die über die Anforderungen der ISO 9001 hinausgehen und des Weiteren Hinweise für spezielle anzuwendende Verfahren und Methoden angeben:

- IATF 16949: internationale Anforderungen an Qualitätsmanagementsysteme für die Serien- und Ersatzteilproduktion in der Automobilindustrie [Nor 16a]
- VDA 6.1: Branchenstandard der deutschen Automobilindustrie [VDA 16a]
- QS-9000 TES: Die Branchennorm Tooling and Equipment Supplement ist eine Ergänzung zur nicht mehr gültigen QS 9000 bezüglich Werkzeuge und Ausrüstungen. Sie richtet sich in erster Linie an typische Ausrüster, Werkzeughersteller und Maschinenlieferanten, die direkt in die amerikanische Automobilindustrie liefern.

6.1.1 IATF 16949 – International Automotive Task Force [Nor 16a]

Der IATF- Standard 16949 enthält kundenspezifische Forderungen und legt die grundlegenden Anforderungen an Qualitätsmanagementsysteme für die Serien- und Ersatzteilproduktion in der Automobilindustrie fest. Der Standard IATF 16949:2016 enthält die Anforderungen die Struktur und Anforderungen der ISO 9001:2015 vollständig. In der IATF 16949:2016 „Zertifizierungsvorgaben der Automobilindustrie“ sind die Anforderungen an eine Zertifizierung enthalten.

Die technische Spezifikation IATF 16949 [Nor 16a] wird von der International Automotive Task Force (IATF) herausgegeben, wodurch die weltweite Akzeptanz weiter gestärkt werden konnte. Dabei ist eine enge Abstimmung mit der ISO, TC 176 erfolgt.

Die IATF 16949 ist nach der High Level Structure aufgebaut [Nor 16a]. Die zusätzlichen Anforderungen der IATF 16949 [Nor 16a] gegenüber der DIN EN ISO 9001:2015 [Nor 15d] sind im Inhaltsverzeichnis einfach zu identifizieren. Die IATF 16949 enthält Zusatzforderungen für die Automobilindustrie, die in das Führungs- und Organisationssystem integriert werden sollen [Nor 16a]. Die Norm wird von allen Automobilherstellern weltweit anerkannt. Durch die Schaffung dieser einheitlichen Grundlage für Zertifizierungen sollen Mehrfachzertifizierungen vermieden werden.

Erklärtes Ziel der Automobilindustrie ist die Förderung des Aufbaus von QM-Systemen, die zu einer Verbesserung unter besonderer Beachtung der Fehlervermeidung und der Verminderung von Streuungen und Verschwendung innerhalb der Serien- und Ersatzteilproduktion in der Automobilindustrie führen. Die Umsetzung der Anforderungen wird nicht einmalig strategisch, sondern als kontinuierlicher Verbesserungsprozess gefordert. Die IATF 16949 findet in der gesamten internationalen Lieferantenkette der Automobilindustrie Anwendung.

Für die Zertifizierung von QM-Systemen nach der IATF 16949 sind besondere Qualifikationsnachweise der IATF-Auditoren erforderlich [Nor 14b, Nor 16b, Nor 19]. In der

IATF 16949 (Abschnitt 3) werden in Ergänzung zu den Begriffen der ISO 9001:2015 40 weitere wesentliche Begriffe für die Automobilindustrie beschrieben [Nor 16a].

Die IATF 16949 (Abschnitt 4 bis 10) enthält im Kontext mit der High Level Structure der ISO 9001:2015 die zusätzlichen Anforderungen der internationalen Automobilindustrie. Besondere Anforderungen der IATF 16949 gegenüber der DIN EN ISO 9001:2015 sind:

- Produktsicherheit
- Verantwortung und Befugnis für Produktanforderungen und Korrekturmaßnahmen
- Risikoanalyse
- Vorbeugungsmaßnahmen
- Notfallpläne
- Werks-, Anlagen- und Einrichtungsplanung
- Beurteilung von Messsystemen
- Aufzeichnungen der Kalibrierung und Verifizierung
- Anforderungen an interne und externe Prüflabore
- Kompetenz – praktische Ausbildung am Arbeitsplatz
- Kompetenz von internen Auditoren
- Kompetenz der „Second Party"-Auditoren
- Dokumentation des Qualitätsmanagementsystems
- Aufbewahrung von Aufzeichnungen
- technische Spezifikation
- Bewertung der Herstellbarkeit
- Entwicklungsplanung
- Eingaben für Produktentwicklungen
- Eingaben für Produktionsprozessentwicklung
- besondere Merkmale
- Ergebnisse der Produktentwicklung
- Ergebnisse der Produktionsprozessentwicklung
- Entwicklungsänderungen
- Lieferantenauswahlprozess
- Lieferantenüberwachung

- automobilspezifische, produktbezogene Software oder Produkte für die Automobilindustrie mit integrierter Software
- „Second-Party“-Audits
- Lieferantenentwicklung
- Produktionslenkungsplan (PLP)
- Verifizierung von Einrichtungsvorgängen
- Total Productive Maintenance (TPM)
- Management von Produktionswerkzeugen sowie Prüf-, Mess- und Fertigungseinrichtungen
- Produktionsplanung
- Kennzeichnung und Rückverfolgbarkeit
- Produkterhaltung
- Rückmeldungen aus dem Kundendienst
- Überwachung von Änderungen
- zeitlich begrenzte Änderungen in der Produktionsprozesslenkung
- Freigabe von Produkten und Dienstleistungen
- aussehensabhängige Produkte
- Konformität extern bereitgestellter Prozesse, Produkte und Dienstleistungen
- Erfüllung gesetzlicher und behördlicher Vorschriften
- Sonderfreigaben des Kunden
- Lenkung fehlerhafter Produkte
- Überwachung und Messung von Produktionsprozessen
- Kundenzufriedenheit
- internes Auditprogramm für QM-System, Produktion und Produkt
- Managementbewertung
- Problemlösung
- Kundenbeanstandungen und Schadteilanalyse bei Feldausfällen
- Betonung einer starken Kundenorientierung
- strategische Businessplanung
- Weiterentwicklung des Verbesserungsprozesses
- stabile Prozessfähigkeit

- Verringerung der Streuung und Verringerung der Verschwendung in der Lieferkette
- Optimierung der Wertschöpfungskette

Des Weiteren wird, zusätzlich zu den bisher existierenden Normen, die Einführung eines Verfahrens zur Einhaltung gesetzlicher Vorschriften und zur Mitarbeitermotivation und kontinuierlichen Verbesserung gefordert.

Im Anhang A1 der IATF 16949 ist der Produktionslenkungsplan (PLP) und im Anhang A2 sind die Elemente des Produktionslenkungsplanes beschrieben [Nor 16a].

Im Anhang B der IATF 16949 ist eine Bibliografie – automobilspezifische Ergänzungen enthalten [Nor 16a].

6.1.2 VDA 6.1 Verband der Automobilindustrie [VDA 16]

Der VDA 6.1 wurde im November 2016 als 5., überarbeitete Ausgabe durch den Verband der Automobilindustrie (VDA) aktualisiert und an die bestehenden Anforderungen der ISO 9001:2015 angepasst, besonders in den Punkten [VDA 16]:

- prozessorientierter und strategischer Ansatz
- Wissens- und Risikomanagement
- neue Begriffe und Definitionen (z. B. Chancen und Risiken, interessierte Parteien, dokumentierte Informationen)

Die Zielgruppen sind die Automobilindustrie, deren Zulieferer und die gesamte Lieferkette der Automobilindustrie, d. h. sowohl für direkte als auch indirekte Lieferanten von Produkten, die im Fahrzeug eingebaut werden.

Der VDA 6.1 umfasst die Forderungen an die Direkt- und Unterlieferanten der Automobilindustrie. Neben fachspezifischen Anforderungen werden auch betriebswirtschaftliche und kundenorientierte Aspekte der Unternehmen angesprochen. Die Zielgruppen sind Hersteller von Teilen, die in Fahrzeuge aller Art eingebaut werden, Lieferanten von Rohmaterialien, Verpackungen etc., Lieferanten der Zubehörindustrie und Aftermarket. Die Auditierung erfolgt element-/prozessorientiert mit Frageliste nach VDA 6.1 [VDA 16]. Die VDA 6.1 ist sehr gut geeignet für die Vorbereitung, Durchführung und Auswertung von System-, Prozess- und Produktaudits und die Vorbereitung externer Zertifizierungen (Bild 6.1).

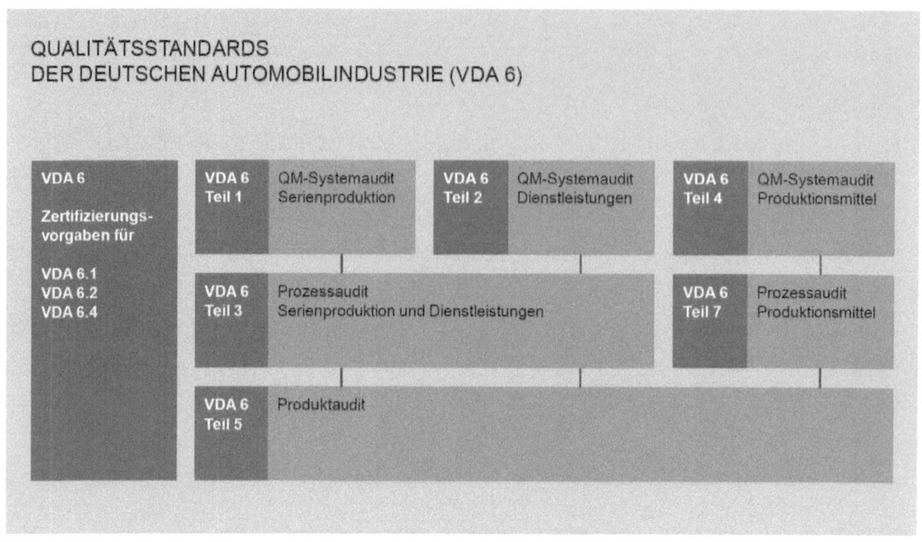

Bild 6.1 Qualitätsstandards der Deutschen Automobilindustrie [VDA 16]

In der VDA 6.1 sind die Begriffe System, Methode, Serienfertigung, Prozessbeschreibungen/Prozessstandards, Einheit, Feststellung (Hauptabweichung), Feststellung (Nebenabweichung) und Verbesserungspotenzial zusätzlich beschrieben.

Die Bewertung im Rahmen eines VDA-Audits ist grundsätzlich wie folgt strukturiert [VDA 16a]:

- einheitliche Bewertung nach VDA 6.1 analog zu VDA 6.2 und VDA 6.4 mit Zusatzanforderungen der VDA 6.1 (z. B. VDA 6.1 Fragenkatalog, Erfüllungsgrade etc.)
- Bewertung der Dokumentation
- Wirksamkeit in der Praxis
- Risikoabschätzung

Anders als vergleichbare Standards beruht VDA 6.1 nicht auf der Struktur von ISO 9001:2015, sondern besitzt einen eigenständigen Aufbau. Eine Zertifizierung nach VDA 6.1 stellt immer eine Ergänzung der Anforderungen von ISO 9001:2015 dar.

Ziele der VDA 6.1 sind:

- Aussage über die Leistungsfähigkeit des Unternehmens sowie der Teilbereiche
- strategische Businessplanung und deren Umsetzung auf Basis konkreter Geschäftspläne
- optimierter Verbesserungsprozess
- abgesichertes Projektmanagement, Sicherstellung des Produktanlaufes und absolute Prozessbeherrschung in der Serienproduktion (Prozessfähigkeit)

- Verringerung der Streuung und Verschwendung in der Lieferkette
- Optimierung der Wertschöpfungskette

Die automobilspezifische Norm VDA 6.1 erweitert die Anforderungen der ISO 9001:2015 um folgende Aspekte [VDA 16]:

- qualitätsbezogene Kosten
- strategische kurz-, mittel- und langfristige Businessplanung
- Ermittlung der Zufriedenheit und Motivation der Mitarbeitenden
- hohe Anforderungen an die fachspezifische Qualifikation der Mitarbeitenden
- präzise Vorgaben zum Projektmanagement und der Qualitätsplanung
- absolute Prozessbeherrschung
- Anwendung spezieller Bemusterungsverfahren

Weitere VDA-Bände ergänzen Inhalte und Anforderungen der VDA 6.1.

Die **VDA-Qualitätsstandards** sind:

Band 1	Dokumentation und Archivierung – Leitfaden zur Dokumentation und Archivierung von Qualitätsforderungen. 3. Auflage 2008
Band 2	Sicherung der Qualität von Lieferungen, Produktionsprozess und Produktfreigabe (PPF). 6., überarbeitete Auflage, April 2020
Band 3, Teil 1	Zuverlässigkeitssicherung bei Automobilherstellern und Lieferanten – Zuverlässigkeitsmanagement. 4. Ausgabe 2019
Band 4	Sicherung der Qualität in der Prozesslandschaft. Abschnitt 4: Vorgehensmodelle. Six Sigma, Design for Six Sigma (DFSS), Wirtschaftlicher Tolerierungsprozess. 3., vollständig überarbeitete und erweiterte Auflage, August 2020
Band 4	Produkt- und Prozess FMEA. 2., überarbeitete Auflage, Juni 2012
Band 4	Design for Six Sigma. 1. Auflage, Dezember 2011
Band 4	Sicherung der Qualität in der Prozesslandschaft. Abschnitt 4: Vorgehensmodelle. Six Sigma, Design for Six Sigma (DFSS), Wirtschaftlicher Tolerierungsprozess. 3., vollständig überarbeitete und erweiterte Auflage, August 2020
Band 5	Prüfprozesseignung, Eignung von Messsystemen, Mess- und Prüfprozessen, Erweiterte Messunsicherheit, Konformitätsbewertung. 2., vollständige überarbeitete Auflage 2010, aktualisiert 2011
Band 5.1	Rückführbare Inline-Messtechnik im Karosseriebau. Ergänzungsband zu VDA Band 5, Prüfprozesseignung. 1. Ausgabe 2013
Band 5.2	Prüfprozesseignung für das Drehmoment von Schraubenverbindungen. 1. Auflage 2013

Band 6	Zertifizierungsvorgaben für VDA 6.1, VDA 6.2 und VDA 6.4. 6., überarbeitete Ausgabe, September 2016
Band 6, Teil 1	Qualitätsmanagement in der Automobilindustrie. VDA Band 6, Teil 1 QM-Systemaudit – Serienproduktion. 5. Auflage, Dezember 2016
Band 6, Teil 2	QM-Systemaudit – Dienstleistungen. 3. Ausgabe 2017
Band 6, Teil 3	Prozessaudit. 3., überarbeitete Ausgabe, Dezember 2016, Bemerkung: seit November 2022 ist die Version VDA 6.3:2023 freigegeben und in Vorbereitung
Band 6, Teil 4	QM-Systemaudit – Produktionsmittel – Besondere Anforderungen an Hersteller von Produktionsmitteln für die Automobilindustrie. 3. Ausgabe 2017
Band 6, Teil 5	Produktaudit. 3., überarbeitete Ausgabe, März 2020
Band 6, Teil 7	Prozessaudit Produktionsmittel Produktrealisierungsprozess/Einzelproduktion. 3., überarbeitete Ausgabe, Mai 2020
e-Band 7	Austausch von Qualitätsdaten QDX – Quality Data eXchange V2.1. 2., überarbeitete Auflage 2010, aktualisiert 2017
Band 9	Qualitätssicherung – Emissionen und Verbrauch CoP-Prüfungen an PKW und leichten Nutzfahrzeugen. 4., überarbeitete Auflage, März 2020
Band 11	Erfolgreich umsetzen – Zielsteuerung und Softfacts. 1. Auflage 2003
Band 12	Prozessorientierung. 1. Auflage 2002
Band 14	Präventive QM – Methoden in der Prozesslandschaft. 1. Auflage Mai 2008
Band 16	Dekorative Oberflächen von Anbau- und Funktionsteilen im Außen- und Innenbereich von Automobilen. 3. Ausgabe 2016
Band 19.1, Teil 1	Prüfung der Technischen Sauberkeit – Partikelverunreinigung funktionsrelevanter Automobilteile. 2., überarbeitete Ausgabe, März 2015
Band 19.2, Teil 2	Technische Sauberkeit in der Montage – Umgebung, Logistik, Personal und Montageeinrichtungen. 1. Auflage 2010

Da Qualitätsmanagementprobleme vor allem management-, organisations- und strukturbedingt sind, ist der VDA-Fragenkatalog zwei Teile gegliedert: U – Unternehmensführung und P – Produktion.

Der VDA-Band 6.1 enthält einen Fragenkatalog mit 22 + Z1 Elementen zur Bewertung des Managementsystems [VDA 16]:

Teil U: Unternehmensführung	
01	Verantwortung der Leitung
02	Qualitätsmanagementsystem
03	Interne Audits
04	Personelle Ressourcen, Kompetenz und Schulung
05	Finanzielle Überlegungen zu Qualitätsmanagementsystemen
06	Produktsicherheit
Z1	Unternehmensstrategie

Teil P: Produkt und Prozess	
07	Vertragsprüfung, Qualität im Marketing
08	Entwicklung, Produktentwicklung
09	Prozessplanung (Prozessentwicklung)
10	Lenkung der dokumentierten Informationen (Unterlagen)
11	Beschaffung
12	Lenkung der vom Kunden beigestellten Produkte
13	Kennzeichnung und Rückverfolgbarkeit von Produkten (Prozesslenkung, Prüfstatus)
14	Prozesslenkung
15	Prüfungen (Produktprüfung)
16	Prüfmittelüberwachung
17	Lenkung fehlerhafter Produkte
18	Korrekturmaßnahmen
19	Handhabung, Lagerung, Verpackung, Konservierung und Versand
20	Dienstleistungserbringung
21	Wartung (Kundendienst, Aufgaben nach der Produktion)
22	Statistische Methoden

Im Audit nach VDA erfolgt eine **Messung der Leistungsfähigkeit** der einzelnen Elemente. Jedes Element besteht aus mehreren Fragen, die einzeln bewertet und zum Ergebnis des Elements, des Teils (U-Teil und P-Teil) und dem **Erfüllungsgrad des Managementsystems** zusammengefasst werden. Zum eindeutigen Verständnis ist jede der einzelnen Fragen einheitlich in 1. Definitionen, 2. Erläuterung, 3. Forderungen/Ergänzungen untergliedert. Ein Zertifikat wird ausgestellt, wenn der Gesamterfüllungsgrad bei mindestens 90 % liegt und keine Einzelfragen oder Elemente größere Mängel aufweisen. Dieses messende Verfahren unterscheidet sich wesentlich von der IATF 16949:2016, da hier die möglichen Verbesserungspotenziale objektiv dargelegt werden.

Die **Bewertung** der einzelnen Fragen der Prozesse erfolgt im VDA – Audit nach den Aspekten

- Festlegung – Dokumentation, Zuständigkeiten und
- Nachweis der wirksamen Umsetzung in der Praxis.

Der Bewertungen und Kriterien für die Auditfeststellungen nach VDA 6.1 sind in Tabelle 6.1 dargestellt. Jede Frage wird mit 0, 4, 6, 8 oder 10 Punkten bewertet (Tabelle 6.2).

Die zusammenfassende Bewertung eines Elementes erfolgt mit jeder Frage, die ein gleiches Gewicht hat. Fragen, die nicht zutreffen, werden bei der Bewertung nicht berücksichtigt. Bei Nichtbewertung einer Frage (n. b.) muss dies begründet werden. Die Berechnung des **Erfüllungsgrades** E_E eines Elementes ergibt sich als Prozentsatz aus der Gesamtpunktezahl aller zutreffenden Fragen bezogen auf die Gesamtpunktezahl der möglichen Punkte aller zutreffenden Fragen. Wenn alle zutreffenden Fragen eines Elementes mit 10 Punkten bewertet werden, dann ergibt sich ein **Erfüllungsgrad** E_E = 100 %. Der Erfüllungsgrad E_E eines Elementes berechnet sich nach:

$$E_E\,[\%] = \frac{\text{Summe aller erzielten Punkte der zutreffenden Fragen}}{\text{Summe aller möglichen Punkte der zutreffenden Fragen}} \cdot 100$$

Tabelle 6.1 Bewertung der Auditfeststellungen nach VDA 6.1 [VDA 16a]

Ist-Situation	Bewertung der Feststellungen				
im QM-System vollständig festgelegt und wirksam nachgewiesen	ja	nein	ja	nein	ja/nein
in der Praxis umgesetzt und wirksam nachgewiesen	ja	Ja	überwiegend Das bedeutet, dass alle zutreffenden Forderungen in mehr als ca. 3/4 aller relevanten Anwendungsfälle wirksam nachgewiesen sind und kein spezielles Risiko vorhanden ist.		nein

Ist-Situation	Bewertung der Feststellungen				
Punktzahl	**10**	**8**	**6**	**4**	**0**
Risikoabschätzung innerhalb des Prozesses	kein Risiko	geringes Risiko	deutliches Risiko	hohes Risiko	sehr hohes Risiko
mögliche Definition der Feststellung	grün/i. O. (ggf. mit Verbesserungspotenzial/Hinweis)	gelb/Nebenabweichung		rot/Hauptabweichung	
Verifizierung vor Ort mittels eines außerordentlichen Audits vor Zertifikaterteilung	nein	abhängig von der Risikoeinschätzung des Auditteams bzw. von der Zertifizierungsgesellschaft ggf. notwendig		ja	

Tabelle 6.2 Bewertung der Feststellungen mit Punkten nach VDA 6.1 [VDA 16a]

Punkte	Bewertung der Erfüllung einzelner Forderungen
10	vollständig festgelegt und wirksam nachgewiesen, es besteht kein Prozessrisiko, ggf. mit Verbesserungspotenzial
8	nicht vollständig festgelegt und wirksam nachgewiesen, es besteht ein geringes Prozessrisiko. Erforderlich: eindeutige Festlegung der Ursachenanalysen und Korrekturmaßnahmen
6	vollständig festgelegt und überwiegend wirksam nachgewiesen, es besteht ein deutliches Prozessrisiko. Erforderlich: eindeutige Festlegungen der Ursachenanalysen und Korrekturmaßnahmen
4	nicht vollständig festgelegt, aber überwiegend wirksam nachgewiesen, es besteht ein hohes Prozessrisiko. Erforderlich: eindeutige Festlegung der Ursachenanalysen und Korrekturmaßnahmen
0	nicht wirksam nachgewiesen, unabhängig von der Vollständigkeit der Festlegung im QM-System, es besteht ein sehr hohes Prozessrisiko. Erforderlich: eindeutige Festlegung der Ursachenanalysen und Korrekturmaßnahmen

Danach wird der **Erfüllungsgrad für den Bereich Unternehmensführung** E_U und der **Erfüllungsgrad für den Bereich Produkt und Prozess** E_P berechnet. Sie errechnen sich aus den Durchschnittswerten der Erfüllungsgrade der jeweils bewerteten Elemente:

$$E_U \text{ bzw. } E_P\,[\%] = \frac{\text{Summe der Erfüllungsgrade der zutreffenden Elemente}}{\text{Anzahl der bewerteten Elemente}} \cdot 100$$

Die beiden Erfüllungsgrade der Bereiche Unternehmensführung E_U und Produkt/Prozess E_P werden zu einem **Gesamterfüllungsgrad** E_{Ges} zusammengeführt. Da die Anzahl der QM-Elemente im Bereich Produkt und Prozess etwa doppelt so hoch ist wie die Anzahl der QM-Elemente im Bereich Unternehmensführung, geht der Teil Unternehmensführung mit einem Drittel und der Teil Produkt und Prozess mit zwei Dritteln in den Gesamterfüllungsgrad ein:

$$E_{Ges}\,[\%] = \frac{E_U + 2 \cdot E_P}{3}$$

Dabei gelten folgende Kriterien für die Durchführung eines außerordentlichen Audits [VDA 16a]:

- eine oder mehrere mit * gekennzeichnete Fragen wurde mit 0, 4 oder 6 Punkten bewertet,
- eine oder mehrere nicht mit * gekennzeichnete Frage wurde mit 0 Punkten bewertet,
- mindestens ein Element wurde mit einem Erfüllungsgrad kleiner 75 % bewertet.

Die VDA 6.1 verlangt eine **Ergebnisübersicht** nach den Auditteilen U (Unternehmensführung) und P (Produkt und Prozess) [VDA 16a]. Im Ergebnisbericht sind die Erfüllungsgrade aller Elemente einzeln, die Zusammenfassungen zu den Teilen U und P sowie der Gesamterfüllungsgrad übersichtlich darzustellen. Außerdem sind spezifische Regeln für Überwachungsaudits (Aufrechterhaltung des VDA-6.1- Zertifikats) zu beachten [VDA 16a]:

- Elemente 01, 02, 03, 04, 05, 06 sind immer zu auditieren.
- Element Z1 ist immer zu auditieren.
- Elemente 08, 09, 14, 18 sind immer zu auditieren.
- Unter Berücksichtigung des letzten Audits sind stichprobenartig weitere Elemente entlang der Wertschöpfungskette zu auditieren.
- Bei Überwachungsaudits erfolgt keine neue Berechnung des Gesamterfüllungsgrades.
- Das Überwachungsaudit ist auszuwerten, indem eine formelle Berechnung des Erfüllungsgrades des Überwachungsaudits durchgeführt und eine Dokumentation erarbeitet wird. Nicht bewertete Fragen sind zu kennzeichnen (n. b.) und dürfen nicht mit in die Berechnung einbezogen werden.

Tabelle 6.3 Einstufung bei internen (1st party) und Lieferanten (2nd party) Systemaudit nach VDA 6.1 [VDA 16a]

Gesamterfüllungsgrad E_{Ges}	Beurteilung des QM-Systems	Einstufung
$E_{Ges} \geq 90\,\%$	erfüllt	A
$80\,\% \leq E_{Ges} \leq 90\,\%$	bedingt erfüllt	B
$E_{Ges} < 80\,\%$	nicht erfüllt	C

Die Auditergebnisse dienen zur Einstufung von Lieferanten (2nd party) und bei Zertifizierungsaudits (3rd party). Der berechnete Gesamterfüllungsgrad E_{Ges} wird benutzt, um das QM-System zu beurteilen und bei Kunden-/Lieferantenaudits (2nd party) einzustufen (Tabelle 6.3).

Dabei gelten folgende **zusätzliche Regeln**:

a Unternehmen, die einen Gesamterfüllungsgrad von 90 % bzw. 80 % überschreiten, die aber in einem oder mehreren Elementen nur einen Erfüllungsgrad von kleiner 75 % erreichen, werden von A nach B bzw. von B nach C abgestuft.

b Sind eine oder mehrere mit * gekennzeichnete Elemente mit weniger als acht Punkten bewertet, so ist das Unternehmen von A nach B bzw. von B nach C abzustufen.

c Ist eine mit * gekennzeichnetes Element mit null Punkten bewertet, so ist das Unternehmen von A nach B abzustufen.

d Es ist nur **eine** Abstufung nach a), b) oder c) möglich.

e Alle Abstufungen sind in einem Erläuterungsbericht zu begründen.

In [VDA 16a] sind eine Abschlussbesprechung, ein Abschlussbericht, ein Abweichungsmanagement mit den Teilen Verantwortung des Klienten, Verantwortung der Zertifizierungsgesellschaft, Verifizierung vor Ort (außerordentliches Audit), eine Zertifizierungsentscheidung und die Erteilung des VDA-6.1-Zertifikats gefordert. Auch die Erteilung nach Zertifikat VDA 6.2 und VDA 6.4 ist geregelt [VDA 16a].

6.2 Anforderungen der Lebensmittel- und Pharmabranche

Auch die Lebensmittel- und Pharmabranche stellt erhöhte Anforderungen an QM-Systeme. Daher wurden auch hier zusätzliche Normen und Regelwerke geschaffen, die eigenständigen Charakter haben oder auf den Anforderungen der ISO 9001 aufbauen. Solche zusätzlichen Branchennormen sind:

- **GMP** Good Manufacturing Practice [Web 19a]
- **GLP** Good Laboratory Practice [Web 13]
- **HACCP** Hazard Analysis Critical Control Points [Web 01]
- **21 CFR Part 820** Code of Federal Regulations (USA) [CFR 19]

Die Regelwerke GMP, GLP und HACCP sollen im Folgenden kurz dargestellt werden.

6.2.1 Good Manufacturing Practice – GMP

Good Manufacturing Practice (GMP) heißt übersetzt „Gute Herstellungspraxis". Das GMP-Regelwerk wird von der Weltgesundheitsorganisation (WHO) herausgegeben und richtet sich an Pharmahersteller sowie Hersteller von Lebens- und Futtermitteln. Grundlage für die GMP ist das US-amerikanische Recht, der Code of Federal Regulations Title 21 210 und 21 211 [Web 19a].

Diese Gesetze legen u. a. genau fest,

- was bei der Herstellung von Pharmaka einzuhalten ist,
- welche Aufzeichnungen zu führen sind,
- welche Art der Kennzeichnung einzuhalten ist,
- welche Prüfungen durchzuführen sind,
- welche Aufgaben die Qualitätsprüfung hat und
- was bei Abweichungen von Spezifikationen zu tun ist [Web 19a].

1983 ging die Bundesrepublik Deutschland mit dem Beitritt in die Pharmazeutische Inspektions-Convention (PIC) die Verpflichtung ein, die Grundregeln dieser Convention zu beachten. Diese PIC-Grundregeln, niedergelegt im PIC-GMP-Leitfaden, stellen die europäische Fortschreibung der GMP-Richtlinie der WHO dar. Der **PIC-GMP-Leitfaden** ist wie folgt aufgebaut [Web 19a]:

Good Manufacturing Practice (GMP)

Einleitung

Begriffsbestimmungen

1. Qualitätssicherungssystem

- Grundsätze
- Qualitätssicherung
- Gute Herstellpraxis für pharmazeutische Produkte
- Qualitätskontrolle

2. Personal

- Grundsätze
- Allgemeine Anforderungen
- Personal in Schlüsselstellungen
- Schulung
- Personalhygiene

3. Räumlichkeiten und Ausrüstung

- Grundsätze
- Räumlichkeiten
  - Allgemeine Anforderungen
  - Produktionsbereiche
  - Lagerbereiche
  - Qualitätskontrollbereiche
  - Nebenbereiche
- Ausrüstung

4. Dokumentation

- Grundsätze
- Allgemeine Anforderungen
- Erforderliche Unterlagen
- Spezifikationen
  - Ausgangsstoffe und Verpackungsmaterial
  - Zwischenprodukte und Bulkware
  - Fertigprodukte
- Herstellungsvorschriften und Verarbeitungsanweisungen
- Verpackungsanweisungen
- Protokolle der Chargenfertigung
- Protokolle der Chargenverpackung
- Verfahrensbeschreibungen und Protokolle
  - Wareneingang
  - Probennahme und Prüfung
- Sonstige

5. Produktion

- Grundsätze
- Allgemeine Anforderungen
- Verhütung von Kreuzkontamination bei der Produktion
- Validierung
- Ausgangsstoffe
- Verarbeitungsvorgänge: Zwischenprodukte und Bulkware
- Verpackungsmaterial und -vorgänge
- Fertigprodukte

6. Qualitätskontrolle

- Grundsätze
- Allgemeine Anforderungen
- Gute Kontrolllabor-Praxis
  - Dokumentation
  - Probennahme
- Prüfung

7. Herstellung und Prüfung im Lohnauftrag

- Grundsätze
- Allgemeine Anforderungen
- Auftraggeber
- Auftragnehmer
- Vertrag

8. Beanstandungen und Produktrückruf

- Grundsätze
- Beanstandungen
- Rückrufe

9. Selbstinspektion

- Grundsätze

Anhang

Ergänzende Leitlinien mit detaillierten Regelungen für die Herstellung steriler pharmazeutischer Produkte

Jedes pharmazeutische Unternehmen ist an die Vorgaben der **Guten Herstellungspraxis** gebunden. Die Betriebe und Einrichtungen müssen ein funktionierendes Qualitätsmanagementsystem entsprechend Art und Umfang der durchgeführten Tätigkeiten einführen und pflegen.

Um die Beachtung der Vorschriften sicherzustellen, müssen regelmäßig **Selbstinspektionen** nach einem im Voraus festgelegten Programm durchgeführt werden. Über die Selbstinspektionen und die anschließend ergriffenen **Korrekturmaßnahmen müssen Aufzeichnungen** geführt und aufbewahrt werden (Bild 6.2).

Im Bereich der GMP-Überwachung und Qualifizierung von Wirkstoffherstellern ist die Norm DIN EN ISO/IEC 17020 für die Konformitätsbewertung relevant [Nor 12c]. Sie definiert die Kriterien für den Betrieb verschiedener Typen von Organisationen, die Inspektionen durchführen. Entsprechend tragen die nach dieser Norm akkreditierten Organisationen den Titel Inspektionsstelle.

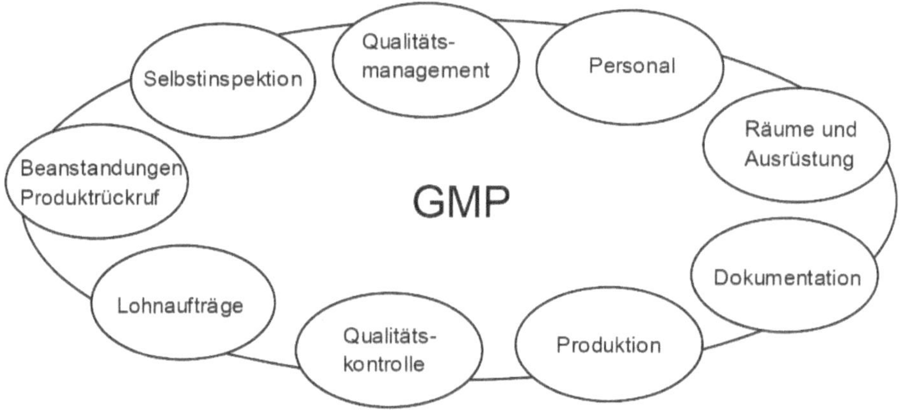

Bild 6.2 Qualitätssicherungselemente von GMP [Pei 10]

6.2.2 Good Laboratory Practice – GLP

Die Gute Laborpraxis (GLP) ist ein Qualitätssicherungssystem, das sich mit dem organisatorischen Ablauf und den Rahmenbedingungen befasst, unter denen nichtklinische gesundheits- und umweltrelevante Sicherheitsprüfungen geplant, durchgeführt und überwacht werden, sowie mit der Aufzeichnung, Archivierung und Berichterstattung der Prüfungen. Die GLP-Grundsätze der Organisation für Wirtschaftliche Zusammenarbeit und Entwicklung (OECD) wurden im Gesetz zum Schutz vor gefährlichen Stoffen (Chemikaliengesetz – ChemG) [Web 14] verankert. In den Paragrafen 19a bis 19d sind der Geltungsbereich und die Art der Überwachung der Guten Laborpraxis gesetzlich fixiert.

Die GLP-Bundesstelle im Bundesinstitut für Risikobewertung [Web 13] ist auf der Basis der „Allgemeinen Verwaltungsvorschrift GLP (ChemVwV-GLP)“ zuständig für die Koordinierung und Harmonisierung GLP-relevanter Fragen im nationalen und internationalen Bereich sowie in der Überwachung bestimmter GLP-Prüfeinrichtungen im In- und Ausland.

Die GLP-Richtlinie ist wie folgt aufgebaut [Web 13]:

Good Laboratory Practice (GLP)

Abschnitt I: Allgemeines

1. Geltungsbereich
2. Begriffsbestimmungen

Abschnitt II: Grundsätze der Guten Laborpraxis (GLP-Grundsätze)

- Organisation und Personal der Prüfeinrichtung
- Qualitätssicherungsprogramm
- Prüfeinrichtungen
- Geräte, Materialien und Reagenzien
- Prüfsysteme
- Prüf- und Referenzsubstanzen
- Standard-Arbeitsanweisungen
- Prüfungsablauf
- Bericht über die Prüfergebnisse
- Archivierung und Aufbewahrung von Aufzeichnungen und Materialien

6.2.3 Hazard Analysis Critical Control Points – HACCP

Die Hazard Analysis Critical Control Points (HACCP) ist die Analyse von chemischen, physikalischen oder mikrobiologischen Gefahren, die im Prozess von der Anlieferung über Lagerung, Verarbeitung, Herstellung und Verteilung im Zusammenhang mit Rohstoffen, Zutaten oder Fertigprodukten auftreten können [Web 01]. Die **Critical Control Points** sind dabei die Punkte im Prozessverlauf, an denen die Steuerung der identifizierten Gefahren erforderlich bzw. möglich ist.

Die rechtlichen Grundlagen für den Aufbau eines HACCP-Systems sind:

- **93/43/EWG** Europäische Richtlinie des Rates über Lebensmittelhygiene [Web 02]
- **LMHV** Verordnung über Anforderungen an die Hygiene beim Herstellen, Behandeln und Inverkehrbringen von Lebensmitteln (Lebensmittelhygiene-Verordnung – LMHV) – nationale Umsetzung der EU-Richtlinie 93/43/EWG in Deutschland [Web 12]
- **LMBG** Lebensmittel- und Bedarfsgegenständegesetz [Web 10]
- **DIN 10514** Lebensmittelhygiene – Hygieneschulung [Nor 09c]

Für das HACCP-Konzept wurde von einer speziellen Kommission der **Codex Alimentarius** entwickelt. Die Codex Alimentarius Commission wurde 1962 von der Weltgesundheitsorganisation (WHO), der Welternährungsorganisation (FAO) und der UNO gegründet und mit der Aufgabe betraut, horizontale Standards für Hygieneanforderungen, Pestizidrückstandsbegrenzung, Kontaminationsbegrenzung, Probeannahme, Analysemethoden und Lebensmittelkennzeichnung sowie vertikale Standards für alle Lebensmittel auszuarbeiten, die Bedeutung im internationalen Handel haben [Mys 99].

Der Codex Alimentarius beinhaltet damit international anerkannte Anforderungen (Bild 6.3).

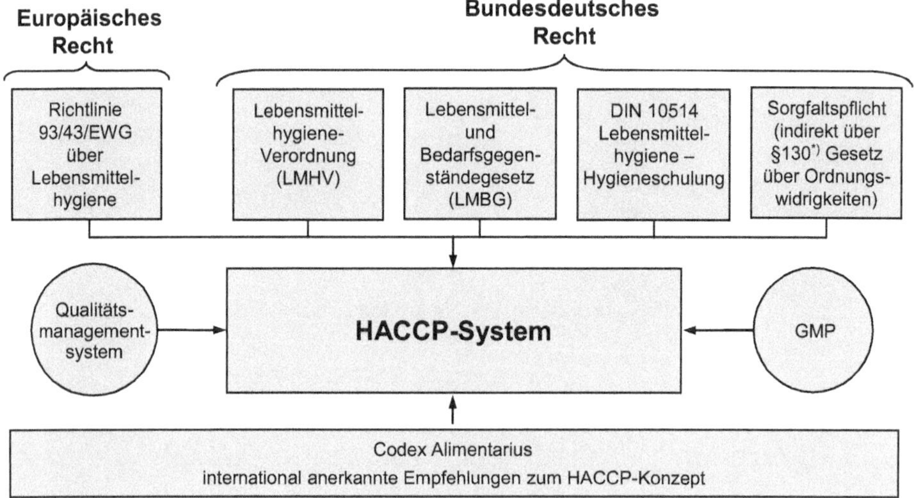

Bild 6.3 Der rechtliche Rahmen für das HACCP-System [Mys 99]

Die Anforderungen der Lebensmittelhygiene-Verordnung (LMHV) sind weniger umfassend als die Empfehlungen, die die Codex Alimentarius Commission in ihrem Leitfaden „HACCP – System and Guidelines for Application" gibt (Bild 6.4).

Die Lebensmittelhygiene-Verordnung stellt drei **wesentliche Anforderungen** an Lebensmittelunternehmen:

- Umsetzung der Guten Hygienepraxis
- Einrichtung eines Eigenkontrollsystems, ähnlich dem HACCP-Konzept
- Schulung der Mitarbeitenden

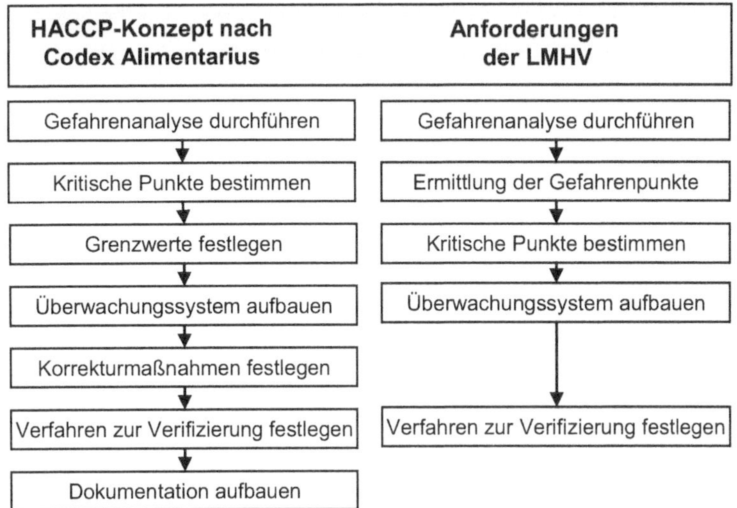

Bild 6.4 HACCP-Konzept und Eigenkontrollsystem gemäß LMHV [Web 12, Mys 99]

Schulungen sollten mindestens folgende **Themenkomplexe** behandeln:

- Mikrobiologie (Gefahren für Lebensmittel)
- Personal- und Betriebshygiene
- HACCP (HACCP-Konzept/-System)
- HACCP- bzw. Hygiene-Dokumentation (Vorgabe-/Nachweisdokumente, Gründe/Konsequenzen)

HACCP-Konzept und Qualitätsmanagement haben die gleiche Zielstellung: ein präventives Fehlervermeidungssystem wirkungsvoll zu betreiben. Aus diesem Grund empfiehlt die Verordnung (EG) Nr. 852/2004 des Europäischen Parlaments und des Rates vom 29. April 2004 über Lebensmittelhygiene, den Unternehmen der Lebensmittelbranche die ISO 9001 auch bei der Ausgestaltung eines HACCP-Konzeptes anzuwenden [Web 02].

6.3 Anforderungen der Medizinbranche

Die Medizinbranche stellt besonders hohe Anforderungen an die Qualität der Produkte und Dienstleistungen im Gesundheitswesen. Die Anforderungen der ISO 9000 ff. reichen nicht aus, um Patientensicherheit und Patientenversorgung auf hohem Niveau zu gewährleisten. Daher wurden zahlreiche zusätzliche Richtlinien und Normen geschaffen. Anforderungen an das Qualitätsmanagement richten sich in der Medizinbranche einerseits an **Hersteller von Medizinprodukten** und andererseits an **Dienstleister im Gesundheitswesen** wie Ärzte, Reha-Zentren und vor allem Krankenhäuser sowie Lieferanten von Herstellern für Medizinprodukte.

Die wichtigsten Regelwerke für Hersteller von Medizinprodukten sind:

- **VO (EU) 2017/ 745** Europäische Verordnung über Medizinprodukte (MDR)
- **VO (EU) 2017/746** Europäische Verordnung über In-vitro-Diagnostika vom 5. April 2017 und zur Aufhebung der Richtlinie 98/79/EG und des Beschlusses 2010/227/EU der Kommission
- **MPDG** Medizinprodukterecht – Medizinprodukterecht-Durchführungsgesetz
- **MPAMIV** Medizinprodukte-Anwendermelde- und Informationsverordnung
- **HWG** Heilmittelwerbegesetz
- **MPbetreibV** Medizinprodukte – Betreiberverordnung
- **DIN EN ISO 13485** Medizinprodukte – Qualitätsmanagementsysteme – Anforderungen für regulatorische Zwecke [Nor 21]
- **DIN EN ISO 14971** Medizinprodukte – Anwendung des Risikomanagements auf Medizinprodukte [Nor 22b]
- **21 CFR Part 820 – QSR** US-amerikanische Richtlinien für Medizinprodukte – Quality System Regulation [CFR 19]

6.3.1 Europäische Richtlinien für Medizinprodukte

Gegenwärtig befindet sich die europäische Gesetzgebung für die Medizintechnikbranche in einer Übergangszeit. Die Richtlinie 93/42/EWG (Medizinprodukte MDD Medical Devices Directive) ist außer Kraft getreten. Seit dem 26.05.2021 gilt nur die Europäische Verordnung über Medizinprodukte 2017/745. Für In-vitro-Diagnostika gelten andere Übergangsregelungen als für Medizinprodukte. Die Europäische Verordnung 2017/746 hat einen Geltungsbeginn zum 26.05.2022, bis dahin bleibt auch die Richtlinie 98/79/EWG bestehen. Wesentlich hierbei ist, dass die Europäische Union Verordnungen erlassen hat, die wie Gesetze direkt in den Europäischen Nationen umgesetzt werden. EU-Richtlinien hingegen müssen erst in Nationale Gesetze umgesetzt werden.

Die Europäischen Verordnungen gewährleisten einen freien Verkehr der Erzeugnisse auf dem europäischen Binnenmarkt, mit der Sicherheit, dass diese die gleichen Anforderungen erfüllen.

Entsprechend Verordnung (EU) 2017/745 (MDR) wird der Begriff **„Medizinprodukt"** definiert. Medizinprodukte umfassen medizinisch-technische Geräte wie beispielsweise Herzschrittmacher, Dialysemaschinen und Röntgengeräte sowie chirurgische Instrumente und künstliche Zähne, Produkte zur Empfängnisverhütung und Wundversorgung [Web 99].

In den Richtlinien werden **grundlegende Anforderungen für Medizinprodukte** festgelegt, die der Hersteller erfüllen muss:

- Festlegen der Zweckbestimmung des Produkts
- Prüfen, ob das Produkt der Definition „Medizinprodukt" entspricht und dem Medizinprodukterecht unterliegt
- Durchführen einer Risikoanalyse
- Durchführen einer klinischen Bewertung
- Aufbau und Unterhaltung eines unternehmensspezifischen Medizinprodukte-Beobachtungs- und -Meldesystems
- Beachtung der Anzeigepflichten
- Klassifizierung von Medizinprodukten [Web 99]

Medizinprodukte und Zubehör werden entsprechend ihrem Gefährdungspotenzial klassifiziert. Die Einstufung in die Klassen I, IIa, IIb und III erfolgt gemäß Anhang VIII der Verordnung MDR. Tabelle 6.4 enthält die wichtigsten Kriterien für Medizinprodukteklassen [Web 99].

Tabelle 6.4 Medizinprodukteklassen der Richtlinie MDD [Web 99]

Einstufung nach MDR	Kriterien	Beispiele
Klasse I	▪ Nicht-invasive Produkte, die nur ein geringes Risiko aufweisen ▪ Kein oder unkritischer Hautkontakt ▪ Invasive Produkte, beschränkt auf natürliche Körperöffnungen zur vorübergehende Anwendung (< 60 Minuten)	Gehhilfen, Verbandsstoffe, Bettpfannen
Klasse I*	▪ Klasse I Produkte, die zusätzlich die Einbindung der Benannten Stelle erfordern ▪ Medizinprodukte der Klasse I mit Messfunktion (Im), Wiederverwendbare chirurgische Instrumente (Ir), sterile Medizinprodukte der Klasse I (Is)	Thermometer, Waagen, Skalpelle, Scheren, sterile Abdecktücher, sterile Schutzausrüstung

Tabelle 6.4 Medizinprodukteklassen der Richtlinie MDD [Web 99] *(Fortsetzung)*

Einstufung nach MDR	Kriterien	Beispiele
Klasse IIa	▪ Produkte, die mittleres Risiko aufweisen ▪ Invasive Produkte, beschränkt auf natürliche Körperöffnungen (z. B. Mund, Ohr, After) ▪ Chirurgisch-invasive Produkte zur vorübergehenden (< 60min) und zur kurzzeitigen (60min bis 30 Tage) Anwendung	Hörgeräte, Katheter, bestimmte chirurgische Instrumente
Klasse IIb	▪ Produkte, die ein hohes Risiko aufweisen ▪ Die meisten chirurgisch-invasiven Produkte ▪ Aktive Produkte ▪ Einfluss auf Zusammensetzung von Körperflüssigkeiten ▪ Implantierbare Produkte, die nicht im direkten Kontakt mit dem Herz, dem zentralen Kreislaufsystem, dem zentralen Nervensystem oder der Wirbelsäule bestimmt sind ▪ Empfängnisverhütung oder zum Schutz vor der Übertragung von sexuell übertragbaren Krankheiten	Beatmungsgeräte, Dialysegeräte, Infusionspumpen, Schrauben, Platten, Kondome
Klasse III	▪ Produkte, die das höchste Risiko aufweisen ▪ Unmittelbare Anwendung an Herz, zentralem Kreislaufsystem oder zentralem Nervensystem, Wirbelsäule ▪ Produkte, die ein Medikament enthalten ▪ Produkte, die zum Teil aus menschlichem oder tierischem Ursprung oder ihren Derivaten hergestellt wurden	Herzschrittmacher, künstliche Herzklappen, Wirbelsäulen Platten, Teil- oder Totalprothesen von Gelenken

Der Hersteller muss ein Medizinprodukt vor dem Inverkehrbringen innerhalb der EU mit der **CE-Kennzeichnung** versehen. Auch Betreiber dürfen seit dem Stichtag 14. Juni 1998 nur noch Medizinprodukte mit CE-Kennzeichnung in Betrieb nehmen. Abhängig von der Risikoeinstufung kommen unterschiedliche Verfahren der **Konformitätsbewertung** zur Anwendung (Bild 6.5).

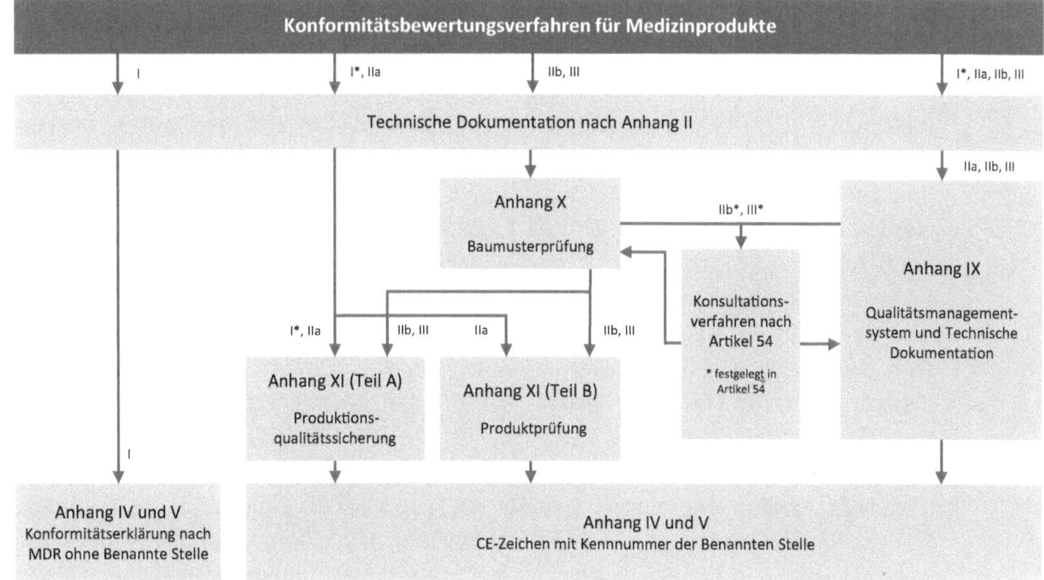

Bild 6.5 Konformitätsbewertungsverfahren für Medizinprodukte nach MDR [Web 85]

6.3.2 Deutsches Recht

In Deutschland ist das Medizinproduktegesetz (MPG) seit dem 26.05.2021 außer Kraft getreten. Für In-vitro-Diagnostika hatte es noch Gültigkeit bis zum Jahr 2022. Zusätzlich zur europäischen Verordnung 2017/745 (MDR) sind folgende deutsche Gesetze veröffentlich worden, die die Anforderungen der MDR ergänzen (Tabelle 6.5):

Tabelle 6.5 Verordnungen im deutschen Medizinprodukterecht (Auswahl)

Kurzbezeichnung	Bezeichnung
MPDG	Medizinprodukterecht-Durchführungsgesetz
MPAMIV	Medizinprodukte-Anwendermelde- und Informationsverordnung
MPBetreibV	Medizinprodukte-Betreiberverordnung: Verordnung über das Errichten, Betreiben und Anwenden von Medizinprodukten
HWG	Heilmittelwerbegesetz
MPDGGebV	Medizinprodukterecht-Durchführungsgesetz-Gebührenverordnung
IRegG	Implantateregistergesetz
ProdHaftG	Produkthaftungsgesetz
ProdSG	Produktsicherheitsgesetz

6.3.3 Qualitätsmanagementsysteme für Medizinprodukte nach DIN EN ISO 13485:2016 [Nor 16c]

Die Norm DIN EN ISO 13485:2016 [Nor 16c] legt Anforderungen an ein Qualitätsmanagementsystem fest, das durch eine Organisation für Design, Entwicklung, Produktion und Installation sowie die Instandhaltung von Medizinprodukten angewendet werden kann. Die Norm DIN EN ISO 13485:2016 [Nor 16c] ist **nicht** nach der High Level Structure aufgebaut! Sie kann auch von internen und externen Parteien einschließlich Zertifizierungsstellen verwendet werden, um die Fähigkeit der Organisation zur Erfüllung von regulatorischen Anforderungen und Kundenanforderungen zu bewerten. Das Ziel dieser internationalen Norm ist die Ermöglichung der Harmonisierung der für Medizinprodukte zutreffenden gesetzlichen Anforderungen an Qualitätsmanagementsysteme. Zusätzlich zur DIN EN ISO 9001 [Nor 15d] sind kritische Prozesse, wie beispielsweise Rückruf, Abwehr der Kontamination, Risikomanagement, zu implementieren. Die ISO 9001:2015 ist die internationale Qualitätsmanagementnorm, in der die Kundenzufriedenheit an vorderster Stelle steht. Sie wird als Leitnorm für den Aufbau von Managementsystemen verwendet. Bei der ISO 13485:2016 [Nor 16c] wird die Sicherheit von Patienten, Anwendern und Dritten sowie die Erfüllung von Regularien in den Vordergrund gestellt. Wesentliche Begriffsunterschiede zwischen der DIN EN ISO 13485:2016 und der DIN EN ISO 9001:2015 sind in Tabelle 6.6 beschrieben.

Tabelle 6.6 Unterschiede in den Begriffsbestimmungen zwischen der ISO 13485:2016 und DIN EN ISO 9000:2015

Begriff	Definition
Reklamation	Schriftliche, elektronische oder mündliche Mitteilung über Unzulänglichkeiten hinsichtlich Identität, Qualität, Haltbarkeit, Zuverlässigkeit, Gebrauchstauglichkeit, Sicherheit oder Leistung eines Medizinprodukts, das aus dem Lenkungsbereich der Organisation entlassen wurde oder sich auf eine Dienstleistung bezieht, die die Leistung derartiger Medizinprodukte beeinflusst
Produkt	Ergebnis eines Prozesses
Risiko	Kombination aus der Wahrscheinlichkeit des Auftretens eines Schadens und des Schweregrades dieses Schadens

In der neuen Revision der ISO 13485:2016 [Nor 16c] werden mehr Aspekte der FDA- (Food and Drug Administration) und der MDD- (Medical Device Directive) Anforderungen erfüllt (21 CFR Part 820, Europäische Union, Amtsblatt L 117, 5.05/2017). Insbesondere sind die Themen ausgelagerte Prozesse, Software-Validierung, Medical Device File, Risikomanagement und Design- und Entwicklungsakte neu und ergänzend geregelt worden. Dokumentierte Informationen nach ISO 9001:2015 werden in der ISO 13485:2016 in Dokumente und Aufzeichnungen differenziert und unterliegen den in der ISO 13485:2016 genannten Anforderungen zur Aufbewahrung und Archivierung [Nor 16c]. In DIN EN ISO 14971:2020-07 Medizinprodukte – Anwendung des Risikomanagements auf Medizinprodukte wird ein Prozess für einen Medizinproduktehersteller zur Identifizierung der mit Medizinprodukten verbundenen Gefährdungen, einschließlich Produkten für die In-vitro-Diagnostik, standardisiert [Nor 20a]. Weitere Normen in der Medizinbranche sind DIN EN 62304 „Software Lebenszyklusprozesse", IEC 82304-01 „Health Software", DIN EN 16844:2015-04 „Entwurf Dienstleistungen in der ästhetischen Medizin – Nicht-chirurgische, medizinische Eingriffe". Gegenüber der DIN EN ISO 9001:2015 enthält die DIN EN ISO 13485:2016 zusätzliche Anforderungen (Tabelle 6.7). Für Qualitätsmanagement in Einrichtungen des Gesundheitswesens wie Krankenhäusern und Pflegeeinrichtungen existieren spezialisierte Verfahren, beispielsweise das System nach KTQ [Web 31].

Tabelle 6.7 Branchenspezifische Zusatzanforderungen der DIN EN ISO 13485:2016 [Nor 16c]

Zusätzliche Anforderungen der DIN EN ISO 13485:2016 gegenüber ISO 9001:2015	Abschnitt in ISO 9001
1 Anwendungsbereich Spezifizierung der QM-System-Anforderungen für Medizinprodukte und zugehörige Dienstleistungen. Ausschlüsse dieser Norm sind im Bereich Entwicklung möglich, soweit regulatorische Anforderungen dies zulassen. Sollten Aspekte aus den Kapiteln 6, 7, 8 der DIN EN ISO 13485:2016 nicht anwendbar sein, ist dies zu begründen.	1
4 Qualitätsmanagementsystem Es wird die Dokumentation nach regulatorischen Anforderungen gefordert.	4 4.1 4.2 4.4
4.1 Allgemeine Anforderungen Prozesse des Qualitätsmanagementsystems (QMS) müssen geleitet und gelenkt werden. Änderungen an diesen Prozessen müssen hinsichtlich des QMS und des Einflusses auf das Medizinprodukt bewertet werden. Ausgelagerte Prozesse liegen in der Verantwortung der Organisation und haben gleichen Konformitätsanspruch wie interne Prozesse. Die Lenkungsmaßnahmen müssen in einem angemessenen Verhältnis zu dem verbundenen Risiko und der Fähigkeit der externen Partei stehen. Die Lenkungsmaßnahmen müssen schriftliche Qualitätsvereinbarungen enthalten. Computersoftware muss vor ihrem ersten Einsatz validiert werden, wenn angemessen nach Änderungen an dieser Software oder bei Änderungen ihrer Anwendung. Verfahren der Validierung müssen dokumentiert sein.	4.4 6.3 8.4

Tabelle 6.7 Branchenspezifische Zusatzanforderungen der DIN EN ISO 13485:2016 [Nor 16c] *(Fortsetzung)*

Zusätzliche Anforderungen der DIN EN ISO 13485:2016 gegenüber ISO 9001:2015	Abschnitt in ISO 9001
4.2 Dokumentationsanforderungen **4.2.1 Allgemeines** Es besteht die Forderung nach einem Qualitätsmanagement-Handbuch.	7.5
4.2.2 Qualitätsmanagement-Handbuch Ausschlüsse und Nicht-Anwendungen müssen im Qualitätsmanagement-Handbuch (QMH) begründet werden. Die Struktur der Dokumentation des QMS muss im QMH dargestellt sein.	4.3 4.4 7.5.1
4.2.3 Medizinprodukteakte Diese dokumentarische Anforderung muss enthalten: a allgemeine Beschreibung des Medizinprodukts, bestimmungsgemäßer Gebrauch/Zweckbestimmung sowie Kennzeichnung einschließlich etwaiger Gebrauchsanweisungen b Produktspezifikationen c Spezifikationen oder Verfahren hinsichtlich Herstellung, Verpackung, Lagerung und Vertrieb; d Verfahren für Messung und Überwachung e soweit angemessen: Anforderungen für die Installation f soweit angemessen: Verfahren für die Instandhaltung	kein entsprechender Abschnitt
4.2.4 Lenkung von Dokumenten Dokumentierte Verfahren müssen Lenkungsmaßnahmen festlegen zum Bewerten von Dokumenten. Die Lesbarkeit und Identifizierbarkeit ist sicherzustellen, Dokumentenverluste sind zu verhindern. Änderungen an Dokumenten müssen durch einen fähigen, benannten Verantwortlichen bewertet und genehmigt werden. Dokumente müssen ▪ für die Lebensdauer des Medizinprodukts, ▪ mindestens zwei Jahre ab Produktfreigabe und ▪ nach regulatorischen Anforderungen aufbewahrt werden.	7.5.2 7.5.3
4.2.5 Lenkung von Aufzeichnungen Die Lenkungsmaßnahmen für diesen Dokumententyp müssen sicherstellen, dass eine Identifizierung, Lagerung, Schutz und Unversehrtheit, Wiederauffindbarkeit, Verfügbarkeit und Aufbewahrungsfrist möglich ist. Aufzeichnungen müssen ▪ für die Lebensdauer des Medizinprodukts, ▪ mindestens zwei Jahre ab Produktfreigabe und ▪ nach regulatorischen Anforderungen aufbewahrt werden.	7.5.2 7.5.3

Zusätzliche Anforderungen der DIN EN ISO 13485:2016 gegenüber ISO 9001:2015	Abschnitt in ISO 9001
5 Verantwortung der Leitung **5.1 Verpflichtung der Leitung**	5 5.1 5.1.1 9.3 9.3.1
5.2 Kundenorientierung	5.1.2
5.3 Qualitätspolitik Die oberste Leitung muss sicherstellen, dass die Qualitätspolitik einen Rahmen zum Festlegen und Bewerten von Qualitätszielen bietet und die Qualitätspolitik auf fortdauernde Eignung bewertet wird.	5.2 5.2.1 5.2.2 5.2.3
5.4 Planung **5.4.1 Qualitätsziele**	6 6.2.1
5.4.2. Planung des Qualitätsmanagementsystems	5.3 6 6.1 6.3
5.5 Verantwortung, Befugnis und Kommunikation **5.5.1 Verantwortung und Befugnis** Festgelegte Verantwortungen, Befugnisse innerhalb der Organisation müssen dokumentiert werden.	5.3
5.5.2 Beauftragter der Leitung Die oberste Leitung **muss** ein Mitglied der Leitung benennen, das unabhängig von anderen Verantwortungen die Verantwortung und Befugnis hat, sicherzustellen, dass erforderliche Prozesse des QMS dokumentiert sind, die Wirksamkeit und die Notwendigkeit für Verbesserungen des QMS an die oberste Leitung berichtet und das Bewusstsein der regulatorischen Anforderungen und des QMS in der gesamten Organisation sicherstellt.	5.3
5.5.3 Interne Kommunikation	7.4
5.6 Managementbewertung **5.6.1 Allgemeines** Verfahren der Managementbewertung müssen dokumentiert werden. Die oberste Leitung muss das QMS in geplanten Abständen bewerten. Es müssen Aufzeichnungen über die Managementbewertung aufrechterhalten werden.	9.3 9.3.1 10.3
5.6.2 Eingaben für die Bewertung Folgende Eingaben müssen in der Bewertung enthalten sein: ▪ für die Lebensdauer des Medizinprodukts ▪ Reklamationsbearbeitung ▪ Berichterstattung an Regulierungsbehörden ▪ Vorbeugungsmaßnahmen ▪ anwendbare neue oder überarbeitete regulatorische Anforderungen	9.3.2

Tabelle 6.7 Branchenspezifische Zusatzanforderungen der DIN EN ISO 13485:2016 [Nor 16c] *(Fortsetzung)*

Zusätzliche Anforderungen der DIN EN ISO 13485:2016 gegenüber ISO 9001:2015	Abschnitt in ISO 9001
5.6.3 Ergebnisse der Bewertung Ergebnisse müssen aufgezeichnet werden, die Folgendes betreffen: ▪ nach regulatorischen Anforderungen ▪ Produktverbesserung in Bezug auf Kundenanforderungen ▪ Änderungen, die erforderlich sind, um auf anwendbare neue oder überarbeitete regulatorische Anforderungen zu reagieren.	9.3.3
6 Management von Ressourcen **6.1 Bereitstellung von Ressourcen** Die Bereitstellung von Ressourcen wird gefordert, um die anwendbaren regulatorischen Anforderungen und Kundenanforderungen zu erfüllen.	7.1 7.1.1 7.1.2
6.2 Personelle Ressourcen	7.1.2 7.1.6 7.2 7.3
6.3 Infrastruktur Wartungstätigkeiten oder Unterlassung von Wartungstätigkeiten mit Einfluss auf die Produktqualität müssen in ihren Anforderungen und Intervallen dokumentiert werden. Es müssen Aufzeichnungen über diese Wartungstätigkeiten aufrechterhalten werden.	7.1.3
6.4 Arbeitsumgebung und Lenkung der Kontamination **6.4.1 Arbeitsumgebung** Anforderungen an Arbeitsumgebungen, die zum Erreichen der Konformität mit den Produktanforderungen erforderlich sind, müssen dokumentiert werden. Anforderungen an Gesundheit, Sauberkeit und Arbeitskleidung des Personals müssen dokumentiert werden, wenn der Kontakt zwischen diesem Personal und Produkt oder der Arbeitsumgebung die Medizinproduktesicherheit oder -leistung beeinträchtigen könnten.	7.4.1
6.4.2 Lenkung der Kontamination Soweit angemessen, müssen Maßnahmen zur Lenkung verunreinigter oder möglicherweise verunreinigter Produkte geplant und dokumentiert werden, um die Verunreinigung des Personals oder des Produktes zu verhindern. Für sterile Medizinprodukte muss die Organisation Anforderungen zur Lenkung von Verunreinigung durch Mikroorganismen oder Partikel dokumentieren und die geforderte Reinheit während der Montage- oder Verpackungsprozesse muss aufrechterhalten werden.	7.4.1 8.7

Zusätzliche Anforderungen der DIN EN ISO 13485:2016 gegenüber ISO 9001:2015	Abschnitt in ISO 9001
7 Produktrealisierung **7.1 Planung der Produktrealisierung** Mindestens ein Prozess für das Risikomanagement in der Produktrealisierung muss dokumentiert sein. Die Tätigkeiten im Bereich Risikomanagement müssen als Aufzeichnung vorliegen.	6.1 6.2.1 7.1.6 8 8.1
7.2 Kundenbezogene Prozesse **7.2.1 Ermittlung der Anforderungen bezüglich des Produkts**	8.2 8.2.1 8.2.2 8.2.3.1
7.2.2 Bewertung der Anforderungen bezüglich des Produkts	8.2.3 8.2.4
7.2.3 Kommunikation Die Organisation muss in Übereinstimmung mit anwendbaren regulatorischen Anforderungen mit Regulierungsbehörden kommunizieren.	8.2.1 9.1.2
7.3 Entwicklung **7.3.1 Allgemeines** Für die Entwicklung sind Dokumentationen erforderlich.	8.3 8.3.1
7.3.2 Entwicklungsplanung Folgendes muss während Planung und Aktualisierung dokumentiert werden: ▪ Entwicklungsphasen in jeder Phase benötigte Bewertung(en) ▪ angemessene Dokumentation zur Tätigkeit des Designtransfers ▪ Verfahren zur Sicherstellung der Rückverfolgbarkeit der Entwicklungsergebnisse auf die Entwicklungseingaben	8.3.2 8.3.3 8.3.4
7.3.3 Entwicklungseingaben Eingaben müssen anwendbare Ergebnisse aus dem Risikomanagement, Gebrauchstauglichkeits- und Sicherheitsanforderungen entsprechend dem bestimmungsgemäßen Gebrauch enthalten. Anforderungen müssen verifizierbar oder validierbar sein und dürfen einander nicht widersprechen.	8.3.3
7.3.4 Entwicklungsergebnisse Die Entwicklungsergebnisse müssen gegen die Entwicklungseingaben verifizierbar sein und müssen vor der Freigabe genehmigt werden.	8.3.5
7.3.5 Entwicklungsbewertung In geeigneten Phasen müssen systematische Entwicklungsbewertungen nach geplanten und dokumentierten Regelungen durchgeführt werden. Zu den Teilnehmern an derartigen Bewertungen müssen die Vertreter der Funktionsbereiche gehören, die sich mit der in der Bewertung befindlichen Entwicklungsphase befassen, sowie weitere Fachleute. Die Bewertungen müssen als Aufzeichnungen vorliegen mit Identifikation des bewerteten Designs, der beteiligten Teilnehmer und dem Datum der Bewertung.	8.3.4

Tabelle 6.7 Branchenspezifische Zusatzanforderungen der DIN EN ISO 13485:2016 [Nor 16c] *(Fortsetzung)*

Zusätzliche Anforderungen der DIN EN ISO 13485:2016 gegenüber ISO 9001:2015	Abschnitt in ISO 9001
7.3.6 Entwicklungsverifizierung Verifizierungspläne sind erforderlich. Schnittstellen zu anderen Medizinprodukten müssen mit den gleichen Anforderungen verifiziert und bestätigt werden.	8.3.4
7.3.7 Entwicklungsvalidierung Eine Entwicklungsvalidierung muss an einem repräsentativen Produkt vorgenommen werden. Ein repräsentatives Produkt schließt die erste Produktionseinheit, die erste Charge oder Gleichwertiges ein. Die Begründung für die Auswahl des für die Validierung verwendeten Produkts muss aufgezeichnet werden. Zur Entwicklungsvalidierung müssen klinische Bewertungen oder Leistungsbewertungen des Medizinproduktes durchgeführt werden. Ein zur klinischen Bewertung oder Leistungsbewertung verwendetes Medizinprodukt darf nicht zur weiteren Verwendung durch den Kunden freigegeben werden. Schnittstellen zu anderen Medizinprodukten müssen mit gleichen Anforderungen validiert und bestätigt werden. Eine Validierung muss vor der Freigabe des Produktes abgeschlossen sein.	8.3.4
7.3.8 Übertragung der Entwicklung Verfahren für die Übertragung von Entwicklungsergebnissen an die Herstellung müssen dokumentiert werden. Es ist sicherzustellen, dass die Entwicklungsergebnisse als geeignet verifiziert werden, Produktionsfähigkeit und Produktanforderungen erfüllt werden, bevor diese mit endgültigen Festlegungen an die Produktion übergeben werden.	8.3.4 8.3.5
7.3.9 Lenkung von Entwicklungsänderungen Auswirkungen der Änderung müssen bestimmt und in Zusammenhang bestehender Prozesse und Bewertungen beurteilt werden. Änderungen müssen vor ihrer Implementierung ▪ geprüft, ▪ verifiziert, ▪ validiert und, soweit angemessen, ▪ genehmigt werden.	8.3.6 8.5.6
7.3.10 Entwicklungsakten Sie dienen zum Nachweis von Konformität mit den Anforderungen an die Entwicklung und den Entwicklungsänderungen.	7.5.3
7.4 Beschaffung **7.4.1 Beschaffungsprozess** Bei Nichteinhaltung von Beschaffungsanforderungen muss entsprechend dem Risiko und den regulatorischen Anforderungen eine dokumentierte Mitteilung an den Lieferanten erfolgen.	8.4 8.4.1 8.4.2

Zusätzliche Anforderungen der DIN EN ISO 13485:2016 gegenüber ISO 9001:2015	Abschnitt in ISO 9001
7.4.2 Beschaffungsangaben Beschaffungsangaben müssen das zu beschaffende Produkt eindeutig beschreiben oder darauf verweisen, einschließlich, soweit angemessen: ▪ Produktspezifikationen ▪ Anforderungen an die Produktannahme, Verfahren, Prozesse und Ausrüstungen ▪ Anforderungen an die Qualifikation des Personals des Lieferanten ▪ Anforderungen an das QMS Beschaffungsangaben müssen eine schriftliche Regelung darüber enthalten, dass der Lieferant die Organisation über Änderungen am beschafften Produkt vor der Implementierung jeglicher Änderungen benachrichtigt.	8.4.3
7.4.3 Verifizierung von beschafften Produkten Die Verifizierungstätigkeit muss auf den Ergebnissen der Lieferantenbewertung und den Risiken, die mit dem beschafften Produkt verbunden sind, beruhen. Die Organisation muss bei Änderungen der beschafften Produkte den Einfluss auf den Produktrealisierungsprozess des Medizinproduktes ermitteln. Verifizierungstätigkeiten beim Lieferanten sind in den Beschaffungsangaben zu dokumentieren.	8.4.2 8.4.3 8.6
7.5 Produktion und Dienstleistungserbringung **7.5.1 Lenkung der Produktion und der Dienstleistungserbringung** Für jedes Medizinprodukt oder jede Charge von Medizinprodukten muss die hergestellte Menge und die für den Vertrieb genehmigte Menge identifiziert werden. Diese Aufzeichnungen müssen einen Umfang haben, der eine einwandfreie Rückverfolgbarkeit (siehe Abschnitt 7.5.9) ermöglicht, und müssen verifiziert und genehmigt werden.	8.5 8.5.2 8.5.1 8.5.5
7.5.2 Sauberkeit von Produkten Die Organisation muss dokumentierte Verfahren und Anforderungen für die Sauberkeit von Produkten einführen, insbesondere, wenn Reinigung und/oder Sterilisation vor der Verwendung nötig ist oder die Sauberkeit bei der Verwendung von wesentlicher Bedeutung ist.	kein entsprechender Abschnitt
7.5.3 Tätigkeiten bei der Installation Die Dokumentation von Anforderungen an die Installation und Annahmekriterien für die Verifizierung der Installation werden gefordert.	kein entsprechender Abschnitt
7.5.4 Tätigkeiten zur Instandhaltung Für die Durchführung der Instandhaltungsarbeiten müssen ▪ dokumentierte Verfahren, ▪ Arbeitsanweisungen, ▪ Referenzmaterialien und Referenzmessverfahren eingeführt werden. Instandhaltungsarbeiten müssen aufgezeichnet und ausgewertet werden im Hinblick auf mögliche Reklamationen und Verbesserungen.	8.5.5

Tabelle 6.7 Branchenspezifische Zusatzanforderungen der DIN EN ISO 13485:2016 [Nor 16c] *(Fortsetzung)*

Zusätzliche Anforderungen der DIN EN ISO 13485:2016 gegenüber ISO 9001:2015	Abschnitt in ISO 9001
7.5.5 Besondere Anforderungen für sterile Medizinprodukte Für jede Sterilisiercharge muss die Organisation Aufzeichnungen der Prozessparameter aufbewahren. Die Aufzeichnungen müssen auf jedes Produktionslos von Medizinprodukten rückverfolgbar sein.	kein entsprechender Abschnitt
7.5.6 Validierung der Prozesse zur Produktion und zur Dienstleistungserbringung Für die Validierung von Computersoftware müssen dokumentierte Verfahren und Aufzeichnungen existieren. Derartige Software muss vor der ersten Anwendung, Änderung der Anwendung und Änderung der Software validiert werden.	8.5.1
7.5.7 Besondere Anforderungen für die Validierung von Sterilisationsprozessen und Sterilbarrieresystemen Für die Validierung von Sterilisationsverfahren müssen dokumentierte Verfahren und Aufzeichnungen existieren. Sterilisationsprozesse und Sterilbarrieresysteme müssen vor der Implementierung und nach Produkt- oder Prozessänderungen, soweit angemessen, validiert werden.	kein entsprechender Abschnitt
7.5.8 Identifizierung Die Organisation muss sicherstellen, dass nur Produkte, die die geforderten Inspektionen und Prüfungen durchlaufen haben oder die unter einer autorisierten Sonderfreigabe freigegeben wurden, zum Versand kommen, verwendet oder installiert werden. Die Organisation muss dokumentierte Verfahren festlegen ▪ für eine Produktidentifizierung, ▪ für eine Geräteidentifizierung entsprechend regulatorischer Anforderungen und ▪ um sicherzustellen, dass zurückgelieferte Medizinprodukte identifiziert und von anderen unterschieden werden können.	8.5.2
7.5.9 Rückverfolgbarkeit **7.5.9.1 Allgemeines** Die Organisation muss dokumentierte Verfahren für den Umfang der Rückverfolgbarkeit in Übereinstimmung mit anwendbaren regulatorischen Anforderungen und den erforderlichen Aufzeichnungen festlegen.	8.5.2
7.5.9.2 Besondere Anforderungen für implantierbare Medizinprodukte Aufzeichnungen müssen diejenigen Informationen enthalten, die die Einhaltung von Sicherheits- und Leistungsanforderungen gefährden könnten. Die Rückverfolgbarkeit bei Lieferanten, Vertriebsdienstleistern und Vertriebspartnern muss gewährleistet sein. Es müssen Aufzeichnungen über Name und Anschrift des Empfängers der Versandverpackung geführt werden.	8.5.2

Zusätzliche Anforderungen der DIN EN ISO 13485:2016 gegenüber ISO 9001:2015	Abschnitt in ISO 9001
7.5.10 Eigentum des Kunden	8.5.3
7.5.11 Produkterhaltung Die Organisation muss dokumentierte Verfahren festlegen zur Erhaltung der Konformität mit den Anforderungen während Verarbeitung, Lagerung, Handhabung und Vertrieb. Die Organisation muss das Produkt vor Veränderung, Kontamination und Schäden schützen, die unter zu erwartenden Bedingungen und Gefährdungen während Verarbeitung, Lagerung, Handhabung und Vertrieb entstehen könnten: durch Design, durch geeignete Verpackungen und Versandbehälter. Anforderungen an Sonderbedingungen müssen dokumentiert werden, wenn die Verpackung allein nicht für den Produkterhalt sorgen kann.	8.5.4
7.6 Lenkung von Überwachungs- und Messmitteln Die Organisation muss mit dokumentierten Verfahren sicherstellen, dass die Überwachung, Messung, Kalibrierung und Verifizierung in Übereinstimmung mit allen Anforderungen durchführbar ist. Software, die zur Überwachung und Messung von Anforderungen verwendet wird, unterliegt den gleichen Anforderungen wie Software in Kapitel 4.1.6 der DIN EN ISO 13485:2016. Es müssen Aufzeichnungen der Ergebnisse und Schlussfolgerungen der Validierung und notwendige Maßnahmen aus der Validierung aufrechterhalten werden.	7.1.5
8 Messung, Analyse und Verbesserung	9
8.1 Allgemeines	9.1
Überwachungs-, Mess-, Analyse- und Verbesserungsprozesse müssen geplant und implementiert werden, um Konformität des Produktes, des QMS und die Wirksamkeit des QMS sicherzustellen.	9.1.1
8.2 Überwachung und Messung	8.5.5
8.2.1 Rückmeldungen	9.1.2
Die Organisation muss Verfahren für den Rückmeldeprozess dokumentieren.	9.1.3
8.2.2 Reklamationsbearbeitung Die Organisation muss Verfahren zur rechtzeitigen Reklamationsbearbeitung in Übereinstimmung mit anwendbaren regulatorischen Anforderungen dokumentieren. Folgende Anforderungen müssen mindestens enthalten sein: ▪ Erhalt und Aufzeichnung von Information ▪ Beurteilung von Information, ob Rückmeldungen Reklamationen darstellen ▪ Untersuchung von Reklamationen ▪ Bestimmung der Meldepflicht an Regulierungsbehörde ▪ Handhabung der Produkte, die mit der Reklamation in Verbindung stehen ▪ Bestimmung zum Veranlassen von Korrekturen und Korrekturmaßnahmen Der Reklamationsprozess und daraus folgende Aktionen müssen begründet und aufgezeichnet werden sowie relevante Informationen an betroffene externe Parteien kommuniziert werden.	8.5.5 9.1.2 9.1.3 10.2.1 10.2.2

Tabelle 6.7 Branchenspezifische Zusatzanforderungen der DIN EN ISO 13485:2016 [Nor 16c] *(Fortsetzung)*

Zusätzliche Anforderungen der DIN EN ISO 13485:2016 gegenüber ISO 9001:2015	Abschnitt in ISO 9001
8.2.3 Berichterstattung an Regulierungsbehörden Die Organisation muss Verfahren für die Bereitstellung von Meldungen an die entsprechenden Regulierungsbehörden dokumentieren. Es müssen Aufzeichnungen zur Berichterstattung an Regulierungsbehörden aufrechterhalten werden.	8.5.5
8.2.4 Internes Audit	9.2
8.2.5 Überwachung und Messung von Prozessen	9.1.1
8.2.6 Überwachung und Messung des Produkts Bei implantierbaren Medizinprodukten muss die Organisation über die Identität der Personen, die jegliche Inspektion oder Prüfung vornehmen, Aufzeichnungen führen.	8.6 9.1.1
8.3 Lenkung nichtkonformer Produkte **8.3.1 Allgemeines**	8.7 10.2
8.3.2 Maßnahmen als Reaktion auf vor der Auslieferung festgestellte nichtkonforme Produkte	8.7 10.2
8.3.3 Maßnahmen als Reaktion auf nach der Auslieferung festgestellte nichtkonforme Produkte	8.5.5 8.7 10.2
8.3.4 Nacharbeit Nach dem Abschluss der Nacharbeit muss das Produkt verifiziert werden, um sicherzustellen, dass es die anwendbaren Annahmekriterien und regulatorischen Anforderungen erfüllt.	8.6 8.7 10.2.1
8.4 Datenanalyse Zur Ermittlung, Erfassung und Analyse geeigneter Daten müssen dokumentierte Verfahren festgelegt werden. Mindesteingaben für die Analyse sind: ▪ Rückmeldungen ▪ Konformität mit den Produktanforderungen ▪ Prozess- und Produktmerkmale und deren Trends, einschließlich Möglichkeiten zur Verbesserung ▪ Lieferanten ▪ Audits ▪ Serviceberichte, soweit angemessen	9.1.3 9.2.3 10.1

Zusätzliche Anforderungen der DIN EN ISO 13485:2016 gegenüber ISO 9001:2015	Abschnitt in ISO 9001
8.5 Verbesserung	10
8.5.1 Allgemeines	10.1 10.3
8.5.2 Korrekturmaßnahmen Die Organisation muss Verfahren für die Festlegung von Korrekturmaßnahmen dokumentieren: ▪ Bewertung von Nichtkonformitäten (einschließlich Reklamationen) ▪ Ermittlung der Ursachen von Nichtkonformitäten ▪ Beurteilung des Handlungsbedarfs, um erneutes Auftreten zu verhindern ▪ erforderliche Planungs- und Dokumentationsmaßnahmen ▪ Verifizierung ▪ Bewertung der Wirksamkeit	8.7 10.2
8.5.3 Vorbeugungsmaßnahmen Die Organisation muss ein Verfahren zu Vorbeugungsmaßnahmen dokumentieren und verifizieren. Diese Vorbeugungsmaßnahmen dürfen weder die Eignung noch die anwendbaren regulatorischen Anforderungen noch die Sicherheit und Leistung des Medizinprodukts nachteilig beeinflussen.	6.1 10.1 10.3

6.3.4 Kooperation für Transparenz und Qualität im Gesundheitswesen – KTQ [Web 31]

Der **Gesetzgeber fordert** nach §§ 135, 137 SGB V, für alle Einrichtungen im Gesundheitswesen ein **Qualitätsmanagement** einzuführen und nachzuweisen. Das Zertifizierungsverfahren der KTQ ist eine Branchenlösung für das Gesundheitswesen und im deutschen Krankenhausbereich das am weitesten verbreitete Verfahren. Die Gesellschaft der KTQ wird getragen durch die Bundesärztekammer, die Spitzenverbände der Gesetzlichen Krankenversicherung, die Deutsche Krankenhausgesellschaft und den Deutschen Pflegerat sowie den Hartmannbund, einen Vertreter der Ärzteschaft.

Der **Ablauf des Zertifizierungsverfahrens** gliedert sich im Wesentlichen in drei Schritte (Tabelle 6.8).

Tabelle 6.8 Schritte des Verfahrens nach KTQ [Web 31]

KTQ-Verfahrenschritte	Beschreibung
1. Selbstbewertung	Die Mitarbeitenden der Organisation beurteilen und bewerten ihre Leistungen in etwa 70 Kriterien der folgenden sechs Kategorien: 1. Patientenorientierung 2. Mitarbeiterorientierung 3. Sicherheit 4. Informationswesen 5. Führung 6. Qualitätsmanagement In jeder der sechs Kategorien des Anforderungskatalogs muss eine festgelegte Mindestpunktzahl erreicht werden. Im Krankenhausbereich sind 55 % der möglichen Punkte in jedem Abschnitt nötig.
2. Fremdbewertung/ Visitation	Fachkollegen, sog. „Visitoren", besuchen die Einrichtung und bewerten diese auf Grundlage der Selbstbewertung durch „Kollegiale Dialoge" und „Begehungen einzelner Bereiche". Stichprobenartig werden alle Bereiche und Abläufe der Organisation überprüft.
3. Zertifikatvergabe/ KTQ-Qualitätsbericht	Die Vergabe des Zertifikates erfolgt nach erfolgreicher Fremdbewertung für drei Jahre. Das KTQ-Zertifikat gilt für die gesamte Einrichtung, nicht für einzelne Bereiche bzw. Abteilungen, wie es bei ISO 9001 möglich ist. Von der Organisation wird weiterhin ein KTQ-Qualitätsbericht veröffentlicht. Dieser beschreibt die konkreten Leistungen sowie Strukturdaten der Einrichtung und macht diese Prozessabläufe für die Öffentlichkeit transparent.

Die 70 einzelnen Kriterien der KTQ sind nachstehend aufgeführt [Web 31]:

Kriterien des KTQ-Verfahrens (zur Selbstbewertung und Visitation der Organisation)

1. Patientenorientierung in der Krankenversorgung

1.1 Vorfeld der stationären Versorgung und Aufnahme

- patientenorientierte Vorbereitung von stationären Behandlungen
- Orientierung im Krankenhaus
- Patientenorientierung während der Aufnahme
- ambulante Patientenversorgung

1.2 Ersteinschätzung und Planung der Behandlung

- Ersteinschätzung
- Nutzung von Vorbefunden
- Festlegung des Behandlungsprozesses
- Integration von Patienten in die Behandlungsplanung

Kriterien des KTQ-Verfahrens (zur Selbstbewertung und Visitation der Organisation)

1.3 Durchführung der Patientenversorgung
- Durchführung einer hochwertigen und umfassenden Behandlung
- Anwendung von Leitlinien
- Patientenorientierung während der Behandlung
- Patientenorientierung während der Behandlung: Ernährung
- Koordinierung der Behandlung
- Koordinierung der Behandlung: OP-Koordination
- Kooperation mit allen Beteiligten der Patientenversorgung
- Kooperation mit allen Beteiligten der Patientenversorgung: Visite

1.4 Übergang des Patienten in andere Versorgungsbereiche
- Entlassung und Verlegung
- Bereitstellung kompletter Informationen zum Zeitpunkt des Überganges des Patienten in einen anderen Versorgungsbereich (Entlassung/Verlegung u. a.)
- Sicherstellung einer kontinuierlichen Weiterbetreuung

2. Sicherstellung der Mitarbeiterorientierung

2.1 Planung des Personals

2.2 Personalentwicklung
- Systematische Personalentwicklung
- Festlegung der Qualifikation
- Fort- und Weiterbildung
- Finanzierung der Fort- und Weiterbildung
- Verfügbarkeit von Fort- und Weiterbildungsmedien
- Sicherstellung des Lernerfolges in angegliederten Ausbildungsstätten

2.3 Sicherstellung der Integration von Mitarbeitenden
- Praktizierung eines mitarbeiterorientierten Führungsstiles
- Einhaltung geplanter Arbeitszeiten
- Einarbeitung von Mitarbeitenden
- Umgang mit Mitarbeiterideen, -wünschen und -beschwerden

3. Sicherheit im Krankenhaus

3.1 Gewährleistung einer sicheren Umgebung
- Verfahren zum Arbeitsschutz
- Verfahren zum Brandschutz
- Verfahren zur Regelung von hausinternen nichtmedizinischen Notfallsituationen
- Verfahren zum medizinischen Notfallmanagement
- Gewährleistung der Patientensicherheit

3.2 Hygiene
- Organisation der Hygiene
- Erfassung und Nutzung hygienerelevanter Daten
- Planung und Durchführung hygienesichernder Maßnahmen
- Einhaltung von Hygienerichtlinien

3.3 Bereitstellung von Materialien
- Bereitstellung von Arzneimitteln, Blut und Blutprodukten
- Anwendung von Arzneimitteln

Kriterien des KTQ-Verfahrens (zur Selbstbewertung und Visitation der Organisation)

- Anwendung von Blut und Blutprodukten
- Anwendung von Medizinprodukten
- Regelung des Umweltschutzes

4. Informationswesen

4.1 Umgang mit Patientendaten

- Regelung zur Führung, Dokumentation und Archivierung von Patientendaten
- Dokumentation von Patientendaten
- Verfügbarkeit von Patientendaten

4.2 Informationsweiterleitung

- Informationsweitergabe zwischen verschiedenen Bereichen
- Informationsweitergabe an zentrale Auskunftsstellen
- Information an die Öffentlichkeit
- Berücksichtigung des Datenschutzes

4.3 Nutzung einer Informationstechnologie

5. Krankenhausführung

5.1 Entwicklung eines Leitbildes

5.2 Zielplanung

- Entwicklung einer Zielplanung
- Festlegung einer Organisationsstruktur
- Entwicklung eines Finanz- und Investitionsplanes

5.3 Sicherstellung einer effektiven und effizienten Krankenhausführung

- Sicherstellung einer effektiven Arbeitsweise in Leitungsgremien und Kommissionen
- Sicherstellung einer effektiven Arbeitsweise innerhalb der Krankenhausführung
- Information der Krankenhausführung
- Durchführung vertrauensfördernder Maßnahmen

5.4 Erfüllung ethischer Aufgaben

- Berücksichtigung ethischer Problemstellungen
- Umgang mit sterbenden Patienten
- Umgang mit Verstorbenen

6. Qualitätsmanagement

6.1 Umfassendes Qualitätsmanagement

- Einbindung aller Krankenhausbereiche in das Qualitätsmanagement
- Verfahren zur Entwicklung, Vermittlung und Umsetzung von Qualitätszielen

6.2 Qualitätsmanagementsystem

- Organisation des Qualitätsmanagements
- Methoden der internen Qualitätssicherung

6.3 Sammlung und Analyse qualitätsrelevanter Daten

Das KTQ-Plus wurde entwickelt, um zusätzliche einrichtungsinterne QM-Maßnahmen im Anschluss an eine erfolgreiche KTQ-Zertifizierung zu initiieren. Dabei kann eine Verbesserung einzelner KTQ-Kriterien auch im Sinne der Vorbereitung zur nächsten KTQ-Zertifizierung erfolgen [Web 31].

Das KTQ-Plus-Verfahren ist eine freiwillige Ergänzung des regulären KTQ-Zertifizierungsverfahrens zur weiteren Verbesserung.

6.3.5 Weitere Normen und Anforderungen in der Medizinbranche

Es existieren zahlreiche weitere Vorschriften, die branchenspezifische Anforderungen an QM-Systeme für Hersteller und Einrichtungen im Gesundheitswesen beschreiben (Tabelle 6.9).

In der Medizinbranche haben Prüflaboratorien und Laboruntersuchungen eine besondere Bedeutung. Für diese Arbeiten legt die DIN EN ISO/IEC 17025:2005 [Nor 05b] die allgemeinen Anforderungen an das QM-System und die Arbeitsweise von Prüf- und Kalibrierlaboratorien fest (Abschnitt 2.8).

Tabelle 6.9 Ausgewählte Regelwerke der Medizinbranche

Vorschrift	Bezeichnung
DIN EN 15224:2017-05 [Nor 17e]	Qualitätsmanagementsysteme – EN ISO 9001:2015 für die Gesundheitsversorgung; Deutsche Fassung EN 15224:2016
DIN EN ISO 15189 [Nor 14a]	Medizinische Laboratorien – Spezielle Anforderungen an Qualität und Kompetenz Dazu gibt es einen Entwurf: DIN EN ISO 15189:2021-11
DIN EN ISO 14971 [Nor 20a]	Medizinprodukte – Anwendung des Risikomanagements auf Medizinprodukte
DIN EN ISO 15223-1:2022-02 [Nor 22c]	Medizinprodukte – Symbole zur Verwendung im Rahmen der vom Hersteller bereitzustellenden Informationen – Teil 1: Allgemeine Anforderungen (ISO 15223-1:2021); Deutsche Fassung EN ISO 15223-1:2021
DIN EN 1041 [Nor 13c]	Bereitstellung von Informationen durch den Hersteller eines Medizinprodukts
DIN EN ISO 14155:2021-05 [Nor 20b]	Klinische Prüfung von Medizinprodukten an Menschen – Gute klinische Praxis (ISO 14155:2020); Deutsche Fassung EN ISO 14155:2020
Richtlinie 2000/70/EG [Web 30]	Richtlinie 2000/70/EG des Europäischen Parlaments und des Rates vom 16. November 2000 zur Änderung der Richtlinie 93/42/EWG des Rates hinsichtlich Medizinprodukten, die stabile Derivate aus menschlichem Blut oder Blutplasma enthalten

6.3.6 US-amerikanische Richtlinien für Medizinprodukte

Auf dem amerikanischen Gesundheitsmarkt überwacht die Zulassungsbehörde **U. S. Food and Drug Administration (FDA)** die Vermarktung und Zulassung von Medizinprodukten. Hersteller, die in die USA exportieren, müssen die **Anforderungen der „Quality System Regulations – QSR“** erfüllen, die im US-Bundesgesetzbuch „Code of Federal Regulations – CFR“ enthalten sind [CFR 19]. Die Forderungen der FDA gehen über die eines Qualitätsmanagementsystems nach ISO 13485 hinaus.

Auch in den USA werden Medizinprodukte nach den mit ihnen verbundenen Risiken in verschiedene Klassen eingeteilt. Für die Klassifikation durch die FDA ist das Gesamtrisiko des jeweiligen Produkts für die Sicherheit der Patienten maßgeblich. Nach dieser Klassifizierung eines Produkts richten sich auch das Zulassungsverfahren und Kontrollen durch die FDA (Tabelle 6.10).

Tabelle 6.10 Risikoklassifizierung der FDA [CFR 19]

Einstufung nach FDA	Risiko	Zulassungsverfahren/Kontrollen
Klasse I	gering	▪ Nur allgemeine Kontrollen der FDA, ▪ Registrierung erforderlich sowie ▪ Angaben zu den Produktionsanlagen und ▪ Mitteilungen über nachteilige Vorkommnisse im Zusammenhang mit registrierten Produkten. ▪ Daneben führt die FDA Qualitätskontrollen durch und überwacht die Einhaltung von Kennzeichnungspflichten.
Klasse II	mittel	▪ Die FDA kann weitere Kontrollen durchführen, wenn sie dies zum Schutz der Patienten für erforderlich hält. ▪ Eine Anzeige vor Markteinführung (premarket notification) nach Section 510(k) FFDCA ist grundsätzlich vorzunehmen.
Klasse III	hoch	▪ Allgemeine und besondere Kontrollen ▪ Feststellung der Sicherheit und Wirksamkeit nach Prüfung und Zulassung der FDA ▪ Genehmigung eines Antrags vor Markteinführung ist notwendig (premarket approval application – PMA)

Bei einer Neuzulassung existieren häufig schon ähnliche Produkte am Markt, für die eine Freigabe oder Zulassung bereits erteilt wurde. In solchen Fällen kann der Hersteller die Zulassung des neuen Produkts durch ein **abgekürztes Freigabeverfahren** erreichen. Die FDA muss hierbei feststellen, dass das neue Produkt im Wesentlichen einem bereits vorhandenen und rechtmäßig vermarkteten Produkt entspricht. Dieses Verfahren erfolgt durch eine bloße Anzeige vor Markteinführung (premarket notification). Es ist in Section 510 (k) des Federal Food, Drug and Cosmetic Act (FFDCA) geregelt [DHH 22; DHH 07] und kann für die meisten Produkte mit mittlerem Risiko (Klasse II) angewendet werden.

In Klasse III werden jedoch auch Produkte mit einem potenziell geringen Risiko eingestuft, wenn Sicherheit und Wirksamkeit noch nicht von einem existierenden Vergleichsprodukt abgeleitet werden können.

In den USA erfolgt die Zulassung für Medizinprodukte somit generell nach drei verschiedenen Verfahren:

- Freistellung (exemptions) für Klasse I oder Klasse II,
- Anzeige vor Markteinführung nach Section 510(k) FFDCA (premarket notification),
- förmliches Marktzulassungsverfahren (premarket approval application – PMA).

Die FDA inspiziert Medizinproduktehersteller, die ihre Produkte auf dem US-amerikanischen Markt verkaufen. Wenn bei einem solchen Audit keine Übereinstimmung mit den QSR-Regularien festgestellt wird, können den Hersteller gestufte Maßnahmen bis hin zu einem Importstop in die USA treffen. Dazu verteilt die FDA „Warnbriefe“ (warning letters) mit registrierten Mängeln und Beanstandungen an die Hersteller. Verstöße gegen den CFR werden außerdem veröffentlicht.

Die Strategie der Auditierung von QM-Systemen wird in einem Leitfaden von der FDA beschrieben („Quality Systems Inspection Technique“ – QSIT [QSI 99]). Von der Behörde werden nachstehende **Arten von Audits** ausgeführt (Level of inspection):

- **Level 1**

  Verkürztes Audit, Schwerpunkt CAPA (Corrective and Preventive Actions – korrektive und vorbeugende Maßnahmen) und ein Teilsystem nach QSIT
- **Level 2**

  Umfassendes Audit, umfasst alle Teilsysteme (inklusive CAPA) gemäß QSIT
- **Level 3**

  „Follow-up-Audit“, beispielsweise nach einem Warnungsbrief (warning letter), bezieht sich in der Regel auf die in dem Verwarnungsbrief aufgeführten Punkte und die von dem Unternehmen hierzu durchgeführten und eingeleiteten CAPA-Maßnahmen.

Bei jedem der Audits wird das CAPA-System überprüft. Es stellt somit eine wesentliche Grundlage und kritische Komponente in der Bewertung des QM-Systems dar.

Nach QSIT basiert das Programm der FDA auf fünf gesetzlichen Anforderungen zum Auditieren von Medizinprodukteherstellern [QSI 99].

Quality System/Good Manufacturing Practices Regulation – 21 CFR Part 820

- Inspektion von folgenden Teilsystemen:
  - Verantwortung des Managements
  - Verantwortung der Entwicklung
  - Korrektur- und Vorbeugemaßnahmen (CAPA)
  - Fertigung und Prozessverantwortung
  - Verantwortung für Gebäude und Einrichtungen
  - Verantwortung für Materialien, Dokumente, Aufzeichnungen und Änderungen

Das Audit beginnt in der Regel mit einer Bewertung der Struktur des Qualitätsmanagementsystems und seiner Subsysteme.

Medical Device Reporting Regulation – 21 CFR Part 803

Ein Medizinproduktehersteller muss die FDA unterrichten, wenn der Hersteller oder US-Importeur Informationen zu einem Medizinprodukt erhält,

- die den Tod oder schwerwiegende Verletzungen hervorgerufen haben oder hätten hervorrufen können;
- die aufgrund einer Fehlfunktion den Tod oder schwerwiegende Verletzungen hervorgerufen haben oder bei einer sich wiederholenden Fehlfunktion hätten hervorrufen können.

Medical Device Tracking Regulation – 21 CFR Part 821

Diese gesetzliche Forderung soll sicherstellen, dass das Medizinprodukt vom Hersteller zurückverfolgt werden kann.

Corrections and Removal Regulation – 21 CFR Part 806

Ein Medizinproduktehersteller muss die FDA über Korrekturmaßnahmen oder über Rücknahmen von Medizinprodukten informieren, wenn diese das Gesundheitsrisiko reduzieren.

Registration and Listing Regulation – 21 CFR Part 807

Die Medizinproduktekategorie muss vom Medizinproduktehersteller registriert werden.

6.4 Normen weiterer Branchen

In einer Reihe von anderen Branchen haben unterschiedliche Gremien/Normenorganisationen spezielle Anforderungen an QM-Systeme definiert.

6.4.1 Ausgewählte Normen und Gesetze zum Risiko- und Krisenmanagement

Im Kapitel 5 ist das Risiko- und Krisenmanagement beschrieben mit den wesentlichen Normen und Gesetzen.

- DIN 14096:2014-05 – Brandschutzordnung
- DIN EN ISO/IEC 27001:2017-06 Sicherheitsverfahren – Informationssysteme – Anforderungen
- DIN ISO 31000:2018-10 – Risikomanagement – Leitlinien (ISO 31000:2018)
- ONR 49000:2014 ff. – Risikomanagement für Organisationen und Systeme
- ONR 49000 – Begriffe und Grundlagen: 2014-01
- ONR 40001 – Risikomanagement: 2014-01
- ONR 49002-1 – Leitfaden zur Einbettung ins Managementsystem: 2014-01
- ONR 49002-2 – Leitfaden für Methoden der Risikobeurteilung: 2014-01
- ONR 49002-3 – Leitfaden für das Notfall-, Krisen- und Kontinuitätsmanagement: 2014-01
- ONR 49003 – Anforderungen an die Qualifikation des Risikomanagements: 2014-01
- ITSicherhG: 2021-05-18 Gesetz zur Erhöhung der Sicherheit informationstechnischer Systeme (IT-Sicherheitsgesetz)
- KonTraG: 1998-05-01 Gesetz zur Kontrolle und Transparenz im Unternehmensbereich

6.4.2 Weitere branchenorientierte Normen

Auch die Nato, Kernenergiebranche, Luft- und Raumfahrt, Verteidigung, Elektronik, Telekommunikation, Lebensmittelbranche, Schweißbranche und Bahn haben spezielle Anforderungen an QM-Systeme definiert:

Nato:

- AQAP 2000:2009 (3. Ausgabe): NATO-Grundsätze für einen systemintegrierenden Qualitätssicherungsansatz während des gesamten Lebenszyklus [AQA 09]
- AQAP 2009:2010 (3. Ausgabe): NATO-Leitfaden für die Anwendung der AQAP-2000-Reihe
- AQAP 2070:2009 (2. Ausgabe): NATO-Prozess der gegenseitigen Güteprüfung
- AQAP 2105:2009 (2. Ausgabe): NATO-Anforderungen für Qualitätsmanagementpläne
- AQAP 2110:2009 (3. Ausgabe): NATO-Qualitätssicherungsanforderungen für Entwicklung, Konstruktion und Produktion
- AQAP 2120:2009 (3. Ausgabe): NATO-Qualitätssicherungsanforderungen für Produktion
- AQAP 2130:2009 (3. Ausgabe): NATO-Qualitätssicherungsanforderungen für Prüfung und Test
- AQAP 2131:2006 (2. Ausgabe): NATO-Qualitätssicherungsanforderungen für Endprüfung
- AQAP 2210:2006 (1. Ausgabe): NATO-Zusatzforderungen zu AQAP 2110 für die Qualitätssicherung bei Software
- AQAP 2310:2013 (Ausgabe A Version 1): NATO-Qualitätsmanagementanforderungen für Auftragnehmer im Bereich der Luft-, Raumfahrt und Rüstung

Kernenergie:

- KTA 1401 – Allgemeine Anforderungen an die Qualitätssicherung von Kernkraftwerken

Luft- und Raumfahrt sowie Verteidigung:

- DIN EN 9100:2018-08 – Qualitätsmanagementsysteme – Anforderungen an Organisationen der Luftfahrt, Raumfahrt und Verteidigung; Deutsche und Englische Fassung EN 9100:2018

Elektronik:

- CECC-System – Harmonisiertes Gütebestätigungssystem für elektronische Bauelemente (CENELEC-Komitee für Bauelemente der Elektronik), umgesetzt in der Normenreihe DIN 45900 ff.
- DIN 45980-1003:1977-04, CECC 45003:1977-04 – Harmonisiertes Gütebestätigungssystem für Bauelemente der Elektronik; Vordruck für Bauartspezifikation: Kleinsenderöhren mit einer Anodenverlustleistung bis 1 kW

- DIN 45910-111:1985-09, CECC 30401:1985-09 – Harmonisiertes Gütebestätigungssystem für Bauelemente der Elektronik; Vordruck für Bauartspezifikation: Kunststoffolien-MKT-Kondensatoren (CECC 30401)
- DIN 45983-1:1977-11, CECC 46000:1977-11 – Harmonisiertes Gütebestätigungssystem für Bauelemente der Elektronik; Fachgrundspezifikation: Kaltkathoden-Anzeigeröhren
- DIN 45983-1001:1977-11, CECC 46001:1977-11 – Harmonisiertes Gütebestätigungssystem für Bauelemente der Elektronik; Vordruck für Bauartspezifikation: Kaltkathoden-Anzeigeröhren

Telekommunikation:

- TL 9000:1998 – branchenspezifische Ergänzungen zur ISO 9001 – Quality Excellence for Suppliers of Telecommunication – TL 9000 Quality Management System Measurements Handbook 3.0; TL 9000 ist eine registrierte Marke

Schweißen:

- DIN EN ISO 3834-2:2021-08 – Qualitätsanforderungen für das Schmelzschweißen von metallischen Werkstoffen – Teil 2: Umfassende Qualitätsanforderungen (ISO 3834-2:2021); Deutsche Fassung EN ISO 3834-2:2021

Lebensmittelsicherheit (Food Safety Management):

- DIN EN ISO 22000:2018-09 – Managementsysteme für die Lebensmittelsicherheit – Anforderungen an Organisationen in der Lebensmittelkette (ISO 22000:2018); Deutsche Fassung EN ISO 22000:2018
- SN ISO 22004:2014-10 – Managementsysteme für die Lebensmittelsicherheit – Hinweise für die Anwendung von ISO 22000:2005
- DIN EN ISO 22005:2007-10 – Rückverfolgbarkeit in der Futter- und Lebensmittelkette – Allgemeine Grundsätze und grundlegende Anforderungen für die Gestaltung und Verwirklichung von Systemen (ISO 22005:2007); Deutsche Fassung EN ISO 22005:2007

Bahn:

- ISO/TS 22163: 2017-05 – Business- und Qualitätsmanagement in der Bahnindustrie (IRIS)

Zusammenfassend enthält Tabelle 6.11 ausgewählte Managementnormen mit dem Jahr der letzten Aktualisierung und Kennzeichnung der High Level Structure.

Tabelle 6.11 Struktur ausgewählter Managementnormen

Norm: Ausgabejahr	Titel	High Level Structure
DIN EN ISO 9001: 2015	Qualitätsmanagementsysteme – Anforderungen	ja
DIN EN ISO 14001:2015	Umweltmanagementsysteme – Anforderungen mit Anleitung zur Anwendung	ja
DIN EN ISO 45001:2018	Managementsysteme für Sicherheit und Gesundheit bei der Arbeit – Anforderungen mit Anleitung zur Anwendung	ja
DIN EN ISO 50001: 2018	Energiemanagementsysteme – Anforderungen mit Anleitung zur Anwendung	ja
EMAS: 2010	Eco-Management and Audit Scheme	nein
EnSimiMaV: 2022	Verordnung zur Sicherung der Energieversorgung über mittelfristig wirksame Maßnahmen	nein
VDA 6.1: 2016	Qualitätsmanagement in der Automobilindustrie	nein, erweitert die Anforderungen der DIN ISO 9001:2015
GMP: 2006	Good Manufacturing Practice	nein
GLP: 2006	Good Laboratory Practice	nein
HACCP: 2004	Hazard Analysis Critical Control Points	nein
DIN EN ISO 13485: 2021	Medizinprodukte – Qualitätsmanagementsysteme – Anforderungen für regulatorische Zwecke	nein
AQAP 2000:2009	NATO-Grundsätze für einen systemintegrierenden Qualitätssicherungsansatz während des gesamten Lebenszyklus	nein
IATF 16949: 2016	International Automotive Task Force	ja, enthält alle Anforderungen der ISO 9001:2015 vollständig
ISO/TS 22163: 2017	Business- und Qualitätsmanagement in der Bahnindustrie	ja
ISO/IEC 27001: 2017	Informationstechnik – Sicherheitsverfahren – Informationssicherheitsmanagementsysteme – Anforderungen	ja

7 Aufbau und Einführung von Qualitätsmanagementsystemen

7.1 Aufbau von QM-Systemen

Aufbau und Einführung von Qualitätsmanagementsystemen sind Führungsaufgaben, die sachorientierte Leitung und mitarbeiterorientierte Führung umfassen. Das QM-System soll das Unternehmen durch die Beherrschung aller Prozesse befähigen, die Produkte und Dienstleistungen in Übereinstimmung mit den **Erfordernissen der Kunden** und den eigenen **Qualitätszielen** herzustellen (Abschnitt 4.1).

Der Aufbau von QM-Systemen erfolgt unter Mitwirkung von Fachexperten und -expertinnen der Organisation. Qualifizierte und motivierte Mitarbeitende sind daher eine wesentliche Voraussetzung für den erfolgreichen Aufbau eines QM-Systems.

Für die **Motivation und Mitwirkung des Personals** sind folgende Maßnahmen notwendig:

- Ablauf und klare Zielsetzung bekannt geben
- Einbeziehung aller Mitarbeitenden
- Information über Methoden und Fortschritte
- Organisation der Kommunikation und der Informationsflüsse
- vertraut machen mit den relevanten Normen und Richtlinien
- Schulungen geplant durchführen
- Verbesserungsvorschläge der Mitarbeitenden aufgreifen

Beim Aufbau eines QM-Systems nach ISO 9001:2015 sind deren Mindestanforderungen [Nor 15d] so zu berücksichtigen, dass auch **weitere branchenspezifische Forderungsdokumente** wie beispielsweise VDA 6.1 [VDA 10b], HACCP (Hazard Analysis Critical Control Points) [Web 01], Medizinprodukte [Nor 16c] usw. integriert werden können (Kapitel 6).

QM-Systeme sind hierarchisch aufgebaut (Bild 7.1). Mit einem nicht verbindlich geforderten übergeordneten Management-Handbuch sollen mittels Verfahrensanweisungen bzw. dokumentierten Verfahren (VA/DV) und Prozessbeschreibungen (PB) die Abläufe/Tätigkeiten der einzelnen Struktureinheiten beschrieben werden. Dabei können unterschiedliche Systematisierungen genutzt werden (Bild 7.1).

Theoretische Untersuchungen zum systematischen Aufbau von integrierten Managementsystemen

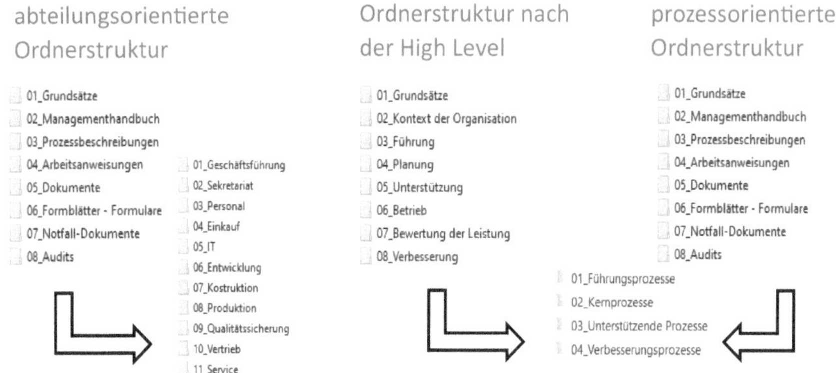

Bild 7.1 Systematisierung von Managementsystemen – mögliche Ordnerstrukturen [Gre 22]

Die Dokumentation sichert die Transparenz und die einheitliche Form und Durchführung aller qualitätsrelevanten Tätigkeiten im Unternehmen. Da möglichst alle Mitarbeitenden auf allen Ebenen nach diesen Vorgaben arbeiten sollen, ist eine einfache und praxisgerechte, aber auch eine schlanke Gestaltung notwendig.

Aus der Umsetzung der internen und externen Anforderungen ergibt sich ein **organisationsspezifisches QM-System**. Die Aufbauorganisation des QM-Systems legt die Verantwortungen, Befugnisse und gegenseitigen Beziehungen von Personal, das qualitätsrelevante Tätigkeiten ausführt, fest.

In [DGQ 00] sind mögliche **Organisationsformen** von Unternehmen enthalten:

- funktionale Organisation
- divisionale Organisation
- geschäftsfeldorientierte Organisation
- prozessoptimierte Organisation

Das **Organigramm** visualisiert die Struktur der Organisation mit Verantwortungsebenen und Weisungsbefugnissen (Bild 7.2). Das **Qualitätswesen** ist eine Funktionseinheit zur Aufrechterhaltung und Verbesserung des Qualitätsmanagements sowie zur Prüfung und Überwachung der Qualitätsforderungen. Umfang und Struktur hängen von der Größe und Art der Organisation und der Spezifika der hergestellten Produkte ab.

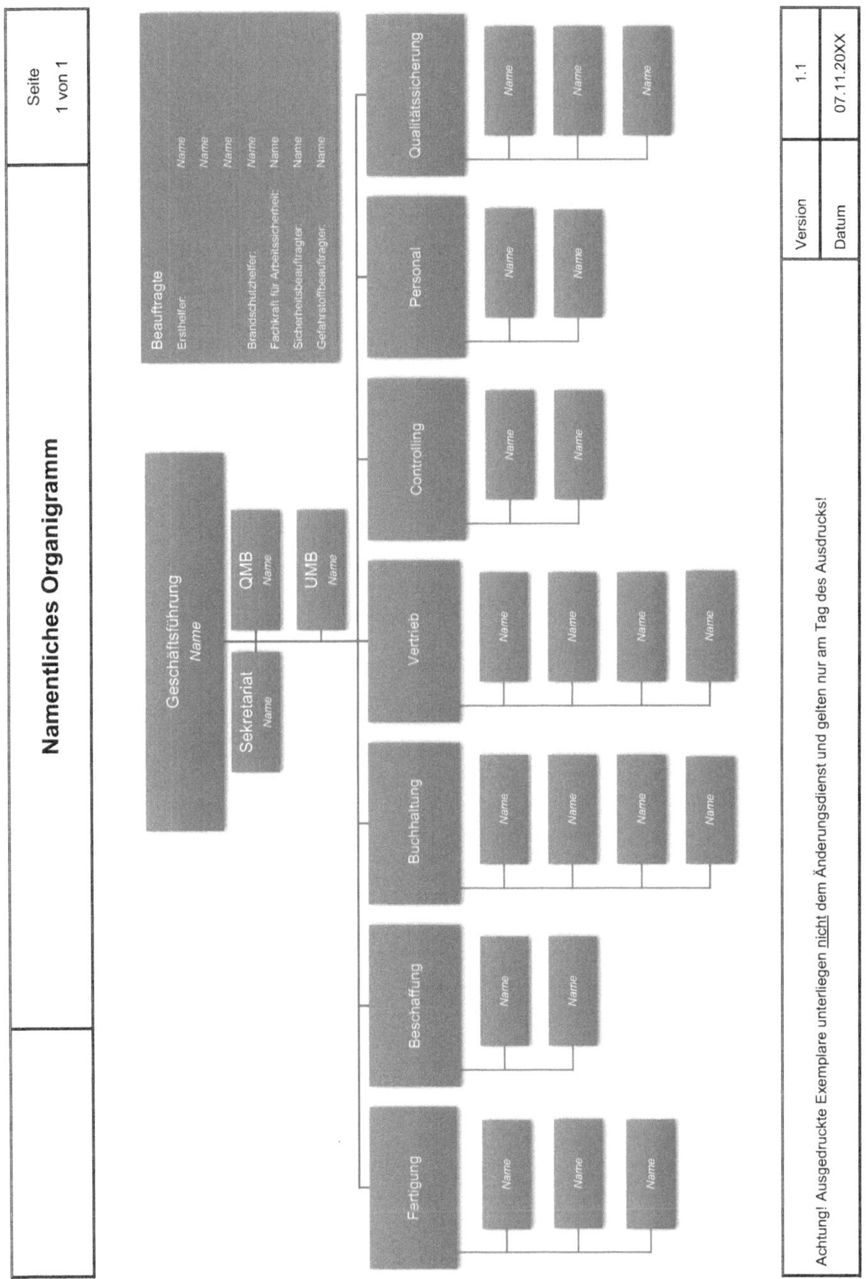

Bild 7.2 Beispiel-Organigramm für eine funktionale Unternehmensorganisation

Grundlage für den systematischen Aufbau eines QM-Systems ist die Identifizierung und Beschreibung der Hauptprozesse der Organisation. Dazu ist die Prozesslandkarte mit Führungsprozessen, Kernprozessen, Unterstützungsprozessen und Mess-, Analyse-, und Verbesserungsprozessen sehr gut geeignet (Bild 7.3). Um eine möglichst übersichtliche und systematische Darstellung der Dokumente zu gewährleisten, kann zur Navigation beispielsweise auch eine Tabelle mit entsprechenden Verlinkungen angelegt werden, die in Management-, Kern- und Unterstützungsprozesse sowie in Verfahrensanweisungen untergliedert wird.

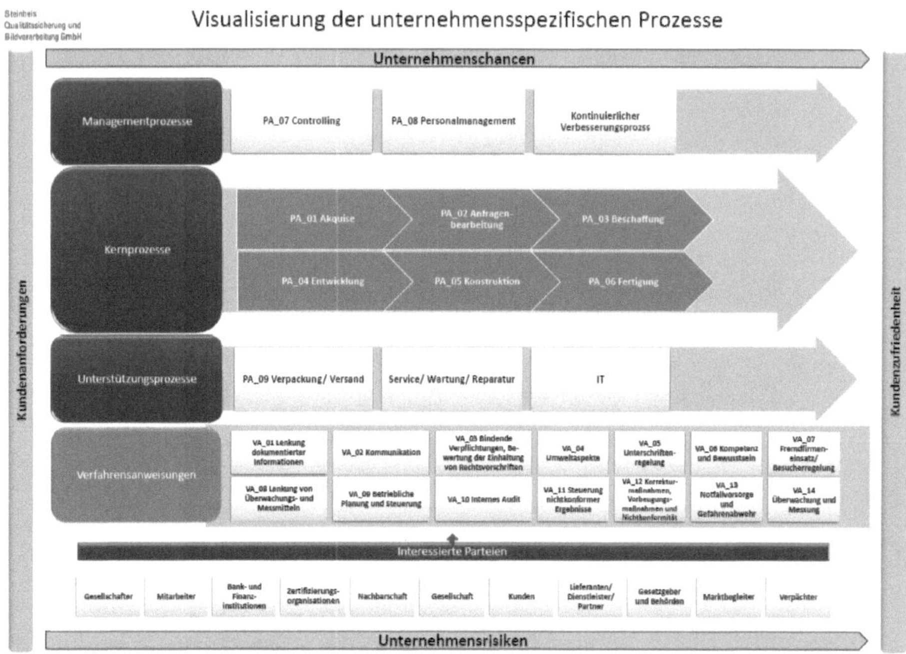

Bild 7.3 Prozesslandkarte mit Gliederung der Prozesse und Verfahrensanweisungen in Managementprozesse, Kernprozesse, Unterstützungsprozesse und Verfahrensanweisungen

7.2 Einführung von QM-Systemen

Die Einführung eines QM-Systems in eine Organisation muss systematisch erfolgen. Die Vorgehensweise hängt ab von:

- Anzahl der beteiligten Mitarbeitenden
- Anzahl und Bedeutung der betroffenen Prozesse

- Ausmaß der Veränderung
- vorgesehenem Zeitrahmen des Projektes

Zur Einführung eines QM-Systems empfiehlt sich die Anwendung folgender **Methodik**:

a **Beschluss der obersten Leitung**
  - Festlegung der Qualitätspolitik und Qualitätsziele
  - inhaltliche und terminliche Grobabstimmung
  - Information, Training und Schulung aller Mitarbeitenden
  - Bereitstellung der Mittel
  - Erstellung eines Organigramms der Organisation

b **Bildung und Schulung einer Arbeitsgruppe**
  - Festlegung eines geeigneten Teams unter Leitung des QM-Beauftragten
  - Erarbeitung eines Projektplanes
  - Schulung/Qualifikation der Teammitglieder
  - Festlegung von Verantwortlichkeiten für die Erarbeitung und Prüfung der QM-Handbuchkapitel und der Prozess-/Arbeitsanweisungen

c **Analyse der qualitätsrelevanten dokumentierten Informationen**
  - Analyse der relevanten Anforderungen (Normen, externe und interne Richtlinien, Gesetze und Kundenanforderungen)
  - Analyse der vorhandenen Festlegungen (Ablaufregelungen, Spezifikationen etc.)
  - Prüfung der qualitätsrelevanten Unterlagen und Klassifizierung in: unverändert anwendbar – Überarbeitung erforderlich – neu zu erstellen

d **Erstellung einer Prozesslandkarte**
  - Identifizierung und Darstellung der wesentlichen Verfahren sowie der Kernprozesse, Führungsprozesse und Unterstützungsprozesse und deren Darstellung in einer Prozesslandkarte der Organisation
  - Festlegung der Abfolgen und Wechselwirkungen der qualitätsrelevanten Prozesse und Zuordnung der Prozesseigentümer

e **Prozessgestaltung**
  - Gestaltung der Verfahren und Prozesse des Unternehmens (Abschnitt 3.4)

f **Verfahrensanweisungen (VA) und Prozessbeschreibungen (PB)**
  - Erarbeiten der Verfahrens- und Prozessdokumentation mit Neuerarbeitung der nicht vorhandenen Unterlagen und Überarbeitung vorhandener Unterlagen
  - Abgleich der dokumentierten Informationen mit den betroffenen Bereichen
  - Dokumentation der einzelnen Ergebnisse in einer Änderungstabelle
  - Überarbeitung der VA und PB entsprechend der Änderungstabelle

- Überprüfung durch die Teammitglieder
- Integration der VA und der PB in das QM-System der Organisation

g **Freigabe, Verteilung und Zugangsbefugnisse dokumentierter Informationen**

- Verteiler definieren
- QM-Beauftragter oder Verantwortlicher und Geschäftsführung bestätigen durch Unterschrift die Gültigkeit der QM-Dokumente
- Information und Training der Mitarbeitenden, Ausgabe des QMHs im Unternehmen nach Verteilerschlüssel, Zugriffsrechten, Freigabe bei einer Online-Dokumentation
- Änderungsdienst organisieren

h **Weiterentwicklung und Verbesserung**

- Planung und Durchführung interner Audits, Festlegung von Korrekturmaßnahmen zum Aufbau von PDCA-Regelkreisen (Abschnitt 3.4)
- Planung der zyklischen Beurteilung der Wirksamkeit des QM-Systems

Nach Einführung des QM-Systems ist dessen Wirksamkeit regelmäßig zu bewerten. Dabei ist zu prüfen, ob die getroffenen Festlegungen **geeignet sind**, interne und externe Anforderungen zu erfüllen [FQS 98], ob sie an den erforderlichen Stellen **bekannt sind** und **eingehalten werden**.

Der **Verbesserungsprozess** muss geplant, geleitet und gelenkt werden. Die Grundlagen dafür sind:

- Qualitätspolitik
- Qualitätsziele
- Ergebnisse der internen und externen Audits und deren Auswertung
- Datenanalysen
- Korrektur- und Vorbeugungsmaßnahmen
- Managementbewertung

Managementbewertungen – Management Review – erlauben es, den Reifegrad des Geschäftsprozessmanagements einer Organisation festzustellen. Sie kristallisieren Verbesserungspotenziale heraus und legen die Basis für das Planen und Verfolgen von Reifegradzielen.

7.3 Dokumentierte Informationen in QM-Systemen

Qualitätsmanagementsysteme müssen dokumentiert werden. Das dokumentierte QM-System hat eine Innenwirkung und eine Außenwirkung für die Organisation.

Innenwirkung:

- Transparenz und Rationalisierung in Aufbau- und Ablauforganisation
- frühzeitiges Erkennen von Schwachstellen und deren Auswirkungen im QM-System
- Zuständigkeitszuweisungen
- richtige Zuordnung der Qualitätsprüfungen
- Wiederholbarkeit und Rückverfolgbarkeit
- Voraussetzung für die regelmäßige Beurteilung der Wirksamkeit und Angemessenheit des Qualitätsmanagementsystems

Außenwirkung:

- Voraussetzung für die Anerkennung des QM-Systems nach einer Norm oder Vorschrift
- Vertrauensbildung gegenüber Kunden und externen Partnern
- Nachweis der Wahrnehmung der unternehmerischen Sorgfaltspflicht in Fragen der Produkt- und Umwelthaftung
- zusätzliches Mittel für Akquisition und Kundenpflege

Dokumentierte Informationen zum Qualitätsmanagement **müssen enthalten**:

- dokumentierte Aussagen zur Qualitätspolitik und zu Qualitätszielen
- dokumentierte Verfahren und Prozesse, die normenseitig gefordert werden
- Dokumente, die die Organisation zur wirksamen Planung, Durchführung und Lenkung ihrer Prozesse benötigt
- normenseitig geforderte Qualitätsaufzeichnungen
- Ein QMH wird nach DIN EN ISO 9001:2105 nicht mehr zwingend gefordert. Aufgrund der Notwendigkeit, zukünftig verstärkt „Integrierte Managementsysteme" aufzubauen, ist ein Management-Handbuch trotzdem zu empfehlen.

Dokumentierte Informationen in QM-Systemen werden unterteilt in **Qualitätsforderungsdokumente** und **Qualitätsaufzeichnungen**. Sie können sich auf das QM-System, auf Prozesse oder auf Produkte beziehen (Bild 7.4).

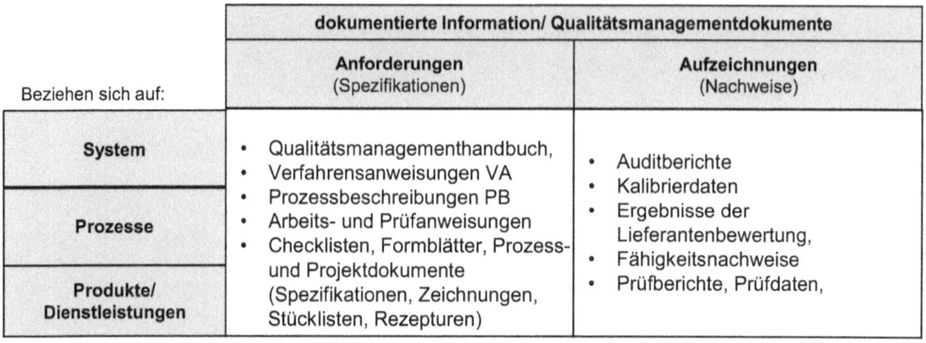

<table>
<tr><th></th><th colspan="2">dokumentierte Information/ Qualitätsmanagementdokumente</th></tr>
<tr><th>Beziehen sich auf:</th><th>Anforderungen
(Spezifikationen)</th><th>Aufzeichnungen
(Nachweise)</th></tr>
<tr><td>System</td><td rowspan="3">• Qualitätsmanagementhandbuch,
• Verfahrensanweisungen VA
• Prozessbeschreibungen PB
• Arbeits- und Prüfanweisungen
• Checklisten, Formblätter, Prozess- und Projektdokumente (Spezifikationen, Zeichnungen, Stücklisten, Rezepturen)</td><td rowspan="3">• Auditberichte
• Kalibrierdaten
• Ergebnisse der Lieferantenbewertung,
• Fähigkeitsnachweise
• Prüfberichte, Prüfdaten,</td></tr>
<tr><td>Prozesse</td></tr>
<tr><td>Produkte/ Dienstleistungen</td></tr>
</table>

Bild 7.4 Systematisierung von Qualitätsmanagement-Dokumenten

Es müssen alle qualitätsrelevanten Tätigkeiten im Unternehmen beschrieben werden sowie die Verantwortung für die Durchführung und Befugnisse dokumentiert und jedem zugänglich gemacht werden. Die nachweisbare Übersichtlichkeit über das QM-System und die richtigen Informationen zur rechten Zeit am rechten Ort müssen gesichert werden. Die Unternehmensleitung muss den **Umfang der Dokumentation** einschließlich der zutreffenden Aufzeichnungen festlegen, der benötigt wird, um das QM-System aufzubauen, zu verwirklichen und aufrechtzuerhalten und um den wirksamen und effizienten Ablauf der Prozesse der Organisation zu unterstützen (Tabelle 7.1). Der Umfang der dokumentierten Informationen des Qualitätsmanagementsystems wird insbesondere bestimmt durch:

- Größe und Art der Organisation
- Komplexität der Prozesse
- Fähigkeit des Personals

Tabelle 7.1 Dokumentierte Informationen nach Inhalten [Nor 05; Nor 15d]

Dokumente	Erläuterung/Inhalt
Dokumentierte Information QM-Handbuch	Das QMH ist die komprimierte Darstellung der betrieblichen Prozesse, Zuständigkeiten und Qualitätskriterien des QM-Systems. Es liefert nach innen und außen zusammenhängende Informationen über Inhalt und Aufbau des QM-Systems der Organisation.
Dokumentierte Information QM-Plan	Anwendung des QM-Systems auf ein Produkt, Projekt oder einen Vertrag
Dokumentierte Information Spezifikation	Dokument mit festgelegten Anforderungen
Dokumentierte Information Leitfaden	Anleitung mit Empfehlungen und Vorschlägen

Dokumente	Erläuterung/Inhalt
Dokumentierte Informationen Prozessbeschreibungen, Verfahrensanweisungen, Arbeitsweisungen, Zeichnungen	Anleitung zur Beschreibung und zur Ausführung von Tätigkeiten, Prozessen, Produkten, Dienstleistungen
Dokumentierte Informationen, Aufzeichnungen, Dokumente	Nachweis über ausgeführte Tätigkeiten oder erreichte Ergebnisse, beispielsweise Auditberichte, Maßnahmenverfolgung

Die QM-Dokumentation hat eine hierarchisch aufgebaute Struktur (Bild 7.5).

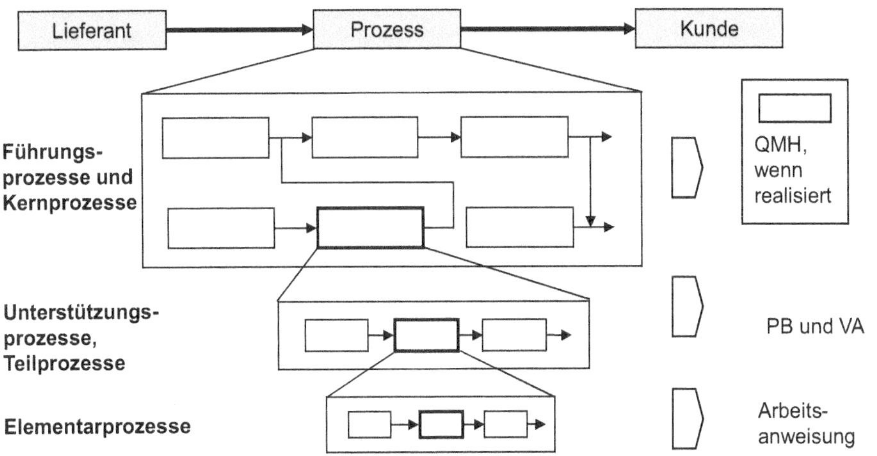

Bild 7.5 Aufbau der QM-Dokumentation in unterschiedliche Ebenen

Die QM-Dokumente und QM-Qualitätsaufzeichnungen sind die Basis des QM-Systems und dessen ständiger Verbesserung. Daher muss geregelt sein, wie Dokumente und Qualitätsaufzeichnungen identifiziert, registriert, archiviert, gepflegt, geprüft, freigegeben und verteilt werden.

Für QM-Dokumente fordert die Norm DIN EN ISO 9001:

- Prüfung und Genehmigung von Dokumenten bezüglich ihrer Angemessenheit vor Herausgabe
- Bewertung, Aktualisierung, erneute Genehmigung nach Änderungen
- Kennzeichnung des aktuellen Überarbeitungsstatus
- Verfügbarkeit gültiger und zutreffender Dokumente an den Einsatzorten
- Gewährleistung von Lesbarkeit und Erkennbarkeit

- Verteilung und Kennzeichnung von Dokumenten externer Herkunft
- Verhinderung der Verwendung veralteter Dokumente durch geeignete Aufbewahrung, Kennzeichnung und Lenkung

7.3.1 Qualitätsmanagement-Handbuch – QMH

Die Organisation kann ein QMH erstellen und aufrechterhalten, das Folgendes beinhaltet:

- Anwendungsbereich des QM-Systems
- Begründungen für jegliche Ausschlüsse von Anforderungen der zugrunde gelegten Norm
- für das QM-System erstellte dokumentierte Verfahren und Prozesse oder Verweise darauf
- eine Beschreibung des Zusammenwirkens der Prozesse im QM-System

Das **Qualitätsmanagement-Handbuch (QMH)** ist ein Dokument, in dem das Qualitätsmanagementsystem einer Organisation festgelegt ist [Nor 08]. In der aktuellen DIN EN ISO 9001:2015 wird anstelle der Begriffe QMH, Dokumentation, dokumentierte Verfahren und Aufzeichnungen der Oberbegriff **dokumentierte Information** festgelegt [Nor 15d].

Anmerkung: Bei der Integration unterschiedlicher Managementnormen in ein integriertes Managementsystem (IMS), sollte in solchen Fällen der Begriff **Management-Handbuch (MMH)** verwendet werden.

In der aktuellen Norm DIN EN ISO 9001:2015 wird ein QMH nicht explizit gefordert. Trotzdem ist es zu empfehlen, eines zu erstellen, da es die wesentlichen Informationen und Normenanforderungen zum Aufbau eines QM-Systems in systematischer Form enthält. Außerdem können Informationen beispielsweise zur Vorstellung des Unternehmens, zum Anwendungsbereich des Managementsystems, zur Unternehmenspolitik in Bezug auf Qualität, Umwelt und Arbeitssicherheit, Energie, Grundsatzerklärungen zur Arbeitssicherheit, zur Verantwortung und Befugnissen und zum Gesundheitsschutz sowie zum Unternehmensumfeld im QM-System am besten im QMH dargestellt werden. Bei Managementsystemen ohne QMH können diese erforderlichen Inhalte auch nur als Ordner bzw. Dateien in das QM-System integriert werden. Häufig ist ein Umfang des QMH von max. 50 Seiten ausreichend. Hinsichtlich Detaillierung und Format können QMHs unterschiedlich sein, um sie an die Größe und Komplexität einer einzelnen Organisation anzupassen.

Das QMH sollte exakt nach den Abschnitten der DIN EN ISO 9001 [Nor 15d] gegliedert werden (Abschnitt 5). Andere Gliederungen sind zulässig, verursachen aber einen erhöhten Aufwand bei der Prüfung auf Normenkonformität beispielsweise durch eine erforderliche Korrelationsmatrix zum Nachweis der Beachtung aller Anforderungen zum „Aufrechterhalten dokumentierter Informationen" der ISO 9001:2015 im QMH.

Tabelle 7.2 Vergleichende Bewertung bekannter Konzepte für QM-Handbücher [Mas 14]

Methode Kriterien	Papier	verlinkte Word-Dokumente	verlinkte PDF-Dokumente	CMS-basierte HTML-Dokumente	browsergestützte integrierte Intranetlösung
Verwaltung von Änderungsständen	☹	😐	😐	😐	☺
Pflegeaufwand	☹	😐	☺	😐	☺
Zentrale Verwaltung	☹	☺	☺	☺	☺
Dezentrale Informationsverwaltung	☹	☺	😐	😐	☺
Plattformunabhängigkeit	k. A.	☺	☺	☺	☺
Usability DIN ISO 9241-10	k. A.	😐	😐	😐	☺

Zusätzlich sollte die Gliederung nach der DIN EN ISO 9001:2015 mit Folgendem ergänzt werden:

- *Deckblatt*
  - Firma, Titel
  - Versionsnummer
- *Benutzerhinweise*
  - Festlegungen für die Bearbeitung und den Änderungsdienst
  - Vorstellung der Unternehmensgeschichte
- *Inhaltsverzeichnis*
  - Liste der Abschnitte mit Freigabevermerk
  - Liste der Verfahrensanweisungen VA und Prozessbeschreibungen PB, Formulare und Checklisten (mit Änderungsstand)

Das QMH ist entsprechend der Prozessstruktur in Hauptkapitel und Abschnitte zu gliedern (Bild 7.6). VA und PB sowie Checklisten, Formulare und ggf. Arbeitsanweisungen sollten als Anlagen zum QMH realisiert werden. Damit gibt es die Möglichkeit, das QMH auch zu veröffentlichen bzw. zur Akquisition von Kunden nutzen zu können, ohne spezielles Know-how des Unternehmens zu veröffentlichen. Die Gestaltung sollte in elektronischer Form als browsergestützte Intranet-Anwendung erfolgen (Tabelle 7.2).

Im Downloadbereich zum Buch befindet sich im Anhang A 16.2 der Auszug eines QMH-Kapitels zum Prozess Beschaffung.

7.3.2 Dokumentierte Informationen: Verfahrensanweisungen, Prozessbeschreibungen und Arbeitsanweisungen

Beispielsweise fordern die Normen DIN EN ISO 9001 [Nor 15d], DIN EN ISO 14001 [Nor 15f] und DIN ISO 45001 [Nor 18b] dokumentierte Informationen in Form von Verfahrensanweisungen (VA) und Prozessbeschreibungen (PB).

Wie immer im Umgang mit Normen ist es wichtig, die Begrifflichkeiten zu klären:

*„Wenn die Benennung ‚**dokumentiertes Verfahren**‘ in dieser Internationalen Norm verwendet wird, bedeutet dies, dass das jeweilige* Verfahren *festgelegt, dokumentiert, verwirklicht und aufrechterhalten wird [Nor 15d].“*

Anstelle des Begriffs dokumentiertes Verfahren **(DV)** wird in der Literatur und in bereits bestehenden Managementsystemen oft der Begriff **Verfahrensanweisung (VA)** verwendet.

Verfahren ist die „festgelegte Art und Weise, eine Tätigkeit oder einen *Prozess* auszuführen“ [Nor 15b, Nor 15d].

Prozess ist definiert als ein „Satz von in Wechselbeziehung oder in Wechselwirkung stehenden Tätigkeiten, der Eingaben in Ergebnisse umwandelt“ (Abschnitt 3.1) [Nor 15b].

Eine **Prozessbeschreibung (PB)** ist die Dokumentation eines Prozesses (Abschnitt 3.1).

Verfahren beschreiben das „Wie“ und Prozesse beschreiben das „Was“ einer durchzuführenden Maßnahme [Ado 14].

Ein weiterer Unterschied zwischen Verfahren und Prozessen ist, dass prinzipiell nur Prozesse messbar sind, da diese einen reellen und greifbaren Output generieren. Verfahren beschreiben lediglich die Art und Weise, *wie* ein Prozess aufzuführen ist, und sind daher in der Regel nicht messbar [Ado 14].

Dokumentierte Informationen in Form von VA, PB und AA sollen Abläufe durch detaillierte Festlegungen und Zuständigkeiten für Mitarbeitende beschreiben, nachvollziehbar machen und bereichsübergreifende Schnittstellen regeln. In ihnen ist festgelegt, was durch wen wann wo und wie realisiert werden muss. Insbesondere bei Personalwechseln helfen sie dabei Erfahrungen zu übertragen und Abläufe konstant zu halten. Ihre Gestaltung ist an keine spezifische Vorgabe gebunden und wird entsprechend den Bedürfnissen der Organisation gestaltet. Die Prozesse können in Form von Ablaufplänen klar und eindeutig dargestellt werden. Diese Form der Darstellung unterstützt zum einen die systematische Erstellung und zum anderen ihre einfache Anwendung. Wenn das QMH als Bestandteil des QM-Systems genutzt wird, ist darauf zu achten, dass durch eine geeignete Systematik eine eindeutige Zuordnung zum QMH gegeben ist.

Für die Erstellung und Pflege der Anweisungen sind die Prozesseigner (process owner) verantwortlich. Überarbeitungen führen sie in Abstimmung mit dem entsprechenden Verantwortlichen oder QM-Beauftragten aus. Zur eindeutigen Erkennbarkeit und Übersicht sollten diese QM-Dokumente nach einer einheitlichen Systematik aufgebaut werden. Eine vereinheitlichte Form und Gliederung der dokumentierten Informationen beispielsweise als VA, PB und AA ist zu empfehlen und erhöht die Verständlichkeit und Akzeptanz. Die Identifikation der QM-Anweisungen kann über die Kopf- und Fußzeile mit Informationen zur Freigabe und zum Revisionsnachweis erfolgen. Die Kopf- und Fußzeile einer dokumentierten Information sollte standardisiert nur mit den unbedingt notwendigen Informationen dargestellt werden (Bild 7.6) [Gri 13].

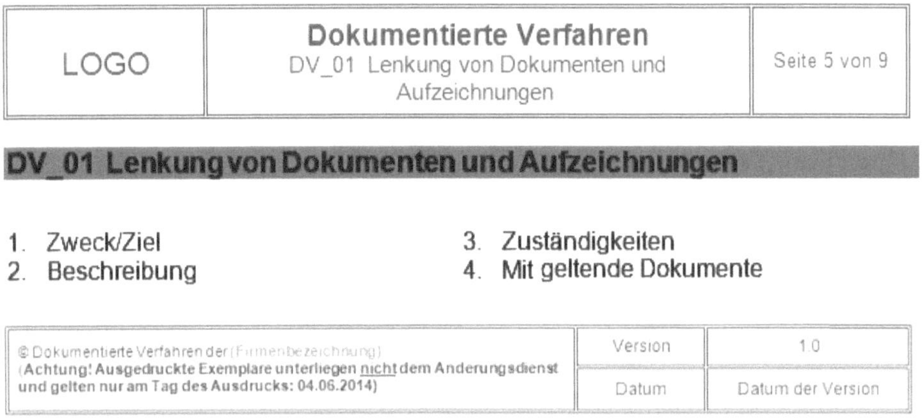

LOGO	**Dokumentierte Verfahren** DV_01 Lenkung von Dokumenten und Aufzeichnungen	Seite 5 von 9

DV_01 Lenkung von Dokumenten und Aufzeichnungen

1. Zweck/Ziel
2. Beschreibung
3. Zuständigkeiten
4. Mit geltende Dokumente

© Dokumentierte Verfahren der (Firmenbezeichnung) (**Achtung! Ausgedruckte Exemplare unterliegen nicht dem Änderungsdienst und gelten nur am Tag des Ausdrucks: 04.06.2014**)	Version	1.0
	Datum	Datum der Version

Bild 7.6 Kopf- und Fußzeile eines dokumentierten Verfahrens [Gri 13]

Verfahren und Prozesse müssen der ständigen Verbesserung unterliegen. Deshalb sind sie mithilfe des PDCA-Zyklus ständig weiterzuentwickeln (Abschnitt 3.3).

7.3.2.1 Verfahrensanweisungen

Eine **Verfahrensanweisung (VA)** ist ein Dokument, welches aufzeigt, „wie" man Abläufe im Unternehmen durchzuführen hat, und somit der Verfahrensoptimierung und natürlich auch der Standardisierung dient. Im Rahmen eines ISO-Managementsystems (z. B. DIN EN ISO 9001) sind VA zwingend erforderliche Vorgabedokumente.

Da Verfahrensanweisungen die Frage beantworten: „wie wird ein Verfahren durchgeführt?", ist es gebräuchlich, diese Anweisung als visuelle Darstellungen (Tabellen, Flussdiagramme, Struktogramme) oder auch in Textform darzustellen. Für die dokumentierte Information „Verfahrensanweisung" ist eine einheitliche Gliederung zweckmäßig (Tabelle 7.3) [Tho 09]:

Tabelle 7.3 Vorschlag zur Gliederung einer Verfahrensanweisung

1.	Zweck/Ziel	Kurze Beschreibung der Zielstellung des DVs
2.	Beschreibung	Aufzeigen wichtiger, relevanter Begriffe für ein einheitliches Verständnis
3.	Zuständigkeiten	Aufzeigen der Verantwortlichkeit des DVs
4.	Mitgeltende Dokumente	Aufzeigen aller für das DV wichtigen und notwendigen Unterlagen

Eine typische Verfahrensanweisung ist für die Managementaufgabe „Lenkung von Dokumenten und Aufzeichnungen" in Anhang A 16.1 enthalten [Wol 14].

Tabelle 7.4 Vorschlag zur Gliederung einer Prozessbeschreibung

1.	Ziel und Zweck	Kurze Beschreibung der Zielstellung des Prozesses
2.	Eingabe – Tätigkeit – Ausgabe	
3.	Beschreibung	Aufzeigen wichtiger, relevanter Begriffe für ein einheitliches Verständnis
4.	Zuständigkeiten	Aufzeigen der Verantwortlichkeit des Prozesses
5.	Kennzahl/Bewertung	Prozess mittels Kennzahl messbar gestalten
6.	Mitgeltende Unterlagen	Aufzeigen aller für den Prozess wichtigen und notwendigen Unterlagen

7.3.2.2 Prozessbeschreibungen

Eine **Prozessbeschreibung (PB)** stellt eine ins Detail gehende Abfassung von Prozessschritten im Unternehmen oder in einzelnen Unternehmensbereichen dar. Damit wird beschrieben, ‚was' im Unternehmen abläuft. Sie legt eine systematische Vorgehensweise fest und beschreibt die zuständigen Personen sowie deren Kompetenzen und Aufgaben. Hierbei ist, wie schon erwähnt, die einfache und praxisgerechte Gestaltung einer der wichtigsten Aspekte [Ado 14].

Für den Aufbau einer PB gibt es keine standardisierte Form. Es ist allerdings wichtig, dass diese als Informations- und Instruktionsträger innerhalb eines Unternehmens möglichst einheitlich gegliedert ist (Tabelle 7.4) [Tho 09]:

Unter Beachtung der jeweiligen Bedürfnisse des Unternehmens und der relevanten Zertifizierungsnormen können auch andere Gliederungen verwendet werden. VA und PB können rationell beispielsweise mit Flussdiagrammen beschrieben und visualisiert werden.

In Anhang A 16.2 ist ein Beispiel für die Prozessbeschreibung „Beschaffung" enthalten [Ado 14, Wol 14].

Für die IATF 16949:2016 (Automobilnorm) wird eine gegenüber DIN EN ISO 9001 [Nor 15d] erweiterte Gliederung notwendig (Tabelle 7.5) [Nor 16a].

Aus Gründen der Übersichtlichkeit ist es sinnvoll eine PB visualisiert darzustellen – je weniger Text, desto besser. Dazu können beispielsweise neben den Flussdiagrammen auch Struktogramme genutzt werden.

7.3.2.3 Arbeitsanweisungen und Formulare

Arbeitsanweisungen und Formulare haben im Managementsystem eine besonders hohe Bedeutung. Durch die Nutzung und Akzeptanz wird das gesamte Managementsystem der Organisation tagtäglich „gelebt" und umgesetzt.

Eine **Arbeitsanweisung (AA)** enthält detaillierte Angaben wie z. B. spezielle Arbeitsaufgaben, die zur Herstellung von Teilen, Baugruppen oder Endprodukten erforderlich sind. Eine Arbeitsanweisung ist oftmals eine Ergänzung zu einem Arbeitsplan. Beispiele für Arbeitsanweisungen sind Konstruktionszeichnungen, Stichprobenanweisungen und Justiervorschriften [Web 68].

Tabelle 7.5 Vorschlag zur Gliederung einer Prozessbeschreibung gemäß IATF 16949 [Nor 14b]

Zweck/Ziel	Kurze Beschreibung der Zielstellung des Prozesses
Prozess-Eingabe-Tätigkeit-Ausgabe	Grafische Darstellung der Prozesseingabe, -tätigkeit und -ausgabe
Geltungsbereich	Bereich, für den der Prozess Gültigkeit besitzt
Zuständigkeiten	Festlegung der Verantwortlichkeit für den Prozess
Prozess-Kennzahlen	Prozess messbar gestalten mittels Kennzahl
Begriffe, Abkürzungen	Aufzeigen wichtiger, relevanter Begriffe und Abkürzungen für ein einheitliches Verständnis
Mitgeltende Dokumente	Aufzeigen aller für den Prozess wichtigen und notwendigen Unterlagen
Änderungshistorie	Aufzeigen der Änderungen
Beschreibung	Stellt den tatsächlichen Prozessablauf dar, beispielsweise mithilfe eines Flussdiagramms
Turtlebetrachtung/ Wissensspeicher	Stellt Zusammenhänge mit dem Prozess dar
Risikobetrachtung	Stellt Risiken und Gegenmaßnahmen dar

Ein **Formular (FB)** ist eine Komponente von Dialogsystemen in Dateiform. Das Gegenstück ist das Papierformular. Auf einem rechnergestützten Formular sind Dialogelemente wie Checkboxen, Radiobuttons oder Listenfelder platziert, in denen der Benutzer Eintragungen vornehmen kann. Besondere Bedeutung erhält das Formular im Zusammenhang mit verlinkten HTML-Dateien und Workflow-Management-Systemen [Web 69].

AAs und FBs sind unternehmensspezifisch aufgebaut. Sie können aber auch im Format der Prozessbeschreibungen und Verfahrensanweisungen mit gleicher Kopf- und Fußzeile gestaltet werden (Bild 7.6). Damit sind sie auch eindeutig im Managementsystem zuordenbar. Zum sicheren Auffinden und zur benutzerfreundlichen Navigation sind Arbeitsanweisungen und Formulare im Managementsystem der Organisation systematisch nach Struktureinheiten (Prozesseigentümern), die diese Formulare verwenden, zu ordnen. Dazu können entsprechende Dateiordner der Abteilungen mit den Dateien für die entsprechenden Arbeitsanweisungen und Formulare aufgebaut werden. Eine solche Systematisierung sichert auch die ständige Pflege und Aktualisierung sowie die systematische Ablage von dokumentierten Informationen durch die Prozesseigner in der Organisation.

7.4 Integrierte Managementsysteme – IMS

7.4.1 Gründe und Ziele für den Aufbau integrierter Managementsysteme

Unternehmen haben sich den **Anforderungen verschiedener Managementsysteme** zu stellen. Dies betrifft beispielsweise Qualitäts-, Umwelt- und Arbeitsschutzmanagement. Darüber hinaus sind jedoch auch weitere Managementsysteme wie Hygienemanagement, Management der Anlagensicherheit, Datensicherheit, Notfallmanagement, Energiemanagement und andere unternehmensspezifische Systeme relevant [Pan 97; Rei 22].

Der **isolierte Aufbau** dieser Managementsysteme in den Organisationen verursacht einen erheblichen administrativen und ökonomischen Aufwand. Die **Integration** von Managementsystemen erlaubt es, die **Anforderungen verschiedener Systeme bzw. Regelwerke** gleichzeitig und effizient zu erfüllen. Dazu kann sehr gut die **High Level Structure** der aktualisierten Normen genutzt werden.

Integriertes Managementsystem IMS nennt man das gesamte übergreifende Managementsystem einer Organisation. Das integrierte Managementsystem schließt das Umweltmanagementsystem, Qualitätsmanagementsystem und andere Managementsysteme ein. Die vorhandenen Systeme werden synergetisch gebündelt und führen zu einer effizienteren Arbeitsweise der Organisation.

Ein integriertes Managementsystem nutzt Synergien und bündelt Ressourcen im Sinne schlanker Organisationsstrukturen und zur Steigerung der Wettbewerbsfähigkeit. Mit integrierten Managementsystemen sollen folgende **Zielstellungen** erreicht werden:

- Steigerung der Effizienz der Unternehmensorganisation (transparente Ablauf- und Aufbauorganisation)
- flexibles Managementsystem mit schlanker Prozessdokumentation
- Kosten- und Zeiteinsparung durch Vermeidung von Doppelarbeit und Redundanz
- umfassende Rechtssicherheit
- Minimierung des Produkthaftungsrisikos
- schnellere Akzeptanz und besseres Verständnis der Mitarbeitenden für integrierte Managementsysteme
- Förderung der Selbstverantwortung
- Durchsetzung des hohen Qualitätsstandards in allen Bereichen des Unternehmens

- reduzierter Aufwand der Dokumentenprüfung
- Erhalt einer Basis für kontinuierliche Verbesserung

Durch die „Zentralisierung" integrierter Managementsysteme kann aber auch eine Komplexität entstehen, die im Ergebnis eine schwierigere Pflege und Aufrechterhaltung zur Folge hat.

7.4.2 Aufbau integrierter Managementsysteme – IMS und Vorgehensmodelle

Die DIN EN ISO 9000:2015 beschreibt ein Managementsystem wie folgt:

Ein **Managementsystem** ist ein „System zum Festlegen von Politik und Zielen sowie zum Erreichen dieser Ziele".

Anmerkung: Das Managementsystem einer Organisation kann verschiedene Managementsysteme einschließen, z. B. Managementsysteme für Arbeitssicherheit, Energie, Informationssicherheit, Finanzen oder Umwelt u. a. [Nor 21a; Nor 15b].

Ein wirkungsvolles Managementsystem muss an die Gegebenheiten des Unternehmens angepasst und entsprechend zugeschnitten werden. Es ist bisher kein genormtes oder anderweitig standardisiertes Managementmodell bekannt, das auf den Aufbau eines integrierten Managementsystems ausgerichtet ist. Jedoch liegen den unterschiedlichen Managementsystemnormen häufig gleiche Prinzipien nach der High Level Structure zugrunde (Bild 7.1). Eine Vereinheitlichung der Normung unterschiedlicher Managementsysteme wird zunehmend mit der **High Level Structure** für unterschiedliche Managementsysteme angestrebt, beispielsweise für Qualitätsmanagement, Umweltmanagement und Arbeitssicherheit.

Für den Aufbau integrierter Managementsysteme kann

- das summarische Vorgehensmodell oder
- das adaptive Vorgehensmodell

angewendet werden.

Beim **summarischen Vorgehensmodell** wird ein vorhandenes Managementsystem als Grundlage genommen. Es eignet sich hierfür insbesondere ein Qualitätsmanagementsystem nach DIN EN ISO 9001 als Leitnorm, das nach der **High Level Structure** gegliedert ist. Dieses wird um weitere Managementaspekte aus anderen Managementsystemen wie Umweltmanagement, Management der Sicherheit und Gesundheit und anderen Systemen z. B. HACCP, GLP in Form von zusätzlichen Managementinformationen **erweitert** oder es werden **mehrere unterschiedliche Managementsysteme** nebeneinander aufgebaut und gepflegt. Die Pflege mehrerer unterschiedlicher Managementsysteme enthält viele **Redundanzen** (Doppelungen) und erfordert einen **hohen Aufwand**. Für die Implementierung eines oder mehrerer weiterer vollständiger Managementsysteme mit komplexen Dokumentationsanforderungen ist deshalb dieses Vorgehensmodell weniger geeignet.

Legt man ein **adaptive Vorgehensmodell** zugrunde, wird das Managementsystem so aufgebaut, dass alle spezifischen Aspekte der relevanten Managementsysteme in **einem integrierten Managementsystem** ohne Redundanzen berücksichtigt werden (Bild 7.7).

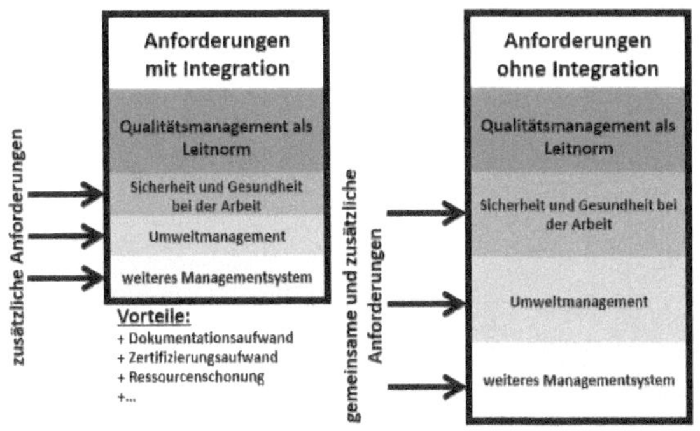

Bild 7.7
Umfang der Anforderungen in Managementsystemen mit und ohne Integration [Ill 19]

Die Anwendung von integrierten Managementsystemen ermöglicht **ca. 50 % Aufwandseinsparungen** [Ill 19].

Integrierte Managementsysteme lassen sich sehr gut als Intranetlösungen browsergestützt aufbauen (Bild 7.8). Günstig sind auch **integrierte Auditmanagementsysteme**, die in integrierte Managementsystemen eingefügt worden sind (Bild 7.9) [Web 87]. Gerade bei der Auditierung von integrierten Managementsystemen sind damit erhebliche **Einsparungen von mehr als 50 %** nachgewiesen worden [Ill 19].

Durch webbasierte integrierte Managementsysteme lassen sich bei der Pflege viele Routinearbeiten automatisieren [Web 87]:

- AUTOMATISCHE VERSIONIERUNG: Bei Änderung eines Dokuments findet eine **automatische Versionierung** statt und das **Änderungsverzeichnis** wird automatisch aktualisiert
- AUTOMATISIERTES EINLESEN DER ORDNERSTRUKTUR: Die bestehende Ordnerstruktur des Unternehmens wird inklusive aller Daten bei der Installation **automatisch eingelesen**
- DATUMSSTEMPEL: Dokumente erhalten beim Öffnen einen aktuellen Datumsstempel
- RECHTEVERWALTUNG: Festlegung, welcher Mitarbeitender bestimmte Informationen und Dokumente lesen, ändern oder neu erstellen darf

- DOKUMENTENLENKUNG MIT BENACHRICHTIGUNGSSYSTEM: Dokumente können an bestimmte Empfänger oder Empfängergruppen wie Abteilungen **per E-Mail gelenkt** und optional mit einer Rückmeldung durch den Empfänger bestätigt werden
- DOKUMENTENMATRIX: Dokumente können beispielsweise nach Forderung der IATF in einer **Dokumentenmatrix automatisch verwaltet** werden (Bild 7.10)
- AUTOMATISIERTE INHALTSSUCHE: Dokumente und Inhalte können schnell über eine **Volltextsuche** gefunden werden
- WEBBASIERT: Nach der einfachen Installation auf dem Unternehmensserver ist ein **einfacher Zugriff** auf das IMS von allen verknüpften Rechnern der Organisation/des Unternehmens möglich
- SPRACHEN: Das IMS kann in **mehreren Sprachen** verwendet werden
- FAVORITEN: Zur **schnellen Navigation** können allgemeine und **benutzerspezifische Favoriten** angelegt werden
- FREIGABEPROZESS: Für neue Versionen von Dokumenten kann ein **mehrstufiger Freigabeprozess** angelegt werden

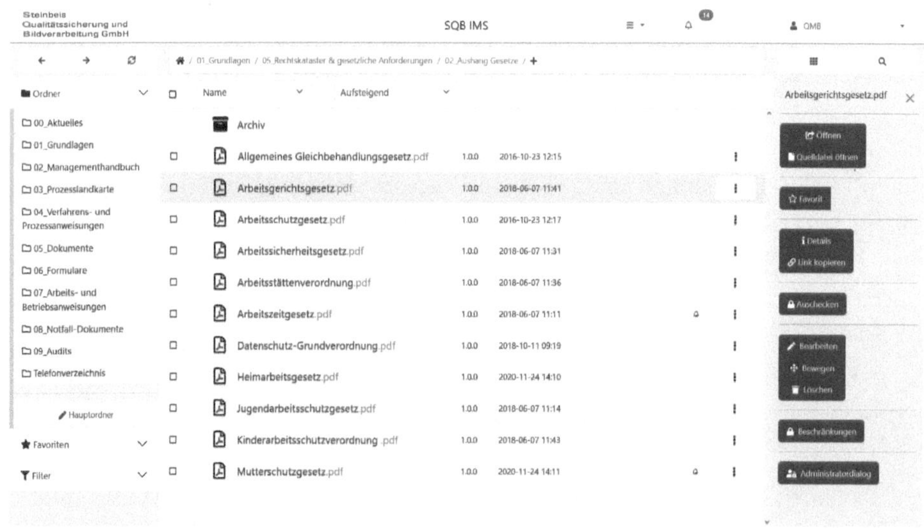

Bild 7.8 Webbasiertes integriertes Managementsystem SQB IMS der Steinbeis Qualitätssicherung und Bildverarbeitung GmbH Ilmenau [Web 87]

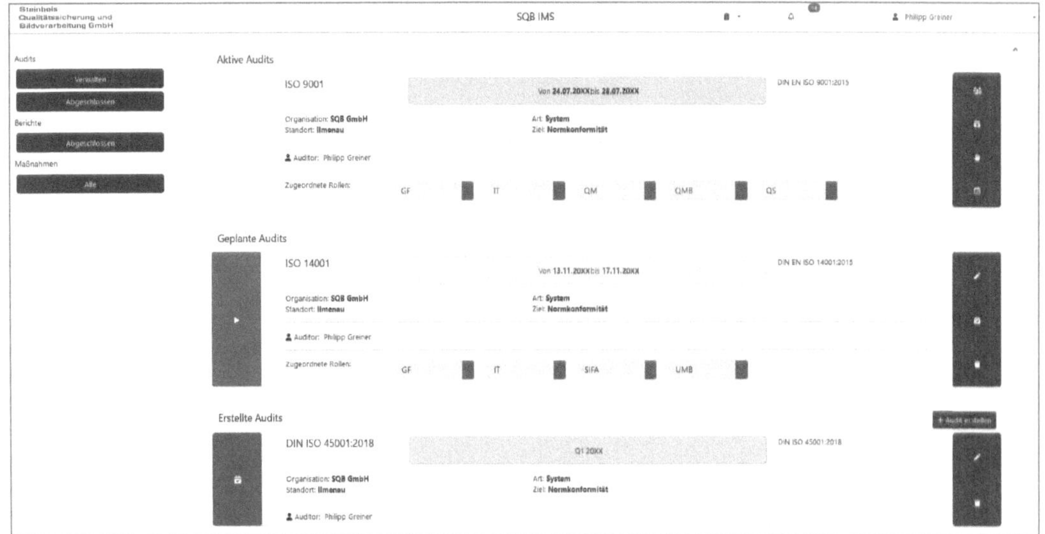

Bild 7.9 Webbasiertes integriertes Auditmanagementsystem SQB AMS der Steinbeis Qualitätssicherung und Bildverarbeitung GmbH Ilmenau [Web 87]

Bild 7.10 Beispiel für eine Struktur einer nach IATF geforderten Dokumentenmatrix

Ein systematischer Aufbau und die Einführung von „schlanken" Managementsystemen erspart sehr viel Aufwand. Dazu ist ein durchdachtes und systematisches Konzept bei der Projektierung und Einführung von Managementsystemen unabdingbar.

8 Zertifizierung von Managementsystemen

8.1 Gründe für die Zertifizierung von Managementsystemen

Zertifizierung: Maßnahme durch einen unparteiischen Dritten, die aufzeigt, dass angemessenes Vertrauen besteht, dass eine ordnungsgemäß bezeichnete Einheit die Qualitätsforderung erfüllt [Pfe 21].

Ziel der Zertifizierung ist die Nachweisführung, dass im Unternehmen ein wirksames Managementsystem eingerichtet, eingeführt und aufrechterhalten wird und dass dessen Wirksamkeit ständig verbessert wird. Dieser Nachweis wird durch ein externes Systemaudit – **Zertifizierungsaudit** – erbracht, das von einer unabhängigen Zertifizierungsgesellschaft durchgeführt wird.

Auf Antrag des Unternehmens auditiert eine akkreditierte Zertifizierungsstelle das Managementsystem des Unternehmens und vergibt bei dessen Erfüllung der Anforderungen, gemäß der zugrunde gelegten Norm bzw. des zugrunde gelegten Regelwerkes, ein **Zertifikat**. Als **Zertifizierungsgrundlagen** kommen beispielsweise in Frage:

- Qualität DIN EN ISO 9001 [Nor 15d]
- Umwelt DIN EN ISO 14001 [Nor 15f]
- Informationssicherheit DIN EN ISO 27001 [Nor 22d]
- Sicherheit und Gesundheit DIN EN ISO 45001 [Nor 18b]
- VDA 6.1 [VDA 16a]
- VDA 6.4 [VDA 17]
- HACCP (Hazard Analysis Critical Control Points) [Web 01]

- GLP (Good Laboratory Practice) [Web 03]
- GMP (Good Manufacturing Practice) [Web 19a]
- Medizinprodukte [Nor 21]
- KTQ – Kooperation für Transparenz und Qualität im Gesundheitswesen [Web 31]
- US-amerikanische Richtlinien für Medizinprodukte

Die **Gründe für die Zertifizierung von** Managementsystemen sind:

- neutrale und unabhängige Bestätigung der Anwendung der Normanforderungen
- objektive Beurteilung der Wirksamkeit des Managementsystems durch fachkundige Experten
- Bestätigung für den Kunden, dass das Unternehmen die qualitätsrelevanten Prozesse konform zu den Minimalanforderungen der Normreihe gestaltet hat
- kontinuierliche Verbesserung des Managementsystems durch begleitende Überprüfung der Korrektur- und Verbesserungsmaßnahmen
- externer Zwang zur Weiterentwicklung des Systems
- Wettbewerbsvorteil durch Marketingeffekte

8.2 Zertifizierungsvorbereitung

Die **Voraussetzungen für die Zertifizierung eines Managementsystems** sind:

- Das Unternehmen muss ein Managementsystem eingeführt haben.
- Das Managementsystem muss der Belegschaft bekannt sein.
- Das Managementsystem muss angewendet werden – der Nachweis geschieht anhand von Dokumenten und Aufzeichnungen.
- Das Managementsystem muss bereits seit einem angemessenen Zeitraum vorhanden sein.
- Es müssen bereits interne Audits durchgeführt worden sein.

Die Zertifizierung wird von einer Zertifizierungsgesellschaft durchgeführt. Zertifizierungsgesellschaften müssen ihrerseits wiederum spezielle Anforderungen erfüllen. Diese Anforderungen werden bei der **Akkreditierung** überprüft.

Akkreditierung: Bestätigung durch eine dritte Seite, die formal darlegt, dass eine Konformitätsbewertungsstelle die Kompetenz besitzt, bestimmte Konformitätsbewertungsaufgaben durchzuführen [Nor 20].

Mit der EG-Verordnung Nr. 765/2008 des Europäischen Parlaments und des Rates über die Vorschriften für die Akkreditierung und Marktüberwachung wurde die Akkreditierung in Europa neu geregelt. Seit 2010 hat die Deutsche Akkreditierungsstelle GmbH (DAkkS) die Pflicht zur Überwachung der Akkreditierungen von der Deutschen Gesellschaft für Akkreditierung mbH (DGA) und dem Deutschen Kalibrierdienst (DKD) übernommen. Die DAkkS untersteht der fachlichen Aufsicht der zuständigen Bundesministerien. Die DAkkS GmbH hat ein eigenes Regelwerk aufgestellt, das die bestehenden Akkreditierungsregeln harmonisiert. Technische Regelungen werden soweit erforderlich harmonisiert.

In Deutschland gibt es verschiedene akkreditierte Zertifizierungsgesellschaften, wie z. B. die Deutsche Gesellschaft zur Zertifizierung von Managementsystemen mbH (DQS), den Technischen Überwachungsverein (TÜV) und die DEKRA Certification GmbH u. a. Bei der Auswahl der Zertifizierungsgesellschaft muss eventuell auch auf die Wünsche von Hauptkunden eingegangen werden. Weiterhin muss beachtet werden, dass nicht jede akkreditierte Zertifizierungsgesellschaft für alle Wirtschaftsbereiche spezialisiert ist. Die Datenbank für die akkreditierten Zertifizierungsstellen einschließlich Branchenschlüssel und Zertifizierungsgesellschaften findet man unter: *https://www.dakks.de/de/akkreditierte-stellen-suche.html* [Web 06].

Außerdem muss eine Marktakzeptanz für das Zertifikat der ausgewählten Zertifizierungsgesellschaft vorhanden sein.

Zur Vorbereitung auf das **Zertifizierungsaudit** erarbeitet die Zertifizierungsgesellschaft mit dem Unternehmen einen ausführlichen Ablaufplan. Bei Bedarf kann ein kostenpflichtiges Voraudit durchgeführt werden. Es klärt die notwendigen Voraussetzungen für die Zertifizierung der Organisation/ des Unternehmens im Detail.

8.3 Zertifizierungsdurchführung und Zertifizierungsaudit

Die Zertifizierung von Qualitätsmanagementsystemen folgt stets einem bestimmten Ablauf (Bild 8.1).

Im **Zertifizierungsaudit** überprüfen die Auditoren, ob die in der QM-Dokumentation beschriebenen Maßnahmen die Anforderungen der ausgewählten Zertifizierungsgrundlage erfüllen und ob diese Maßnahmen umgesetzt und wirksam sind. Diese Überprüfung erfolgt in Auditgesprächen mit den jeweiligen Bereichs- bzw. Abteilungsleitungen, durch die Befragung von Mitarbeitenden an ihren Arbeitsplätzen und durch Einsichtnahme in die QM-Dokumentation.

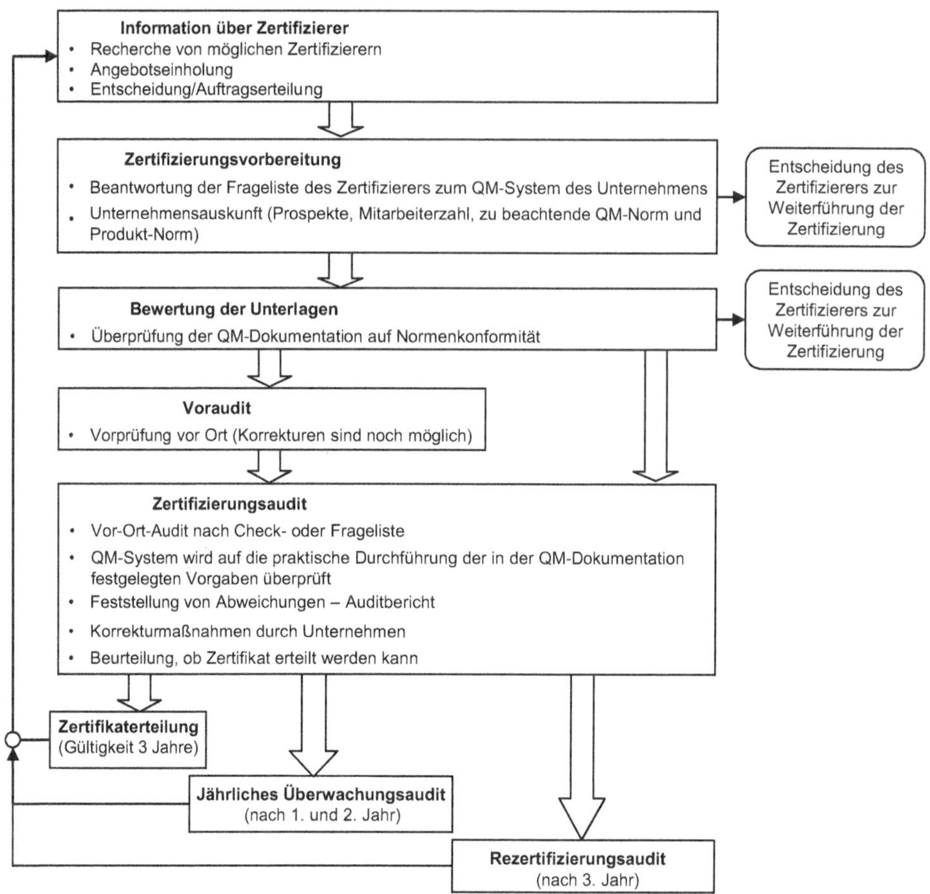

Bild 8.1 Prinzipieller Ablauf für die Zertifizierung von Managementsystemen am Beispiel Qualität

Bei der Durchführung der Zertifizierungsaudits durch akkreditierte Zertifizierungsgesellschaften werden häufig **Checklisten** für die Prüfung aller Prozesse genutzt. Diese Checklisten können in der Regel auch von den Zertifizierungsgesellschaften angefordert werden. Ein Beispiel für eine Checkliste ist im Downloadbereich für dieses Buch des Hanser Verlages zu finden.

Die **Auditergebnisse** werden protokolliert durch

- Eintragungen in die Frageliste/Checkliste und
- Abweichungsberichte (Nennung und Bewertung der Abweichungen).

Schwere (kritische) Abweichungen erfordern nach einem Umsetzungszeitraum für die vom Unternehmen festzulegenden Korrekturmaßnahmen ein **Nachaudit**.

Zertifikate für Qualitätsmanagementsysteme gelten drei Jahre. Während der Gültigkeit der Zertifikate sind jährlich **Überwachungsaudits** durch einen Zertifizierer durchzuführen. Durch die Überwachungsaudits wird überprüft, ob das zertifizierte Managementsystem vom Unternehmen aufrechterhalten wird. Wesentliche Bestandteile des Überwachungsaudits sind die Prüfung von internen Auditberichten, die Prüfung von zwischenzeitlich vorgenommenen Systemänderungen und die Prüfung von ausgewählten Managementbereichen.

Nach drei Jahren ist für die Neuerteilung des Zertifikats ein **Wiederholungsaudit** erforderlich. Der Gültigkeitszeitraum beträgt wiederum drei Jahre (Bild 8.2).

ZERTIFIKAT

TIC

TÜV CERT

für das Managementsystem
nach DIN EN ISO 9001:2015

Die regelwerkskonforme Anwendung wurde nachgewiesen und wird gemäß Zertifizierungsverfahren bescheinigt für das Unternehmen

Steinbeis
Qualitätssicherung und
Bildverarbeitung GmbH

Werner-von-Siemens-Straße 9, 98693 Ilmenau

Geltungsbereich

Bildverarbeitung, Messtechnik, automatisierte Prüfanlagen, Beratung

Zertifikat-Registrier-Nr.: TIC 15 100 159208

Gültig bis: 2024-03-30
Gültig ab: 2021-03-31

Audit Bericht Nr.: 3330 2ND5 H0

Diese Zertifizierung wurde gemäß TIC-Verfahren zur Auditierung und Zertifizierung durchgeführt und wird regelmäßig überwacht.

TÜV Thüringen e.V.
Zertifizierungsstelle für
Systeme und Personal

TÜV THÜRINGEN

Jena, 2022-03-21

IAF

DAkkS
Deutsche
Akkreditierungsstelle

Originalzertifikate sind mit einem Hologramm versehen

Die aktuelle Gültigkeit kann unter www.tuev-thueringen.de nachgefragt werden.

Bild 8.2 Beispiel einer Zertifizierungsurkunde

8.4 Probleme und Fehler bei der Zertifizierung

Erfahrungen von Unternehmen und Zertifizierungsgesellschaften bringen häufige Probleme und Fehler bei der Vorbereitung und Durchführung der Zertifizierung zutage.

Fehler bei der Vorbereitung:

- Es wird ein „Musterhandbuch“ erarbeitet.
- Lösungssuche für Andere statt gemeinsame Lösungsfindung
- Vorbereitung auf Kontrolle statt auf Qualität

Fehler bei der Durchführung:

- Unternehmen möchte Zertifikat statt Qualitätsmanagement
- Mitarbeitende wurden nicht informiert.
- Mitarbeitende wurden nicht involviert.
- Mitarbeitende wurden nicht geschult und trainiert.
- Mitarbeitende erhalten keine Verantwortung.
- Qualitätsziele sind nicht bekannt.
- Qualitätsdokumentation ist nicht bekannt.
- Das Qualitätsmanagement existiert nur auf dem Papier.

Probleme nach der Zertifizierung:

- Was macht das Unternehmen mit dem Zertifikat?
- Wie wird das Qualitätsmanagementsystem weiterentwickelt?
- Was kostet die Pflege des Qualitätsmanagementsystems?
- Wie motivieren wir die Mitarbeitenden zum Weitermachen?
- Welche neuen Ziele streben wir an?

8.5 Zertifizierungszeichen und dessen Nutzung

Für die Nutzung des Zertifizierungszeichens einer akkreditierten Zertifizierungsgesellschaft gelten strenge Regeln und Einschränkungen [Web 86]:

- Das Zertifizierungszeichen darf nur von zertifizierten Unternehmen verwendet werden.
- Das Zertifizierungszeichen darf nur zu geschäftlichen Zwecken verwendet werden.

- Das Zertifikat beschränkt sich auf die darin beschriebenen Unternehmen bzw. Unternehmensteile.
- Abbildungen von Zertifikaten dürfen nur originalgetreu verwendet werden.
- Zertifikate dürfen nicht grafisch abgeändert werden.
- Die Verwendung des Zertifikates ist auf juristische Personen beschränkt und kann nicht übertragen werden.
- Bei Nichterneuerung oder Aberkennung erlischt das Verwendungsrecht für das Zertifizierungszeichen und das Zertifikat.
- Das Zertifizierungszeichen bezieht sich auf das Managementsystem und darf daher nicht in Beziehung mit den Produkten verwendet werden. Das Anbringen am Produkt selbst, auf der Verpackung oder in Preislisten, Prospekten, Technischen Informationen in unmittelbarem Zusammenhang mit der Produktbezeichnung, Laborprüfberichten, Kalibrierscheinen oder Inspektionsberichten ist nicht erlaubt.
- Zulässig ist der Hinweis auf die bestehende Zertifizierung im allgemeinen Schriftverkehr der Organisation/ des Unternehmens, auf der Webseite, in Unternehmenspublikationen und -präsentationen.
- Das Nutzungsrecht beschränkt sich strikt auf den Gegenstand der Zertifizierung, beispielweise auf das Managementsystem, die zertifizierte Organisation, den Unternehmensbereich und den Standort.
- Das Zertifizierungszeichen mit darf nicht in Verbindung mit dem gesetzlichen CE-Kennzeichen angebracht werden, weil das CE-Kennzeichen nur für Produkte auf Basis der für das Produkt entsprechenden EG-Richtlinie verwendet werden darf.
- Die CE-Kennzeichnung kann auf dem Produkt, der Kennzeichnung des Produktes und der Gebrauchsanweisung sowie ggf. auf der Handelsverpackung angebracht werden.

9 Überblick: Methoden und Werkzeuge

Zur Sicherung der Qualität materieller und immaterieller Produkte haben sich eine Reihe von Methoden und Werkzeugen für das Qualitätsmanagement bewährt. Diese Qualitätstechniken dienen der Realisierung von Qualitätszielen und der Erfüllung von Anforderungen des Qualitätsmanagements. Die Systematisierung und Ordnung der Werkzeuge und Methoden für das Qualitätsmanagement nach übergeordneten Kriterien ist schwierig, da in den unterschiedlichen Unternehmensstrukturen prinzipiell alle Werkzeuge und Methoden des Qualitätsmanagements zur Anwendung kommen können.

Bild 9.1 zeigt eine Zuordnung der Methoden und Werkzeuge zu den Elementen des Deming'schen PDCA-Zyklus (vgl. Abschnitt 3.3) [Dem 94]:

Plan – Qualitätsplanung:	Methoden und Werkzeuge, die der Planung der Qualität von Produkten und Prozessen dienen
Do – Produktrealisierung:	Methoden und Werkzeuge, die der Realisierung materieller oder immaterieller Produkte dienen oder den Realisierungsprozess unterstützen
Check – Qualitätsauswertung:	Methoden und Werkzeuge, die der Prüfung und Auswertung der Realisierungsprozesse und deren Ergebnisse dienen
Act – Qualitätsverbesserung:	Methoden und Werkzeuge, die der Ermittlung von Verbesserungspotenzialen und deren Umsetzung dienen

Dabei werden die Werkzeuge für das Qualitätsmanagement bzw. Qualitätstechniken nach ihrer inhaltlichen Zielstellung eingeteilt in elementare Methoden und Werkzeuge und Methoden und Werkzeuge für die Qualitätsplanung, Produktrealisierung, Qualitätsauswertung und Qualitätsverbesserung.

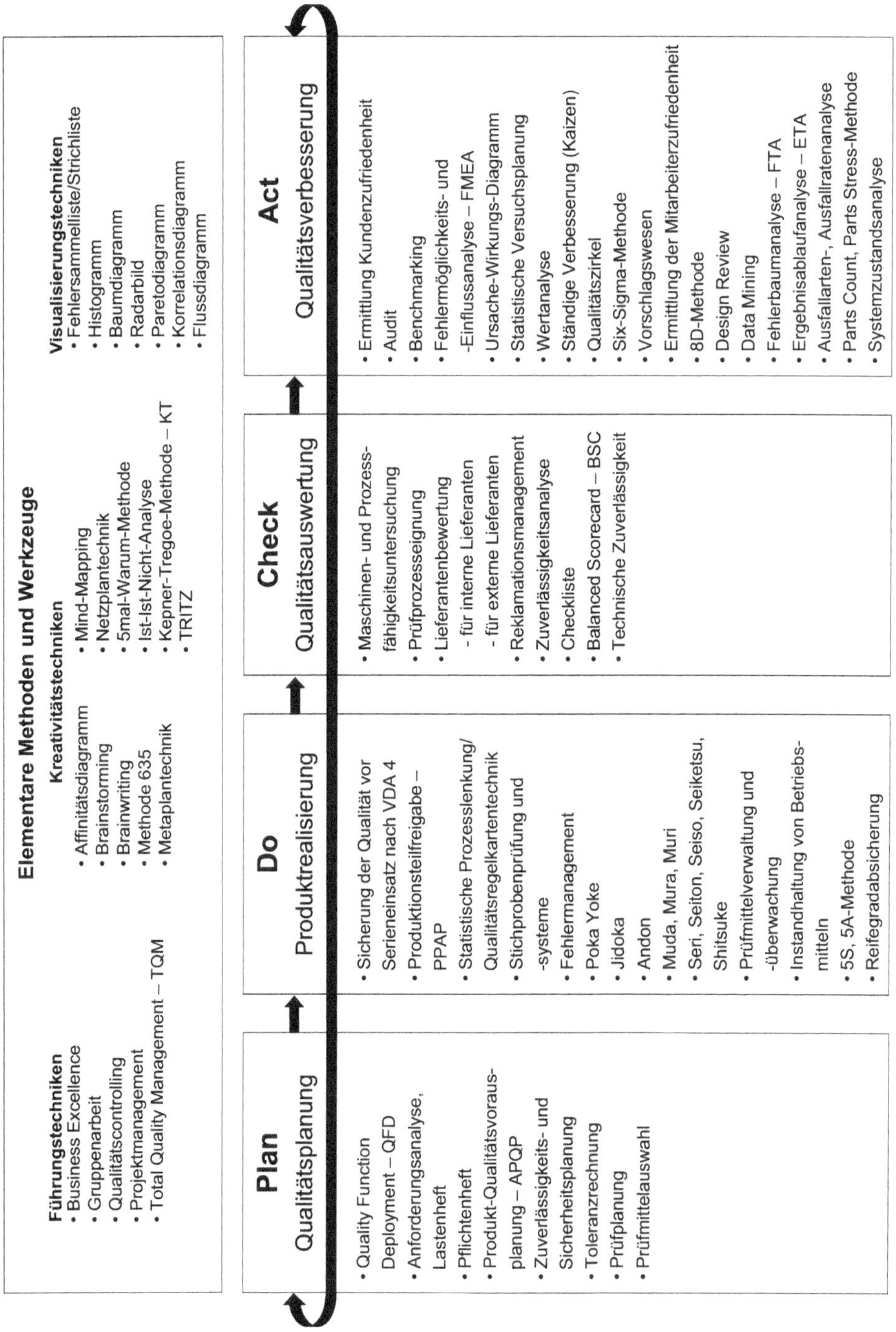

Elementare Methoden und Werkzeuge

Führungstechniken
- Business Excellence
- Gruppenarbeit
- Qualitätscontrolling
- Projektmanagement
- Total Quality Management – TQM

Kreativitätstechniken
- Affinitätsdiagramm
- Brainstorming
- Brainwriting
- Methode 635
- Metaplantechnik
- Mind-Mapping
- Netzplantechnik
- 5mal-Warum-Methode
- Ist-Ist-Nicht-Analyse
- Kepner-Tregoe-Methode – KT
- TRITZ

Visualisierungstechniken
- Fehlersammelliste/Strichliste
- Histogramm
- Baumdiagramm
- Radarbild
- Paretodiagramm
- Korrelationsdiagramm
- Flussdiagramm

Plan
Qualitätsplanung
- Quality Function Deployment – QFD
- Anforderungsanalyse, Lastenheft
- Pflichtenheft
- Produkt-Qualitätsvorausplanung – APQP
- Zuverlässigkeits- und Sicherheitsplanung
- Toleranzrechnung
- Prüfplanung
- Prüfmittelauswahl

Do
Produktrealisierung
- Sicherung der Qualität vor Serieneinsatz nach VDA 4
- Produktionsteilfreigabe – PPAP
- Statistische Prozesslenkung/ Qualitätsregelkartentechnik
- Stichprobenprüfung und -systeme
- Fehlermanagement
- Poka Yoke
- Jidoka
- Andon
- Muda, Mura, Muri
- Seri, Seiton, Seiso, Seiketsu, Shitsuke
- Prüfmittelverwaltung und -überwachung
- Instandhaltung von Betriebsmitteln
- 5S, 5A-Methode
- Reifegradabsicherung

Check
Qualitätsauswertung
- Maschinen- und Prozessfähigkeitsuntersuchung
- Prüfprozesseignung
- Lieferantenbewertung
  - für interne Lieferanten
  - für externe Lieferanten
- Reklamationsmanagement
- Zuverlässigkeitsanalyse
- Checkliste
- Balanced Scorecard – BSC
- Technische Zuverlässigkeit

Act
Qualitätsverbesserung
- Ermittlung Kundenzufriedenheit
- Audit
- Benchmarking
- Fehlermöglichkeits- und -Einflussanalyse – FMEA
- Ursache-Wirkungs-Diagramm
- Statistische Versuchsplanung
- Wertanalyse
- Ständige Verbesserung (Kaizen)
- Qualitätszirkel
- Six-Sigma-Methode
- Vorschlagswesen
- Ermittlung der Mitarbeiterzufriedenheit
- 8D-Methode
- Design Review
- Data Mining
- Fehlerbaumanalyse – FTA
- Ergebnisablaufanalyse – ETA
- Ausfallarten-, Ausfallratenanalyse
- Parts Count, Parts Stress-Methode
- Systemzustandsanalyse

Bild 9.1 Übersicht zu Methoden und Werkzeugen des Qualitätsmanagements

10 Total Quality Management (TQM) und Business Excellence

10.1 Begriffsbestimmung

Zum Erreichen von Spitzenleistungen in Bezug auf Marktposition, Kundenzufriedenheit und Geschäftserfolg sind punktuelle Optimierungen der Organisationsstrukturen, Methoden und Produkte nicht ausreichend. Erst die Ausweitung des Qualitätsmanagements auf **alle Bereiche** der Organisation führt zum dauerhaften Markterfolg.

Diese Strategie wird mit „Total Quality Management“ bezeichnet und als „Umfassendes Qualitätsmanagement“ übersetzt.

Total Quality Management – TQM: exzellentes Management und exzellente Geschäftsergebnisse, Ermittlung der Stärken und Verbesserungspotenziale durch Selbstbewertungen [Kam 15].

In der TQM-Philosophie gilt die Qualität von Produkten und Prozessen als oberste Zielsetzung für das gesamte Unternehmen. Das erfordert die Einbeziehung aller Bereiche des Unternehmens. Die Beziehungen der Bereiche untereinander werden als Dienstleistungen betrachtet, jeder Bereich ist sowohl Kunde als auch Lieferant anderer Bereiche (Kapitel 3, Bild 3.6).

Die Ganzheitlichkeit der TQM-Philosophie bewirkt auch, dass die **Belange der Gesellschaft** in das Zielsystem der Organisation mit aufgenommen werden müssen, auch wenn diese kein direkter Kunde oder Lieferant der Organisation ist.

Die TQM-Philosophie schließt dabei die Anwendung aller **QM-Techniken** wie Kaizen, Benchmarking, Qualitätszirkel u. a. mit ein. Wegbereiter der TQM-Philosophie waren insbesondere Ishikawa, Deming, Crosby und Feigenbaum (Abschnitt 1.2).

Umfassendes Qualitätsmanagement bezieht sich auf die Erfolgsfaktoren des Unternehmens (Abschnitt 1.1, Bild 1.1). Daher kann TQM auch mit „**T**ime-**Q**uality-**M**oney“ [Kot 93] übersetzt werden (Bild 10.1).

Unternehmen, die umfassendes Qualitätsmanagement anwenden, arbeiten in ihrem Geschäft hervorragend. Diese Eigenschaft wird als „**Business Excellence**“ bezeichnet.

Die Anforderungen und Kriterien von TQM sind gegenüber den Anforderungen der ISO 9001 wesentlich weiter gefasst.

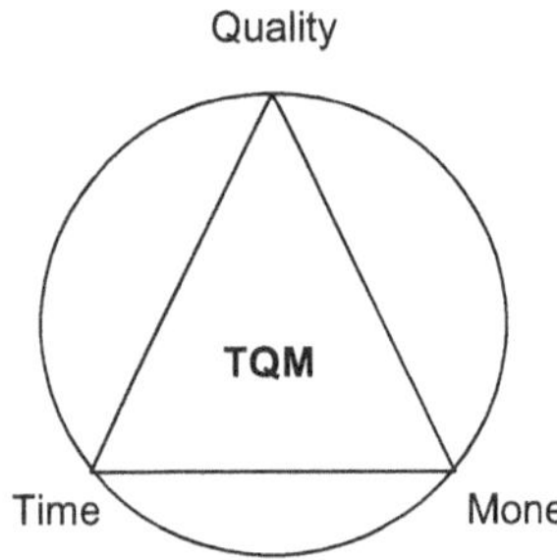

Bild 10.1
TQM-Interpretation als Time-Quality-Money

- **ISO 9001:** Welche Anforderungen sind *mindestens* zu erfüllen (Pflicht)?
- **TQM – Business Excellence:** Welche Konzepte sollten umgesetzt werden, um *Spitzenleistungen* zu erbringen (Kür)?

10.2 Grundgedanken des TQM

Die ISO 9004:2018 ist die gültige internationale Norm für die Erreichung von TQM im Unternehmen [Nor 18c]. Die EFQM beschreibt im Jahr 2020 als erweiterte Vision den inspirierenden Zweck, die Schaffung einer erstrebenswerten Vision, den nachhaltigen Nutzen der Strategie und die Gestaltung einer erfolgsorientierten Kultur in der Organisation. Zur Unterstützung der Unternehmen auf dem Weg zu Business Excellence wurde durch die EFQM (European Foundation for Quality Management) ein entsprechendes Modell entwickelt, das international als Richtlinie und Zielsystem für die Einführung von TQM anerkannt ist und als Bewertungsmaßstab für viele nationale und regionale Qualitätspreise dient. Es ist ein Werkzeug für Selbstbewertungen und Verfahrensbeschreibungen, um den spezifischen Ansprüchen aus unterschiedlichen Branchen gerecht zu werden.

Die European Foundation of Quality Management – EFQM – definiert Kriterien zur Bewertung des TQM (Bild 10.2) [Web 90; Mol 21].

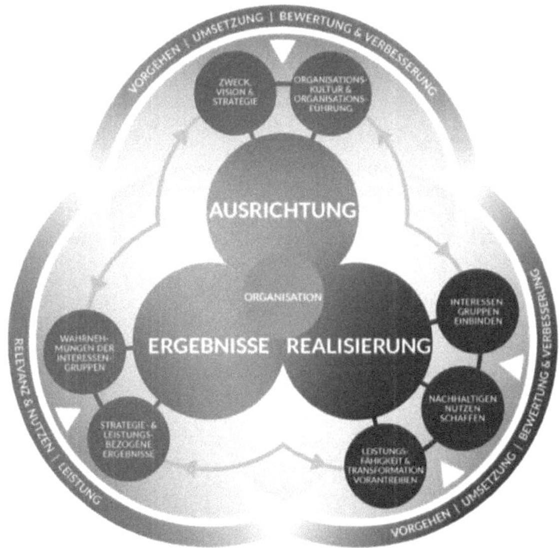

Bild 10.2 EFQM-Modell 2020 mit den Hauptkriterien Ausrichtung, Realisierung und Ergebnisse [Web 90]

Wie in den früheren EFQM-Modellen (Bild 10.2) [Web 25] wird die TQM-Philosophie von der Vision/Organisationskultur über Interessengruppen/Nachhaltigen Nutzen/Leistungsfähigkeit und Transformation zu Strategie/Leistungsbezogenen Ergebnissen/Wahrnehmungen der Interessengruppen beschrieben [Mol 21; Web 90].

Ausrichtung der Organisation

Kriterium 1: Zweck, Vision und Strategie

- Zweck und Vision definieren
- Interessengruppen identifizieren und ihre Bedürfnisse verstehen
- Ecosystem, eigene Fähigkeiten und wichtige Herausforderungen verstehen
- Strategie entwickeln
- Governance-Struktur und Steuerungssystem für die Leistungsfähigkeit der Organisation entwickeln und implementieren

Kriterium 2: Organisationskultur und Organisationsführung

- Organisationskultur lenken und ihre Werte fördern
- Rahmenbedingungen für erfolgreiche Veränderung gestalten

- Kreativität und Innovation ermöglichen
- Gemeinsam und engagiert für Zweck, Vision und Strategie der Organisation einstehen

Die Realisierung

Kriterium 3: Interessengruppen einbinden

- Kunden – nachhaltige Beziehungen aufbauen
- Mitarbeitende – gewinnen, einbeziehen, entwickeln und halten
- Wirtschaftliche und regulatorische Interessengruppen – kontinuierliche Unterstützung sicherstellen
- Gesellschaft – zu Entwicklung, Wohlergehen und Wohlstand beitragen
- Partner und Lieferanten – Beziehungen aufbauen und Beitrag für die Schaffung nachhaltigen Nutzens sicherstellen

Kriterium 4: Nachhaltigen Nutzen schaffen

- Nachhaltigen Nutzen planen und entwickeln
- Nachhaltigen Nutzen kommunizieren und vermarkten
- Nachhaltigen Nutzen liefern
- Ein Gesamterlebnis definieren und verwirklichen

Kriterium 5: Leistungsfähigkeit und Transformation vorantreiben

- Leistungsfähigkeit vorantreiben und Risiken managen
- Die Organisation für die Zukunft transformieren
- Innovation fördern und Technologie nutzen
- Daten, Information und Wissen wirksam einsetzen
- Vermögenswerte und Ressourcen managen

Die Ergebnisse

Kriterium 6: Wahrnehmungen der Interessengruppen

- Wahrnehmung der Kunden
- Wahrnehmung der Mitarbeitenden
- Wahrnehmung wirtschaftlicher und regulatorischer Interessengruppen
- Wahrnehmung der Gesellschaft
- Wahrnehmungen der Partner und Lieferanten

Kriterium 7: Strategie- und leistungsbezogene Ergebnisse

- Ergebnisse hinsichtlich der Erreichung von Zweck und Strategie sowie hinsichtlich der Schaffung nachhaltigen Nutzens
- Indikatoren zur Erfüllung der Erwartungen wichtiger Interessengruppen
- Indikatoren zu den finanziellen Ergebnissen
- Ergebnisse zum Fortschritt bei Leistungsfähigkeit & Transformation
- Indikatoren zur Vorhersage der Zukunft

Weiterhin enthält das EFQM-Modell 2020 das EFQM-Diagnosetool RADAR, um die angestrebten Ergebnisse zu definieren, das Vorgehen zu planen und zu entwickeln, die Umsetzung des Vorgehens zu realisieren und die Bewertung der erreichten Verbesserungen durchzuführen. Es ist eine Methode, die einer Organisation hilft, bestehende Stärken und Verbesserungspotenziale zu identifizieren und die angestebten Ergebnisse besser zu erreichen [Mol 21].

RADAR steht für:

- **R**esults – Ergebnisse
- **A**pproach – Vorgehen
- **D**eployment – Umsetzung
- **A**ssessment – Bewertung
- **R**eview – Überprüfung

Basierend auf dieser Bewertung und den hierdurch identifizierten Verbesserungspotenzialen werden dann erneut Vorgehensweisen geplant, durchgeführt und bewertet, was zu wieder neuen Optimierungsansätzen führt. Durch konsequentes, systematisches Anwenden dieser Methode erfolgt dann die ständige Verbesserung der Organisation auf dem Weg zu Business Excellence.

Die European Foundation for Quality Management (EFQM) hatte das Excellence-Modell 2013 überarbeitet und an aktuelle Entwicklungen angepasst (Bild 10.3) [EFQM 13].

Für die Bewertung von Organisationen öffentlichen Dienstes wurde das CAF-Modell (Common Assessment Framework) abgeleitet, um Excellence zu erreichen [Web 91]. Dabei geht es um die Selbstbewertung im Untersuchungsbereich und um die Einbeziehung der Ergebnisse der Selbstbewertung für strategische Entscheidungen. Sie beschäftigen sich mit den Faktoren, die für eine erfolgreiche Selbstbewertung wesentlich sind. Das CAF-Modell enthält die neun Themenfelder: Führungsqualität, Personalmanagement, Strategie und Planung, Partnerschaften und Ressourcen, Prozesse sowie Ergebnisse zu Mitarbeitenden, Kunden, Bürgern und Gesellschaft und zu erzielende Schlüsselergebnisse.

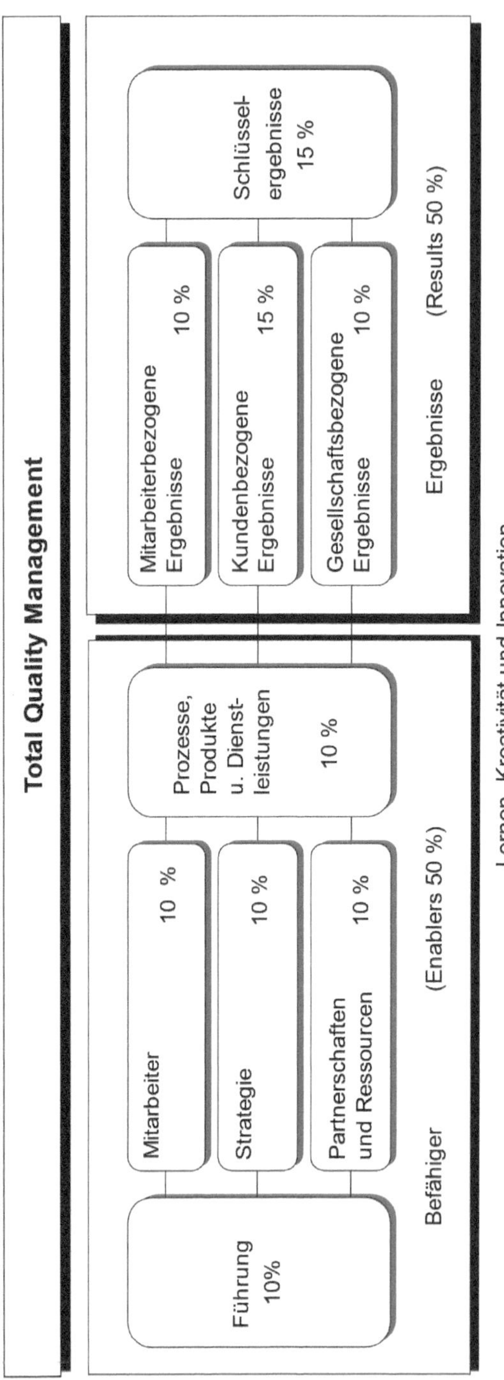

Bild 10.3 EFQM Excellence Modell 2013 [EFQM 13; Kam 15]

10.3 Qualitätspreise

Um Unternehmen und andere Organisationen mit **Spitzenleistungen im Wettbewerb** zu prämieren und um Nationen und Regionen zu stärken, werden Qualitätspreise vergeben (Tabelle 10.1).

Tabelle 10.1 Ausgewählte internationale und nationale Qualitätspreise im Überblick

Name des Preises	Vergeben von	Erstmalige Vergabe
Deming Application Prize	Japan	1951
Malcolm Baldrige National Award	USA	1987
EFQM Excellence Award - EEA	Europa	1992
Ludwig-Erhard-Preis	Deutschland	1996

Im Folgenden werden die Modelle ausgewählter Qualitätspreise kurz vorgestellt.

10.3.1 Deming Application Prize

Der Gedanke des TQM wurde zuerst in Japan umgesetzt, da sich die japanische Industrie nach dem 2. Weltkrieg auf dem Weltmarkt neu etablieren musste. Dabei wurde vor allem Wert auf eine hohe Produktqualität gelegt. Seit 1951 wird der nach dem Amerikaner W. E. Deming benannte Preis in Japan von der JUSE (Japanese Union of Scientists and Engineers) vergeben. Der Deming Application Prize dient der Verbreitung des Gedankens der **umfassenden Qualität**. Er wird periodisch ausgeschrieben und hat wesentlich dazu beigetragen, dass sich die japanische Wirtschaft auf dem Weltmarkt etablieren und behaupten konnte (japanische Qualitätsoffensive).

Kriterien des Deming Application Prize [Kam 00]:

- Unternehmenspolitik
- Organisation
- Informationsmanagement
- Standardisierung
- Personalentwicklung und -einsatz
- qualitätssichernde Maßnahmen
- Wartung und Steuerungsmaßnahmen

- Verbesserungsaktivitäten
- Ergebnisse
- Zukunftspläne

Der Deming Prize wird in folgenden Kategorien vergeben:

- Deming Prize for Individuals (an Einzelpersonen, die bei der Forschung und Ausbildung bzgl. TQM einen überragenden Beitrag geleistet haben)
- Deming Application Prize
  - an Unternehmen allgemein
  - an Kleinbetriebe
  - an Bereiche eines größeren Unternehmens
  - an ausländische Firmen
- Quality Control Award an Unternehmen
- Japan Quality Medal (seit 1969 an Unternehmen, die mindestens fünf Jahre zuvor bereits den Deming Application Prize gewonnen haben, aber ihr Qualitätsengagement nochmals deutlich verbessert haben)

10.3.2 Malcolm Baldrige National Award – MBNA

Als Antwort auf die Qualitätsoffensiven der europäischen und japanischen Wettbewerber wurden in den USA Anfang der 1980er-Jahre verschiedene Einrichtungen und Foren gegründet, die es sich zum Ziel machten, das **Qualitätsbewusstsein der US-amerikanischen Unternehmen** zu steigern. 1987 wurde der Wettbewerb um den Malcolm Baldrige National Award durch den Präsidenten Ronald Reagan ins Leben gerufen [Rad 97]. Seitdem wird die nach dem damaligen Handelsminister Malcolm Baldrige benannte Auszeichnung jährlich verliehen [Web 92].

Die **Initiatoren** sind [Mal 01]:

- National Institute of Standards and Technology
- Department of Commerce's Technology Administration

Der Preis hat drei **Ziele**:

- Förderung des nationalen Qualitätsbewusstseins
- öffentliche Anerkennung von Qualitätserfolgen
- Veröffentlichung erfolgreicher qualitätsorientierter Firmenstrategien

Kriterien des Malcolm Baldrige National Award [Wal 97]:

- ständige Verbesserungen
- Überprüfung der Verbesserungen
- Vergleich der Leistung der Geschäftsleitung gegenüber Weltklasse-Unternehmen
- partnerschaftliche Beziehungen zwischen Lieferanten und Kunden
- Wille, die Kundenwünsche zu identifizieren und umzusetzen
- Fehler nicht nur beheben, sondern verhüten
- qualitätsgerichtete Führung aller Organisationsebenen

Der Untersuchungsprozess durch die aus 400 Gutachtern bestehende Kommission erfordert je nach Unternehmen 300–1000 Arbeitsstunden [Mal 01]. Wesentlich wichtiger als der verliehene Preis sind jedoch die zugrunde liegenden **Ideen und Modelle** für die Qualitätsmanagementsysteme der US-amerikanischen Wirtschaft. Um den Preis bewerben sich pro Jahr ca. 100 Firmen, aber weit über 100 000 Firmen haben sich mit den Anforderungen beschäftigt und ganz oder teilweise ein QM-System entsprechend den Anforderungen des Malcolm Baldrige National Award eingeführt.

Das Interesse liegt also nicht hauptsächlich in der Erlangung des MBNA, sondern vor allem an der **Nutzung der Kriterien zur Verbesserung** der Organisation des Unternehmens. Der Preis wird jährlich in den folgenden drei Kategorien an US-Unternehmen verliehen:

- produzierende Unternehmen
- Dienstleistungsunternehmen
- kleine und mittlere Unternehmen (unter 500 Mitarbeitende).

10.3.3 EFQM Excellence Award – EEA

Der EFQM Excellence Award (EEA) ist der auf dem EFQM-Modellen 2013/2020 basierende europäische Qualitätspreis. Teilnahmeberechtigt für den jährlich ausgeschriebenen Preis sind seit 1996 auch Organisationen des öffentlichen Dienstes. Seit 1997 gibt es eine eigene Kategorie für kleine und mittlere Unternehmen (weniger als 250 Mitarbeitende).

Die **Bewertungskriterien** entsprechen dem **EFQM Excellence Modellen 2010/2013/2020**. Die Bewerbung um den European Quality Award erfolgt mit Bewerbungsunterlagen, die auf Basis einer **Selbstbewertung** erstellt wurden.

Die Bewerber werden in **zwei Kategorien** eingeteilt:

- Großfirmen und große Organisationen (32 Teilkriterien)
- kleine und mittlere Unternehmen (22 Teilkriterien)

Alle Bewerber erhalten einen Feedback-Bericht von der Bewertungskommission. Der EFQM Excellence Award gilt als der renommierteste Preis für Organisationen. Es ist die höchste Form der Auszeichnung, die eine Organisation in Europa erreichen kann. Die Preisträger haben nachweislich dargelegt, dass ihre Unternehmen für Spitzenleistung und exzellente Resultate stehen. Sie haben Vorbildcharakter und zählen zu den führenden Unternehmen in ihren Märkten.

10.3.4 Ludwig-Erhard-Preis

> *„Öffentliche Voraussicht und private Initiative müssen sich verbünden, um Deutschland gegen Krisen gefeit sein zu lassen und für die Meinung seiner politischen Kraft, seiner geistigen und technischen Leistung, seines ökonomischen Fortschritts einstehen zu können."*
>
> *Ludwig Erhard*

Der Ludwig-Erhard-Preis wurde 1996 ins Leben gerufen und 1997 erstmalig vergeben [Web 22]. Die **Initiatoren** des Ludwig-Erhard-Preises sind [DEC 01]:

- BDA – Bundesvereinigung der Deutschen Arbeitgeberverbände, Berlin
- BDI – Bundesverband der Deutschen Industrie, Berlin
- DIHK – Deutscher Industrie- und Handelskammertag, Berlin
- HDE – Hauptverband des Deutschen Einzelhandels, Berlin
- ZDH – Zentralverband des Deutschen Handwerks, Berlin
- DGQ – Deutsche Gesellschaft für Qualität, Frankfurt am Main
- VDI – Verein Deutscher Ingenieure, Düsseldorf

Für den Ludwig-Erhard-Preis können sich Unternehmen und Organisationen aller Branchen und Größen bewerben.

Zielgruppen sind dabei [Web 22]:

- Unternehmen aller Branchen und Größen
- Non-Profit-Organisationen
- Behörden
- Gesundheits-, Sozial- und Bildungseinrichtungen
- Teilbereiche von Organisationen, die als selbstständige Geschäftseinheiten geführt werden

Das Verfahren wird auf Basis des gültigen Excellence-Modells durchgeführt. Grundlage ist das vollständige Modell, d. h. alle sieben Kriterien mit den insgesamt 32 Teilkriterien.

Der Ludwig-Erhard-Preis wird an Unternehmen und Organisationen verliehen, die überzeugend nachweisen können, dass die konsequente Umsetzung der ganzheitlichen Managementmethode über einen Zeitraum von mindestens drei Jahren hinweg zu einer kontinuierlichen und nachhaltigen Verbesserung in allen Aspekten ihrer Leistungsfähigkeit geführt hat.

Gefordert ist ein Führungsstil, der alle Betroffenen zu Beteiligten und Mitwirkenden macht. Die Zufriedenheit von Kunden und Mitarbeitenden sowie der Nutzen für die Organisation und die Gesellschaft sind dabei grundlegende Maßstäbe. Die sich bewerbende Organisation muss ihren Sitz in Deutschland haben.

Aus der Teilnahme resultiert ein Feedback-Bericht des Assessorenteams, welcher eine unabhängige Fremdsicht der Bewerberorganisation darstellt. Der Bericht ermöglicht die Benennung von Bereichen, in denen Verbesserungen einen hohen Nutzen stiften würden. Die Bewerberorganisation kann dadurch eine weitere Informationsquelle zur Ermittlung leistungssteigernder Organisationsentwicklungsmaßnahmen etablieren. Jeder Bewerber erhält diesen Feedback-Bericht.

Die Organisationen profitieren von der Bewerbung durch:

- neutrale Bewertung und Feedback zur Verbesserung durch qualifizierte Assessoren
- Weiterentwicklung auf Basis eines umfassenden Ergebnisberichtes
- positive Imagebildung
- Erfahrungsaustausch mit anderen Spitzenunternehmen

10.4 Selbstbewertung – Quality Self Assessment

10.4.1 Begriffsbestimmung und Nutzen der Selbstbewertung

Die angeführten Qualitätspreise dienen der Prämierung herausragender (exzellenter) Leistungen von Unternehmen. Erfahrungen haben gezeigt, dass bereits die **Vorbereitung** zu einer Bewerbung um einen dieser Preise zum Aufdecken von Verbesserungsbereichen in den Unternehmen führen.

Die **Selbstbewertung** (engl.: quality self assessment) ist die systematische Nutzung dieses Effektes mit dem Ziel, die eigenen Stärken und Verbesserungsbereiche klar zu erkennen und dadurch die eigene Leistung kontinuierlich zu verbessern.

Selbstbewertung: systematische Beurteilung der Tätigkeiten und Ergebnisse einer Organisation anhand eines Bewertungsmodells, die zu einer Aussage über die Effizienz der Organisation und den Reifegrad des Qualitätsmanagementsystems führt.

Der **Nutzen der Selbstbewertung** beruht auf folgenden Effekten [EFQM 13]:

- Bewertung aufgrund von Fakten statt aufgrund von Wahrnehmungen
- durch periodische Anwendung lassen sich Tendenzen erkennen
- es können sowohl einzelne Bereiche als auch das gesamte Unternehmen bewertet werden (Skalierbarkeit)
- die Durchführung der Selbstbewertung wirkt motivierend
- Stärkung des Informationsaustausches zwischen Unternehmensbereichen
- Möglichkeit der Vergabe interner Preise
- Möglichkeit für internes Benchmarking

Die Selbstbewertung ist ein **erweitertes internes Systemaudit**. Es muss geeignete Konsequenzen nach sich ziehen. Die Selbstbewertung ist das Check und die eingeleiteten Maßnahmen das Act des PDCA-Zyklus (Abschnitt 3.3).

10.4.2 Der Prozess der Selbstbewertung

Um eine Selbstbewertung durchzuführen, sind folgende **Methoden** möglich [EFQM 13].

Der **Ablauf der Selbstbewertung** sollte sich an folgendem Schritten orientieren:

- Selbstbewertung durch Simulation einer Bewerbung um einen Qualitätspreis
- Selbstbewertung mittels Standardformularen
- Selbstbewertung mittels Matrixdiagrammen
- Selbstbewertung mit einem Workshop
- Selbstbewertung mit Fragebögen
- Selbstbewertung mit Einbezug von Kollegen

Die **DIN EN ISO 9004:2018** dient als Anleitung zum Lenken und Leiten einer Organisation für den nachhaltigen Erfolg auf der Basis der acht Qualitätsmanagementgrundsätze. Der Anhang A dieser Norm stellt den Organisationen ein Werkzeug für die Selbstbewertung ihrer eigenen Stärken und Schwächen, zur Bestimmung ihres Reifegrades und zur Ermittlung von Verbesserungs- und Innovationsmöglichkeiten zur Verfügung [Nor 18c]. Die Auswertung dieser Selbstbewertung erlaubt eine Einschätzung des **Leistungsniveaus des QM-Systems** (Tabelle 10.2).

Im Downloadbereich des Hanser Verlages zu diesem Buch ist ein Beispiel für eine Checkliste für die Selbstbewertung zu finden.

Tabelle 10.2 Beispiel für die Bewertung der Leistungsreifegrade

Reifegrad	Leistungsniveau	Erläuterung
1	Kein formaler Ansatz	Kein systematischer Ansatz erkennbar; keine Ergebnisse, schlechte oder nicht vorhersehbare Ergebnisse
2	Reaktiver Ansatz	Problem- oder korrekturorientierter systematischer Ansatz; Mindestdaten zu Verbesserungsergebnissen vorhanden
3	Stabiler formaler Ansatz	Systematischer prozessgestützter Ansatz, systematische Verbesserungen im Frühstadium, Daten über die Einhaltung von Qualitätszielen vorhanden, Verbesserungstrends vorhanden
4	Schwerpunkt auf ständiger Verbesserung	Verbesserungsprozess eingeführt; gute Ergebnisse und nachhaltige Verbesserungstrends
5	Bestleistung	Optimale Vorgehensweise; fest integrierter Verbesserungsprozess; Nachweis der Bestleistung durch Benchmark-Ergebnisse

11 Rechnergestütztes Qualitätsmanagement

11.1 Computer Aided Quality Management – CAQ

11.1.1 Ziele von Computer Aided Quality Management

Jedes Unternehmen muss sich **kontinuierlich verbessern**. Das betrifft die Verbesserung der Produkte und Prozesse und die **Anpassung des integrierten Managementsystems** an die Forderungen der Kunden und des Marktes (Abschnitt 1.1). Insbesondere steigen die Anforderungen an die **Qualität und Komplexität der betrieblichen Datenverarbeitung**. Eine Vielzahl von Daten über die Qualität der Produkte und Prozesse müssen in den Unternehmen in verschiedener Form erfasst und ausgewertet werden. Die Anzahl der unterschiedlichen Datentypen und die Häufigkeit ihrer Erfassung nehmen aufgrund der steigenden Qualitätsanforderungen an die Produkte und Prozesse ständig zu. In der modernen Produktion steigen die **Forderungen an die Dokumentation** von Informationen und die **Forderungen nach Anwendung von rechenintensiven statistischen Methoden des Qualitätsmanagements** (Prozess-, Maschinen- und Prüfmittelfähigkeitsuntersuchungen, statistische Prozesslenkung, Lieferantenbewertung etc.).

Für eine effektive Erfassung und Auswertung von Massendaten im Qualitätsbereich ist die Anwendung von computergestützten Methoden und Werkzeugen im Qualitätsmanagement unumgänglich. Der Einsatz computergestützter Methoden und Werkzeuge wird als **CAQ** – **C**omputer **A**ided **Q**uality Management bezeichnet. Eine zunehmende Rolle bei der Auditierung von Managementsystemen spielt ein **automatisiertes Dokumentenmanagement**. Vor allem integrierte Managementsysteme haben eine sehr umfangreiche Dokumentation, die nur mit hohem Aufwand aktuell und konsistent gehalten werden kann (Abschnitt 7.4.2, Bilder 7.7 bis 7.10). Der Aufwand kann damit um bis zu 50 % reduziert werden.

Computer **A**ided **Q**uality Management **– CAQ:** Einsatz softwarebasierter Verfahren für Planungs- und Steuerungsprozesse von Methoden und Werkzeugen des Qualitätsmanagements [Höp 03].

Bei der Verwendung des CAQ-Begriffs ist zwischen den Bezeichnungen Funktion, Modul und System zu unterscheiden [Pfe 15]. Eine CAQ-Funktion ist eine Abfolge von QM-Tätigkeiten, ein CAQ-Modul kann dabei eine oder mehrere CAQ-Funktionen enthalten. In einem CAQ-System werden alle verfügbaren bzw. tatsächlich eingesetzten CAQ-Module zum Teil unter Nutzung konstruktionstechnischer Daten zusammengefasst.

CAQ-System: Software mit einem bestimmten Umfang an implementierten CAQ-Funktionen auf der Basis **konsistenter** Daten.

Die Ziele aus dem CAQ-Einsatz lassen sich zunächst in Form **allgemeiner** Nutzenpotenziale betrieblicher Informationssysteme formulieren [Bec 18; Kur 16]:

- **Informationsgewinnung:** Eine systematische und regelmäßige Datenerfassung ermöglicht jederzeit vollständige, richtige und aktuelle Informationen.
- **Motivationssteigerung der Mitarbeitenden** durch Entlastung von Routinetätigkeiten mittels Automatisierung und Standardisierung.
- **Senkung der Durchlaufzeiten** direkter und indirekter Tätigkeiten.
- **Erhöhung der Transparenz** in allen Geschäftsprozessen führt zu einer Erhöhung der Flexibilität und Reaktionsgeschwindigkeit.
- **Vernetzung über Systemgrenzen** hinweg verbessert die Kommunikation zwischen Abteilungen, aber auch zu Kunden und Lieferanten.
- Verbesserte **Auslastung und Produktivitätssteigerungen** führen direkt zu niedrigeren Kosten in allen Bereichen. Dem stehen die zum Teil hohen Investitionskosten bei der Einführung von CAQ-Systemen gegenüber.

Hinzu kommen noch **spezielle** Nutzenpotenziale aus Sicht des Qualitätsmanagements:

- durch **systematische Erfassungen** und **Auswertungen** können Fehler frühzeitig erkannt werden, präventive Methoden des QM sind überhaupt erst effektiv nutzbar
- **Reduzierung der qualitätsbezogenen Kosten**, z. B. Prüfkosten durch eine effiziente Prüftechnik
- bessere **Erfüllung der Dokumentationsanforderungen** aus Normen und Gesetzen
- **langfristige Sicherung bzw. Steigerung der Qualitätsfähigkeit** von Produkten und Prozessen

Allgemeine Qualitätsforderungen an die Software sind:

- Benutzerfreundlichkeit
- Robustheit gegen Fehler
- verständliche Fehlermeldungen
- Betriebssicherheit, Verfügbarkeit, Wiederanlauf
- Portabilität, Kompatibilität
- Variabilität, Erweiterbarkeit
- Datenschutz, Datensicherheit

11.1.2 Auswahl und Einführung von CAQ-Systemen

Die Auswahl einer geeigneten Software für CAQ-Systeme ist für ein Unternehmen von strategischer Bedeutung. Bei den dabei zu treffenden Entscheidungsalternativen ist im Wesentlichen zwischen der Beschaffung einer **Standardsoftware** und der Entwicklung einer **Individualsoftware** zu unterscheiden.

Standardsoftware ist für einen Massenmarkt mit einem abgegrenzten Aufgabenbereich konzipiert und daher auf Allgemeingültigkeit und eine mehrfache Nutzung ausgelegt.

Individualsoftware wird für den spezifischen Einsatz eines oder weniger Anwender individuell entwickelt. Typisch in der Praxis sind Insellösungen mit MS Excel™ und MS Access™.

Untersuchungen in kleinen und mittleren Unternehmen (KMU) zeigen, dass ca. 75 % aller Unternehmen ein Standardsoftwaresystem aus dem PPS-/ERP-/MES-Bereich besitzen, während nur ca. 25 % der Unternehmen CAQ-Standardsoftware einsetzen (Bild 11.1).

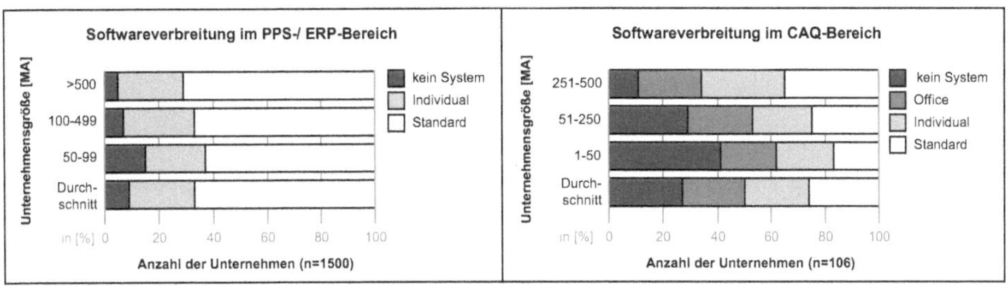

Bild 11.1 Verbreitung von Standardsoftware im PPS/ERP- [Fri 07] und CAQ-Bereich [WRL 08]

Demnach besteht ein enger Zusammenhang zwischen Unternehmensgröße und Softwareeinsatz: Mit sinkender Unternehmensgröße sinkt auch der Einsatz von Standardsoftware und der Anteil der Unternehmen ohne Softwareunterstützung nimmt gleichzeitig zu. Etwa ein Viertel aller Unternehmen entwickeln eigene Software (Individualsoftware). Im CAQ-Bereich setzen viele Unternehmen zudem selbst entwickelte Software (Insellösungen) auf Basis von Office-Suiten, meist von der Firma Microsoft, ein.

Wie jedes betriebliche Informationssystem beeinflussen auch CAQ-Systeme die Abläufe eines Unternehmens in der Regel über mehrere Jahre hinweg. Die Auswahl und Einführung eines geeigneten CAQ-Systems stellt daher eine gewisse Einmaligkeit und Langfristigkeit dar und erfordert die Zusammenarbeit von Fachleuten aus verschiedenen Bereichen. Die empfohlene **Vorgehensweise** lässt sich in mehrere Arbeitsschritte unterteilen (Bild 11.2 oben).

Bei der Einführung eines CAQ-Systems können die Kosten für Implementierung und Anpassung, für Schulung und zusätzlich benötigte Hardware den reinen Anschaffungspreis deutlich übersteigen. Eine durchschnittliche **Kostenverteilung** bei der Einführung von Standardsoftwaresystemen in Unternehmen zeigt Bild 11.2. Die Einführungskosten von CAQ-Systemen wurden in der Regel um ca. 50 % unterschätzt und mit durchschnittlich 90 000 Euro angegeben [Fuc 05].

Um aus der Vielzahl der auf dem Markt erhältlichen CAQ-Systeme ein geeignetes System auszuwählen, sind zunächst Informationen über möglichst viele CAQ-Systeme zu akquirieren.

Fachmessen zur Sondierung von CAQ-Systemen:

- Control – Internationale Fachmesse für Qualitätssicherung in Stuttgart
- Vision in Stuttgart
- SENSOR+TEST in Nürnberg
- Weltleitmesse und Kongress für Komponenten, Systeme und Anwendungen der Photonik in München
- AMA Sensorik und Messtechnik in Nürnberg

Arbeitsphase		Arbeitsschritt
Vorbereitung	Projektvorbereitung	Zielstellung und Festlegung des Untersuchungsbereichs Aufstellung Zeitplan Projektteam aus den beteiligten Bereichen und ggf. externe Berater
	Problemanalyse	gegenwärtige Aufbau- und Ablauforganisation Informationsfluss mit Art der Datenerfassung und Datenqualität Personalsituation und informelle Fähigkeiten festgestellte Stärken und Schwächen
	Anforderungs-definition	funktionale und technische Anforderungen Organisation und Schnittstellen zu angrenzenden Bereichen Dokument: Pflichtenheft, inkl. zeitlicher und finanzieller Rahmen
Auswahl	Vorauswahl	Marktübersicht Bewertung der Systeme gemäß Pflichtenheft (z. B. als Fragenbogen) Favoritengruppe aus max. 5 Anbietern Informationsquellen: Fachbeiträge, Marktspiegel, Messen, Anbieterverzeichnisse
	Entscheidung	Vorstellung der Anbieter: - Einholung Angebote - Referenzkunden(-befragung) - Präsentation und Demo-Software Testinstallation im Referenzbereich mit Beispieldaten Vertrag: mit Zeitplan, zusätzlichen Anpassungen und Eigenleistungen
Einführung	Systemeinführung	Installation von Hard- und Software Anpassung der Software und Konfiguration der Schnittstellen Schulung der Mitarbeiter
	System-inbetriebnahme	Einpflegen der Stammdaten Umstellung von Alt- auf Neusystem (einmalig oder modulweise) Abnahme

	Kostenblock	Anteil an den Gesamtkosten
Typische Kostenverteilung	Beratung, Einführung und Anpassung	40–60%
	Softwarelizenz, inklusive Datenbank- und Betriebssystem	20–25%
	Schulung	10–20%
	Hardware und weitere IT-Infrastruktur	10–15%

Bild 11.2 Phasen und Kostenverteilung bei der Softwareeinführung [Gro 01]

Folgende **Kriterien für die Entscheidung/Auswahl** müssen beachtet werden:

- bestehende IT-Landschaft und IT-Strategie
- umgesetzte Funktionalitäten im Verhältnis zu bestehenden Kundenanforderungen
- eventuelle Redundanz zu vorhandenen Systemen oder Modulen
- Ergonomie, Anwenderfreundlichkeit
- Anschaffungspreis und laufende Kosten
- Programmier-/Konfigurationsaufwand für Änderungen an den Programmen zur Anpassung an spezielle Anforderungen
- Schnittstellen zu Standardanwendungen wie MS Word™, MS Excel™, MS Outlook™ u. a.
- Erfahrungen anderer Unternehmen mit dem betreffenden System (Referenzen)
- Pflege- und Wartungsaufwand (intern vs. extern)
- Betreuung/Service durch den Hersteller

Nach der Entscheidung, beispielsweise an Hand einer Bewertungsmatrix für ein CAQ-System, ist dieses zu installieren und einzurichten, sind Mitarbeitende zu schulen und der schrittweise Umstieg manueller auf computergestützte Tätigkeiten vorzunehmen.

11.1.3 Labor-Informations- und Management-System – LIMS

Labor-Informations- und Management-Systeme werden in medizinischen Laboratorien, der Prozessindustrie, der Chemie, der Pharma- und der Lebensmittelindustrie eingesetzt [The 11]. LMIS müssen die Anforderungen der ISO 15189 „Medizinische Laboratorien – Anforderungen an die Qualität und Kompetenz" erfüllen [Nor 12d].

Labor-Informations- und Management-System – LIMS: Software mit einem bestimmten Umfang an implementierten CAQ-Funktionen, die insbesondere für die Anwendung in Laboren geeignet ist.

Es wird statt mit Stück in der Regel mit Proben gearbeitet. Diese Proben werden angelegt und verwaltet. Oft werden die zu untersuchenden Merkmale nicht bei der Prüfplanung definiert, sondern erst beim Anlegen der Probe. Dazu gehört auch die Festlegung des Prüfumfanges. Bei chemischen Prüfungen/Untersuchungen ist insbesondere auch die Angabe der Prüfmethode wichtig. Als weitere zusätzliche Aufgabe ist in LIMS oft eine Chargenverwaltung für die Rückverfolgbarkeit integriert. Labor-Informations- und Management-Systeme kommen häufig in nach DIN EN ISO/IEC 17025 akkreditierten Prüf- und Kalibrierlaboratorien für Qualitätsmanagement/Qualitätssicherung zur Anwendung (Abschnitt 2.5). Diese Laboratorien sind durch die DakkS GmbH zu akkreditieren. LMIS erfüllen die Anforderungen der ISO 9001/17025/17020.

Standardfunktionen von LIMS sind: Verwaltung der Proben, Prüfparameter und der Messwerte, Auftragsverwaltung, Kundenverwaltung und -management mit E-Mail-Funktion, Prüfberichte, Etiketten, Formulare, Arbeitsblätter, Laufzettel, Statistikfunktionen, Mobiles Arbeiten, Rechteverwaltung für die Nutzer, Chargenverwaltung, Rückverfolgbarkeit, tägliche Datensicherung, Funktion Angebots- und Rechnungslegung, Importschnittstellen-Editor: CSV, JSON, Exportschnittstellen-Editor: CSV, XML, JSON, TXT, 8D-Report, Dokumentenlenkung, Rezepturverwaltung, Mitarbeiterqualifikation, Schulung, Prüfmittelverwaltung, Qualitätsregelkarten, Chemikalienverwaltung, Lieferantenbewertung und Inspektion von Betriebsmitteln.

11.2 Funktionen von CAQ-Systemen

In CAQ-Systemen sind neben den Querschnittsfunktionen zwei Gruppen von Funktionen realisiert, die gleichzeitig die **Kernaufgaben** von CAQ-Systemen bilden (Bild 11.3):

- Prüfungen
- statistische und präventive QM-Methoden

Die in CAQ-Systemen realisierten **Prüfungen** sind:

- Fertigungsprüfung
- Statistische Prozessregelung
- Losbezogene Zwischenprüfung
- Warenausgangsprüfung
- Wareneingangsprüfung
- Erstmusterprüfung
- Prüfmittelüberwachung und -management
- Instandhaltung
- Auditmanagement

Die Prüfmittelüberwachung und die Instandhaltung haben auch den Charakter von Prüfungen. Im Audit ist das Prüfobjekt ein System, ein Prozess oder ein Produkt.

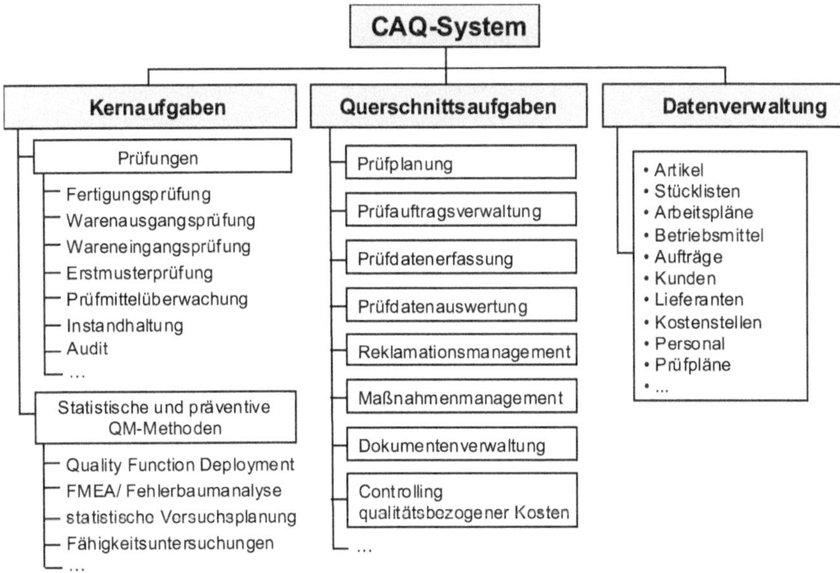

Bild 11.3 CAQ-Aufgabenmodell [Höp 03]

In CAQ-Systemen umgesetzte **präventive und statistische Methoden des Qualitätsmanagements** sind insbesondere:

- Quality Function Deployment – QFD
- Fehlermöglichkeits- und -einflussanalyse – FMEA – und Fehlerbaumanalyse – FTA
- statistische Versuchsplanung, Design of Experiments – DoE
- Fähigkeitsuntersuchungen

Für die Ausführung dieser Kernaufgaben sind bestimmte unterstützende Aufgaben notwendig. Diese werden als **Querschnittsaufgaben** bezeichnet:

- Prüfplanung
- Prüfbeauftragung
- Prüfdurchführung (Datenerfassung)
- Prüfdatenauswertung
- Reklamations- und Fehlermanagement
- 8D-Report
- Lieferantenmanagement/Lieferantenentwicklung
- Maßnahmenmanagement
- Dokumentenverwaltung
- Controlling qualitätsbezogener Kosten
- Schulungs- und Qualifikationsmanagement

Grundlage zur Erfüllung dieser Aufgaben ist die Verwaltung von Stammdaten und spezifischen Daten (Bild 11.3).

11.2.1 Datenverwaltung

Die Verwaltung von Stammdaten und spezifischen Daten ist wesentliche Grundlage für die Funktionen eines CAQ-Systems (Bild 11.4). Während die Verwaltung umfangreicher Datenmengen früher durch **Karteien** erfolgte, übernehmen diese Aufgabe in CAQ-Systemen **Datenbanksysteme**. Sie ermöglichen dem Benutzer den Zugriff auf gespeicherte Daten, ohne dass dieser wissen muss, wie sie im Datenbanksystem organisiert sind.

Eine **Datenbank** gewährleistet, dass kein Benutzer ohne Zugriffsberechtigung Daten sichten oder manipulieren kann – **Datenschutz**. Datenbanken verhindern weiterhin, dass bei Fehlbedienungen durch den Benutzer Daten zerstört werden oder gar der ganze Datenbestand unbrauchbar wird – **Datensicherheit**. Datenbanken gewährleisten die Datenkonsistenz.

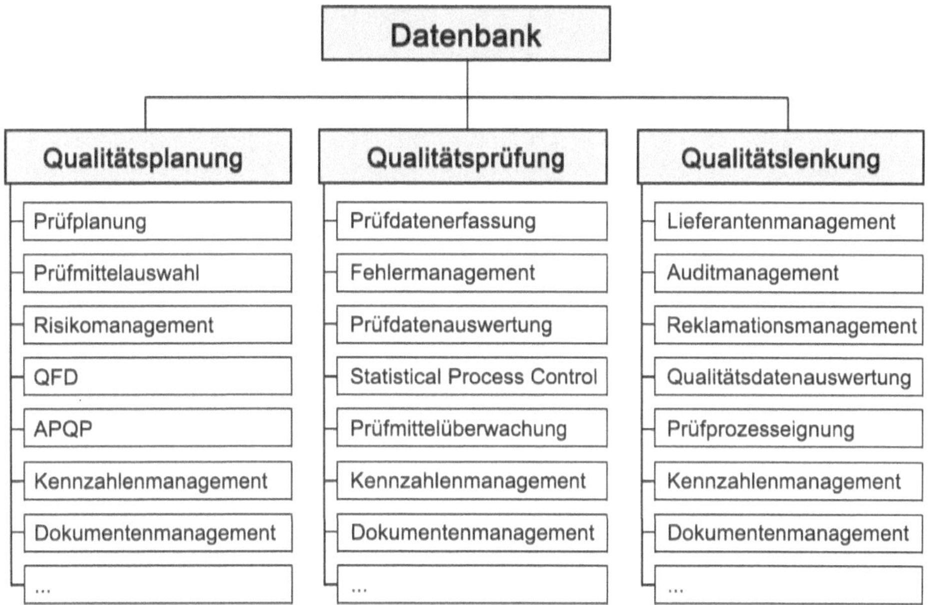

Bild 11.4 CAQ-Aufgabenmodell [Höp 03]

Die Eingabe der erforderlichen **Stammdaten** in das CAQ-System kann geschehen:

- manuell
- durch Filetransfer
- per Verbindung mit einer anderen betrieblichen IT-Anwendung – Datenintegration

Ein sehr zu beachtendes Problem bei der Einführung von CAQ-Systemen ist der **Abgleich der Datenbanken** (Datenintegration) meist mit dem bereits vorhandenem ERP-System (PPS-System), um in beiden Systemen (ERP- und CAQ-System) immer konsistente Stammdaten zu verwenden.

11.2.2 Prüfplanung

Die Prüfplanung gehört zu den **prüfablaufbezogenen Querschnittsaufgaben** Prüfplanung, -beauftragung, -durchführung (Datenerfassung) und -auswertung (Bild 11.3). Einen Überblick zu diesen prüfablaufbezogenen Querschnittsaufgaben von CAQ-Systemen enthält Bild 11.5.

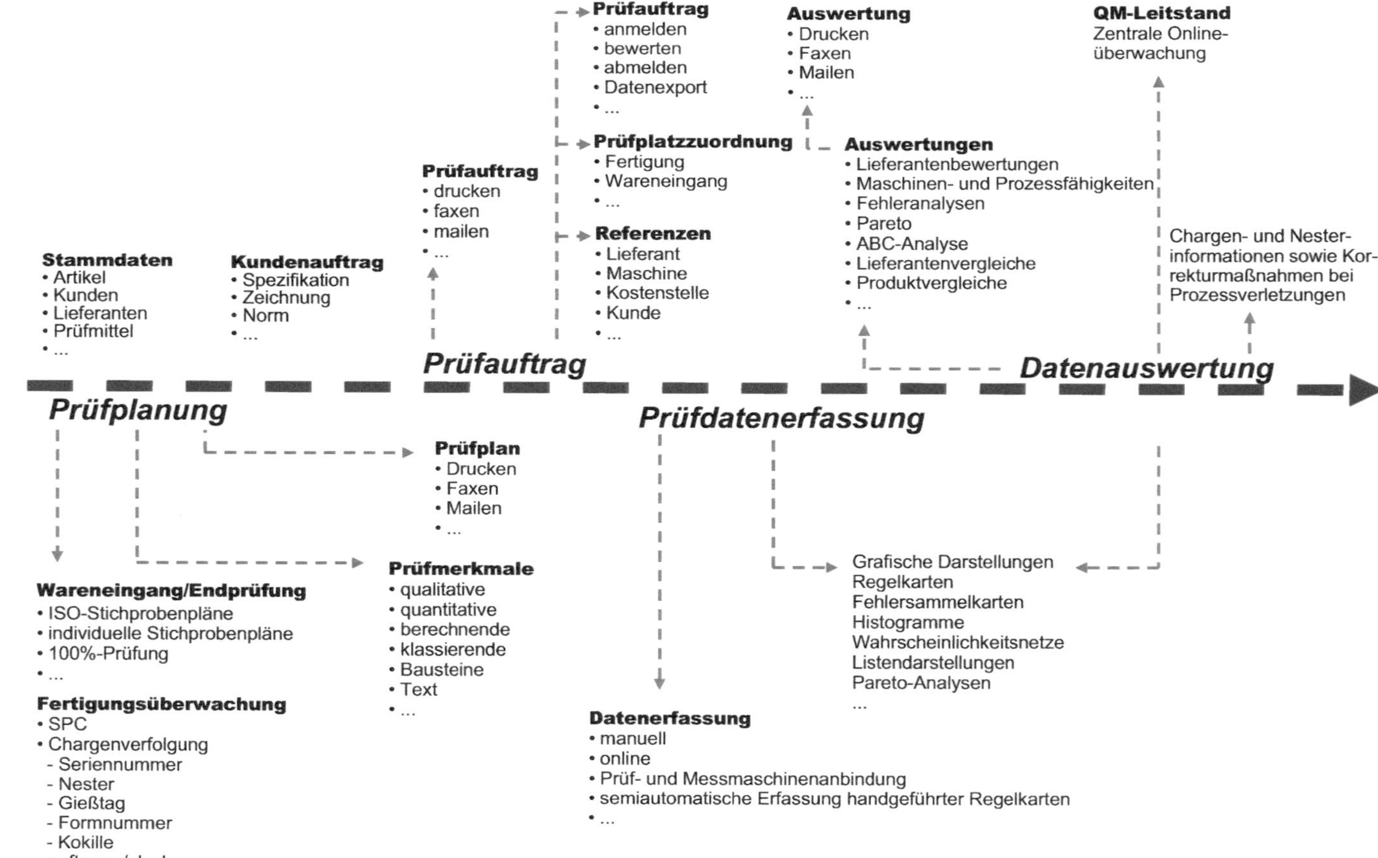

Bild 11.5 Prüfablaufbezogene Querschnittsaufgaben [CAQ 01]

Die Anforderungen an die **Prüfplanung mithilfe von CAQ-Systemen** sind prinzipiell dieselben wie die an die Prüfplanung ohne CAQ-System. Es muss jedoch beachtet werden, dass im CAQ-System alle Einstellungen hinterlegt sein müssen, die für die spätere Abarbeitung der Algorithmen der Prüfdurchführung und -auswertung notwendig sind. Der **Prüfplan** in einem CAQ-System besteht ebenso wie der Prüfplan manueller Prüfungen aus

- **Prüfplankopf** und
- **Prüfplanrumpf**.

Der **Prüfplankopf** beinhaltet u. a. die folgenden Daten:

- Prüfplan-Nr.
- Benennung
- Artikel-Nr.
- Arbeitsplan-Nr.
- Zeichnungs-Nr.

Der **Prüfplanrumpf** enthält die Struktur des Prüfplans in **drei Ebenen**:

- Ebene Artikel
- Ebene Arbeitsvorgang
- Ebene Merkmal

In einigen CAQ-Systemen gibt es die Möglichkeit, **Familienprüfpläne** zu erstellen. Sie ermöglichen eine vereinfachte Prüfplanung dadurch, dass ein Prüfplan für ganze Artikelgruppen benutzt werden kann.

Im Prüfplan muss für jedes Merkmal die Art und Weise der Prüfung separat festgelegt werden. Die Beschreibung der Merkmale erfolgt im Prüfplanrumpf. Dabei sind insbesondere die Festlegungen zum **Ablauf der Prüfungen** und die **Werte der zu überprüfenden Toleranzgrenzen** zu planen.

Entscheidende Vorteile bringt eine Kopplung CAQ-CAD, die es ermöglicht, Geometriedaten in die Prüfplanung zu übernehmen.

11.2.3 Prüfauftragsverwaltung

Der Prüfplan ist die Festlegung, wie die Prüfung der einzelnen Merkmale eines Arbeitsvorganges durchzuführen ist.

Für die operative Durchführung der Prüfung mithilfe von CAQ-Systemen muss erst ein **Auftrag** vorliegen. Durch die Zuweisung von Termin, Menge, Priorität und Prüfplatz wird aus dem **Prüfplan** der **Prüfauftrag**. Dieser wird stets einem **Artikel** und einem **Arbeitsvorgang** zugewiesen.

Die **Auslösung** des Prüfauftrages (Generierung) kann erfolgen:

- von Hand (manuell)
- ereignisgesteuert durch ein IT-System (PPS-System)

Bei der Generierung bekommt der Prüfauftrag eine bestimmte **Priorität** oder **Terminierung** zugewiesen, um dem Prüfer einen Hinweis auf die Dringlichkeit des Prüfauftrages zu geben.

Jeder Prüfauftrag hat einen bestimmten **Status.** Nach der Auslösung des Prüfauftrages besitzt dieser zunächst den Status „ungeprüft". Ist der Prüfer gerade bei der Ausführung des Prüfauftrages, wechselt der Status auf „in Prüfung". Unterbricht der Prüfer die Prüfung, bekommt der Prüfauftrag den Status „teilgeprüft". Hat der Prüfer alle Prüfungen durchgeführt, wird der Status „fertiggeprüft" gesetzt. Ist der Verwendungsentscheid getroffen und hat der Prüfer den Prüfauftrag quittiert, bekommt der Prüfauftrag den Status „abgeschlossen".

Die anstehenden Prüfaufträge müssen weiterhin den einzelnen **Prüfplätzen** zugewiesen werden. Bei IT-gestützter Generierung des Prüfauftrages erfolgt dies automatisch durch die Vorgabe im Prüfplan.

Weiterhin wird der Prüfauftrag an einen bestimmten **Termin** gebunden, der durch das System überwacht wird. Für die Errechnung des Stichprobenumfangs nach standardisierten Annahmestichprobenplänen ist die Eingabe der **Losgröße** erforderlich.

Die Terminierung und die Angabe der Losgröße können bei bestehender Kopplung von CAQ- und PPS-System automatisch realisiert werden. Bei Labor-Informations- und Management-Systemen (LIMS) ist in der Prüfauftragsverwaltung die Chargenverwaltung mit enthalten.

11.2.4 Prüfdatenerfassung

Die Prüfdatenerfassung beinhaltet die operative Erfassung der Prüfdaten.

Die Prüfdurchführung beginnt, indem sich zunächst der Prüfer durch die Eingabe von Login und Passwort **anmeldet**. Dieses ist gleichzeitig seine **elektronische Unterschrift** für die Richtigkeit der eingegebenen Daten. Nach Anmeldung sucht er sich aus einer Liste einen **Prüfauftrag** – und damit einen zu prüfenden Artikel – aus. Die Oberfläche des Datenblattes des Prüfauftrages stellt dem Prüfer alle benötigten Informationen zur Verfügung. Dazu gehören die **Prüfvorschrift**, die **Zeichnung** und weitere **Informationen**. Für die spätere Rückverfolgbarkeit ist es wichtig, dass benutzte **Prüfmittel** zu erfassen. Die Erfassung der **Prüfdaten** kann auf unterschiedliche Art und Weise erfolgen (Bild 11.6).

Bei **automatischer Prüfdatenerfassung** ist das Prüfmittel am Rechner angeschlossen – der Prüfvorgang wird automatisch vom CAQ-System gestartet und gesteuert und die Werte werden übernommen. Dazu müssen CAQ-System und Messsystem gekoppelt werden. Erforderlich sind dazu Messinterface-Standards und entsprechende Hardware (Interface-Boxen), die von den Messgeräteherstellern angeboten werden (z. B. Steinwald, CAQ AG Factory Systems, Bobe) [Web 18; Web 19; Web 93].

Bei **halbautomatischer Prüfdatenerfassung** ist das Prüfmittel auch am Rechner angeschlossen – der Prüfvorgang wird jedoch vom Prüfer gesteuert. Der Anschluss der Prüfmittel an das System geschieht beispielsweise über Messmittelboxen [Web 18; Web 19; Web 93]. Üblich sind Schnittstellen zu:

- Mitutoyo-Digimatic
- Tesa Handmessgeräte
- Sylvac OPTO RS 232
- RS 232
- USB
- u. a.

Bei **manueller Prüfdatenerfassung** werden die Werte mithilfe von Tastatur und Maus erfasst. Hier sind die Anforderungen an das CAQ-System bezüglich der Unterstützung des Prüfers für die Gewährleistung eines effektiven und sicheren Prüfvorganges besonders hoch. Insbesondere muss das CAQ-System die Erfassungsmaske automatisch auf die **Art der Erfassung der Merkmale** einstellen (Abschnitt 2.2). Wird qualitativ (gut/schlecht) geprüft, gibt der Prüfer lediglich „i. O. – in Ordnung“ oder „n. i. O. – nicht in Ordnung“ ein. Die Prüfdatenerfassung kann parallel (alle Teile bezüglich eines Merkmals) oder seriell (alle Merkmale eines Teils) erfolgen (Bild 11.6).

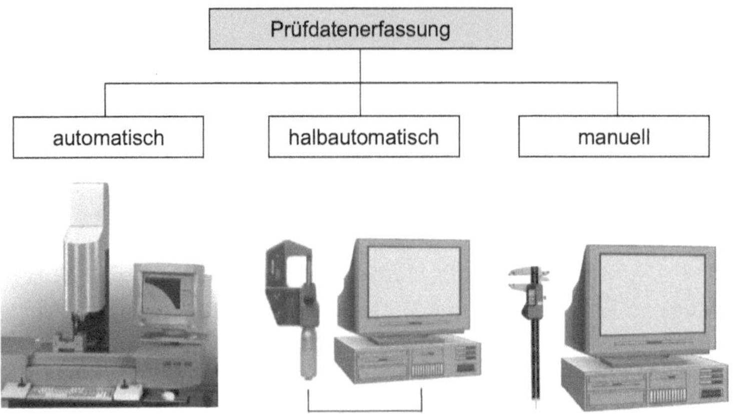

Bild 11.6 Arten der Prüfdatenerfassung

Bei quantitativer Erfassung werden vom Prüfer **Zahlenwerte** eingegeben. Das System prüft die eingegebenen Daten auf **Plausibilität** entsprechend der eingegebenen Plausibilitätsgrenzen und speichert sie in der Datenbank.

11.2.5 Prüfdatenauswertung kurzfristig – Freigabe und Prüfentscheid

Zur Prüfdatenauswertung werden die eingegebenen Daten automatisch **sortiert, selektiert, verdichtet** (Datenkompression) sowie **visualisiert.**

Auf diese Weise werden aus Daten Qualitätsinformationen.

Für die Entscheidung über Annahme/Ablehnung bzw. Prozesseingriff/-nichteingriff ist es wichtig, den Prüfentscheid, d. h. die Aussage über Konformität oder Nichtkonformität der Forderungen mit der Beschaffenheit der geprüften Einheit (Abschnitt 1.3), zu treffen. Dieser kann vom System automatisch getroffen werden, wenn die Grenzwerte für jedes einzelne geprüfte Merkmal hinterlegt wurden. Bei qualitativen Merkmalen wird der Prüfentscheid ermittelt, indem die Anzahl x der Fehler in der Stichprobe mit den Eingriffsgrenzen oder mit der Annahmezahl c verglichen wird. Bei quantitativen Merkmalen erfolgt die Ermittlung des Prüfentscheids durch Vergleich einer oder mehrerer Kenngrößen (z. B. Mittelwert und Standardabweichung, mit den berechneten Eingriffsgrenzen.

Für die **Visualisierung** der Prüfergebnisse (Bild 11.7) sind beispielsweise Qualitätsregelkarten (Bild 11.8), Histogramme und Pareto-Diagramme geeignet [Web 94; Web 95].

Für die **Festlegung des Prüfentscheides** liefert ein CAQ-System entsprechend der umgesetzten Logik einen Vorschlag, der vom Prüfer bestätigt oder abgelehnt werden muss.

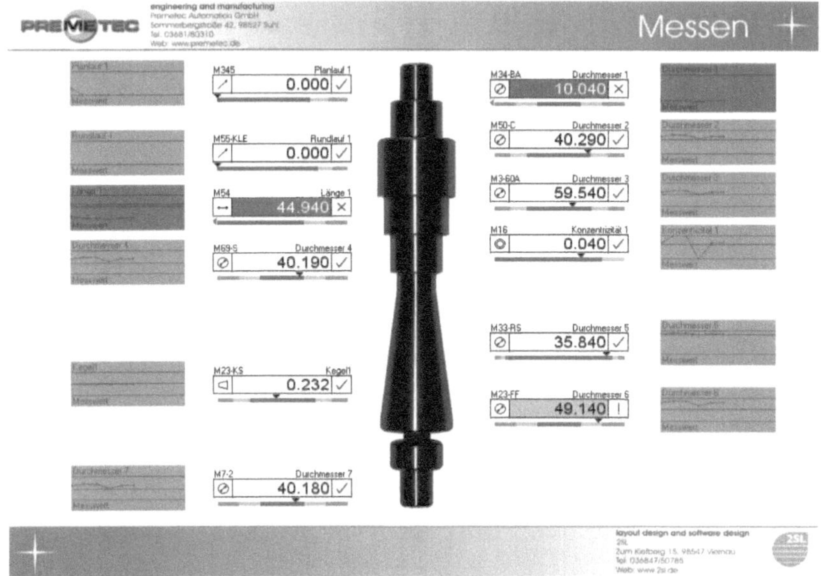

Bild 11.7 Visualisierung der Prüfergebnisse am Beispiel Wellenmessung mit premeSTAR, universelles Messprogramm der Firma Premetec Automation GmbH Suhl (desig:lab-weimar GmbH [Web 94])

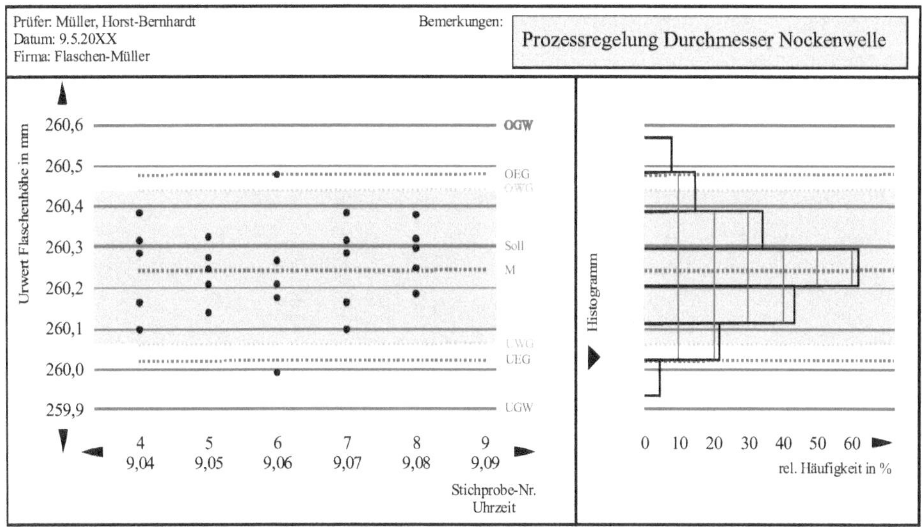

Bild 11.8 Urwert-Qualitätsregelkarte und Histogramm des CAQ-Programms „Quality-Tool“ (design:lab weimar GmbH [Web 94])

Bei Integration des CAQ-Systems in ein Logistiksystem kann gleichzeitig mit dem Prüfentscheid eine Freigabe der Menge des Prüfauftrages erfolgen.

Nach getroffenem Prüfentscheid muss es für den Prüfer klar sein, welche Auswirkungen die Ergebnisse der Prüfung auf den Prozess haben. Das betrifft insbesondere die **Anweisung über Fortsetzung oder Unterbrechung des Prozesses**.

Bei negativem Prüfentscheid (Ergebnis der Prüfung = n. i. O) ist es sinnvoll, **Fehlerart** und **-ursache** und eventuell zusätzliche notwendige **Kommentare** dann zu erfassen, wenn sich die Fehlerklassifizierung nicht automatisch aus der Prüfung ergibt.

Bei negativem Prüfentscheid ist es weiterhin sinnvoll, vom CAQ-System automatisch Reklamationen oder andere Maßnahmen generieren zu lassen. Nach Abschluss der Prüfung ermittelt das CAQ-System automatisch die Prüfzeit für die spätere Auswertung der Prüfkosten.

11.2.6 Qualitätsdatenauswertung langfristig – Kennzahlen

Die Erfassung von Fehlern und das Verdichten der Prüfergebnisse ermöglichen die spätere Qualitätsdatenauswertung und Verdichtung zu Qualitätskennzahlen.

Die Prüfdaten können in unterschiedlicher Form gespeichert und ausgegeben werden. Sie befinden sich nach Abschluss der Prüfung zum einen in der Datenbank – dort sind sie stets recherchierbar –, zum anderen ist es jedoch notwendig, **Dokumente** zu erstellen. Für die Gestaltung von Formularen, Prüfberichten etc. bietet es sich an, bereits im Einsatz befindliche und etablierte Office-Programme wie MS Word™, MS Excel™ etc. an das CAQ-System anzukoppeln. Die Ausgabe von Prüfdaten in Dateiform ist üblich (Bild 11.9).

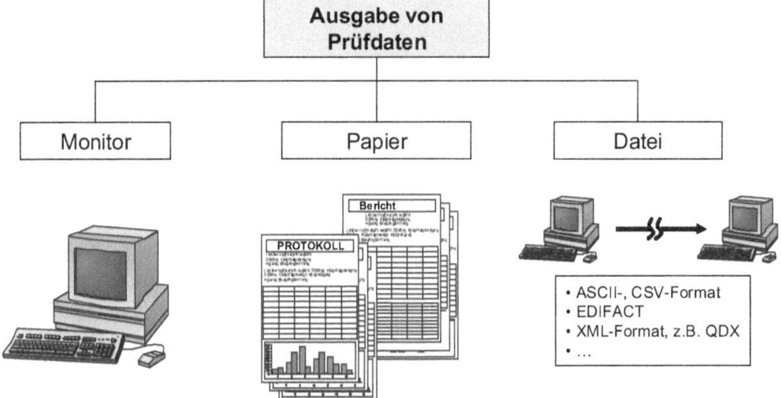

Bild 11.9 Arten der Prüfdatenausgabe

11.2.7 CAQ-Reklamations- und Maßnahmenmanagement

Das **CAQ-Reklamationsmanagement** hat die Aufgabe, die **Auslösung und Bearbeitung von Reklamationen** zu unterstützen. Reklamationen können immer dann ausgelöst werden, wenn das Ergebnis der Prüfung „n. i. O." lautet.

Je nachdem, ob das geprüfte Produkt die Organisationseinheit gewechselt hat oder nicht, wird zwischen **externen Reklamationen** und **internen Beanstandungen** unterschieden. Externe Reklamationen werden insbesondere als negatives Ergebnis einer Wareneingangsprüfung ausgelöst. Jedoch können auch andere Prüfungen eine externe Reklamation auslösen. Interne Beanstandungen werden bei innerbetrieblichen Zwischenprüfungen ausgelöst. Diese werden in der betrieblichen Praxis oft vereinfacht als Fehlermeldung behandelt. CAQ-Systeme bieten jedoch die Möglichkeit, interne Beanstandungen analog zu externen Reklamationen zu behandeln.

Eine Reklamation besteht immer aus der Dokumentation der aufgetretenen Fehlerart, der Analyse der Fehlerursachen und der Analyse und Festlegung der Möglichkeiten zur Fehlervermeidung.

CAQ-Systeme unterstützen die Kette der Reklamationsabarbeitung (sog. Workflow) von der automatischen Generierung von Reklamationen über die Dokumentenerstellung bis hin zur Terminüberwachung. Der Vorteil liegt insbesondere darin, dass die Daten der Prüfung, die zur Reklamation führte, direkt in den Reklamationsbericht eingebunden werden können. Die Abwicklung einer externen Reklamation erfolgt häufig nach der 8D-Methode.

Ein durch CAQ-Systeme unterstützte **Maßnahmenmanagement** kann alle Aktionen, die im Qualitätsmanagement gelenkt und geleitet werden müssen, umfassen. Dazu gehören sowohl die Planung der Durchführung von statistischen Methoden und Prüfungen und die Bearbeitung und Verfolgung von Reklamationen als auch der Workflow für die Durchführung verschiedenster Planungs- und Änderungsaktivitäten im CAQ-System. So kann beispielsweise nach Auslösung einer Reklamation eine Aktualisierung der Lieferantenbewertung automatisch angestoßen werden.

11.2.8 CAQ-Dokumentenverwaltung und QM-Dokumentation

An das Handling qualitätsbezogener Dokumente werden hohe Ansprüche gestellt. Das betrifft sowohl den Umfang von Maßnahmen, die im Zusammenhang mit qualitätsbezogenen Dokumenten stehen, als auch die Sicherheit der Ausführung. Folgende **Tätigkeiten** sind durchzuführen:

- Erstellung
- Verteilung
- Pflege/Archivierung/Löschung

Im Dokumentenmanagementsystem werden dazu die **Metadaten** (Daten über die Daten) erfasst und verwaltet. Typische Metadaten sind: Informationen zum Ersteller, Inhalt und Typ der Dokumente, Status und Gültigkeit, Datum der letzten Änderung sowie ggf. der Ordnerpfad mit dem Dateinamen. Dabei sind unterschiedliche **Zugriffsrechte** zu realisieren – Datensicherheit. Insbesondere die Möglichkeiten der elektronischen Recherche (information retrieval) und Verteilung bieten wesentliche Vorteile gegenüber herkömmlichem Dokumentenmanagement mit Papier [Web 87].

Ausgewählte Beispiele für zu verwaltende Dokumente sind:

- Prüfpläne
- Prüfberichte
- Prozessbeschreibungen/Verfahrensanweisungen
- Arbeitsanweisungen
- QM-Handbuch
- Stellenbeschreibungen
- Reklamationsberichte

Ein QM-System lebt durch kontinuierliche Verbesserungsmaßnahmen, die zeitnah in die **QM-Dokumentation** eingearbeitet werden müssen. Die DIN EN ISO 9001 schreibt **kein bestimmtes Medium** für die QM-Dokumentation vor (Abschnitt 5.4.5). Für eine CAQ-QM-Dokumentation werden moderne Datenverarbeitungs- und Kommunikationstechnologien eingesetzt, die die Lenkung und Pflege von QM-Dokumenten und Daten rationalisieren. Beim elektronischen Online-Publizieren werden QM-Dokumente webgestützt erstellt und über Rechnernetze (Internet/Intranet) den Mitarbeitenden direkt auf elektronischem Weg zugänglich gemacht bzw. zum Abruf zur Verfügung gestellt. Die **Qualität** und die **Attraktivität** der Dokumentation von Managementsystemen werden dadurch erheblich gesteigert und die konsequentere Nutzung unterstützt [Web 87]. Nach dem Aktualisieren eines Dokuments steht sofort die neue Version an allen Arbeitsplätzen zur Verfügung. Die Anwender können jederzeit beliebige Dokumente, in Abhängigkeit von den jeweiligen Zugriffsrechten, ausdrucken. Die *gedruckten* Dokumente gelten dann nur an dem Tag, an dem sie ausgedruckt werden. Sie müssen deshalb mit Datumstempel und einem entsprechenden Hinweis ausgedruckt werden.

Zusammengefasst ergeben sich folgende **Vorteile der CAQ-QM-Dokumentation**:

- wirksame Entlastung von zeitaufwendigen Routinearbeiten
- geringe Einarbeitungszeit durch einfache grafische Oberflächen (Browser)

- komfortable Online-Suchfunktion per Mausklick mit geringen Suchzeiten
- Darstellung komplexer Strukturen von Aufbau- und Ablauf-Organisation
- einfache, flexible Erfassung und Aktualisierbarkeit
- Einbindung von vorhandenen QM-Dokumenten in strukturierten Pfaden
- Verwaltung von Dokument-Vorlagen zur individuellen Formulargestaltung
- Führung einer Revisions-Historie
- Möglichkeit zur Verknüpfung von Dokumenten als mitgeltende Unterlagen, schnelle und einfache Navigation
- Daten- und Dokumentenübertragung in Zweigstellen
- niedrige Verwaltungskosten

Die am Markt angebotene **Software für die CAQ-Dokumentation** erstreckt sich von einfachen Anwendungen auf Basis einer Standardsoftware über Dokumentenmanagementsysteme als Bestandteil eines CAQ-Systems bis hin zu komplexen, eigenständig arbeitenden Systemen. Die Anforderungen an Software für die CAQ-Dokumentation hängen von der Branche, der Größe und der Struktur des Unternehmens ab.

Im Folgenden sind gängige Dateiformate beschrieben:

HTML (**H**yper**t**ext **M**arkup **L**anguage) ist der langjährige Standard, um Informationen auf Systemen online verfügbar zu machen, die auf der WWW-Technologie basieren. HTML ermöglicht es, mitgeltende Dokumente, die üblicherweise im Text oder als Liste am Ende des Dokumentes genannt werden, als Link zu formatieren. Der Leser hat dadurch einen direkten und schnellen Zugriff auf sie. Ebenso lassen sich andere inhaltliche Querverbindungen innerhalb eines Dokumentes oder über mehrere Dokumente hinweg erstellen. Bereits vorhandene Dokumente können in HTML umgewandelt oder eingebunden werden („Beispiel eines browsergestützten QM-Handbuchs“ im Downloadbereich des Hanser Verlages. Für die Erstellung von HTML-Dateien können Softwareprogramme (HTML-Editoren) oder Textverarbeitungsprogramme verwendet werden.

XML (**E**x**t**ensible **M**arkup **L**anguage – „erweiterbare Auszeichnungssprache“) ist verwandt mit HTML und ein definierter Standard zur Beschreibung semi-strukturierter Daten [Mea 01]. Die Struktur der Daten in einem XML-Dokument kann teilweise durch eine Vorlage (Schema) vorgegeben sein. XML ist darüber hinaus selbstbeschreibend, d. h., die strukturgebenden XML-Elemente werden durch eine Markierung, sog. Tags, gekennzeichnet und sind frei wählbar. Die Einsatzgebiete von XML lassen sich grob in drei Strömungen unterscheiden [Kaz 02]: Dokumentenverarbeitung, Datenspeicherung und Informationsintegration.

Aus dem Programmpaket von **Office-Suiten** (z. B. MS Office™) lässt sich beispielsweise mit der Textverarbeitung MS Word™, der Tabellenkalkulation MS Excel™ und der Desktop-Datenbank MS Access™ eine leistungsfähige Plattform für Managementsysteme aufbauen. So besteht z. B. die Möglichkeit, Dateien oder Textstellen über Hyperlinks zu verknüpfen und dadurch eine Online-Dokumentation aufzubauen. Weiterhin kann man mithilfe der Programmiersprache **Visual Basic Application – VBA** umfangreiche Funktionalitäten für Managementsysteme realisieren. Problematisch können in einem Firmennetzwerk die langen Ladezeiten, das nicht gleichzeitig mögliche Bearbeiten durch mehrere Nutzer und der hohe Speicherbedarf sein, wenn dadurch ein schnelles Abrufen von Informationen oder ein zügiges Wechseln zu Textabschnitten in anderen Dateien verhindert wird.

Der **Adobe Acrobat Reader™** ist ein Dokumenten-Leseprogramm und ist kostenlos aus dem Internet herunterzuladen. Zur Konvertierung existieren heute verschiedene kostenlose Programme im Internet.

PHP bedeutet **„Hypertext Preprocessor“** und ist eine Skriptsprache mit einer Syntax, die den Programmiersprachen C und Perl ähnlich ist und auf Webservern genutzt wird. PHP ermöglicht die Erstellung dynamischer Webseiten oder Webanwendungen und ist deshalb für den Aufbau und die Nutzung **webbasierter Managementsysteme** ausgezeichnet geeignet. Mit PHP ist eine sehr gute Datenbankunterstützung, beispielsweise für SQL-Datenbanksysteme, möglich. PHP ermöglicht eine einfache Internet-Protokolleinbindung und bietet die Nutzung von weiteren Funktionsbibliotheken. Als Dateitypen werden hauptsächlich HTML-Dokumente, aber auch andere Dateitypen wie beispielsweise Bild- oder PDF-Dateien genutzt. Mit PHP sind Webanwendungen unter unterschiedlichen Betriebssystemen möglich (Plattformunabhängigkeit).

11.2.9 CAQ-Controlling qualitätsbezogener Kosten

Das Controlling der qualitätsbezogenen Kosten ist nach modernen Managementforderungen ein immer wichtiger werdender Aspekt, der ebenfalls mit Rechnerunterstützung sehr rationell durchgeführt werden kann.

Hierzu gehören beispielsweise:

- Ermittlung der Höhe der unterschiedlichen Arten der qualitätsbezogenen Kosten
- automatische Ermittlung der Prüfkosten aus der erfassten Prüfzeit
- Ermittlung der Kosten von Nacharbeit und Ausschuss
- Visualisierung von Kostenstrukturen
- Transformierung von Kosten unterschiedlicher Kostenrechnungssysteme (ungeplante Prüfkosten + Fehlerkosten = Nichtkonformitätskosten)

11.3 Integration von CAQ-Systemen in die betriebliche IT-Umgebung

11.3.1 Schnittstellen und Integrationsstrategien

Unverbundene Informationssysteme im Unternehmen, sog. Insellösungen, stellen eine große Herausforderung für die betriebliche Informationsverarbeitung dar [Kur 16]. Soll die Informationsverarbeitung den Geschäftsprozessen im Unternehmen folgen, ist eine Interaktion und damit Integration dieser Insellösungen notwendig [Dis 07]. Das Integrationsproblem in CAQ-Systemen umfasst zwei Richtungen: die **organisatorisch-inhaltliche** Beschreibung und die **technische** Realisierung der Schnittstellen.

In einem Industriebetrieb gibt es typischerweise eine Vielzahl unterschiedlicher Informationssysteme, die miteinander in einer Wechselbeziehung stehen. Die Beschreibung dieser Wechselwirkungen aus Sicht des Qualitätsmanagements wurde erstmalig im Zusammenhang mit dem Computer Integrated Manufacturing (CIM) erwähnt [Blä 91]. Die wichtigsten Interdependenzen bestehen zwischen **CAQ-** und **PPS-** bzw. **ERP-MES-System** (Bild 11.10).

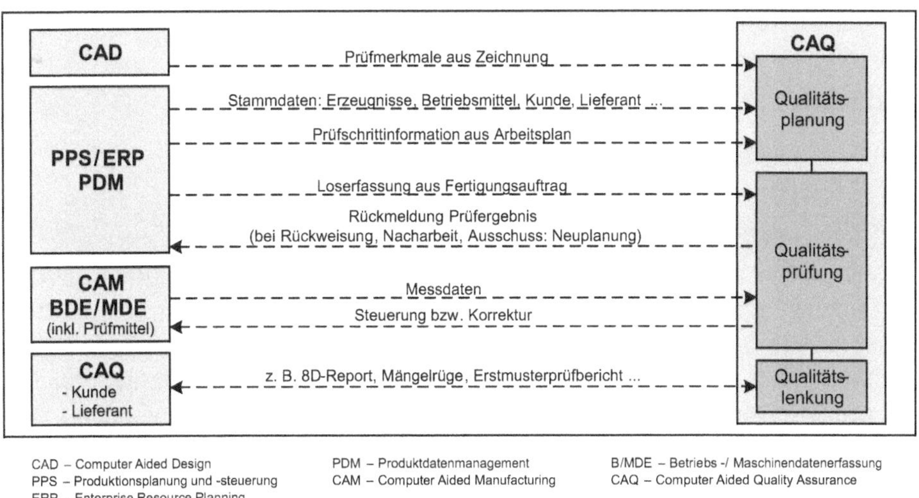

Bild 11.10 Wesentliche Schnittstellen aus Sicht eines CAQ-Systems [Waß 09]

Ein **PPS-System** (Produktionsplanungs- und Steuerungssystem) ist ein softwarebasiertes System zur organisatorischen Planung, Steuerung und Überwachung der Produktionsabläufe von der Angebotserstellung bis zum Versand unter Mengen-, Termin- und Kapazitätsaspekten [VDI 91]

Eine Weiterentwicklung der **PPS-Systeme** sind die sog. integrierten **ERP-Systeme** (Enterprise Ressource Planning) oder **MES-Systeme** (Management Execution System) [Kur 16]. Dazu werden die PPS-Funktionen um die Funktionen Finanz- und Rechnungswesen, Marketing und Vertrieb, Personalwesen und Unternehmensanalyse ergänzt [Dis 07]. Da die PPS-Funktionen weiterhin den Kern eines ERP/MES-Systems ausmachen, werden PPS- und ERP-/MES-Systeme häufig synonym genannt.

Mit dem PPS-System werden die **Prozesse der Auftragsabwicklung** unterstützt. In diesen Prozessen sind an vielen Stellen Qualitätsbeurteilungen bzw. Prüfungen notwendig (Abschnitt 3). Daher ist das IT-System, welches das CAQ-Qualitätsmanagement unterstützt (CAQ-System), nicht losgelöst von dieser Auftragsabwicklung zu betreiben. Das zeigt auch der Vergleich der Aufgaben von PPS- und CAQ-System (Tabelle 11.1).

Es entstehen eine Vielzahl von Problemen bei isoliertem Einsatz von PPS- und **CAQ-Systemen** [Höp 03]:

- mehrfache Datenerfassung durch Datenredundanz
- mangelnde Aktualität von Daten bei Änderungen
- uneinheitliche Bedienung der Systeme
- Funktionsredundanz durch teilweise gleiche Aufgaben der Systeme
- lange Informations- und Entscheidungswege
- schlechte Informationstransparenz
- fehlende Integration von Produktionscontrolling und Controlling qualitätsbezogener Kosten
- hohe Kostenbelastung

Deshalb ist das CAQ-Qualitätsmanagement in die betrieblichen Gestaltungsprozesse und damit auch in die betriebliche IT-Umgebung zu integrieren. Hierbei gibt die **Kopplung** an, wie eng oder lose Informationssysteme miteinander verbunden sind (Grad der Integration) und bestimmt damit deren Abhängigkeiten untereinander [Ruh 01]. Der Grad der Kopplung ist immer abhängig vom konkreten Anwendungsfall festzulegen [Con 06]. Generell gilt, dass innerhalb eines Anwendungssystems aufgrund einer gemeinsamen Technologieplattform eine enge Kopplung anzustreben ist, während zwischen verschiedenen Anwendungssystemen und -technologien eher eine lose Kopplung über wenige diskrete Schnittstellen zu bevorzugen ist [Ham 05].

Es wird versucht, PPS- und CAQ-Systeme möglichst optimal miteinander zu koppeln bzw. zu integrieren. Aus der Tatsache, dass jedes IT-Programm aus Funktionen und Datenstrukturen besteht, lassen sich Integrationsmöglichkeiten ableiten (Bild 11.11).

Die einfachste Lösung der datentechnischen Verbindung von PPS- und CAQ-System ist die Kommunikation über Schnittstellendateien – **Filetransfer**. Diese Kommunikation kann unidirektionaler oder bidirektionaler Art sein. Problematisch sind hierbei die unterschiedlichen, zumeist unbekannten Datenformate der verschiedenen Systeme. Es sind daher Pre- und Postkonverter nötig, die die systemspezifischen Datenformate in das Schnittstellenformat umsetzen. Da es für die Ausgestaltung des Schnittstellenfiles bislang kein einheitliches Format gibt, ist die Schnittstelle stets eine auf den Einzelfall zugeschnittene und damit kostenintensive Lösung. Der Nachteil dieser Kopplung ist die weiterhin bestehende Redundanz der Datenhaltung. Es muss jedoch festgestellt werden, dass die Kopplung per Filetransfer der immer noch häufigste Fall der Verknüpfung von PPS- und CAQ-System ist.

Tabelle 11.1 Vergleich der Aufgaben von PPS- und CAQ-Systemen [FIR 98, Höp 03]

	PPS-System	CAQ-System
Kernaufgaben	▪ Produktionsprogramm-planung ▪ Produktionsbedarfsplanung ▪ Fremdbezugsplanung und -steuerung ▪ Eigenfertigungsplanung und -steuerung	▪ Prüfungen ▪ präventive und statistische QM-Methoden
Querschnittsaufgaben	▪ Lagerwesen ▪ Auftragskoordination ▪ PPS-Controlling	▪ Prüfplanung ▪ Prüfauftragsverwaltung ▪ Prüfdatenerfassung ▪ Prüfdatenauswertung ▪ Reklamationsmanagement ▪ Maßnahmenmanagement ▪ Dokumentenverwaltung ▪ Controlling qualitätsbezogener Kosten
Datenverwaltung (Beispiele)	▪ Artikel ▪ Stücklisten ▪ Arbeitspläne ▪ Betriebsmittel ▪ Aufträge ▪ Kunden ▪ Lieferanten ▪ Kostenstellen ▪ Personal ▪ ...	▪ Artikel ▪ Stücklisten ▪ Arbeitspläne ▪ Betriebsmittel ▪ Aufträge ▪ Kunden ▪ Lieferanten ▪ Kostenstellen ▪ Personal ▪ Prüfpläne ▪ ...

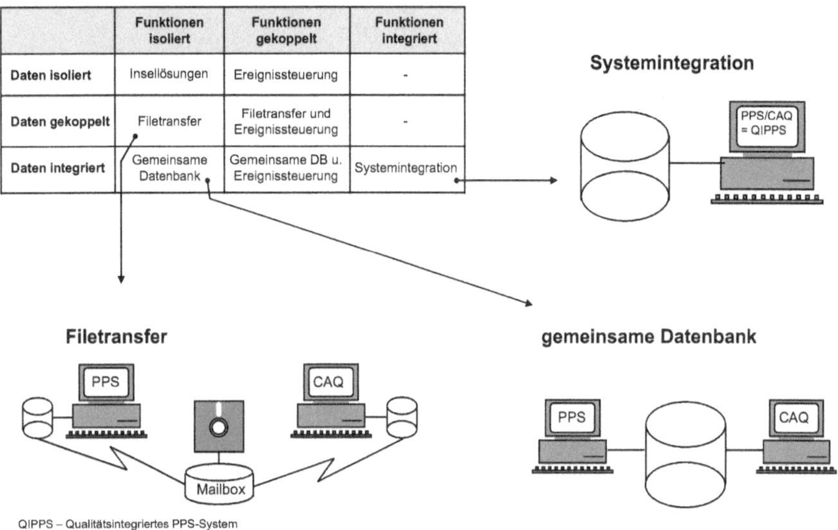

Bild 11.11 Integrationsstrategien [Höp 03]

Für die Gewährleistung einer redundanzfreien Datenhaltung ist die Schaffung einer **gemeinsamen Datenbasis** notwendig. Dazu ist es erforderlich, eine Datenbank aufzubauen, welche die PPS- und die CAQ-Daten enthält. Die Vorteilhaftigkeit einer solchen Lösung ist allgemein anerkannt, gleichwohl ist sie nur selten verwirklicht. Doch auch diese Integrationsstufe hat noch Defizite, die aus der Redundanz der Funktionen stammen.

So gibt es durch unterschiedliche Bedienphilosophien der Systeme einen erhöhten Schulungsbedarf und ein erhöhtes Risiko von Fehleingaben. Auch bleiben die Kosten für Anschaffung und Pflege von zwei Systemen. Es sind weiterhin organisatorische Fragen abzuklären, z. B. wie welche Daten von welchem System aus zu ändern sind. Auch die Erstellung von Auswertungen gestaltet sich nicht optimal.

Die günstigste Lösung ist die **Integration von Datenstrukturen und Funktionen – Systemintegration.** Das beinhaltet die Vermeidung von Daten- und Funktionsredundanzen und erfordert eine simultane Betrachtung von Funktionen und Datenstrukturen. Funktional beinhaltet die Systemintegration die Integration von CAQ-Aufgaben in die Funktionen der Produktionsplanung und -steuerung. Für die Verwirklichung des Querschnittscharakters des Qualitätsmanagements wird die Realisierung dieser höchsten Integrationsstufe seit langem angestrebt. Ein Vorgehensmodell für diese Integration von CAQ- und PPS-Systemen enthält [Höp 03].

In Bezug auf das **Zusammenspiel der CAQ- und PPS-Funktionen** kann das CAQ-System die Rolle des Prüfers, der mit dem PPS-System kommuniziert, übernehmen (Bild 11.12).

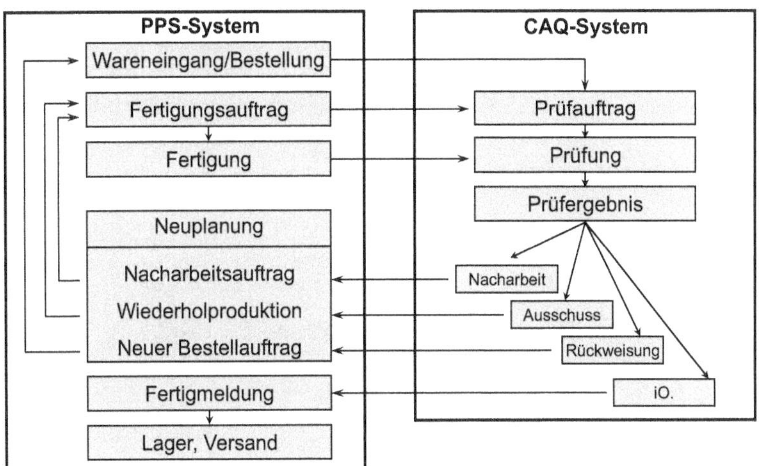

Bild 11.12 Zusammenspiel der Funktionen bei Systemintegration von PPS- und CAQ-System [Höp 99]

Als Beispiel für gekoppelte Abläufe werden die Prozesse im Zusammenhang mit der **Wareneingangsprüfung** und **Fertigungsprüfung** dargestellt.

Wareneingänge werden im PPS-System zunächst auf ein Sperrlager gebucht. Das Sperrlager kann virtuell sein, jedoch muss die Ware zunächst den Status „nicht verfügbar" besitzen, um zu verhindern, dass ungeprüfte Waren in die Produktion gelangen. Durch das Ereignis „Wareneingang" wird im CAQ-System der Prüfauftrag für die Lieferung ausgelöst. Im CAQ-System werden die Prüfung durchgeführt, der Verwendungsentscheid getroffen und dieser an das PPS-System zurückgemeldet. Bei Freigabe wird das Material von Hand oder durch das PPS-System auf das Freigabelager umgebucht. Bei Rückweisung wird das Material wieder aus dem PPS-System ausgebucht und ein neuer Bestellauftrag ausgelöst. Im CAQ-System sind damit gleichzeitig das Reklamationswesen, die Maßnahmenverfolgung und die Lieferantenbewertung gekoppelt.

Bei der **Fertigungsprüfung** ist die Systematik grundsätzlich gleich zu den Abläufen bei der Wareneingangsprüfung. Das Ereignis ist hier allerdings die Auslösung des Fertigungsauftrages. Durch dieses Ereignis wird der Prüfauftrag für die Fertigung ausgelöst. Wieder erfolgt die Prüfung im CAQ-System, und das Prüfergebnis in Form von Nacharbeit, Ausschuss oder „i. O." wird an das PPS-System zurückgemeldet. Im PPS-System wird daraufhin ein Nacharbeitsauftrag, ein Wiederholauftrag bei Ausschuss oder eine Fertigmeldung bei „i. O." ausgelöst.

Als Beispiel für die **Verknüpfung der Datenstrukturen** zeigt Bild 11.13 die Verknüpfung von Arbeits- und Prüfplan sowie Fertigungs- und Prüfauftrag als Grundlage für ein entity relationship modell.

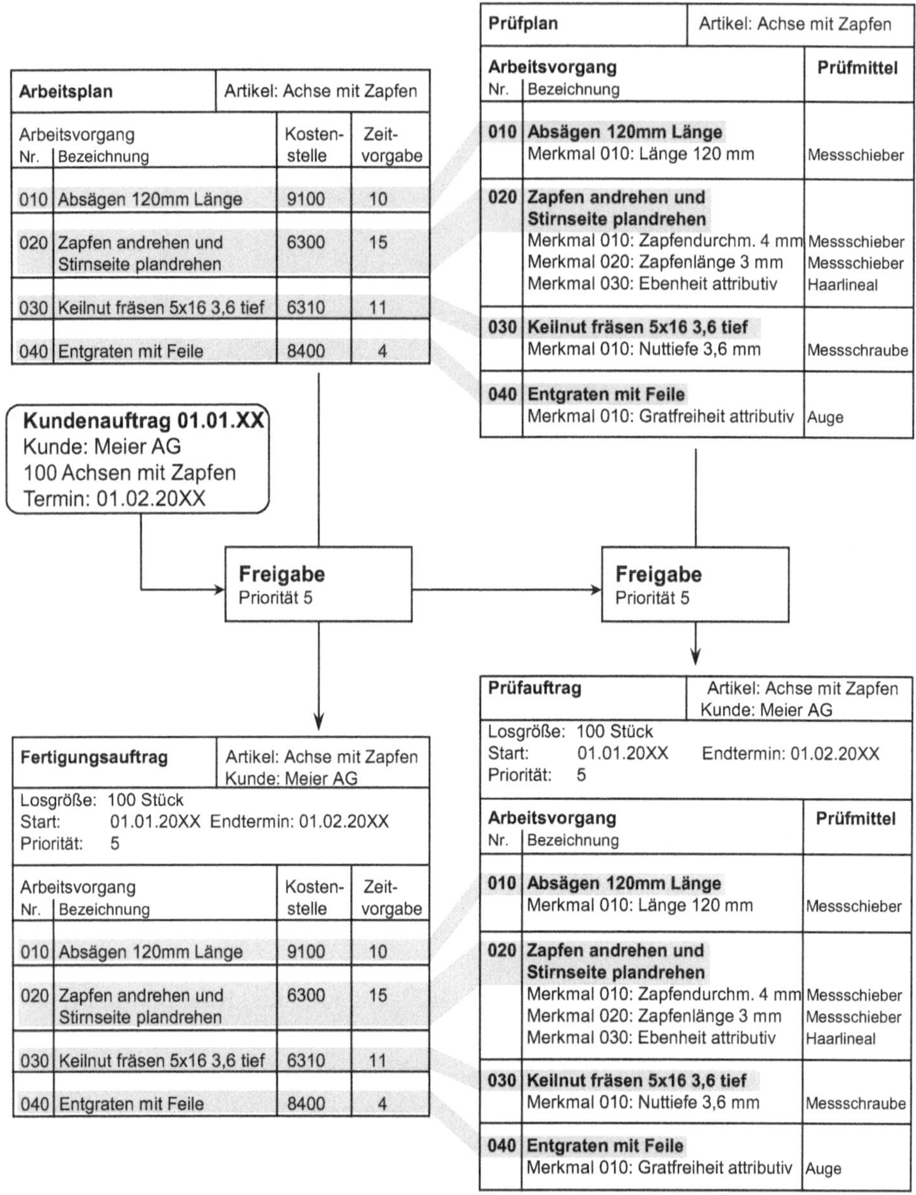

Bild 11.13 Verknüpfung von Arbeits- und Prüfplan sowie Fertigungs- und Prüfauftrag

Die **Erstellung von Prüfskizzen** und die Einbindung in das CAQ-System stellen heute technisch kein Problem mehr dar. Die Prüfskizzen können dann zur effektiven Durchführung der Prüfung angezeigt werden. Möglich ist auch eine Einbindung von gescannten Fotografien. Die **automatische Übernahme von Qualitäts- und Prüfdaten** stellt höhere Anforderungen an die Systemkopplung. Voraussetzung ist, dass der Konstrukteur aus der Vielzahl von Merkmalen die zu prüfenden Merkmale speziell kennzeichnet.

Dadurch können die Daten direkt in den Prüfplan übernommen werden bzw. dienen dem Prüfplaner als Grundlage für die einzelnen Prüfschritte.

Die **Kopplung des CAQ-Systems mit Computer-Aided-Design-Systemen** (CAD-Systemen) hat folgende Zielstellungen:

- optimierte durchgängige Prozessketten
- Übernahme von Prüfmerkmalen (Geometriedaten, Soll- und Toleranzwerte)
- Generieren einer Merkmalliste und Anreichern der Merkmaldaten mit Technologieinformationen
- Generierung Merkmal-flexibler Messprogramme
- automatische Kennzeichnung von Merkmalen
- einheitliche Prüfplanung über alle Standorte
- Vermeidung von redundanten Prozessen

Durch diese Integration von CAD-Systemen mit CAQ-Systemen wird eine durchgängige Nutzung von Konstruktionsdaten erreicht. Diese beginnt bei der CAD-basierten Bauteilkonstruktion, setzt sich fort in der Prüf- und Messplanung und enthält weiterhin die Generierung und Ausführung gerätespezifischer Programme und die Auswertung der Messdaten.

11.3.2 Beispiel für ERP-CAQ-Integration: SAP ERP™

Am Beispiel des Systems SAP ERP 6.0™ lässt sich sehr gut der Nutzen der CAQ-PPS-Integration zeigen. Das SAP-System ist modular aufgebaut und hat neben Komponenten für Materialwirtschaft, Finanzbuchhaltung und Produktionsplanung auch ein Modul Qualitätsmanagement. Dieses enthält die typischen in Bild 11.3 gezeigten CAQ-Funktionen. Durch die höchste Integrationsstufe – die Systemintegration – stehen jedoch weitere Möglichkeiten zur Verfügung. SAP bezeichnet diese als „QM in der logistischen Kette“.

Im Bereich **Qualitätsplanung** ist es vorteilhaft, dass die Qualitätsdaten im Materialstamm integriert sind. Weiterhin lassen sich Prüfvorgaben so planen, dass sie später gleichzeitig für die Chargenverwaltung als Grenzwerte zur Verfügung stehen.

In der **Materialwirtschaft** gestattet die integrierte Ablage von Qualitätsinformationen die Zulassung oder Sperre von Lieferanten oder die detaillierte Verwaltung des Freigabestatus von Lieferbeziehungen. Rollierend lassen sich Lieferanten aus Qualitätssicht bewerten. Bei vorliegender Qualitätssicherungsvereinbarung lassen sich Prüfungen reduzieren oder sogar „skippen“ (Prüfverzicht). Bei schlechter Qualität hingegen kann je Lieferant oder je Hersteller die Prüfung verschärft werden. Das bedeutet, dass dann ein höherer Prüfumfang zu prüfen ist oder auf 100 %-Prüfung umgestellt wird.

Ist die Mitlieferung eines **Qualitätszeugnisses** vereinbart, kann der Eingang des Zeugnisses entsprechend überwacht werden.

Kommt es zum Wareneingang des Rohstoffs, wird ausgehend von der Bestandsbuchung der Materialwirtschaft der **Prüfauftrag** erzeugt. Im SAP-System heißt dieser **„Prüflos“**. Je nach Einstellungen in den Systemoptionen (Customizing) wird die gebuchte Menge zunächst in den **Qualitätsprüfbestand** gebucht. Das bedeutet, dass auf diesen Bestand zunächst nicht von der Logistik aus zugegriffen werden kann. Erst nach erfolgter Prüfung und Abschluss des Prüfauftrages wird die Menge in den freien (i. O.-Fall) oder gesperrten (n. i. O.-Fall) Bestand gebucht. Damit wird durch die ISO 9001-Forderung sichergestellt, dass kein prüfpflichtiges Material ungeprüft im Unternehmen verwendet wird.

Liegen Abweichungen vor, kann automatisch eine Mängelanzeige an den Lieferanten erzeugt werden. Diese ist eine spezielle Ausprägung der **„Qualitätsmeldung“**, welche flexibel als Maßnahmensammler dienen kann.

Im Bereich **Produktion** lassen sich Prüf- und Arbeitsplan wahlweise integrieren oder als eigenständige Objekte führen. Die Prüfaufträge entstehen mit der Freigabe des **Fertigungsauftrages** (diskrete Industrie) bzw. **Prozessauftrages** (Prozessindustrie). Weiterhin ist jederzeit die manuelle Erzeugung eines Prüfauftrages möglich. Die Integration reicht so weit, dass sogar mit **Teillosen** gearbeitet werden kann, aus denen dann **Chargen** erzeugt werden können.

Die benötigte **Zeit für Prüfungen** lässt sich vorplanen, das gestattet die Berücksichtigung bei der Terminierung innerhalb der Supply Chain. Weiterhin lassen sich auch die tatsächlichen **Prüfzeiten** erfassen. Damit wird durch Verknüpfung zum **Controlling** eine **Prüfkostenberechnung** ermöglicht.

Für erzeugte Waren können aus im System vorhandenen Prüfergebnissen automatisch bei der Lieferung **Qualitätszeugnisse** erstellt werden. Die **Prüfmittelverwaltung** ist in die vorbeugende **Instandhaltung** integriert.

Mit **neueren Funktionen**, wie beispielsweise der FMEA, dem Auditmanagement und den Stabilitätsstudien, erweiterte SAP den Funktionsumfang [SAP 08]. Der größte Vorteil des Einsatzes von SAP-QM wird durch die Integration der CAQ-Funktionen in das Gesamt-ERP-System erreicht. Jeder weitere Ausbau dieser Systemintegration wird den Unternehmen weiterhelfen, ihre Prozesse zu verbessern. Folgende CAQ-Funktionen stehen zur Verfügung: Qualitätsplanung (QM-PT), Grunddaten (QM-PT-BD), Prüfplanung (QM-PT-IP), Prüfplanung mit der Engineering Workbench, Qualitätsprüfung (QM-IM), Qualitätslenkung (QM-QC-AQC), Auditmanagement, Qualitätszeugnisse (QM-CA), Qualitätsmeldungen (QM-QN), Prüfmittelverwaltung (QM-IT), Prüfungen mit Multiplen Spezifikationen, Stabilitätsstudie, Steuerung in der Logistik (QM-PT-RP), Übergreifende Funktionen (QM-CR), Schnittstellen (QM-IF), Archivierung (QM) und Datenübernahme (QM).

Mit SAP S/4HANA Cloud Public Edition steht nun ein skalierbares, modernes Cloud-ERP-System mit den neuesten branchenspezifischen Best Practices zur Verfügung.

11.3.3 Beispiel CAQ-Reklamations- und Fehlermanagement

Das **CAQ-Reklamations- und Fehlermanagement** hat die Aufgabe, auftretende Fehler beim Kunden und im Fertigungsprozess elektronisch auswertbar und zeitnah zu erfassen und Fehlerdaten für die Fehleranalyse bereitzustellen (Bild 11.14).

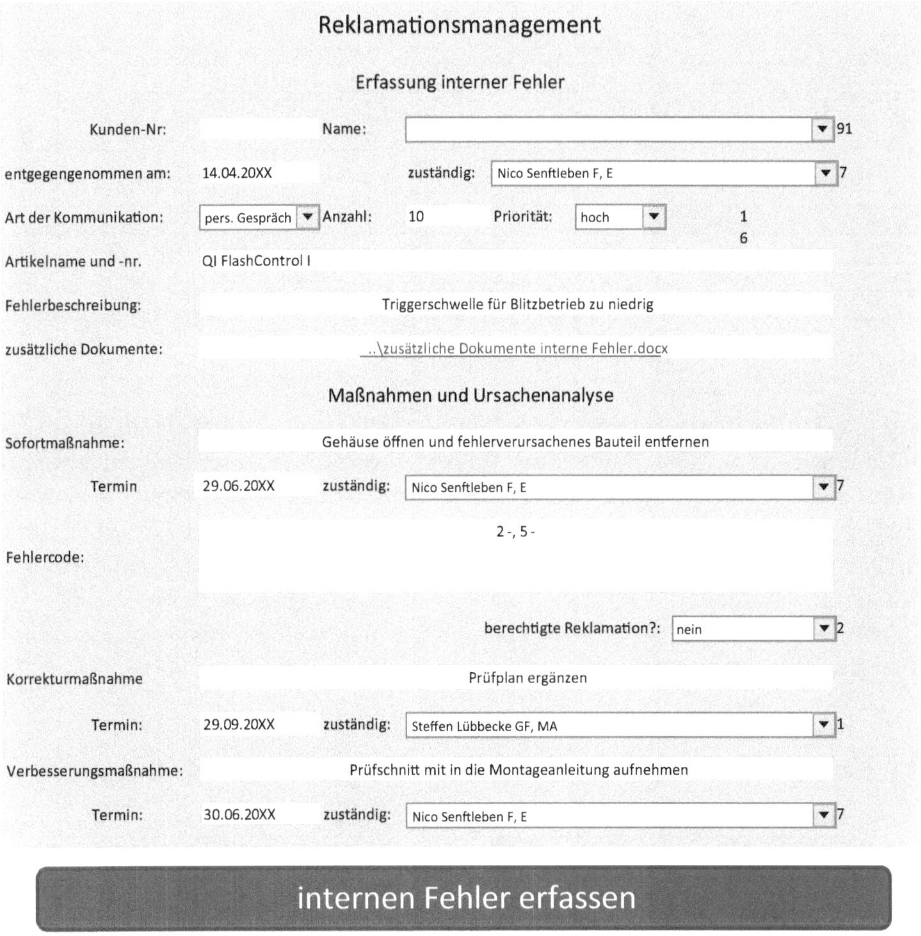

Reklamationsmanagement

Erfassung interner Fehler

Kunden-Nr: | Name: | 91

entgegengenommen am: 14.04.20XX | zuständig: Nico Senftleben F, E | 7

Art der Kommunikation: pers. Gespräch | Anzahl: 10 | Priorität: hoch | 1 6

Artikelname und -nr. QI FlashControl I

Fehlerbeschreibung: Triggerschwelle für Blitzbetrieb zu niedrig

zusätzliche Dokumente: ..\zusätzliche Dokumente interne Fehler.docx

Maßnahmen und Ursachenanalyse

Sofortmaßnahme: Gehäuse öffnen und fehlerverursachenes Bauteil entfernen

Termin 29.06.20XX | zuständig: Nico Senftleben F, E | 7

Fehlercode: 2 -, 5 -

berechtigte Reklamation?: nein | 2

Korrekturmaßnahme Prüfplan ergänzen

Termin: 29.09.20XX | zuständig: Steffen Lübbecke GF, MA | 1

Verbesserungsmaßnahme: Prüfschnitt mit in die Montageanleitung aufnehmen

Termin: 30.06.20XX | zuständig: Nico Senftleben F, E | 7

internen Fehler erfassen

Bild 11.14 MS Excel™-VBA-Programm – internes Fehlermanagement der Steinbeis Qualitätssicherung und Bildverarbeitung GmbH Ilmenau

Das Reklamations- und Fehlermanagement unterstützt die **systematisch betriebene Fehlerprävention, Fehlererkennung, Fehlerdiagnose und -bewertung** sowie die **Einleitung und Evaluierung von Gegenmaßnahmen** mit dem Ziel, das Risiko schwerwiegender Folgen zu minimieren. Die **Fehlererfassung** kann über administrierbare Barcode-Listen erfolgen, um eine fehlerfreie und konsistente Datenbasis zu erzeugen. Damit wird ebenso sichergestellt, dass jeder Mitarbeitende in der Fertigung in der Lage ist, aufgetretene Fehler per Barcode-Scan eigenständig und unmittelbar nach Auftreten zu erfassen.

Im Analysebereich können die Fehler artikelbezogen und prozessbezogen dargestellt werden oder die Häufigkeit je Fehlerart. Exportfunktionen beispielsweise nach MS Excel™ unterstützen die Integration der Fehlerdatenbank in die MS Office-Umgebung.

Fehlerbericht Leuchtenfertigung

Fehlerart	Fehlerort	Monat	Anzahl	Monat	Anzahl	Monat	Anzahl	Summe
Luftzieher	Lieferant	Mrz	3	Feb	1	Jan	1	**5**
leuchtet nicht	Lieferant	Mrz	7	Feb	2	Jan		**9**
krumme Wendel	Lieferant	Mrz	215	Feb	294	Jan	2	**511**
Beschichtung Kratzer	Montage	Mrz	39	Feb	15	Jan	2	**56**
Montagefehler	Montage	Mrz	133	Feb	1	Jan		**134**
shlecht geprägt/Steg	Prägen	Mrz	2	Feb	28	Jan	1	**31**
schlecht geschweißt	Schweißen	Mrz	106	Feb	51	Jan	72	**229**
Spritzer am Glas	Schweißen	Mrz	1539	Feb	686	Jan	300	**2525**
Summe			**2044**		**1078**		**378**	**3500**

Bild 11.15 E-Mail-Fehlerbericht [Web 55]

Zur wirksamen **Überwachung des Fehlergeschehens** wird aus der Fehlermanagementdatenbank **per E-Mail** monatlich ein Fehlerbericht an die verantwortlichen Mitarbeitenden gesendet (Bild 11.15). Auf der Basis der Datenanalysen können gezielt die Einleitung und Evaluierung von Gegenmaßnahmen erfolgen, um die Fehlerkosten zu senken und das Risiko schwerwiegender Folgen zu minimieren. Die Stammdaten der Artikel und Fertigungstechnologien können über definierte Datenschnittstellen zu bereits verwendeten PPS-Systemen oder anderen Datenerfassungssystemen automatisch übernommen werden.

11.3.4 Beispiel CAQ-Reklamationsmanagement und 8D-Report

Reklamationen müssen besonders schnell und zuverlässig bearbeitet werden. Nur so kann der Imageverlust beim Kunden minimiert werden und eine dauerhafte Kundenbindung gelingen (Bild 11.16). Insbesondere in der Automobilzulieferindustrie und zunehmend auch in anderen Branchen fordert der Kunde bei Reklamationen den 8D-Report an.

Mit dem **8D-Report** (Methode der 8 Schritte) soll eine nachhaltige Bearbeitung der Reklamation und der Ausschluss der Wiederholung des reklamationsverursachenden Fehlers erreicht werden (Bild 11.17).

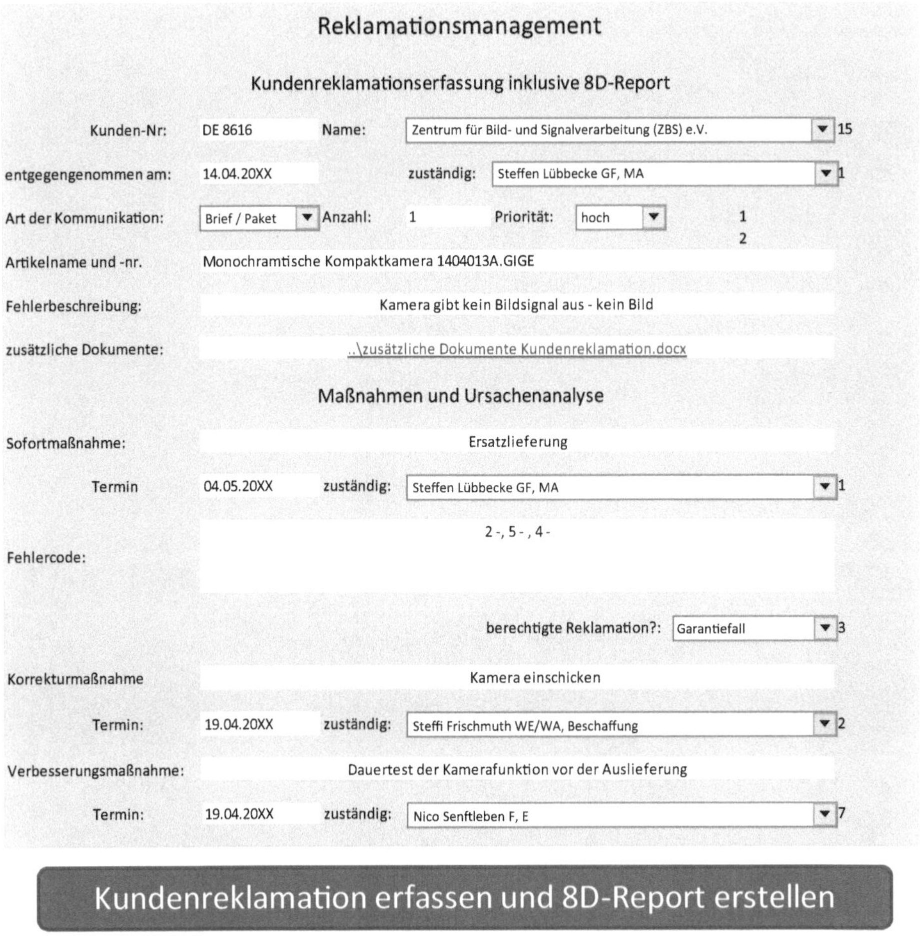

Reklamationsmanagement

Kundenreklamationserfassung inklusive 8D-Report

Kunden-Nr: DE 8616 Name: Zentrum für Bild- und Signalverarbeitung (ZBS) e.V. ▼ 15

entgegengenommen am: 14.04.20XX zuständig: Steffen Lübbecke GF, MA ▼ 1

Art der Kommunikation: Brief / Paket ▼ Anzahl: 1 Priorität: hoch ▼ 1 2

Artikelname und -nr. Monochramtische Kompaktkamera 1404013A.GIGE

Fehlerbeschreibung: Kamera gibt kein Bildsignal aus - kein Bild

zusätzliche Dokumente: ..\zusätzliche Dokumente Kundenreklamation.docx

Maßnahmen und Ursachenanalyse

Sofortmaßnahme: Ersatzlieferung

Termin 04.05.20XX zuständig: Steffen Lübbecke GF, MA ▼ 1

Fehlercode: 2 -, 5 - , 4 -

berechtigte Reklamation?: Garantiefall ▼ 3

Korrekturmaßnahme Kamera einschicken

Termin: 19.04.20XX zuständig: Steffi Frischmuth WE/WA, Beschaffung ▼ 2

Verbesserungsmaßnahme: Dauertest der Kamerafunktion vor der Auslieferung

Termin: 19.04.20XX zuständig: Nico Senftleben F, E ▼ 7

Kundenreklamation erfassen und 8D-Report erstellen

Bild 11.16 MS Excel™-VBA-Programm – Reklamationsmanagement-Kundenreklamationserfassung der SQB GmbH Ilmenau

8D-Report

Berichtsnr.:

Kundennummer:	DE 8616	Name:	design:lab weimar GmbH	Datum:	14.04.20XX
Teamleiter:	Steffen Lübbecke GF,	Team:			
Artikelname und -nr.:	Monochramtische Kompaktkamera 1404013A.GIGE				
Fehlerbeschreibung	Kamera gibt kein Bildsignal aus - kein Bild				
Sofortmaßnahme:	Ersatzlieferung				
Termin	04.05.20XX	zuständig:	Steffen Lübbecke GF, MA		
Fehlerursache / Wichtung	2 -, 5 -, 4 -				
Korrekturmaßnahme					
Termin:	19.04.20XX	zuständig	Steffi Frischmuth WE/WA, Beschaffung		
Verbesserungsmaßnahme:	Dauertest der Kamerafunktion vor der Auslieferung				
Termin:	19.04.20XX	zuständig:	Nico Senftleben F, E		
Teamerfolg würdigen:	22.04.20XX				
Bemerkung:	Abteilung F hat die Analyse des Fehlers übernommen				

8D-Report speichern

Bild 11.17 MS Excel™-VBA-Programm – Reklamationsmanagement – 8D-Report der SQB GmbH Ilmenau

11.3.5 Beispiel CAQ-Prüfmittelmanagement

Das CAQ-Prüfmittelmanagement wird als Prozesssteuerungsmodul unter Berücksichtigung der Normenforderung IATF 16949 sowie ISO 9001 für die **Verwaltung, Dokumentation und Planung der Prüf- und Messmittelüberwachung** eingesetzt. Für den Nachweis der Konformität des Produktes mit den festgelegten Produktanforderungen muss eine Organisation die „vorzunehmenden Überwachungen und Messungen und die erforderlichen Überwachungs- und Messmittel ermitteln." In diesem Zusammenhang müssen die Messmittel „in festgelegten zeitlichen Intervallen oder vor dem Gebrauch kalibriert oder verifiziert werden anhand von Messnormalen" [Nor

15d]. Beispielsweise kann eine Office-basierte Datenbank (Microsoft® Access®) bei der **Sicherstellung der Einhaltung** hierfür durch die Organisation **festgelegter Prüffristen**, der notwendigen **Dokumentation der Prüfungsdurchführung** sowie **der Prüfergebnisse**, der **Verfolgung der Prüfmittelausgabe, des Prüfmitteleinzugs, der Prüfmittelsperrung** und der **Prüfmittelfreigabe – Prüfmittelmanagement** unterstützen.

Eine solche Datenbank kann in sieben Komplexe strukturiert werden [Web 55]:

1. Prüfmittel-Stammdaten
2. Administration
3. Prüfmittel-Ausgabe/Einzug
4. Prüfmittel-Sperrung
5. Prüfmittel-Freigabe
6. Übersichten Suche/Prüfmitteljournal/abgelaufene Prüfmittel
7. Prüfmittel-Überwachung/Erfassung der Kalibrierdaten

   Unter den Prüfmittelstammdaten werden die Prüfmitteldaten bearbeitet und verwaltet. Neben der Möglichkeit, die Stammdaten eines Prüfmittels zu modifizieren, um beispielsweise Fehlergrenze, Prüfplatz, Prüfer oder Überwachungsdaten anzupassen, ist es darüber hinaus im rechten Teil des Menüs möglich, Prüfmittelverkettungen sowie Dokumentenzuordnungen vorzunehmen oder zu bearbeiten und bereits erfasste Kalibrierdaten einzusehen. Im Analysebereich können die Prüfmittelsuche und die Prüfmittelhistorie, d. h. alle Vorgänge wie Sperrung, Freigabe, Ausgabe, Einzug und Kalibrierung im Zusammenhang mit einem Prüfmittel, angezeigt werden.

Aber auch mit einfacheren Lösungen unter MS-Excel™ kann eine einfache und effektive Prüfmittelüberwachung und -verwaltung realisiert werden (Bild 11.18).

Die **Prüfmittelüberwachung** ist ein zentrales Element der Prüfmittelverwaltung. Um konforme Messergebnisse zu erzielen, müssen die Prüfmittel stets zuverlässige Mess-/Prüfergebnisse liefern. Die Zuverlässigkeit der Prüfmittel muss in festgelegten Intervallen überwacht werden, d. h., die zur Überprüfung fälligen Prüfmittel sind zu ermitteln und nach erfolgter Kalibrierung/Verifizierung freizugeben. Neben der **Erfassung der Prüfungsdaten** wie Kalibrierdaten, Aufzeichnungen, sonstige Dokumente kann auch die **Erfassung organisatorischer Daten** erfolgen, wodurch die **Rückverfolgbarkeit des Ergebnisses sichergestellt** ist. Die Freigabe erfolgt über die Aktualisierung der Prüfmitteldaten.

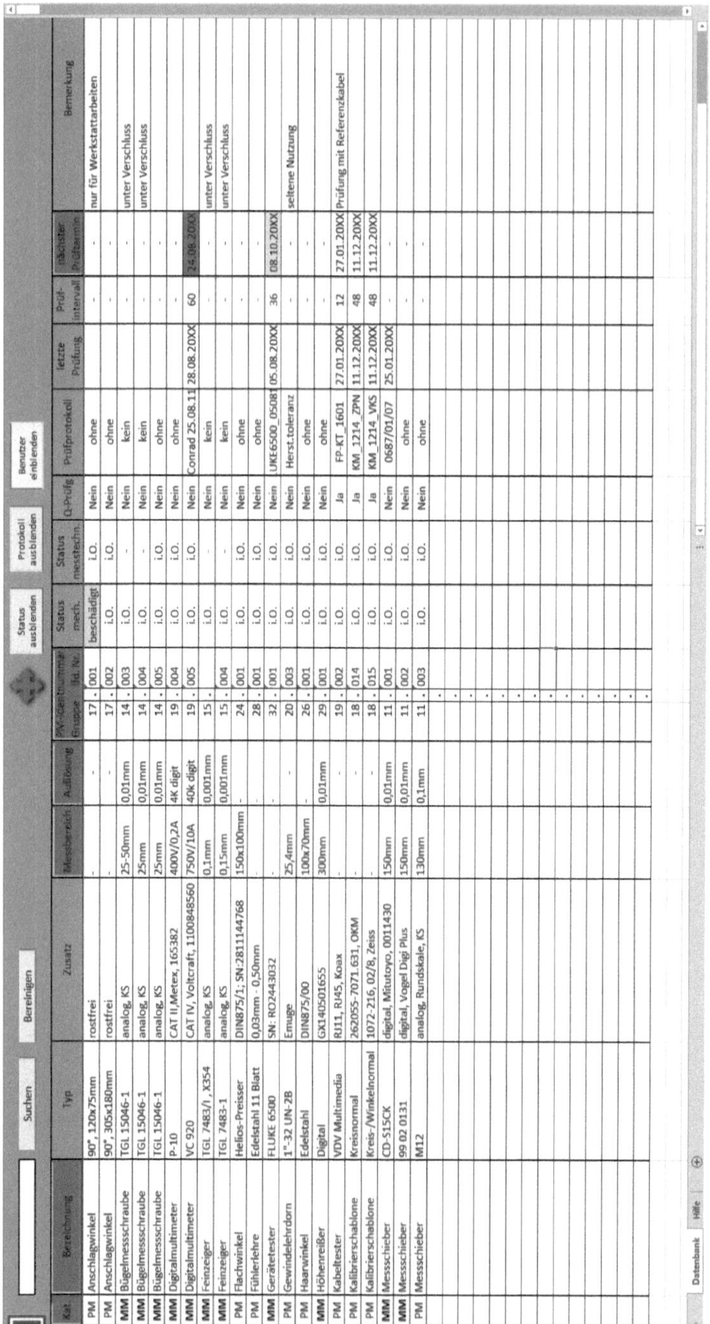

Datenbank Mess- & Prüfmittel V2.0.2-Stand05032015 - Excel

Suchen | Bereinigen | Status ausblenden | Protokoll ausblenden | Benutzer einblenden

Status	Kat.	Bezeichnung	Typ	Zusatz	Messbereich	Auflösung	PM-Identnummer Gruppe	lfd. Nr.	Status mech.	Status messtechn.	Q-Prüfg	Prüfprotokoll	letzte Prüfung	Prüf-intervall	nächster Prüftermin	Bemerkung
	PM	Anschlagwinkel	90°, 120x75mm	rostfrei	-	-	17	001	beschädigt	i.O.	Nein	ohne		-	-	nur für Werkstattarbeiten
	PM	Anschlagwinkel	90°, 305x180mm	rostfrei	-	-	17	002	i.O.	i.O.	Nein	ohne		-	-	
	MM	Bügelmessschraube	TGL 15046-1	analog, KS	25-50mm	0,01mm	14	003	i.O.	-	Nein	kein		-	-	unter Verschluss
	MM	Bügelmessschraube	TGL 15046-1	analog, KS	25mm	0,01mm	14	004	i.O.	-	Nein	kein		-	-	unter Verschluss
	MM	Bügelmessschraube	TGL 15046-1	analog, KS	25mm	0,01mm	14	005	i.O.	i.O.	Nein	ohne		-	-	
	MM	Digitalmultimeter	P-10	CAT II,Metex, 165382	400V/0,2A	4K digit	19	004	i.O.	i.O.	Nein	ohne		-	-	
PT	MM	Digitalmultimeter	VC 920	CAT IV, Voltcraft, 1100848560	750V/10A	40k digit	19	005	i.O.	i.O.	Nein	Conrad 25.08.11	28.08.20XX	60	24.08.20XX	
	MM	Feinzeiger	TGL 7483/I , X354	analog, KS	0,1mm	0,001mm	15		i.O.	-	Nein	kein		-	-	unter Verschluss
	MM	Feinzeiger	TGL 7483-1	analog, KS	0,15mm	0,001mm	15	004	i.O.	-	Nein	kein		-	-	unter Verschluss
	PM	Flachwinkel	Helios-Preisser	DIN875/1; SN:2811144768	150x100mm	-	24	001	i.O.	i.O.	Nein	ohne		-	-	
	PM	Fühlerlehre	Edelstahl 11 Blatt	0,03mm - 0,50mm	-	-	28	001	i.O.	i.O.	Nein	ohne		-	-	
PT	MM	Gerätetester	FLUKE 6500	SN: RO2443032	-	-	32	001	i.O.	i.O.	Nein	LUKE6500_05081	05.08.20XX	36	08.10.20XX	
	PM	Gewindelehrdorn	1"-32 UN-2B	Emuge	25,4mm	-	20	003	i.O.	i.O.	Nein	Herst.toleranz		-	-	seltene Nutzung
	PM	Haarwinkel	Edelstahl	DIN875/00	100x70mm	-	26	001	i.O.	i.O.	Nein	ohne		-	-	
	MM	Höhenreißer	Digital	GX140501655	300mm	0,01mm	29	001	i.O.	i.O.	Nein	ohne		-	-	
√	PM	Kabeltester	VDV Multimedia	RJ11, RJ45, Koax	-	-	19	002	i.O.	i.O.	Ja	FP-KT_1601	27.01.20XX	12	27.01.20XX	Prüfung mit Referenzkabel
√	PM	Kalibrierschablone	Kreisnormal	262055-7071.631, OKM	-	-	18	014	i.O.	i.O.	Ja	KM_1214_ZPN	11.12.20XX	48	11.12.20XX	
√	PM	Kalibrierschablone	Kreis-/Winkelnormal	1072-216, 02/8, Zeiss	-	-	18	015	i.O.	i.O.	Ja	KM_1214_VKS	11.12.20XX	48	11.12.20XX	
	MM	Messschieber	CD-S15CK	digital, Mitutoyo, 0011430	150mm	0,01mm	11	001	i.O.	i.O.	Nein	0687/01/07	25.01.20XX	-	-	
	MM	Messschieber	99 02 0131	digital, Vogel Digi Plus	150mm	0,01mm	11	002	i.O.	i.O.	Nein	ohne		-	-	
	PM	Messschieber	M12	analog, Rundskale, KS	130mm	0,1mm	11	003	i.O.	i.O.	Nein	ohne		-	-	

Datenbank | Hilfe

Bild 11.18 MS Excel™ Programm – Prüfmittelüberwachung und -verwaltung der SQB GmbH Ilmenau

Die Visualisierung dieser Informationen erfolgt in der Farbe Rot für Terminüberschreitungen oder Gelb für Statusinformationen. Über direkte Informationsschaltflächen sind die detaillierten Informationen abrufbar. Diese Informationen werden als Kennzahlen in festen zeitlichen Abständen automatisch archiviert, um im Rahmen der Analyse eine Aussage über die **Qualität des Prozesses Prüfmittelmanagement** treffen zu können.

Zur wirksamen **Überwachung der Prüfmittelfristen** wird aus der Prüfmittelmanagement-Datenbank täglich **per E-Mail** eine Meldung über freigegebene Prüfmittel mit herannahender oder bereits überschrittener Kalibrierfrist an die verantwortlichen Mitarbeitenden gesendet.

11.4 Wiki-basierte CAQ-Systeme

Neben den etablierten CAQ-Systemen kommen zunehmend die Wiki-Technologien (wiki – hawaiisch für „schnell“) basiert auf HTML-Systemen auf den Markt [Sto 14]. Inhalte können im Webbrowser von den Benutzern gelesen und geändert werden. Übliche Softwarewerkzeuge dazu sind Wiki-Software oder Wiki Engines.

Beispiele für Wiki-basierte Systeme sind:

- BlueSpice (von Hallo Welt! GmbH), *https://bluespice.com/de/*
- Confluence (von Atlassian), *https://www.atlassian.com/de/software/confluence*
- Q.wiki (von Modell Aachen GmbH), *https://www.modell-aachen.de/de*

In den meisten Unternehmen wird das Managementsystem dateibasiert in Form von Visio-, Word-, PowerPoint- oder Excel-Dateien dokumentiert. Größere Unternehmen bedienen sich zunehmend spezieller Software wie CAQ-Systemen, Business-Process-Management-Software (BPM), Dokumenten-Management-Systeme (DMS) oder auch Content-Management-Systeme (CMS).

Diese Systeme wurden mit z. T. erheblichem technischen und inhaltlichen Aufwand eingeführt. Es ist jedoch zu beobachten, dass die Managementsystem-Dokumentation vieler Unternehmen im Alltag der Belegschaft kaum Beachtung findet – sie wird nicht „gelebt“. Mit Wiki-Technologien kann die Managementsystem-Dokumentation mit geringem Aufwand so gestaltet werden, dass es von den Mitarbeitenden gerne als wertvolles Informations-, Führungs- und Kollaborationsportal genutzt wird.

Das häufigste verwendete System im deutschen Mittelstand sind MS-Office- oder MS-Visio-Dateien, abgelegt in einer Ordnerstruktur oder einem Dokumentenmanagement-System, meist als unveränderliche PDF-Dokumente. Zunehmend ist auch Nutzung von Mobile Devices wie Mobiltelefonen oder Tablets möglich. Durch die Einbindung eines Text-Editors (CK-Editor) in hochwertigen Enterprise-Wikis kann ähnlich wie mit Office-Produkten umgegangen werden. Darstellungsformen wie beispielsweise WYSIWYG (What-You-See-Is-What-You-Get) bzw. Rich-Text-Editoren sind sehr benutzerfreundlich. Weitere Möglichkeiten und Vorteile bei der Anwendung von Wiki-Technologien beim Aufbau und der Nutzung von Managementsystemen sind:

- Einbindung einer Workflow Engine mit der Möglichkeit eines Freigabe-Workflows
- Einbindung einer performanten Search-Engine (SOLR) für Volltextsuche
- Definition feingranularer Bereiche für Zugriffsrechte und Rechtegruppen
- Gestaltung von Verwaltungsseiten des Wiki-Systems
- Konfiguration von Dashboards (eigene persönliche Seite des Nutzers)
- Konfiguration von Portalseiten
- Gestaltung von aktiven Formularen mit Workflows
- Gestaltung von Applikationen
- Anbindung an Dokumentenmanagement-Systeme. Eine Standardschnittstelle zur Anbindung ist dabei die CMIS-Schnittstelle
- Anbindung an ERP
- Ausgestaltung von Mehrsprachigkeit und automatischer Übersetzung

12 Qualitätsbezogene Kosten

12.1 Definition

In diesem Abschnitt sollen nur die qualitätsbezogenen Kosten im engen Sinne behandelt werden, die sich unmittelbar auf das Prüfen, die Fehler (Ausschuss, Nacharbeit, Reklamation) und die Fehlerverhütungskosten beziehen.

Qualitätsbezogene Kosten: Kosten, die durch die Sicherstellung zufriedenstellender Qualität und durch das Schaffen von Vertrauen, dass die Qualitätsforderungen erfüllt werden, entstehen, sowie Verluste infolge Nichterreichens zufriedenstellender Qualität [Mas 14].

Es sind also alle Kosten, die

- durch Tätigkeiten der Fehlerverhütung,
- durch planmäßige Qualitätsprüfungen,
- durch interne oder extern festgestellte Fehler oder
- durch die externe QM-Darlegung verursacht werden.

Dabei ist zu beachten, dass nicht nur offensichtliche qualitätsbezogene Kosten erfasst werden, sondern auch weiter Folgekosten durch Fehlerkosten berücksichtigt werden müssen, wie beispielsweise die Kosten für Falschlieferungen, Sondertransporte, Überstunden, Sortierprüfungen, Nachbesserungen, Mindererlöse, Lieferverzug, Fehldispositionen, Doppelarbeiten, Leerlauf- und Stillstandzeiten, verlorene Kunden sowie Imageverlust und Demotivation der Mitarbeitenden [Mas 14; DGQ 96c].

12.2 Klassische Gliederung qualitätsbezogener Kosten

Die klassische Gliederung qualitätsbezogener Kosten erfolgt nach den Ursachen ihres Entstehens (Bild 12.1) [Gei 08]. Sie können in Kosten, die durch Abweichungen entstehen, sowie Kosten, die durch Bemühungen zur Übereinstimmung zustande kommen, eingeteilt werden. In der Praxis werden qualitätsbezogene Kosten entsprechend ihrer Erfassung ermittelt/berechnet (Bild 12.2).

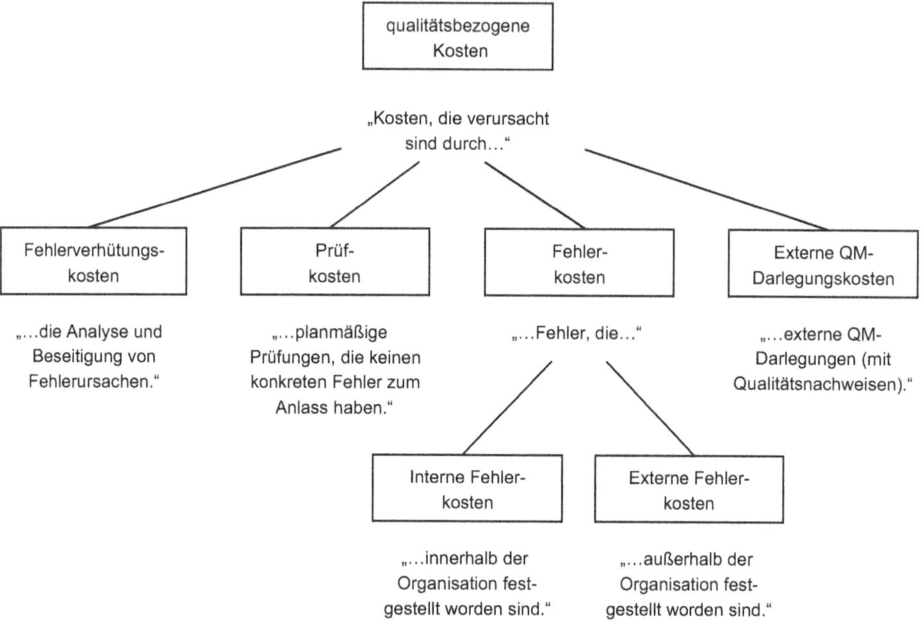

Bild 12.1 Klassische Gliederung der qualitätsbezogenen Kosten [Gei 08]

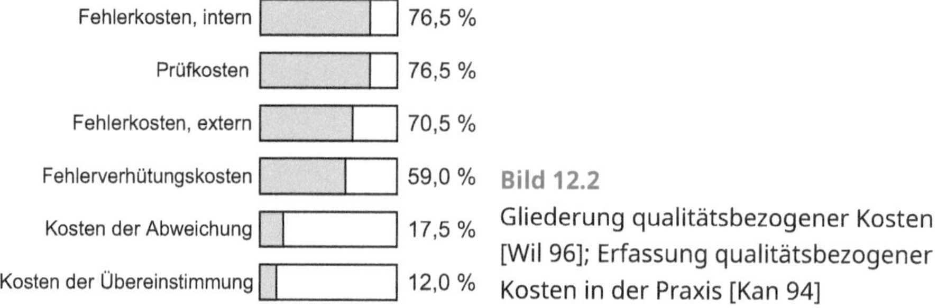

Bild 12.2 Gliederung qualitätsbezogener Kosten [Wil 96]; Erfassung qualitätsbezogener Kosten in der Praxis [Kan 94]

12.2.1 Fehlerverhütungskosten (prevention costs)

Fehlerverhütungskosten: Kosten, die durch fehlerverhütende oder fehlervorbeugende Tätigkeiten und Maßnahmen im Rahmen der Qualitätssicherung verursacht werden, um Fehler zu vermeiden oder ihr Wiederauftreten auszuschließen. Es werden alle Maßnahmen zur Vermeidung von qualitätsbezogenen Verlusten bzw. Fehlleistungen erfasst.

Interne Fehlerverhütungskosten (internal prevention costs)

Interne Fehlerverhütungskosten fallen zum größten Teil bereits in den planenden Bereichen des Unternehmens an. Die folgenden Elemente qualitätsbezogener Kosten gehören zu den internen Fehlerverhütungskosten [Gei 98]:

- Personalkosten
- Anforderungsanalysen/Lastenheft/Pflichtenheft
- Entwurfsprüfungen
- Prozessfähigkeitsuntersuchungen
- Lieferantenfreigaben
- Qualitätslehrgänge für Zulieferer
- Prüfplanung
- Entwicklung und versuchsweiser Bau von Prüfmitteln
- Vergleiche der Mitbewerber, Benchmarking
- Qualitätsplanung vor Fertigungsbeginn
- interne Qualitätsfähigkeits-Untersuchungen
- Qualitätsaudits
- interne Qualitätsverbesserungs-Programme
- Schulung im Qualitätsmanagement
- Qualitätsplanung, Qualitätslenkung, Qualitätswesen
- Qualitätsförderung
- Produktqualifikation
- Überprüfung der Materialvorschriften
- Verfahrensanalysen

- Werkzeugkontrolle
- fachliche Einarbeitung
- Abnahmeplanung
- Null-Fehler-Programm
- vorbeugende Wartung und Instandhaltung
- Modellierung, Simulation
- Bereitstellung von Entwicklungswerkzeugen
- Schaffung von Entwicklungsumgebungen
- sonstige Tätigkeiten und Anschaffungen für die interne Fehlerverhütung, die nicht einwandfrei einem der obigen Elemente zugeordnet werden können

Externe Fehlerverhütungskosten (external prevention costs)

Die folgenden Elemente qualitätsbezogener Kosten gehören zu den externen Fehlerverhütungskosten [Gei 98]:

- externe Qualitätsfähigkeits-Untersuchungen
- Schulung im Qualitätsmanagement (externe Weiterbildungsmaßnahmen)
- Qualitätsförderung
- externe QM-Darlegungskosten
- sonstige Tätigkeiten und Anschaffungen für die externe Fehlerverhütung, die nicht einwandfrei einem der obigen Elemente zugeordnet werden können

12.2.2 Prüfkosten (appraisal costs)

Prüfungen sollen sicherstellen, Fehler rechtzeitig erkennen und Gegenmaßnahmen einleiten zu können.

Prüfkosten: Kosten, die durch die Planung, Beauftragung, Durchführung und Auswertung von Prüfungen verursacht werden.

Die Prüfkosten entstehen im Wesentlichen durch das eingesetzte Personal, Prüf- und Hilfsmittel. Sie gliedern sich nach dem Entstehungsort in interne und externe Prüfkosten.

Interne Prüfkosten (internal appraisal costs)

Elemente qualitätsbezogener Kosten der internen Prüfkosten sind [Gei 98]:

- Entwurfsmusterprüfungen
- Prüfpersonal
- Qualifikationen, Qualitätsgutachten
- Produktspezifikation und Prüfung der Konformität (Entwurfsmusterprüfung, Laboruntersuchungen, Erprobung von Prototypen inklusive Messprogramm, Eingangsprüfungen, Zwischenprüfungen in der Fertigung, Materialprüfungen, Endprüfungen)
- Prüfmittelanschaffung, -aufbau, -betrieb, -überwachung und -instandhaltung
- Prüfdatenverarbeitung, Prüfdokumentation
- Werkstückaufbau/-einrichtung
- Materialverbrauch bei zerstörenden Tests
- Prozessprüfungen, statistische Prozessregelung – SPC
- Überwachung der Zulieferer
- Kosten für Lizenzen und andere Rechte
- sonstige Tätigkeiten und Anschaffungen für interne Prüfungen, die nicht einwandfrei einem der obigen Elemente zugeordnet werden können

Externe Prüfkosten (external appraisal costs)

Elemente qualitätsbezogener Kosten der externen Prüfkosten sind [Gei 98]:

- Abnahmeprüfungen
- Prüfmittel (externe Überwachung, Instandhaltung, Eichung und Konformitätsprüfung)
- sonstige Tätigkeiten und Anschaffungen für Qualitätsprüfung, die nicht einwandfrei einem der obigen Elemente zugeordnet werden können

12.2.3 Fehlerkosten (failure costs)

Fehlerkosten entstehen, wenn die Produkte/Leistungen nicht den Qualitätsspezifikationen entsprechen.

Fehlerkosten: Kosten, die durch fehlerhafte Einheiten entstehen.

Je nach Reaktion auf die festgestellten Fehler lassen sich vier Situationen unterscheiden (Bild 12.3) [FQS 95].

Es ist sachlich und zeitlich nicht immer möglich, die Fehlerursachen festzustellen. Häufig bedeutet die Fehlerursachenanalyse einen hohen Zeitaufwand. Deshalb teilt man die Fehler nicht nach ihren Ursachen, sondern nach dem Ort ihrer Feststellung in zwei Gruppen ein:

- interne Fehlerkosten (Kosten intern festgestellter Fehler)
- externe Fehlerkosten (Kosten extern festgestellter Fehler)

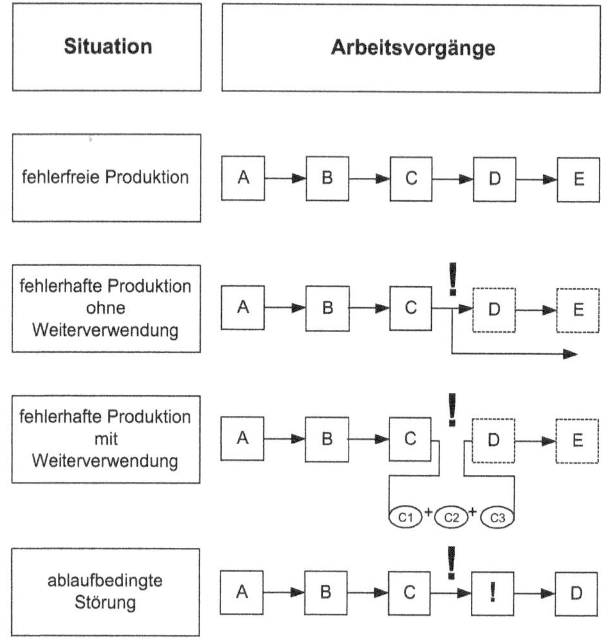

! Fehlerentdeckung

Bild 12.3 Fehlerkosten bei gestörten Produktionsabläufen [FQS 95]

Interne Fehlerkosten (internal failure costs)

Interne Fehlerkosten sind Fehlerkosten, die vor der Auslieferung an den Kunden erkannt werden.

Elemente qualitätsbezogener Kosten der internen Fehlerkosten sind [Gei 98]:

- Entwurfsänderungen/Nachentwicklungen
- Umbestellungen beim Materialeinkauf

- Ausschuss, Nacharbeit
- Konstruktionsänderungen
- Problemuntersuchungen, Korrekturmaßnahmen
- qualitätsbezogene Ausfallzeiten
- qualitätsbezogene Mengenabweichungen
- Wertminderung, Mindererlös
- sonstige (Konventionalstrafen, Terminverzögerungen, Bearbeitung von Reklamationen ...)

Externe Fehlerkosten (external failure costs)

Externe Fehlerkosten sind Fehlerkosten, die nach der Auslieferung an den Kunden erkannt werden.

Elemente qualitätsbezogener Kosten der externen Fehlerkosten sind [Gei 98]:

- Reklamationsbearbeitung (Reisekosten, Personalkosten, Prüfkosten, Reklamationsgespräche)
- Rückläufer
- Nachentwicklung
- Umbestellungen beim Materialeinkauf
- extern erkannter Ausschuss
- extern erkannte Nacharbeit
- Garantie, Gewährleistung, Vertragsstrafen
- Kundendienst/Service wegen Qualitätsmängeln
- Sonderfrachten
- Erlöseinbußen (Mindererlös), entgangene Gewinne, Opportunitätskosten/entgangene Deckungsbeiträge
- sonstige Tätigkeiten infolge intern festgestellter Fehler, die nicht einwandfrei einem der Elemente zugeordnet werden können
- Kosten der Ausschussfertigung
- ausschussbedingte Folgekosten in nachgelagerten Produktionsstufen (z. B. durch Beschäftigungsmangel)
- Austauschgüter und Störungen bei der Weiterverarbeitung beim Abnehmer
- Kulanz

12.3 Gliederung der qualitätsbezogenen Kosten

Die klassische Dreiteilung der qualitätsbezogenen Kosten entspricht nicht mehr den heutigen wirtschaftlichen Bedingungen. Praktikabel ist deine Unterteilung in Kosten der Übereinstimmung (Konformitätskosten) und Kosten der Abweichung (Nichtkonformitätskosten) [Wil 97].

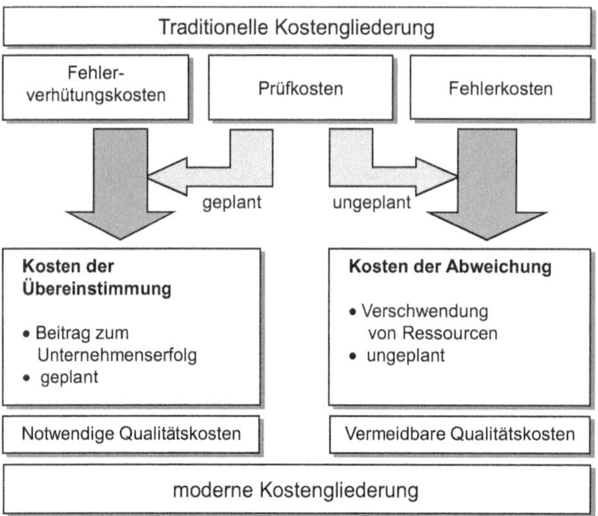

Bild 12.4 Gegenüberstellung: klassische – moderne Kostengliederung der qualitätsbezogenen Kosten

Durch diese moderne Einteilung wird eine bessere Orientierung auf Qualität ermöglicht (Bild 12.4) [Bru 13]:

- Übereinstimmungskosten entstehen durch Herstellung von Qualität
- Abweichungskosten entstehen durch Nichterfüllung von Qualitätsforderungen

Konformitätskosten (cost of conformance) – Übereinstimmungskosten

Konformitätskosten: Kosten, die zur Erfüllung der Qualitätsforderungen aufgewendet werden müssen.

Konformitätskosten setzen sich zusammen aus:

- geplante Prüfkosten
- Fehlerverhütungskosten
- QM-Darlegungskosten

QM-Darlegungskosten entstehen beispielsweise, wenn ein Unternehmen ein Qualitätsmanagementsystem einführt oder wenn ein zertifiziertes Unternehmen seine qualitätssichern-den Maßnahmen darstellt.

Nichtkonformitätskosten (cost of non-conformance) – Abweichungskosten

Nichtkonformitätskosten: Kosten, die aufgrund einer „Nichterfüllung von Qualitätsforderungen" entstehen.

Nichtkonformitätskosten setzen sich aus folgenden Elementen zusammen:

- ungeplante Prüfkosten
- interne und externe Fehlerkosten
- Fehlerfolgekosten

Fehlerfolgekosten

Fehlerfolgekosten: Kosten, die durch fehlerhafte Einheiten verursacht werden.

Zu den Fehlerfolgekosten zählen jene Kosten, die im Unternehmen oder auch beim Kunden anfallen, wenn ein Produkt den Erwartungen nicht entspricht. Zu dieser bedeutsamen Kostenkategorie sind auch entgangene Gewinne zu rechnen, die dadurch entstehen, dass Kunden nicht mehr bei diesem Unternehmen kaufen, weil sie mit der Ware bzw. dem Service unzufrieden sind (Opportunitätskosten). Die Höhe der Fehlerfolgekosten und deren Bedeutung für das Unternehmen werden häufig unterschätzt.

Zu den **Fehlerfolgekosten** zählen:

- Behandlung von Reklamationen
- Kosten durch Rücksendungen
- Kosten durch Produkthaftung – Schadenersatzzahlungen
- Erlöseinbußen in Form von Preisnachlässen sowie von Differenzen zwischen Normal- und Ausschusserlösen
- Vertragsstrafen
- entgangene Gewinne
- sonstige gewährleistungsbedingte Kosten aus Garantiefällen

Im Rahmen des Qualitätsmanagements und der Verbesserung des Unternehmenserfolges ist das Ziel, die Konformitätskosten zu optimieren und die Nichtkonformitätskosten gegen null abzusenken (Null-Fehler-Produktion).

12.4 Aufgaben und Ziele der qualitätsbezogenen Kostenrechnung

Die Aufgaben der Kostenrechnung für qualitätsbezogene Aufwendungen sind:

- Problemfindung bzw. Erfolgskontrolle: Aufbau eines Instruments zur Erkennung qualitätsbezogener und wirtschaftlicher Schwachstellen
- Problemanalyse: Darstellung der Kostenstruktur, Kostenherkunft, Kostenschwerpunkte und Kostenentwicklung, um Aufschluss über die Ursachen von Unwirtschaftlichkeiten zu erhalten
- Entscheidungsanalyse: Investitions- und Wirtschaftlichkeitsrechnung zur Bewertung von zur Entscheidung anstehenden Maßnahmen und Investitionen (Bild 12.5)
- Verbesserung des Qualitätsbewusstseins der Mitarbeitenden

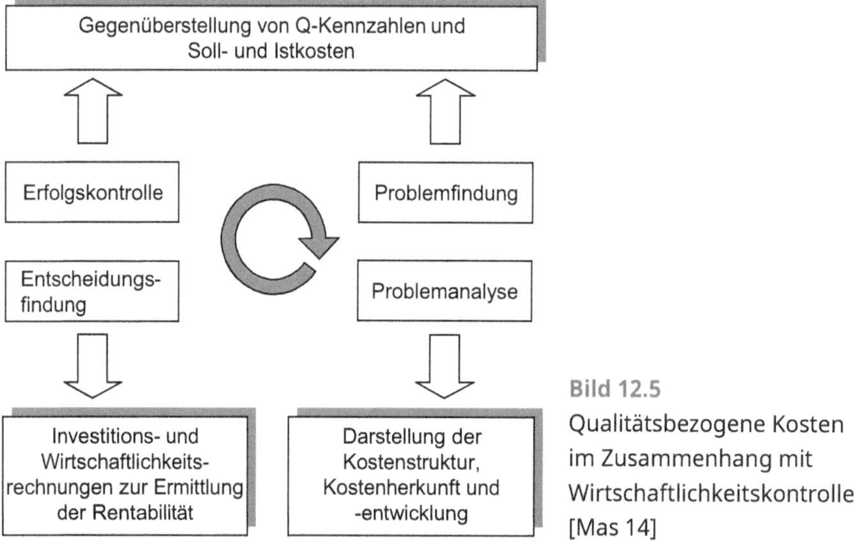

Bild 12.5 Qualitätsbezogene Kosten im Zusammenhang mit Wirtschaftlichkeitskontrolle [Mas 14]

Wichtigstes Ziel der Kostenrechnung qualitätsbezogener Aufwendungen ist eine Kostensenkung im Produktionsprozess mit einer wirtschaftlichen Qualitätsverbesserung. Schwachstellen, bei denen Ressourcen (Betriebsmittel, Personalkosten usw.) verschwendet werden, sollen erkannt werden. So können Verbesserungsmaßnahmen eingeleitet werden und erneut zu einer Kostenreduzierung führen. Bei der Kostenrechnung für qualitätsbezogene Aufwendungen können wertvolle Informationen über die Unternehmenspolitik im Qualitätsbereich gewonnen werden.

12.5 Erfassung qualitätsbezogener Kosten

Fehlerverhütungskosten sowie die geplanten Prüfkosten werden überwiegend den Gemeinkosten zugeordnet, d. h., sie fallen immer an und werden auf alle Produkte verteilt. Im Gegensatz dazu sind die ungeplanten Prüfkosten sowie die Fehlerkosten direkt einem Produkt zurechenbar und somit Einzelkosten.

Das Grundsystem der Kostenrechnung soll eine verursachungsgerechte Zuordnung der Kosten ermöglichen (Bild 12.6).

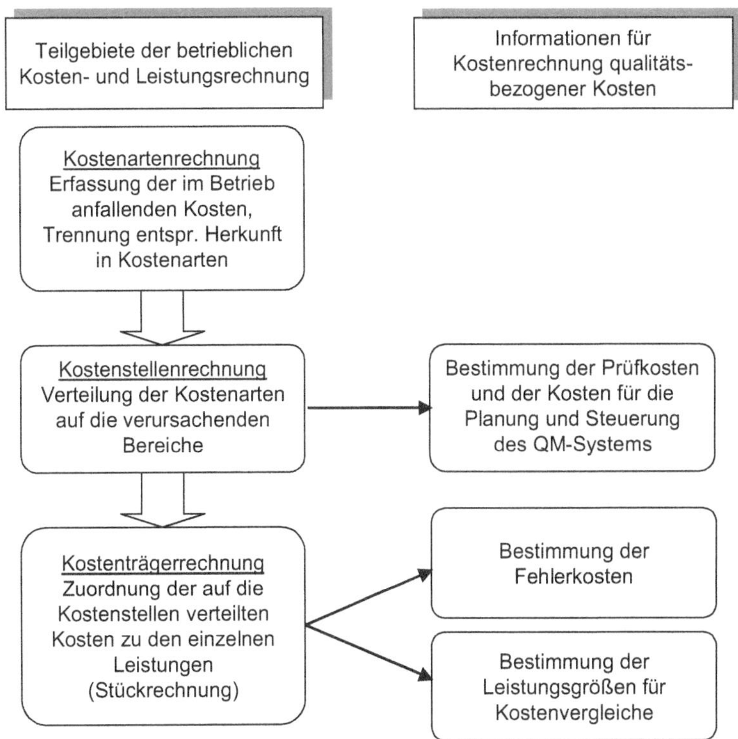

Bild 12.6 Grundsystem der Kostenrechnung [Wil 97]

Für die verursachungsgerechte Zuordnung qualitätsbezogener Kosten werden folgende Fragen gestellt:

- **Welche** Kosten sind entstanden? Kostenarten
- **Wo** sind diese Kosten entstanden? Kostenstellen
- **Wofür** wurden diese Kosten aufgewendet? Kostenträger

Den qualitätsbezogenen Kostenanteil bei allen Tätigkeiten zu separieren, ist unmöglich, da bei jeder Tätigkeit zugleich Mengen-, Termin- und Qualitätsforderungen erfüllt werden müssen. Qualitätssicherung gibt es in allen Bereichen und Tätigkeiten einer Organisation. Entsprechend fallen fast überall Kosten für das Qualitätsmanagement an. Oftmals ist nicht die exakte Erfassung der Kosten ausschlaggebend, sondern die einheitliche Erfassung und Auswertung über eine lange Zeit als Basis für Trendbetrachtungen. Um den Aufwand für die Erfassung der qualitätsbezogenen Kosten in einem vertretbaren Rahmen zu halten, kommt es darauf an, diejenigen Kosten zu selektieren, die für eine wirtschaftliche Qualitätslenkung benötigt werden. Da nicht alle Informationen direkt aus dem betrieblichen Rechnungswesen zu erhalten sind, müssen gesonderte Schätz- und Dispositionsverfahren für Informationen über zum Beispiel folgende Fehlleistungen angewendet werden [DGQ 95b]:

- Reklamationsbearbeitung
- Mindererlös
- fehlerhafte Tätigkeiten

Hierbei ist zu unterscheiden:

- Verfahren zum Erfassen der zu den Fehlleistungen gehörenden Personalkosten
- Verfahren zum Erfassen der zu den Fehlleistungen gehörenden Material-/Sach- und sonstigen Kosten

Ein besonderes Problem ist die Analyse der qualitätsbezogenen Kosten auf der Basis des betrieblichen Systems für das Rechnungswesen, da die Systematisierung der qualitätsbezogenen Kosten nur ungenügend bzw. teilweise im System des betrieblichen Rechnungswesens abgebildet ist.

Kostenarten

Am Anfang jeder Kostenrechnung steht die Erfassung und Einordnung aller im Abrechnungszeitraum angefallenen Kostenarten. Zu diesen Kosten zählen unter anderen die Personalkosten, Materialkosten, Miete, Energie, Kommunikation, Steuern, Versicherungen. Die Erfassung erfolgt in den meisten Fällen anhand von Belegen und Rechnungen. Die Erfassung der Personal- und Materialkosten ist meist mit erhöhtem Aufwand verbunden.

Personalkosten

Zu den Personalkosten zählen alle Kosten, die durch den Produktionsfaktor Arbeit entstanden sind [Wöh 20]. Im Rechnungswesen werden den Personalkosten meist keine differenzierten Daten über die jeweiligen Tätigkeiten und deren Zeitaufwand beigefügt. Dieses macht die exakte Zuordnung der Personalkosten zu den qualitätsbezogenen Kosten schwer. Um auch Einsparungen von qualitätsbezogenen Kosten, beispielsweise von Personalkosten für Prüfungen, nachweisen zu können, sollte zumindest eine Abrechnung der Hauptanteile, evtl. pauschaliert, erfasst und abgerechnet werden.

Materialkosten

Die Materialkosten ergeben sich, wenn der mengenmäßige Verbrauch an Roh-, Hilfs- und Betriebsstoffen mit den entsprechenden Preisen bewertet wird [Wöh 20]. Bei der Erfassung der Material-, Sach- und sonstigen Kosten können viele Daten direkt aus dem Rechnungswesen übernommen werden.

Kostenstellen

Bei der Kostenstellenrechnung des Herstellungsprozesses werden die Kosten entsprechend dem Ort, an dem sie anfallen, erfasst. Zu diesem Zweck werden die Betriebsbereiche in verschiedene Kostenstellen aufgeteilt: beispielsweise Entwicklung, Produktion (Dreherei, Schleiferei, Montage ...), Qualitätswesen, Vertrieb, Verwaltung, Materialwirtschaft, Beschaffung. Diesen oben beschriebenen Kostenstellen werden die Kostenarten zugeordnet.

Kostenträger

Als Kostenträger kommen einzelne Aufträge oder Produkte in Betracht. So wird es möglich, die Kostenarten bzw. die Kostenstellen einem Produkt oder einem Auftrag zuzuordnen. Kosten, die einem Produkt oder einem Auftrag direkt zugeordnet werden können, nennt man Einzelkosten (Material, Personalkosten ...). Kosten, die einem Produkt oder Auftrag nur indirekt zugeordnet werden können, werden als Gemeinkosten (Steuern, Verwaltung ...) bezeichnet. Daten, die zur Ermittlung qualitätsbezogener Kosten benötigt werden, sind in modernen ERP- und BDE-Systemen enthalten. Beispielsweise enthalten Produktionsplanungs- und -steuerungssysteme (PPS-Systeme) und Computer-Aided-Quality-Management-Systeme (CAQ-Systeme) Informationen über Maschinenstundensätze, Prüfungen, Prüf- und Betriebsmittel usw. Die Erfassung der qualitätsbezogenen Kosten erfolgt über die Angabe der Referenzdaten aus dem ERP oder BDE-System oder über computergestützte Erfassungs- bzw. Auswerteformulare (Tabelle 12.1).

Tabelle 12.1 Beispiel eines rechnerunterstützten Erfassungs- bzw. Auswerteformulars für qualitätsbezogene Kosten

Geschäftsbereich	Qualitätsbezogene Kosten			Unternehmen		
Geschäftsbereich:	**Monat/Quartal:**					
	Kosten in T€:					
	Monat/Quartal:			**kumulierte Werte**		
		% v. *GQ*	**% v. *HK***		**% v. *GQ***	**% v. *HK***
1.1 Qualitätsleitung						
1.2 Qualitätsfördermaßnahmen						
1.3 Entwicklung von Prüf- u. Messmitteln						
1.4 Masch.- u. Prozessfähigkeits-untersuchung						
1.5 Qualitätsschulung						
1.6 Produktvorprüfung						
1.7 Fehlerauswirkungsanalyse						
1.8 Sonstiges						
Summe Verhütungskosten						
2.1 Wareneingangsprüfung						
2.2 Zwischenprüfung						
2.3 Endprüfung						
2.4 Warenausgangsprüfung						
2.5 Material- und Schadensunter-suchung						
2.6 Mess- und Prüfmittel						
2.7 Sonderfreigabe						
2.8 Sonstiges						
Summe Prüf- und Beurteilungs-kosten						
3.1 Nacharbeit						
3.2 Wiederholprüfung						

Geschäftsbereich	Qualitätsbezogene Kosten			Unternehmen		
Geschäftsbereich:	**Monat/Quartal:**					
	Kosten in T€:					
	Monat/Quartal:			**kumulierte Werte**		
		% v. *GQ*	**% v. *HK***		**% v. *GQ***	**% v. *HK***
3.3 Ausschuss						
3.4 Reklamationen						
3.5 Garantie						
3.6 Produkthaftung						
3.7 Zahl der Beschwerden						
3.8 davon Zahl der Reklamationen						
Summe Fehlerkosten						
GQ Gesamt-Qualitätskosten						
HK Gesamt-Herstellkosten						
Datum/Unterschrift						

12.6 Berechnung qualitätsbezogener Kosten

12.6.1 Berechnung der Fehlerverhütungskosten

Gleichung zur Berechnung der **Fehlerverhütungskosten** K_V [Lin 86]:

$$K_V = K_{AB,V} + K_{E,V} + K_{IR,V} + K_{M,V} + K_{AS,V} + K_{WZ,V} + K_{FL,V} + K_{L,V}$$

$K_{AB,V}$ Abschreibungskosten
$K_{E,V}$ Energiekosten
$K_{IR,V}$ Instandhaltungs- und Reparaturkosten
$K_{M,V}$ Kosten für Hilfsstoffe
$K_{AS,V}$ Kosten für Arbeitsschutzmittel
$K_{WZ,V}$ Kosten für geringwertige und schnell verschleißende Arbeitsmittel
$K_{FL,V}$ Flächenbedarfskosten
$K_{L,V}$ Personalkosten

Bei den Fehlerverhütungskosten steht die Arbeitsleistung im Vordergrund. Somit stellen die Personalkosten den wichtigsten Bestandteil an den Fehlerverhütungskosten dar. Es werden im Rahmen der Fehlermöglichkeits- und Einflussanalyse (FMEA) die Konstruktion, die Fertigungsprozesse, die QM-Elemente und das gesamte Team auf Schwachstellen untersucht (interne Fehlerverhütungskosten). Es werden Qualitätsaudits durchgeführt und das Personal geschult. Das gesamte Qualitätswesen wird erfasst und ausgewertet. Diese Aufgaben werden von hoch qualifizierten Mitarbeitenden des Qualitätswesens und des Managements übernommen. Es kann auch nicht auf die Hilfe externer Dienstleister verzichtet werden. Dies geschieht meist in den Bereichen der Qualitätsförderung (externe Fehlerverhütungskosten) und Schulung.

Gleichung zur Berechnung der **Personalkosten** für Fehlerverhütung $K_{L,V}$ [Lin 86]:

$$K_{\mathrm{L,V}} = \frac{\sum_i t_{\mathrm{V},i} \cdot f_{\mathrm{l},i}}{60}$$

in €/Einheit

$t_{V,i}$ Arbeitszeit für die Elemente zur Fehlerverhütung

$f_{l,i}$ Personalkostensatz der Lohngruppe *i*

Gleichung zur Berechnung der **Arbeitszeit** $t_{V,i}$ [Lin 86]:

$$t_{\mathrm{V},i} = t_{\mathrm{AP},i} + t_{\mathrm{V,E}}$$

in min/Einheit

$t_{AP,i}$ Vorbereitungs- und Abschlusszeit der Fehlerverhütungsmaßnahme *i*

$t_{V,E}$ Zeit der Fehlerverhütungsmaßnahme

12.6.2 Berechnung der Prüfkosten

Gleichung zur Berechnung der **Prüfkosten** $K_{X,P}$ für das Qualitätsmerkmal *X* [Lin 86]:

$$K_{X,\mathrm{P}} = t_{X,\mathrm{P}}\left(K_{X,\mathrm{AB,P}} + K_{X,\mathrm{IR,P}} + K_{X,\mathrm{M,P}} + K_{X,\mathrm{AS,P}} + K_{X,\mathrm{WZ,P}}\right)$$
$$+ t_{X,\mathrm{FL,P}} \cdot K_{X,\mathrm{FL,P}} + t_{X,\mathrm{E,P}} \cdot K_{X,\mathrm{E,P}} + t_{Y,\mathrm{P}} \cdot K_{X,\mathrm{L,P}}$$

$K_{X,AB,P}$	Abschreibungskostensatz	€/min
$K_{X,E,P}$	Energiekostensatz	€/min
$K_{X,IR,P}$	Instandhaltungs- und Reparaturkostensatz	€/min
$K_{X,M,P}$	Kostensatz für Hilfsstoffe	€/min
$K_{X,AS,P}$	Kostensatz für Arbeitsschutzmittel	€/min
$K_{X,WZ,P}$	Kostensatz für geringwertige und schnell verschleißende Arbeitsmittel	€/min
$K_{X,FL,P}$	Flächenbedarfskostensatz	€/min
$K_{X,L,P}$	Kostensatz für Prüfpersonal	€/min
$t_{X,P}$	Nutzungszeit für Prüfmittel für zu prüfendes Merkmal *X*	min/Merkmal
$t_{X,FL,P}$	Flächennutzungszeit für zu prüfendes Merkmal *X*	min/Merkmal
$t_{X,E,P}$	Energienutzungszeit für zu prüfendes Merkmal *X*	min/Merkmal
$t_{Y,P}$	Arbeitszeit für Prüfpersonal für zu prüfendes Merkmal *Y*	min/Merkmal

Die Berechnung der Prüfkosten ähnelt der Berechnung der Fehlerverhütungskosten. Bei den Prüfkosten stehen die Abschreibungskosten im Vordergrund. Sie beinhalten Kosten für Gebäude, Maschinen und Anlagen, zu denen vor allem die Prüfmittel gehören. Bei der Qualitätsprüfung kommt es auf die Verwendung der richtigen Prüfmittel und deren einwandfreien Zustand an. Die Berechnungsgrundlagen für die Kostenelemente sind in Tabelle 12.2 enthalten.

Für die Berechnung der Übereinstimmungs- und Abweichungskosten ist es wichtig, die Prüfkosten in geplante und ungeplante Kosten zu unterteilen. Die Grundannahme ist immer eine möglichst fehlerfreie Produktion. Ungeplante Prüf- und Fehlerkosten kommen erst hinzu, wenn die Produktion nicht fehlerfrei abläuft. Wurde beispielsweise ein fehlerhaftes Erzeugnis produziert, das nachgearbeitet werden konnte, muss anschließend erneut eine Qualitätsprüfung stattfinden. Diese nochmalige Prüfung ist ungeplant.

12.6.3 Berechnung der Fehlerkosten

Fehlerkosten werden in interne und externe Fehlerkosten eingeteilt. Es ergibt sich folgender Ansatz zur Bestimmung der **internen Fehlerkosten $K_{F,in,i}$** des Fehlers i [Lin 86]:

$$K_{F,in,i} = K_{NI,i} + K_{IRL,i} + \sum K_{UME,i} + K_{A,in,i} + K_{N,in,i} + K_{K,i} + K_{SP,i} + K_{WP,i} + K_{PU,i} + K_{KO,i} + K_{QA,i} + \sum K_{WM,i} + \sum K_{R,i}$$

mit den Elementen der internen Fehlerkosten aufgrund des Fehlers i:

$K_{NI,i}$	Kosten für Nachinspektion	€/Fehler
$K_{IRL,i}$	Kosten für Irrläufer	€/Fehler
$\sum K_{UME,i}$	Kosten für Materialumbestellungen	€/Fehler
$K_{A,in,i}$	Ausschusskosten (intern)	€/Fehler
$K_{N,in,i}$	Nacharbeitskosten (intern)	€/Fehler
$K_{K,i}$	Konstruktionsänderungskosten	€/Fehler
$K_{SP,i}$	Kosten für unplanmäßige Sortierprüfungen	€/Fehler
$K_{WP,i}$	Kosten für Wiederholprüfungen	€/Fehler
$K_{PU,i}$	Kosten für Problemuntersuchungen	€/Fehler
$K_{KO,i}$	Kosten für Korrekturmaßnahmen	€/Fehler
$K_{QA,i}$	Kosten für qualitätsbezogene Ausfallzeit	€/Fehler
$\sum K_{WM,i}$	Kosten für Wertminderung/Mindererlöse	€/Fehler
$\sum K_{R,i}$	restliche Fehlerkosten (intern)	€/Fehler

Tabelle 12.2 Berechnungsgrundlagen für die Berechnung der Kostenanteile der Prüfkosten $K_{X,P}$ [Lin 86]

Kostenanteile	Einheit	Beschreibung	Einheit
Abschreibungskostensatz:		A: Anschaffungskosten	€
linear:	€/min	R: Restwert	€
$K_{X,Ab,P,L} = \frac{(A-R)}{ND \cdot 525.600\ \frac{min}{a}} \cdot \frac{T_{T,P}}{T_{G,P}}$		ND: Abschreibungsdauer	a
degressiv: $K_{X,Ab,P,D} = \frac{R \cdot a'}{525.600\ \frac{min}{a}} \cdot \frac{T_{T,P}}{T_{G,P}}$	€/min	$T_{T,P}$: Nutzungsdauer für Prüfaufgabe	h
		$T_{G,P}$: Gesamtnutzungsdauer	h
		a': Abschreibungssatz	1/a
Energiekostensatz: $K_{X,E,P} = N_E \cdot P_E$	€/min	N_E: durchschnittlicher Energieverbrauch je Minute	LE/min
		P_E: Durchschnittspreis je Energieeinheit	€/LE
Reparaturkostensatz: $K_{X,IR,P} = \frac{(K_R + h_R \cdot P_R)}{525.600\ \frac{min}{a}} \cdot \frac{T_{T,P}}{T_{G,P}}$	€/min	K_R: Gerätekosten für Reparaturen	€/a
		h_R: jährliche Reparaturstunden	h/a
		P_R: Reparaturkosten je Reparaturstunde	€/h
Kostensatz für Hilfsstoffe: $K_{X,M,P} = \frac{K'_m}{525.600\ \frac{min}{a}} \cdot \frac{T_{T,P}}{T_{G,P}}$	€/min	K'_m: jährliche Kosten für Hilfsstoffe sowie Schmier- und Reinigungsmittel	€/a
Kostensatz für Arbeitsschutz: $K_{X,As,P} = \frac{K'_{As}}{525.600\ \frac{min}{a}} \cdot \frac{T_{T,P}}{T_{G,P}}$	€/min	K'_{As}: jährliche Kosten für Arbeitsschutzmittel	€/a
Kostensatz geringwertige und schnellverschleißende Arbeitsmittel: $K_{X,WZ,P} = \frac{P_{WZ} + t_S \cdot K_S}{525.600\ \frac{min}{a}} \cdot \frac{T_{T,P}}{T_{G,P}}$	€/min	P_{WZ}: Summe der Einstands- und Verrechnungspreise der Arbeitsmittel pro Jahr	€/a
		t_S: durchschnittliche Zeit für Nachbearbeitungen	min/a
		K_S: durchschnittliche Kosten für eine Zeiteinheit der Nachbearbeitungen	€/min

Kostenanteile	Einheit	Beschreibung	Einheit
Flächenbedarfskostensatz: $K_{X,FL,P} = \frac{(K_{GAb} + K_{GU})}{525.600 \frac{min}{a}} \cdot \frac{T_{T,G}}{T_{G,G}}$	€/min	K_{GAb}: Gebäudeabschreibung	€/a
degressiv: $K_{GAb} = R \cdot a' \cdot \frac{F_E}{F_{ges}}$	€/min	K_{GU}: Gebäudeunterhaltungskosten	€/a
linear: $K_{GAb} = \frac{(A_G - R_G)}{ND_G} \cdot \frac{F_E}{F_{ges}}$ $K_{GU} = K_{GUI} \cdot \frac{F_E}{F_{ges}}$	€/min	A_G: Anschaffungskosten Gebäude	€
		R_G: Restwert Gebäude	€
		ND_G: Abschreibungsdauer Gebäude	a
		F_E: für Prüfaufgabe in Anspruch genommene Fläche (Transport, Lagerung, Fertigung, ...)	m^2
		F_{ges}: gesamte Produktions- und Nutzfläche des Gebäudes	m^2
		K_{GUI}: Kosten für Reparatur, Reinigung, Heizung und Beleuchtung	€/a
Kostensatz für Prüfpersonal: $K_{X,L,P} = \frac{(K_{BAB} - K_F - K_V) \cdot A_P}{525.600 \frac{min}{a}} \cdot \frac{T_{Y,P}}{T_{GY,P}}$	€/min	K_{BAB}: Gesamtkosten der Kostenstelle (aus Betriebsabrechnungsbogen) pro Jahr	€/a
		K_F: Fehlerkosten pro Jahr	€/a
		A_P: Prozentualer Anteil der ständigen Prüfer	%/100
		K_V: Fehlerverhütungskosten pro Jahr	€/a
		$T_{Y,P}$: tatsächliche Einsatzdauer Personal	min
		$T_{GY,P}$: Gesamteinsatzdauer Personal	min

Zur Bestimmung der **externen Fehlerkosten $FK_{ex,i}$** aufgrund des Fehlers *i* ergibt sich folgender Ansatz [Lin 86]:

$$FK_{ex,i} = K_{REK,i} + K_{RÜ,i} + K_{NE,i} + \sum K_{UME,i} + K_{A,ex,i} + K_{N,ex,i} + \sum K_{KD,i} + K_{SF,i} + \sum K_{R,i}$$

mit den Elementen der externen Fehlerkosten aufgrund des Fehlers *i*:

$K_{REK,i}$	Kosten für Reklamationsbearbeitung	€/Fehler
$K_{RÜ,i}$	Kosten für Falsch-/Rückläufer/Rückrufaktionen	€/Fehler
$K_{NE,i}$	Kosten für Nachentwicklungen	€/Fehler
$\sum K_{UME,i}$	Kosten für Materialumbestellungen	€/Fehler
$K_{A,ex,i}$	Ausschusskosten (extern)	€/Fehler
$K_{N,ex,i}$	Nacharbeitskosten (extern)	€/Fehler
$\sum K_{KD,i}$	Kundendienstkosten	€/Fehler
$K_{SF,i}$	Kosten für Sonderfrachten	€/Fehler
$\sum K_{R,i}$	restliche Fehlerkosten (extern)	€/Fehler

12.7 Beispiele für Kennzahlen in Managementsystemen

Kennzahlen – KPI (Key Performance Indicators) verdeutlichen quantitativ erfassbare Größen in konzentrierter und verdichteter Form. Bei der Bildung von Kennzahlen sind der gewünschte Zweck und die Möglichkeit der Erfassung zu berücksichtigen.

Kennzahlen setzen qualitätsbezogene Größen in Relation zu bestimmten betrieblichen Kenngrößen, wie zum Beispiel:

- Umsatz
- Fertigungskosten
- Werkleistung
- Fertigungslohnkosten
- Herstellkosten
- Anzahl des Fertigungspersonals
- Produktionswert
- Anzahl der produzierten Einheiten
- Wertschöpfung

Ziele der Einführung von Kennzahlen:

- Aufbau eines Instrumentes zur Lenkung des QM-Geschehens
- Strategische und operative Zielorientierung

- Aufzeigen der Qualitätslage und Erkennen von Schwachstellen
- Anstöße zur Qualitätsverbesserung
- Motivation und Sensibilisierung der Mitarbeitenden
- Vergleich (Benchmarking) mit Wettbewerbern

Kennzahlen-Systeme werden häufig in folgenden **Bereichen** verwendet:

- Unternehmenscontrolling
- Eingangsprüfung (Bewertung der Lieferanten)
- Fertigungsprüfung
- übergeordnete Produktprüfung
- Endprüfung
- Kundendienst
- Qualitätsprogramme
- Wettbewerbsvergleich

Mögliche Kombinationen zwischen qualitätsbezogenen Kosten und betriebswirtschaftlichen Bezugsgrößen sind in den Tabelle 12.3 bis Tabelle 12.5 angegeben [DGQ 99].

Kennzahlen können in einem Kennzahlensystem für die Steuerung und regelmäßige Berichterstattung zusammengefasst werden (Bild 12.7 bis Bild 12.9). Beim Aufbau von Integrierten Managementsystemen kommt es besonders darauf an, dass die Kennzahlen gewählt werden, die im Unternehmen ohnehin bereits genutzt werden. Diese im Unternehmen vorhandenen und bewährten Kennzahlen müssen den entsprechenden Prozessbeschreibungen des Unternehmens zugeordnet werden. Bei Bedarf können entsprechend der Normenanforderungen zusätzlich messbare Kennzahlen hinzugefügt werden [Ado 14].

Tabelle 12.3 Kennzahlen zur Produktqualität

Qualitätsdaten	Bezugsgröße
Anzahl fehlerfreier Produkte	Ausbringung (Stück)
Ausschuss Nacharbeit	Gesamtzahl Produkte Zeitintervall
Kennzahlen der Prozessfähigkeit	Standardabweichung, Fähigkeitsindices
Anzahl der Reklamationen	Gesamtzahl Produkte Zeitintervall

Tabelle 12.4 Kennzahlen zur Qualitätsfähigkeit

Qualitätsdaten	Bezugsgröße
Anteil der beherrschten Prozesse	Gesamtzahl der Prozesse
Zahl der A-Lieferanten	Gesamtzahl der Lieferanten
Zahl der Qualitätszirkel	Zeitintervall, Plan
Zahl der innerbetrieblichen Vorschläge	Zeitintervall, Plan
Realisierte Kosteneinsparung	Zeitintervall, Plan

Tabelle 12.5 Kennzahlen qualitätsbezogener Kosten

Qualitätsdaten	Bezugsgröße
Fehlerkosten	Umsatz, Abweichungskosten, Qualitätskosten
Kosten der Abweichung	Umsatz, Werkleistung, Qualitätskosten
Reklamationskosten	Wert des Einkaufsvolumens, Zeiteinheit, Produkt

Kennzahleneinzelblatt

Kennzahleneinzelblatt - Production Unit Time	
Name der Kennzahl	Complaints per 10T pcs
Zuständigkeit	SP
Bechreibung der Kennzahl	
Messgröße	Anzahl anerkannter Reklamationen pro 10T hergestellte Teile
Einheit	%
Auswertungsdetails	
Zielwert	2
aktueller Wert	2,0
Auswertungsintervall	monatlich

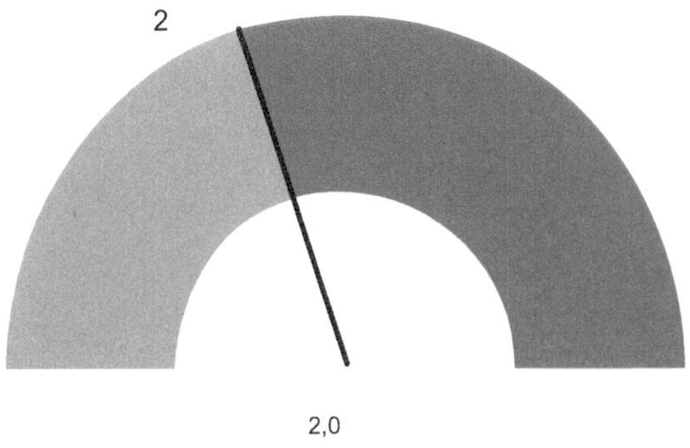

NOTIZEN:

Bild 12.7 Kennzahlencockpit unterschiedlicher Kennzahlen für das Management [Ado 14]

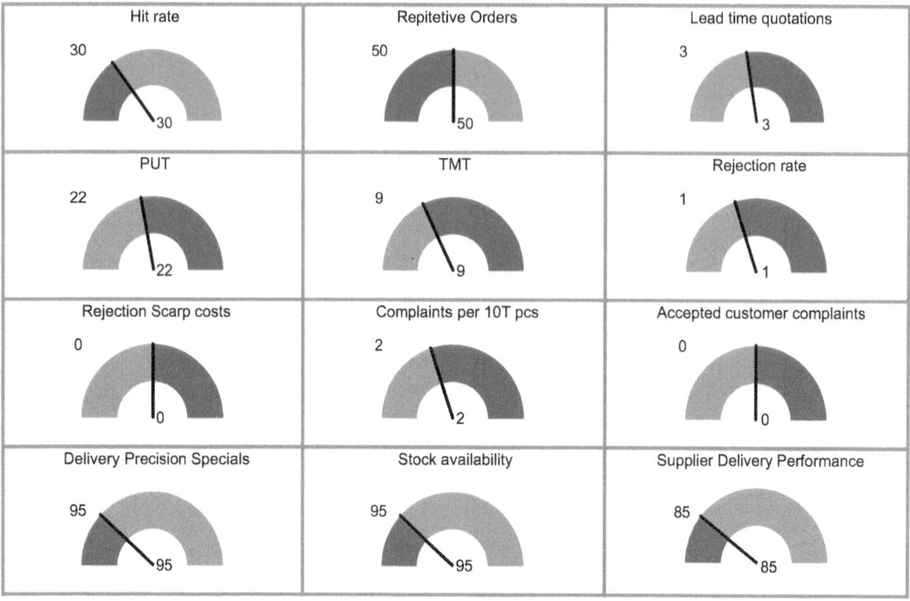

Bild 12.8 Kennzahlenübersicht unterschiedlicher Prozesse für das Management [Ado 14]

Steinbeis
Qualitätssicherung und
Bildverarbeitung GmbH

Kennzahlenübersicht

PB	Prozess	Kennzahl	Zuständigkeit	Messgröße	Einheit	Auswertungs-intervall	Präsentation		Zielwert	Jan	Feb	Mrz	Apr	Mai	Jun	Jul	Aug	Sep	Okt	Nov	Ergebnis	erfüllt?
										Geschäftsjahr												
Kernprozesse																						
PB_01	Akquise	Messekontakte	M	Anzahl der Messekontakt pro Messetag	Anz.	jährlich	KZÜ	mind.	20						41						41,0	
PB_02	Anfrage-bearbeitung	Angebotserfolg	M	Prozentualer Anteil der erteilten Aufträge zu erstellten Angeboten	%	jährlich	KZÜ	mind.	26						26						26,0	
PB_03	Beschaffung	Hauptlieferanten	B	Anzahl der Hauptlieferanten	Anz.	jährlich	KZÜ	max.	20						20						20,0	
		Lieferanten	B	Anzahl aller Lieferanten	Anz.	jährlich	KZÜ	max.	50						52						52,0	
PB_04	Entwicklung/ Fertigung	Kundenreklamation	F, E	Prozentualer Anteil der Anzahl der Reklamationen bezogen auf die Anzahl der Lieferungen	%	jährlich	KZÜ	max.	2						1,5						1,5	
Managementprozesse																						
PB_08	Controlling	Umsatzsteigerung	C	Umsatzsteigerung im Vergleich zum Vorjahr	%	jährlich	KZÜ	mind.	2						3						3,0	
PB_09	Personal-management	Mitarbeiteranzahl	GF, P	Anzahl der Angestellten	Anz.	immer	KZÜ	mind.	12	12	13										12,5	
	Umwelt-management	meldepflichtige Unfälle	GF, QMB, UMB	Anzahl der aufgetretenen Unfälle	Anz.	jährlich	KZÜ	max.	0						0						0,0	

Bild 12.9 Kennzahlenübersicht unterschiedlicher Prozesse für das Management [Ado 14]

13 Geräte- und Produktsicherheit

13.1 Grundsätze

Ein Produkt gilt als sicher, wenn es den speziellen Gemeinschaftsvorschriften der Europäischen Union über die Sicherheit dieses Produktes entspricht. Bestehen keine derartigen Vorschriften, so wird die Konformität anhand der **speziellen Rechtsvorschriften** des Mitgliedstaats, in dem das Produkt hergestellt worden ist oder vermarktet wird, oder anhand von nicht bindenden nationalen Normen zur Durchführung der Europäischen Normen festgestellt.

Andernfalls erfolgt die Beurteilung der Konformität eines Produkts entsprechend der Richtlinie 2001/95/EG über die allgemeine Produktsicherheit. Das Produktsicherheitsgesetz (ProdSG) nimmt in Deutschland Regelungen zu den Sicherheitsanforderungen von technischen Arbeitsmitteln und Verbraucherprodukten vor [ProdSG 21]. Es dient der Ordnung der Sicherheit von technischen Arbeitsmitteln und Verbraucherprodukten. Durch die Regelung der produktbezogenen Sicherheitsanforderungen und der Marktüberwachungsvorschriften sowie die Einführung eines Rechts auf Informationszugang wird der Verbraucherschutz sichtbar gestärkt. Damit werden die Anforderungen an Sicherheit und Beschaffenheit von technischen Arbeitsmitteln und Verbraucherprodukten gravierend verschärft. Das ProdSG gilt gemäß § 1 Satz 1, wenn im Rahmen einer Geschäftstätigkeit Produkte auf dem Markt bereitgestellt, ausgestellt oder erstmals verwendet werden. Eine Markteinführung ist gemäß § 3 nur dann erlaubt, wenn es bei bestimmungsgemäßer oder vorhersehbarer Verwendung die Sicherheit und Gesundheit von Personen nicht gefährdet [ProdSG 21].

Es gelten:

- erweiterte Pflichten der Hersteller, Händler und Importeure
- geänderte Kennzeichnungspflichten (CE-Kennzeichen, GS-Zeichen)
- verschärfte Kontroll- und Eingriffsrechte der Behörden

Das ProdSG gilt im Rahmen wirtschaftlicher Unternehmungen und unabhängig davon, ob die Produkte **neu, gebraucht, wieder aufgearbeitet oder wesentlich verändert** in den Verkehr gebracht werden, für

- alle technischen Produkte, für die es kein Spezialgesetz gibt (z. B. Möbel, Spielplatzgeräte, Kinderwagen oder Mountainbikes),
- für überwachungsbedürftige Anlagen wie Dampfkesselanlagen oder Aufzüge und
- wenn ein Spezialgesetz keine gleichwertigen Regelungen enthält.

Ausnahmen bestehen nur für die Überlassung von Antiquitäten und Produkten, die vor ihrer Verwendung instandgesetzt oder wieder aufgearbeitet werden müssen.

Es werden folgende Begriffe definiert [ProdSG 21]:

Produkte sind:

1. technische Arbeitsmittel
2. Verbraucherprodukte

Technische Arbeitsmittel sind verwendungsfertige Arbeitseinrichtungen, die bestimmungsgemäß ausschließlich bei der Arbeit verwendet werden, deren Zubehörteile (Bohrer, Fräsköpfe, Sägeblätter, Roboteraufsätze) sowie Schutzausrüstungen.

Verbraucherprodukte sind Gebrauchsgegenstände und sonstige Produkte, die für Verbraucher bestimmt sind oder unter vernünftigerweise vorhersehbaren Bedingungen von Verbrauchern benutzt werden können, selbst wenn sie nicht für diese bestimmt sind. Als Verbraucherprodukte gelten auch Gebrauchsgegenstände und sonstige Produkte, die dem Verbraucher im Rahmen der Erbringung einer Dienstleistung zur Verfügung gestellt werden.

Überwachungsbedürftige Anlagen sind beispielsweise:

- Dampfkesselanlagen mit Ausnahme von Dampfkesselanlagen auf Seeschiffen
- Druckbehälteranlagen (ohne Dampfkessel)
- Anlagen zur Abfüllung von verdichteten, verflüssigten oder unter Druck gelösten Gasen
- Leitungen unter innerem Überdruck für brennbare, ätzende oder giftige Gase, Dämpfe oder Flüssigkeiten
- Aufzugsanlagen
- Anlagen in explosionsgefährdeten Bereichen

- Getränkeschankanlagen und Anlagen zur Herstellung kohlensaurer Getränke
- Acetylenanlagen und Calciumcarbidlager
- Anlagen zur Lagerung, Abfüllung und Beförderung von brennbaren Flüssigkeiten

Zu den Anlagen gehören auch Mess-, Steuer- und Regeleinrichtungen, die dem sicheren Betrieb der Anlage dienen.

Inverkehrbringen ist jedes Überlassen eines Produkts an einen anderen, unabhängig davon, ob das Produkt neu, gebraucht, wieder aufgearbeitet oder wesentlich verändert worden ist. Die Einfuhr in den Europäischen Wirtschaftsraum steht dem Inverkehrbringen eines neuen Produkts gleich.

Der Import eines Produktes aus einem außereuropäischen Land gilt als Inverkehrbringen im Geltungsbereich des ProdSG, ebenso wie die bloße Ausstellung eines Produktes (beispielsweise auf Messen, in den eigenen Geschäftsräumen oder in Schaufenstern).

Hersteller ist jede Person, die ein Produkt herstellt oder es wieder aufgearbeitet oder wesentlich verändert und erneut in den Verkehr bringt. Als Hersteller gilt auch jeder, der geschäftsmäßig seinen Namen, seine Marke oder ein anderes unterscheidungskräftiges Kennzeichen an einem Produkt anbringt und sich dadurch als Hersteller ausgibt.

Bevollmächtigter ist jede im Europäischen Wirtschaftsraum niedergelassene Person, die vom Hersteller schriftlich dazu ermächtigt wurde, in seinem Namen zu handeln.

Importeur ist jede im Europäischen Wirtschaftsraum niedergelassene Person, die ein Produkt aus einem Drittland in den Europäischen Wirtschaftsraum einführt oder dies veranlasst.

Pflichten der Hersteller, Bevollmächtigten oder Importeure

- Es dürfen nur sichere Produkte in Verkehr gebracht werden.
- Pflicht zur klaren Produktidentifizierung: Auf jedem Verbraucherprodukt oder auf dessen Verpackung muss der Name und Anschrift des Herstellers bzw. Bevollmächtigten oder Importeurs genannt werden.

- Informationspflicht an Verbraucher:
  - zur Beurteilung von Gefahren
  - Warnhinweise zum Schutz vor Gefahren
- Pflicht zur Vorbeugung:
  - Maßnahmen, um Gefahren zu erkennen
  - Vorkehrungen zur Vermeidung von Gefahren treffen (inklusive Rücknahme, Warnung, Rückruf)
- Pflicht zur Produktbeobachtung mit dem Ziel, Gefahren zu erkennen. Maßnahmen können beispielsweise sein:
  - Stichproben
  - Prüfung von Beschwerden
  - Führung eines Beschwerdebuches
  - Information der Händler über Maßnahmen
  - Rückruf, freiwillig oder über Aufforderung der zuständigen Behörde
- Informationspflicht an Behörden:
  - unverzüglich
  - bei Bekanntwerden von Gefahren, die mit Sicherheitsanforderungen nicht vereinbar sind
- Pflicht zur Zusammenarbeit zwischen Hersteller/Händler/Behörde

Auch Händler müssen der allgemeinen Sicherheitsanforderung entsprechende Produkte liefern, die Sicherheit der in Verkehr gebrachten Produkte überwachen und die zur Rückverfolgung von Produkten erforderliche Dokumentation bereitstellen.

Pflichten der Behörden

- Informationspflicht über gefährliche Produkte
- Informationspflicht an die Öffentlichkeit:
  - Schutz der Gesundheit und Sicherheit der Verbraucher
  - Wahrung von Amts- und Geschäftsgeheimnissen
- Inhalt der Information:
  - Produktidentifizierung
  - Art des Risikos
  - getroffene Maßnahmen
- Gefahrenanalyse als Weg zur Produktsicherheit

Das ProdSG regelt die Rechtslage für alle Glieder der Wertschöpfungskette. Durch ein umfassendes Qualitätsmanagement sind die Voraussetzungen zu schaffen, um im Krisenfall rasch und effizient zu reagieren.

Auch wer sich in jeder Hinsicht an das ProdSG hält, ist nicht frei von Haftungsansprüchen, denn das deutsche Produkthaftungsrecht reicht darüber hinaus und berücksichtigt weitere Gesetzesgrundlagen wie das Produkthaftungsgesetz und vor allem das BGB.

Konformitätsbewertung

Verfahren zur Bewertung, ob spezifische Anforderungen an ein Produkt, ein Verfahren, eine Dienstleistung, ein System, eine Person oder eine Stelle erfüllt worden sind.

Konformitätserklärung

Mit der Konformitätserklärung bestätigt der Hersteller rechtsverbindlich, dass sein Produkt alle Anforderungen der anwendbaren EG-Richtlinie(n) erfüllt.

Viele europäische Produktrichtlinien schreiben eine **CE-Kennzeichnung** vor (CE: Communauté européenne = Europäische Gemeinschaft). Die CE-Kennzeichnung ist die sichtbare Dokumentation dafür, dass ein Konformitätsbewertungsverfahren erfolgreich durchgeführt wurde. Die Konformitätsbewertungsverfahren sind in den jeweiligen EG-Richtlinien geregelt.

Auf freiwilliger Basis unter Einhaltung gesetzlicher Vorgaben darf vom Hersteller das **GS-Zeichen**, ein auf einer deutschen Vorschrift beruhendes Sicherheitszeichen, auf Produkte angebracht werden.

13.2 CE-Kennzeichnung

Die CE-Kennzeichnung ist Pflicht für bestimmte Produktgruppen, die innerhalb des europäischen Binnenmarktes erstmalig in Verkehr gebracht oder in Betrieb genommen werden [Pic 18]. Ziel ist die Schaffung eines **einheitlichen europäischen Binnenmarktes** durch den Abbau von technischen Handelshemmnissen. Die CE-Kennzeichnung wird nur auf Produkten angebracht, für die spezifische harmonisierte Rechtsvorschriften der Gemeinschaft deren Anbringung vorschreiben, und ist im § 7 ProdSG geregelt (Tabelle 13.1).

Tabelle 13.1 Prüfzeichen CE [Web 62]

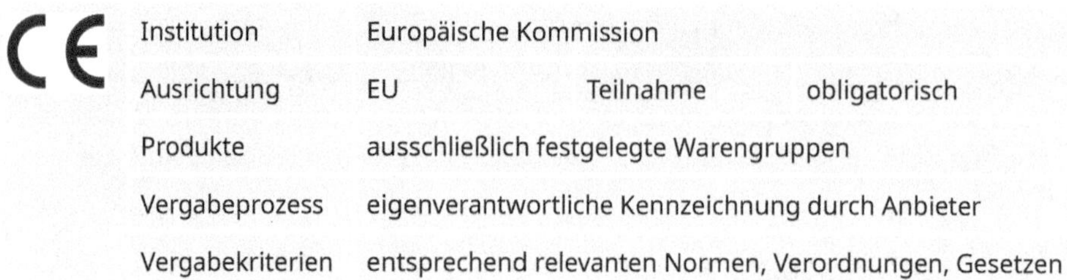

CE	Institution	Europäische Kommission		
	Ausrichtung	EU	Teilnahme	obligatorisch
	Produkte	ausschließlich festgelegte Warengruppen		
	Vergabeprozess	eigenverantwortliche Kennzeichnung durch Anbieter		
	Vergabekriterien	entsprechend relevanten Normen, Verordnungen, Gesetzen		

Wurde mit einem Konformitätsbewertungsverfahren nachgewiesen, dass das Produkt den geltenden Anforderungen entspricht, stellen die Hersteller eine EG-Konformitätserklärung aus und bringen die CE-Kennzeichnung an.

Um einen freien Warenverkehr gewährleisten zu können, wird die **Vereinheitlichung** der einzelstaatlichen Schutzmaßnahmen auf dem Gebiet der Sicherheit von Personen, Produkten sowie der Schutz des Allgemeinwohls, insbesondere der Schutz der Gesundheit, der Verbraucher und der Umwelt angestrebt. Dazu gilt die EU-Verordnung 2019/1020 des Europäischen Parlaments und des Rates vom 20. Juni 2019 über Marktüberwachung und die Konformität von Produkten sowie zur Änderung der Richtlinie 2004/42/EG und der Verordnungen (EG) Nr. 765/2008 und (EU) Nr. 305/2011 (ABl. L 169 vom 25.6.2019, S. 1). Mit der Verordnung (EG) Nr. 765/2008 über die „Vorschriften für die Akkreditierung und Marktüberwachung im Zusammenhang mit der Vermarktung von Produkten" wurden EG-Richtlinien geschaffen, um die Einhaltung der Sicherheits- und Qualitätsstandards in der ganzen EU und einigen Mitgliedsstaaten der Europäischen Freihandelszone zu gewährleisten. Für die einzelnen Richtlinien in den Mitgliedsstaaten sind notifizierte Stellen für die Überwachung der Einhaltung der Anforderungen benannt (Konformitätsbewertungsstellen – KBS). Durch die Verordnung (EG) Nr. 765/2008 über die „Vorschriften für die Akkreditierung und Marktüberwachung im Zusammenhang mit der Vermarktung von Produkten" wurde erstmals ein einheitlicher und EU-weiter Rechtsrahmen für die Akkreditierung entwickelt.

Die Verordnung gilt für den freiwilligen Bereich der Konformitätsbewertung ebenso wie für die gesetzlich vorgeschriebenen Bereiche.

Rahmenrichtlinien für Handel, Durchsetzung und Haftung sind beispielsweise:

- Beschluss 768/2008/EG über einen gemeinsamen Rechtsrahmen für die Vermarktung von Produkten
- Verordnung EG 765/2008 über die Vorschriften für die Akkreditierung und Marktüberwachung im Zusammenhang mit der Vermarktung von Produkten
- Verordnung EG 764/2008 zur Festlegung von Verfahren im Zusammenhang mit der Anwendung bestimmter nationaler technischer Vorschriften für Produkte, die in einem anderen Mitgliedstaat rechtmäßig in den Verkehr gebracht worden sind

Gattungsrichtlinien befassen sich mit einer speziellen Gruppe von Produkten, etwa solchen, die zwischen bestimmten Spannungsgrenzen betrieben werden (Niederspannungsgeräte 93/68/EWG) [EU 14].

Produktspezifische Richtlinien gelten beispielsweise für Telekommunikations- und medizinische Produkte, Maschinen sowie für andere Erzeugnisse mit extremen Gefahren (Medizinprodukte, Verordnung (EU) 2017/745; Medical Device Regulation – MDR, Maschinen 2006/42/EG) [Web 30; EU 06; EU 21; Web 99].

Die Anwendung **aller** das Produkt betreffenden harmonisierten Normen führt zur Konformitätsvermutung, d. h. der Vermutung der Übereinstimmung des jeweiligen Produktes mit den grundlegenden Anforderungen der Richtlinie. Genügen die Erzeugnisse laut Erklärung des Herstellers oder Zertifikats einer Prüfstelle den grundlegenden Anforderungen, so können sie frei vertrieben werden.

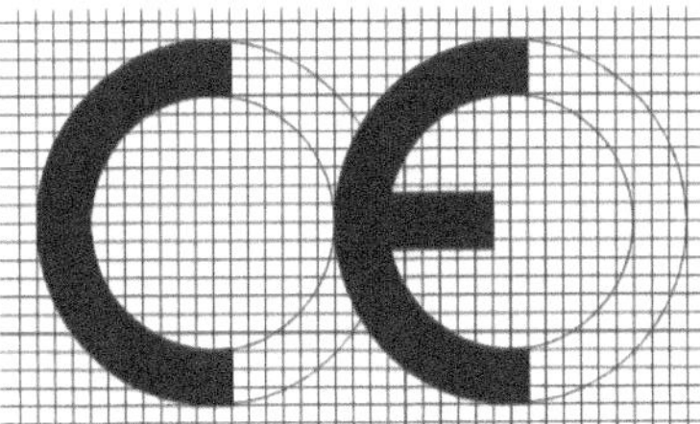

Bild 13.1
Schriftbild des CE-Konformitätskennzeichens

Wer eine CE-Kennzeichnung an einem Produkt anbringt (Hersteller, Importeur), erklärt hiermit gegenüber den Behörden,

- dass er die Verantwortung für die Konformität des Produkts mit allen geltenden Anforderungen der einschlägigen Harmonisierungsrechtsvorschriften der Gemeinschaft übernimmt und
- dass es den vorgeschriebenen **Konformitätsbewertungsverfahren** unterzogen wurde.

Die CE-Konformitätskennzeichnung

- besteht aus dem CE-Kennzeichen (Bild 13.1) und der Kennnummer der bei der Produktionsüberwachung eingeschalteten benannten Stelle, falls die anzuwendenden Richtlinien dies verlangen;
- wird gut sichtbar, leserlich und dauerhaft auf dem Produkt, der Verpackung oder dem Begleitdokument angebracht;
- ermöglicht das Inverkehrbringen, den freien Verkehr und die Verwendung des betreffenden Produkts in allen EU-Mitgliedstaaten sowie in den EFTA-Staaten Island, Liechtenstein und Norwegen.

Die **CE-Kennzeichnung** stellt eine Eigenaussage des Herstellers dar, dass das Produkt die geltenden EU-Sicherheitsvorschriften einhält. Sie ist zwingend vorgeschrieben für alle Produkte, die unter die anwendbaren Richtlinien fallen, in denen eine entsprechende Kennzeichnung vorgesehen ist.

Wird ein von einem Ursprungshersteller in Verkehr gebrachtes Produkt von einem Händler oder Weiterverarbeiter verändert, weiter ausgebaut oder in andere Produkte integriert und dann in den Verkehr gebracht, so ist dieses Produkt wie ein neues Produkt bei erstmaliger Lieferung anzusehen. Die Pflicht der CE-Kennzeichnung ist auf denjenigen übergegangen, der das „neue" Produkt erstmals in Verkehr bringt.

Ein Merkblatt des Bayerischen Staatsministeriums für Wirtschaft und Medien, Energie und Technologie gibt einen ausführlichen Überblick über die Rahmenrichtlinien und eine systematische Vorgehensweise für die CE-Kennzeichnung (Tabelle 13.2).

Für die einzelnen Phasen der Konformitätsbewertungen werden Module mit unterschiedlichen Verfahren definiert, die für einen breiten Produktbereich anwendbar sind Tabelle 13.3). Die Module beziehen sich auf die Produktentwurfsstufe, die Produktfertigungsstufe oder beide zusammen. Die acht Grundmodule und ihre acht möglichen Varianten können auf vielfältige Weise miteinander kombiniert werden, um vollständige Konformitätsbewertungsverfahren aufstellen zu können (Im Beschluss des Rates vom 9. Juli 2008 (768/2008/EG) werden die verschiedenen Phasen des Konformitätsbewertungsverfahrens (Bild 13.2) und die Regeln für die Anbringung und Verwendung der CE-Konformitätskennzeichnung festgelegt. Dabei wird für die Module H, D und E die Anwendung der EN ISO 9001 gefordert.

Tabelle 13.2 Notwendige Schritte zur CE-Kennzeichnung [Web 63]

Nr.	Frage	Information/mögliche Antwort
1	Fällt meine Produktpalette ganz oder teilweise unter eine bzw. mehrere EU-Richtlinien?	Information über „benannte Stelle", Fachverband, IHK, Berater oder Selbststudium
2	Welche Konformitätsbewertungsverfahren sehen die zutreffenden EU-Richtlinien für die Produktpalette vor?	Information über „benannte Stelle", Fachverband, IHK, Berater oder Selbststudium
3	Habe ich Auswahlmöglichkeiten bei den Konformitätsbewertungsverfahren?	Betriebsinterne Prüfung, Abwägung des wirtschaftlichsten Verfahrens
4	Welche grundlegenden Sicherheits- und Gesundheitsanforderungen müssen von meinen Produkten erfüllt werden?	Anhang I in der zutreffenden Richtlinie, Hilfestellung: harmonisierte Normen [Web 63]

Nr.	Frage	Information/mögliche Antwort
5	Welche harmonisierten Normen sind für meine Produkte relevant?	Normenrecherche, Normenstudium
6	Erfüllt mein Produkt alle zutreffenden Anforderungen?	Bewertung auf Basis der relevanten harmonisierten Normen oder mittels Checklisten
7	Welche Veränderungen ergeben sich ▪ am Produkt, ▪ an der Fertigung und ▪ beim Management?	z. B. Nachentwicklung zur Erfüllung der Anforderungen z. B. Änderung des Fertigungsverfahrens, Dokumentation von Prüfergebnissen z. B. Einführung eines QM-Systems
8	Welche Dokumentation muss ich für den Nachweis der Richtlinienanforderungen erstellen bzw. vorhalten?	QM-Prozessbeschreibungen, entsprechende EU-Richtlinie(n)
9	Muss eine „benannte Stelle" Prüfungen durchführen?	Ja: ▪ EU-Baumusterprüfung (Modul B) ▪ QM-Systembeurteilung (Modul D, E) ▪ Einzelprüfung (Modul G) ▪ Umfassendes QM-System (Modul H) Nein: interne Fertigungskontrolle (Modul A)
10	Welche notifizierte Stelle wähle ich aus für vorgeschriebene und für freiwillige Prüfungen?	Akkreditierung für die zutreffenden Richtlinien, bisherige Zusammenarbeit, räumliche Nähe
11	Welchen Inhalt hat die Konformitätserklärung?	zutreffende Richtlinie: 768/2008/EG, ANHANG II
12	Wer unterzeichnet die Konformitäts- oder Herstellererklärung?	Geschäftsführung, Prokurist/Prokuristin oder z. B. technische Leitung bzw. Leitung Qualitätswesen mit Handlungsvollmacht
13	Wie ist die Kennzeichnung anzubringen?	Nach Vorgabe der jeweiligen EU-Richtlinie(n) Gut sichtbar, leserlich und dauerhaft
Zusätzliche Schritte für die laufende CE-Kennzeichnung eines Serienproduktes		
14	Von wem und wie wird die Produktion überwacht?	Hersteller mittels eines geeigneten QM-Systems Bei fremdzertifizierten Produkten: Überwachung mittels eines Darlegungsmodells nach DIN EN ISO 9001

Tabelle 13.2 Notwendige Schritte zur CE-Kennzeichnung [Web 63] *(Fortsetzung)*

Nr.	Frage	Information/mögliche Antwort
15	Muss eine Änderung der EU-Richtlinien und der harmonisierten Normen beachtet werden?	Ja, ggf. Nachprüfung und erneute Zertifizierung
16	Was geschieht bei Änderung des Produktes/der Produktion durch den Hersteller?	Nachprüfung und ggf. erneute Zertifizierung

Tabelle 13.3 Grundmodule der Konformitätsbewertung nach 768/2008/EG

A	Interne Fertigungskontrolle	Sieht eine interne Entwurfs- und Produktionskontrolle vor. Dieses Modul erfordert nicht die Einschaltung einer benannten Stelle.
B	EG-Baumusterprüfung	Kommt in der Produktentwurfsstufe zur Anwendung und muss durch ein Modul ergänzt werden, das eine Bewertung in der Fertigungsstufe vorsieht. Die EG-Baumusterprüfbescheinigung wird durch eine benannte Stelle ausgestellt.
C	Konformität mit der Bauart	Kommt in der Fertigungsstufe zur Anwendung und folgt auf Modul B. Stellt sicher, dass das Produkt der Bauart entspricht, wie sie in der gemäß Modul B ausgestellten EG-Baumusterprüfbescheinigung beschrieben wird. Die Einschaltung einer benannten Stelle ist bei diesem Modul nicht erforderlich.
D	Qualitätssicherung Produktion	Kommt in der Fertigungsstufe zur Anwendung und folgt auf Modul B. Beruht auf der Qualitätssicherungsnorm DIN EN ISO 9001, wobei eine benannte Stelle eingeschaltet wird, die für die Zulassung und Kontrolle des vom Hersteller festgelegten Qualitätssicherungssystems für Herstellung, Endabnahmen und Prüfung verantwortlich ist.
E	Qualitätssicherung Produkt	Kommt in der Fertigungsstufe zur Anwendung und folgt auf Modul B. Beruht auf der Qualitätssicherungsnorm DIN EN ISO 9001, wobei eine benannte Stelle eingeschaltet wird, die für die Zulassung und Kontrolle des vom Hersteller festgelegten Qualitätssicherungssystems für Endabnahme und Prüfung verantwortlich ist.

F	Prüfung der Produkte	Kommt in der Fertigungsstufe zur Anwendung und folgt auf Modul B. Eine benannte Stelle prüft die Konformität mit der Bauart, wie sie in der gemäß Modul B ausgestellten EG-Baumusterprüfbescheinigung beschrieben wird, und stellt eine Konformitätsbescheinigung aus.
G	Einzelprüfung	Kommt in der Entwurfs- und der Fertigungsstufe zur Anwendung. Jedes Produkt wird von einer benannten Stelle untersucht, die eine Konformitätsbescheinigung ausstellt.
H	Umfassende Qualitätssicherung	Kommt in der Entwurfs- und Fertigungsstufe zur Anwendung. Beruht auf der Qualitätssicherungsnorm DIN EN ISO 9001, wobei eine benannte Stelle eingeschaltet wird, die für die Zulassung und Kontrolle des vom Hersteller festgelegten Qualitätssicherungssystems für Entwurf, Herstellung, Endabnahme und Prüfung verantwortlich ist.

Die spezifischen Konformitätsbewertungsverfahren für Produkte sind in den Gattungs- bzw. produktspezifischen Richtlinien beschrieben. Die Richtlinien legen auch die Kriterien für die Bedingungen fest, unter denen der Hersteller wählen kann, wenn mehr als eine Möglichkeit vorgesehen ist (Bild 13.2) [Web 67; Web 96].

Im Beschluss des Rates vom 9. Juli 2008 (768/2008/EG) werden die verschiedenen Phasen des Konformitätsbewertungsverfahrens (Bild 13.2) und die Regeln für die Anbringung und Verwendung der CE-Konformitätskennzeichnung festgelegt. Dabei wird für die Module H, D und E die Anwendung der EN ISO 9001 gefordert. Die spezifischen Konformitätsbewertungsverfahren für Produkte sind in den **Gattungs- bzw. produktspezifischen Richtlinien beschrieben.** Die Richtlinien legen auch die Kriterien für die Bedingungen fest, unter denen der Hersteller wählen kann, wenn mehr als eine Möglichkeit vorgesehen ist. In der Verordnung (EG) Nr. 765/2008 sind die unbedingt erforderlichen Angaben für eine CE-Konformitätserklärung genannt (Bild 13.3).

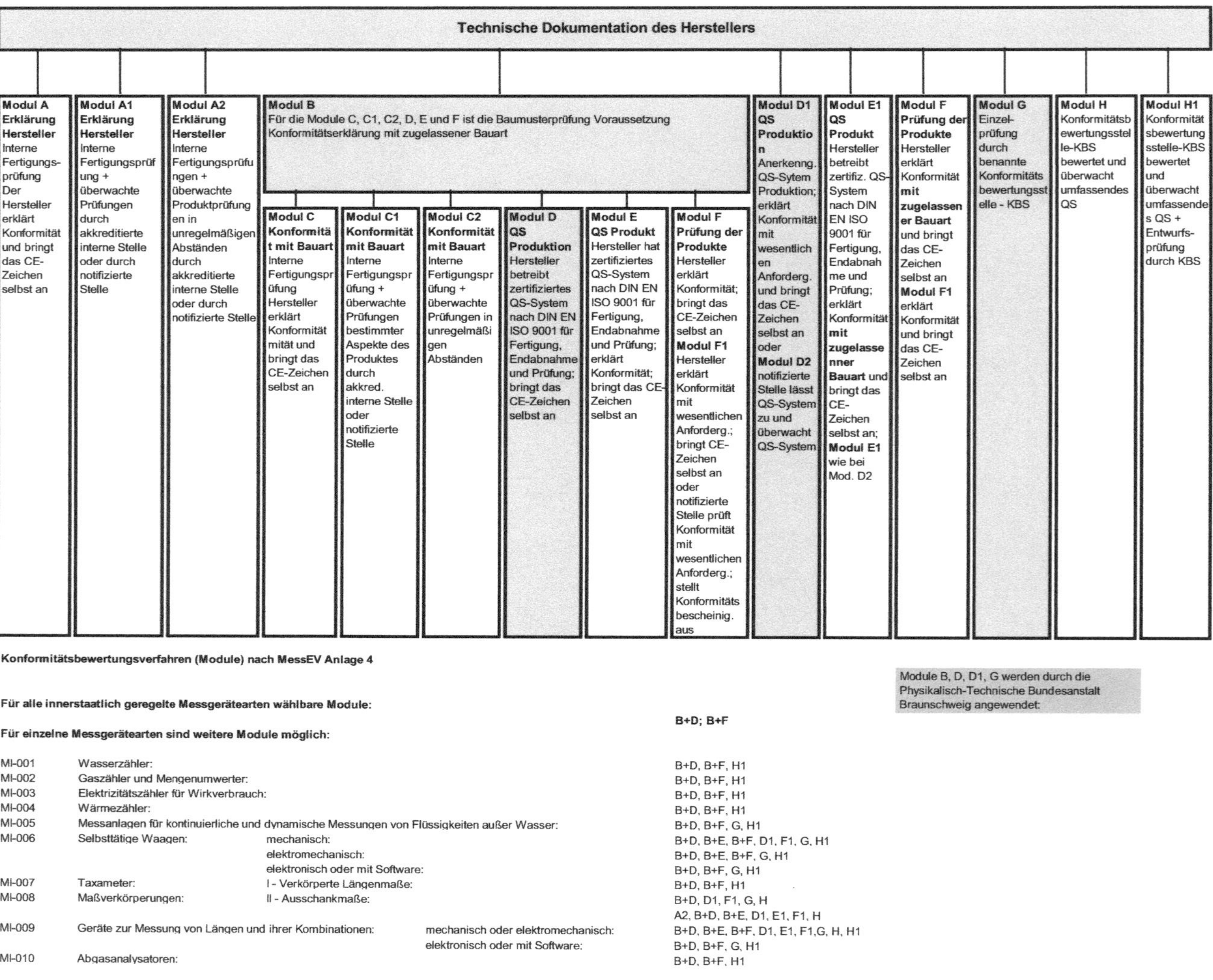

Bild 13.2 Ablaufdiagramm zu unterschiedlichen Möglichkeiten für Konformitätsbewertungsverfahren am Beispiel von Messgeräten [Web 66; Web 67]

EG-Konformitätserklärung für Maschinen

1. Hersteller/ *Manufacturer:*

Steinbeis Qualitätssicherung & Bildverarbeitung GmbH
Werner-von-Siemens-Straße 9
D-98693 Ilmenau / Germany

2. Hiermit erklären wir, dass die Anlage/ *Hereby we declare, that the*

Bezeichnung/ *Name*	**Rohrdimensionsprüfgerät PipeTest**
Typ	PipeTest 16 – 110 mm
Seriennummer/ *Serial number*	0175
Baujahr/ *Year of manufacture*	20XX

konform ist mit/ *is in accordance with*

den einschlägigen Bestimmungen der/ *relevant legislation of:*

Maschinenrichtlinie der EG in der Fassung 2006/42/EG
the machinery directives (2006/42/EG).

3. Verantwortlicher für das Zusammenstellen der technischen Unterlagen/
Person responsible for compiling the technical documentation:

Dipl.- Ing. Steffen Lübbecke
Werner-von-Siemens-Straße 9
D-98693 Ilmenau / Germany

4. Das Unternehmen und seine Prozesse sind zertifiziert nach/
The company and its processes are certified according to:

ISO 9001:2015

durch:

TÜV-Thüringen e.V.
Ernst-Ruska-Ring 6
D-07745 Jena

Zertifikat-Registrier-Nr.: TIC 15 100 159208

Ilmenau, den 10.12.20XX

Steffen Lübbecke

Geschäftsführer/ Managing Director

Diese Erklärung beinhaltet keine Zusicherung von Eigenschaften im Sinne des Produkthaftungsgesetzes. Die Sicherheits- und Schutzhinweise des Bedienhandbuches sind in jedem Falle zu beachten und einzuhalten/ This declaration does not contain any assurance of properties in the sense of the product liability law. The safety and protection instructions in the operating manual must always be observed and complied with.

Bild 13.3 Beispiel für eine CE-Konformitätserklärung mit Bezug zur Maschinenrichtlinie

13.3 GS-Zeichen

Die GS-Kennzeichnung ist im Unterschied zur CE-Kennzeichnung freiwillig (Tabelle 13.4). Das CE-Zeichen muss vom Hersteller verpflichtend angebracht werden.

Für das **GS-Zeichen** muss der Hersteller ein produktbezogenes Zertifikat erhalten. Dazu muss der Hersteller sein Produkt von einer zugelassenen Prüfstelle (GS-Stelle) einer Baumusterprüfung unterziehen.

Die Liste aller GS-Stellen ist bei der Bundesanstalt für Arbeitsschutz und Arbeitsmedizin verfügbar [Web 65]. Zur Aufrechterhaltung des Zertifikates werden von den GS-Stellen Kontrollmaßnahmen (zum Beispiel Überwachung der Fertigungsstätte) durchgeführt. Dabei wird überprüft, ob das hergestellte Produkt noch dem geprüften Baumuster entspricht oder Änderungen vorgenommen wurden. Diese in der Regel jährlichen Inspektionen beinhalten auch eine Überprüfung des Qualitätswesens und der Endproduktprüfung.

Tabelle 13.4 Prüfzeichen GS [Web 62]

Institution	GS Stellen (Liste: *www.baua.de/GS-Stellen*)		
Ausrichtung	Deutschland	Teilnahme	freiwillig
Produkte	Unter das Produktsicherheitsgesetz fallende Produkte		
Vergabeprozess	Prüfung durch GS-Stellen		
Vergabekriterien	Entsprechung mit Produktsicherheitsgesetz		

In Deutschland gilt das Gesetz über die Bereitstellung von Produkten auf dem Markt – Produktsicherheitsgesetz (ProdSG). Das ProdSG, § 1 Satz 1, ist einzuhalten: „wenn im Rahmen einer Geschäftstätigkeit Produkte auf dem Markt bereitgestellt, ausgestellt oder erstmals verwendet werden“. Eine Markteinführung ist nach § 3 nur dann erlaubt: „wenn es bei bestimmungsgemäßer oder vorhersehbarer Verwendung die Sicherheit und Gesundheit von Personen nicht gefährdet“.

Überwachungsbedürftige Anlagen (z. B. Dampfkessel, Druckgeräte, Tankstellen, Anlagen in explosionsgefährdeten Bereichen und Aufzugsanlagen) sind im Gesetz über überwachungsbedürftige Anlagen (ÜAnlG) geregelt [Web 98]. Das ÜAnlG regelt die Sicherheit von Anlagen.

Im Unterschied dazu regelt das Produktsicherheitsgesetz (ProdSG) nur die Bereitstellung auf dem Markt und das Inverkehrbringen.

Das **GS-Zeichen** (Geprüfte Sicherheit) beschränkt sich auf die Anbringung an technische Arbeitsmittel und verwendungsfertige Gebrauchsgegenstände. Voraussetzung für die Verwendung ist, dass eine GS-Stelle das GS-Zeichen einem Hersteller oder seinem Bevollmächtigten zuerkannt hat. Durch das GS-Zeichen wird angezeigt, dass bei der bestimmungsgemäßen Verwendung oder vorhersehbaren Fehlanwendung des gekennzeichneten Produktes die Sicherheit und Gesundheit des Verwenders nicht gefährdet sind. Das GS-Zeichen ist ein **freiwilliges Zeichen**, d. h., der Hersteller oder sein Bevollmächtigter entscheiden, ob ein Antrag auf Zuerkennung des GS-Zeichens gestellt wird.

Im Abschnitt 5 des ProdSG sind in den Paragrafen 20 bis 24 Regelungen für das GS-Zeichen enthalten [Web 97]:

§ 20 Zuerkennung des GS-Zeichens

§ 21 Befugnis für die Tätigkeit als GS-Stelle

§ 22 Pflichten der GS-Stellen

§ 23 Einbeziehung von externen Stellen

§ 24 Pflichten des Herstellers und des Einführers

In der Anlage des ProdSG ist Gestaltung des GS-Zeichens beschrieben.

Mit dem GS-Zeichen dürfen technische Produkte versehen werden, wenn [ProdSG 21]

- nach einer Prüfung eines Baumusters durch eine zugelassene, unabhängige Stelle diese bestätigt, dass das Produkt den sicherheitstechnischen Anforderungen entspricht, und
- die Prüf- und Zertifizierungsstelle kontrolliert, dass nur dem Baumuster entsprechende Produkte in den Verkehr gebracht werden (Fertigungskontrolle).

Die gesetzliche Geltungsdauer für die Nutzung des GS-Zeichens ist auf fünf Jahre befristet. Zur Weiterführung des Zeichens muss der Hersteller eine erneute Überprüfung erfolgreich durchführen lassen. Bei Entzug einer GS-Zeichengenehmigung werden die zuständige Behörde (Zentralstelle der Länder für Sicherheitstechnik – ZLS) und die anderen GS-Stellen darüber informiert.

Nur die von der Zentralstelle der Länder für Sicherheitstechnik (ZLS) akkreditierten Prüflaboratorien und Zertifizierungsstellen dürfen das GS-Zeichen vergeben (Tabelle 13.5). Sie nehmen dafür eine Baumusterprüfung vor, führen eine Fertigungsinspektion durch und dokumentieren beides. Erfüllt ein Hersteller diese Anforderungen, wird eine **GS-Prüfbescheinigung** ausgestellt. GS-Stellen in Deutschland findet man unter [Web 23].

Tabelle 13.5 Mindestangabe für die Bescheinigung des GS-Zeichens [Web 23]

1.	Name der Zertifizierungsstelle, die die Bescheinigung ausgestellt hat	×
2.	Genehmigungs-(Zertifikats)-inhaber	×
3.	Hersteller (ggf. verschlüsselt) des zertifizierten Produktes	
4.	Nummer der Bescheinigung	×
5.	Gültigkeitszeitraum der Bescheinigung (maximale Laufzeit fünf Jahre)	×
6.	Ausstellungsdatum und Unterschrift einer für die Ausstellung des GS-Zertifikates berechtigten Person	×
7.	Produkt, Typbezeichnung, ggf. Artikelnummer	×
8.	Technische Angaben zum Produkt, sodass eine Zuordnung des Produktes zur Bescheinigung vorgenommen werden kann, z. B. Schutzklasse, Spannung, Leistung, Abmessung etc.	×
9.	Feststellung, dass das Produkt dem GPSG entspricht und dass ggf. die entsprechenden Richtlinien erfüllt sind (§ 7 Abs. 1 Satz 3 GPSG)	×
10.	Prüfgrundlagen mit Ausgabedatum („Unter Verwendung ..." bzw. „Unter Heranziehung ...") und Hinweis, wenn eine Prüfgrundlage nur teilweise angewandt wurde (z. B. DIN EN 12345 – teilweise)	×
11.	Hinweis, dass der Inhaber der Bescheinigung berechtigt ist, das beschriebene Erzeugnis mit dem GS-Zeichen in der abgebildeten Form zu verwenden, und Darstellung des zu verwendenden Zeichens.	
12.	Hinweis, dass mit dem abgebildeten Zeichen nur das o. g. Produkt versehen werden darf; Vorschlag: Ersatzweise kann dieser Hinweis auch in die vertragliche Vereinbarung mit dem Zertifikatsinhaber aufgenommen werden.	
13.	Hinweis, dass die Prüfordnungen und/oder Geschäftsbedingungen der Prüfstelle gelten; Vorschlag: Ersatzweise kann dieser Hinweis auch in die vertragliche Vereinbarung mit dem Zertifikatsinhaber aufgenommen werden.	
14.	Hinweis darauf, dass der Ausweis für ungültig erklärt bzw. zurückgezogen werden kann (§ 7 Abs. 2 Satz 2 GPSG); Vorschlag: Ersatzweise kann dieser Hinweis auch in die vertragliche Vereinbarung mit dem Zertifikatsinhaber aufgenommen werden.	
15.	Originalzertifikat in deutscher Sprache	
16.	Zugehörige Prüfberichtsnummer(n), auf die sich die Bescheinigung bezieht.	×
17.	Hinweis, dass die zugelassene Stelle (Prüfstelle) Kontrollmaßnahmen zur Überwachung usw. durchführt (§ 7 Abs. 2 Satz 1 GPSG); Vorschlag: Ersatzweise kann dieser Hinweis auch in die vertragliche Vereinbarung mit dem Zertifikatsinhaber aufgenommen werden.	

18.	Hinweis, dass der Hersteller die Voraussetzungen einhält, die für eine vorschriftsmäßige Fertigung erforderlich sind, sowie die damit verbundenen Kontrollmaßnahmen duldet (§ 7 Abs. 3 Satz 1 und 2 GPSG); Vorschlag: Ersatzweise kann dieser Hinweis auch in die vertragliche Vereinbarung mit dem Zertifikatsinhaber aufgenommen werden.	
19.	Hinweis: Anlagen zur Bescheinigung	×

× Diese Angaben müssen auf der Vorderseite des Zertifikats enthalten sein.

Zusätzliche Zeichen

Ein Produkt kann mit **zusätzlichen Zeichen** versehen sein, sofern diese [EU 06]

- eine andere Funktion als die CE-Kennzeichnung erfüllen,
- nicht zu Verwechslungen mit der CE-Kennzeichnung führen können und
- weder die Leserlichkeit noch die Sichtbarkeit der CE-Kennzeichnung beeinträchtigen.

Historisch und branchenorientiert haben sich verschiedene weitere Produktkennzeichnungen entwickelt. Die in Deutschland üblichen RAL-Gütezeichen oder das GS-Zeichen (Geprüfte Sicherheit) betreffen den in Deutschland gesetzlich nicht geregelten Bereich. Insbesondere das GS-Zeichen ist auch international als hochwertiges Sicherheits- und Qualitätszeichen anerkannt.

Es gibt weltweit mittlerweile mehr als 1000 Gütezeichen für abgegrenzte Produktgruppen/Dienstleistungsgruppen. Diese werden u. a. von Gütegemeinschaften und dem Deutschen Institut für Gütesicherung und Kennzeichnung (RAL) vergeben und überwacht. Gütezeichen (Qualitätskennzeichen) garantieren eine Mindestqualität eines Erzeugnisses hinsichtlich der gesamten Produktqualität oder hinsichtlich bestimmter Teilqualitäten. In der Regel beschränken sie sich auf jenen Teil der Qualität, der objektiv messbar ist. Sie erbringen den Nachweis, dass bestimmte anerkannte, nachprüfbare Güte- und Prüfbestimmungen eingehalten werden (Bild 13.4).

Anbieter:
Absatzsteigerung
Marktzugang
Rechtssicherheit
Vereinfachung

Abnehmer:
Orientierung
Schutz vor Fehlinvestition
Sicherheit

Anforderungen an Qualitätskennzeichen:
- Eindeutigkeit
- Unabhängigkeit
- Überprüfbarkeit
- Transparenz
- Anforderungen
- Relevanz

Volkswirtschaft:
vitaler Wettbewerb
Wachstum
Abbau von Handelshemmnissen
freier Warenverkehr

Gesetzgeber:
Erhalt vitaler Märkte
Allgemeinwohl
Sicherheit
Gesundheit

Bild 13.4 Funktionen von Qualitätskennzeichen

Beispiele für Gütezeichen sind:

- RAL-Gütezeichen
- GS-Zeichensystem
- DLG-Gütezeichen für Lebensmittel
- Eich- und Kalibrierwesen
- Europäisches Biosiegel
- Demeter-Siegel
- Bioland-Siegel
- Naturland Fair Siegel
- Fairtrade-Siegel
- MSC-Siegel (Marine Stewardship Council)
- ASC-Siegel (zertifiziert Fischzuchtbetriebe)
- V-Label (Vegetarisch- bzw. Vegan-Siegel)

In Tabelle 13.6 sind einige Qualitätskennzeichen beispielhaft enthalten. Eine sehr umfangreiche Liste weiterer Qualitätskennzeichen ist unter Google: Qualitätssiegel | QUALITY.DE zu finden.

Tabelle 13.6 Bekannte Qualitätskennzeichen (Auswahl) [Web 62]

Kennzeichen	Merkmal	Angabe		
	Institution	Europäische Kommission		
	Ausrichtung	EU	Teilnahme	obligatorisch
	Produkte	ausschließlich festgelegte Warengruppen		
	Vergabeprozess	eigenverantwortliche Kennzeichnung durch Anbieter		
	Vergabekriterien	entsprechend Energieverbrauchskennzeichnungs-verordnung (EnVKV) und separat geregelten gerätespezifischen Anforderungen		
	Institution	TÜV Technische Überwachung Hessen GmbH TÜV SÜD AG TÜV Rheinland LGA Products GmbH TÜV Saarland TÜV Thüringen TÜV Nord		
	Ausrichtung	Deutschland	Teilnahme	freiwillig
	Produkte	produktübergreifend		
	Vergabeprozess	Analyse durch TÜV		
	Vergabekriterien	entsprechend relevanten Normen, Verordnungen, Gesetzen; TÜV ist auch Prüfstelle für die Verleihung anderer Qualitätskennzeichen, beide Siegel werden dann kombiniert		
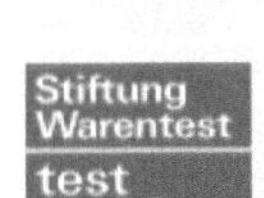	Institution	Stiftung Warentest		
	Ausrichtung	Deutschland	Teilnahme	Auswahl durch Institut
	Produkte	produktübergreifend		
	Vergabeprozess	Produkttest durch Stiftung Warentest		
	Vergabekriterien	eigens entwickelte Vergabekriterien für jeden Produkttest		

Tabelle 13.6 Bekannte Qualitätskennzeichen [Web 62] *(Fortsetzung)*

ÖKO-TEST	Institution	ÖKO-TEST Verlag GmbH		
	Ausrichtung	Deutschland	Teilnahme	Auswahl durch Institut
	Produkte	produktübergreifend		
	Vergabeprozess	Test und Benotung durch ÖKO-TEST Verlag GmbH; Logo mit Ergebnis gegen Zahlung 5 Jahre verwendbar		
	Vergabekriterien	erlassen von Umweltbundesamt		
DIN EN	Institution	DIN CERTO Gesellschaft für Konformitätsbewertung mbH		
	Ausrichtung	Deutschland, EU, Welt	Teilnahme	freiwillig
	Produkte	alle, für die eine relevante DIN bzw. DIN EN besteht		
	Vergabeprozess	eigenverantwortliche Kennzeichnung durch Anbieter		
	Vergabekriterien	relevante DIN, DIN EN		

14 Gesetzliche Haftung

14.1 Forderungen des Kunden an ein erworbenes Produkt

Ein Kunde hat unterschiedliche Forderungen/Ansprüche an erworbene Produkte (Bild 14.1).

In erster Linie fordert der Kunde, dass durch die Benutzung und Lagerung des erworbenen Produktes sein Leben, seine Gesundheit (sein Körper und sein Geist) und sein Eigentum unversehrt bleiben (Ansprüche I bis III in Bild 14.1). Diese Forderungen sind das **Integritätsinteresse** des Kunden. Verstößt der Hersteller dagegen, hat er für Schäden aufzukommen – **Produkthaftung**.

Weiterhin verlangt der Kunde vom erworbenen Produkt, dass es seine Funktion erfüllt – deshalb hat er es schließlich gekauft (Anspruch IV). Hat der Hersteller besondere Eigenschaften zugesichert, die eventuell zusätzlich zur Kaufentscheidung beigetragen haben, verlangt der Kunde selbstverständlich die **Erfüllung dieser Eigenschaften** (Anspruch V). Der Kunde hat folglich das Interesse, ein Produkt mit *den* Eigenschaften (Merkmalen) zu erhalten, die er auch versprochen bekam – er hat ein **Äquivalenzinteresse**. Der Hersteller haftet für diese versprochenen Eigenschaften in Form der **Gewährleistungshaftung**.

Der in Bild 14.1 grau dargestellte Bereich ist somit der Forderungsbereich, der *unbedingt* zu erfüllen ist. Ob das Produkt dem Kunden einen **Nutzen** bringt, ist jedoch nicht allein vom Produkt abhängig. Die Voraussetzung für die Zweckerfüllung ist die richtige Auswahl und zweckentsprechende Anwendung des Produktes.

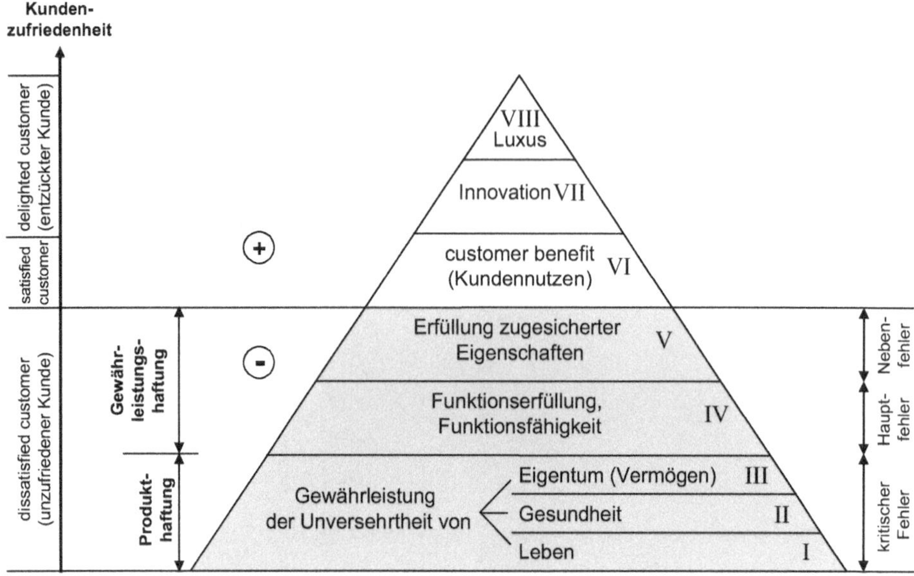

Bild 14.1 Forderungen des Kunden an ein erworbenes Produkt

Natürlich möchte der Kunde, dass das Produkt ihm etwas nützt (Anspruch VI). Jedoch ist die Wirkungslosigkeit des Produktes im Allgemeinen kein Fehler [Net 95].

Durch optimale Anwendung von Wissenschaft und Technik kann ein **Innovationsgrad** erzielt werden, der den Kunden in besonderem Maße zufriedenstellt (Anspruch VII). Die höchste Form der Kundenzufriedenheit ist die Befriedigung des **Luxusinteresses** (Anspruch VIII). Das wird erreicht, wenn das Produkt Eigenschaften aufweist, die zur Erfüllung weiterer Kundenbedürfnisse beitragen, wie Image, Geschmack, Design usw. In Managementphilosophien wie dem Umfassenden Qualitätsmanagement (TQM) ist eine der wichtigsten Zielstellungen die Erhöhung der Kundenzufriedenheit durch die Erfüllung der Ansprüche VII und VIII bis hin zum **delighted customer** – „entzückten Kunden".

14.2 Rechtsfolgen fehlerhafter Produkte

Produkte sind in der Qualitätslehre definiert als „Ergebnisse von Prozessen" (Abschnitt 1.3). In der Rechtsprechung ist das Produkt jedoch anders definiert (Tabelle 14.1).

Produkt im Sinne des Produkthaftungsgesetzes – ProdHaftG [Pro 17] ist jede bewegliche Sache, auch wenn sie einen Teil einer anderen beweglichen Sache oder einer unbeweglichen Sache bildet, sowie Elektrizität (§ 2 ProdHaftG).

Tabelle 14.1 Produktbegriff

Begriffsbestimmung „Produkt“	Produkt im Sinne von ...	
	§ 823 BGB	§ 2 ProdHaftG
Eine bewegliche Sache (materiell)	×[1)]	×
Ein selbstständiger Teil einer beweglichen Sache	×	×
Ein unselbstständiger Teil einer beweglichen Sache	–[2)]	×
Unverarbeitete Natur- und Jagderzeugnisse (Reinigen, Sortieren, Lagern und Verpacken gelten nicht als Verarbeitung)	×	×
Elektrizität	–	×
Software	×[3)]	×[3)]

[1)] § 90 BGB [2)] §§ 93, 94 BGB [3)] nach neuerer Rechtsprechung

Auch die Definition des **Herstellers** ist nach BGB und ProdHaftG unterschiedlich (Tabelle 14.2).

Tabelle 14.2 Herstellerbegriff

Begriffsbestimmung „Hersteller“		Hersteller im Sinne von ...	
		§ 823 BGB	§ 4 ProdHaftG
Grundstoffhersteller		×	×
Endhersteller		×	×
Teilhersteller		–	×
Quasihersteller (gibt sich als Hersteller aus) z. B. Handels- und Versandhäuser, Großhändler		×	×
Vertriebshändler		–	×
Importeur	Import innerhalb der EU	–	–
	Import von außerhalb der EU	–	×
Lieferant	Hersteller/Vorlieferant/Drittstaatenimporteur ist **bekannt**	–	–
	Hersteller/Vorlieferant/Drittstaatenimporteur ist **unbekannt**	–	×

Ein „Fehler" wird wie folgt definiert:

Fehler: Nichterfüllung einer Forderung [Gei 08].

Ein Fehler muss nicht zwangsläufig eine Rechtsfolge nach sich ziehen. Die Fälle, in denen Ansprüche entstehen, zeigt Bild 14.2.

Als Folge eines fehlerhaften Produktes kann sich ein **Haftungsanspruch** ergeben. Haftung bezeichnet:

Haftung: Einem Anspruch ausgesetzt sein.
Haftung kann Schadensersatzpflicht umfassen.

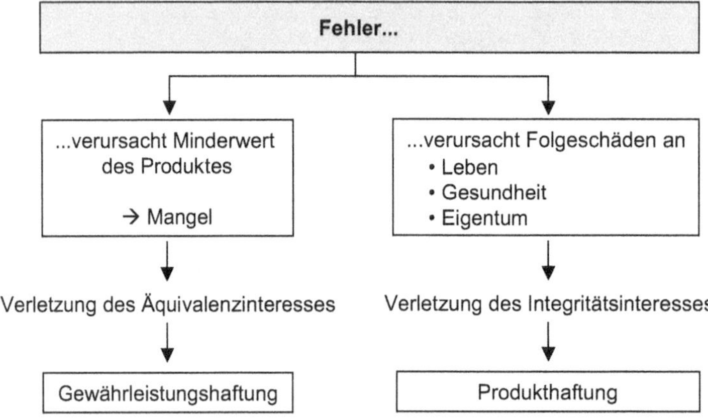

Bild 14.2 Rechtsfolgen von Fehlern

Es wird unterschieden zwischen Gewährleistungshaftung und Produkthaftung:

Gewährleistungshaftung: Haftung für Mängel am Produkt.

Produkthaftung: Haftung für *Folgeschäden*, die durch fehlerhafte Produkte verursacht werden.

Die Bezeichnung Produkthaftung ist missverständlich – natürlich entstammen auch die Ansprüche auf Gewährleistungshaftung aus einem Fehler des Produktes. Somit ist die Haftung für Fehler am Produkt auch eine Produkthaftung im weiteren Sinne. Der Begriff Produkthaftung im engeren Sinne bezeichnet jedoch nur die Haftungsansprüche aus den **Fehlerfolgen** fehlerhafter Produkte.

Haftungsansprüche können **vertraglich** oder **gesetzlich** begründet und vom **Verschulden abhängig** oder **unabhängig** sein. Einen Überblick über die unterschiedlichen Haftungsgrundlagen gibt Bild 14.3.

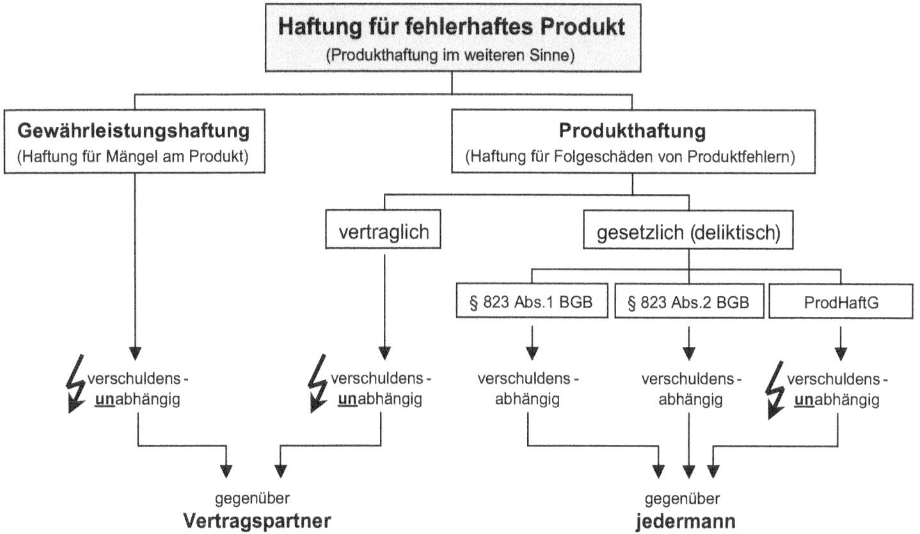

Bild 14.3 Überblick über unterschiedliche Haftungsgrundlagen

14.3 Gewährleistungshaftung

Ein Verkäufer unterliegt der Gewährleistungshaftung, wenn die verkaufte Sache (das Produkt) einen **Mangel** aufweist. Das BGB [Bür 22] unterscheidet Sach- und Rechtsmängel; hinsichtlich der Rechtsfolgen werden beide gleich behandelt.

Definition des Sachmangels (§ 434 BGB):

- Die Sache ist frei von Sachmängeln, wenn sie bei Gefahrübergang die vereinbarte Beschaffenheit hat.
- Zur Beschaffenheit gehören grundsätzlich auch konkrete Eigenschaften der Sache, die sich aus Werbeaussagen oder öffentlichen Äußerungen des Verkäufers oder Herstellers ergeben.
- Sachmangel liegt auch bei unsachgemäßer Montage oder mangelhafter Montageanleitung vor.
- Die Falschlieferung (Aliud) und Manko-Lieferung ist dem Sachmangel gleichgestellt.

Definition des Rechtsmangels (§ 435 BGB):

- Die Sache ist frei von Rechtsmängeln, wenn Dritte in Bezug auf die Sache keine oder nur die im Kaufvertrag übernommenen Rechte gegen den Käufer geltend machen können.
- Einem Rechtsmangel steht es gleich, wenn im Grundbuch ein Recht eingetragen ist, das nicht besteht.

Die Rechtsgrundlagen der Gewährleistungshaftung sollen an dieser Stelle kurz dargestellt werden.

Ansprüche und Rechte des Käufers bei **Sach- und Rechtsmängeln:**

- vorrangig Nacherfüllung – Beseitigung des Mangels oder Lieferung einer mangelfreien Sache (§ 439 BGB)
- Nacherfüllung gilt nach dem zweiten fehlgeschlagenen Nachbesserungsversuch als fehlgeschlagen
- Minderung (§ 441 BGB) oder Rücktritt vom Vertrag (§§ 440, 323 und 326 BGB) – erst wenn die Nachbesserung nach Fristsetzung zweimal fehlschlägt
- Schadensersatz (§§ 440, 280, 281, 283 und 311a BGB)

Die Formulierungen und Definitionen für **Werkverträge** sind an die kaufrechtliche Vorschrift des § 434 BGB angepasst. Der Unternehmer ist verpflichtet, dem Besteller ein Werk zu erstellen, das frei von Sach- und Rechtsmängeln ist (§ 633 BGB). Wie im Kaufrecht ist dabei zunächst die vereinbarte Beschaffenheit maßgeblich. Ist eine bestimmte Beschaffenheit nicht ausdrücklich vereinbart, so wird als Maßstab für die Mangelfreiheit der im Vertrag vorausgesetzte oder gewöhnliche Gebrauch genommen.

Bei **Werkverträgen** hat der Besteller das Recht auf ein Produkt, das (§§ 633–635 BGB):

- mängelfrei (mit den zugesicherten Eigenschaften ausgestattet) ist,
- für die gewöhnliche Verwendung geeignet ist und eine Beschaffenheit aufweist, die bei Werken der gleichen Art üblich ist und die der Besteller nach der Art des Werkes erwarten kann.

Ansprüche und Rechte des Bestellers bei Mängeln:

- vorrangig Nacherfüllung, gerichtet auf Nachbesserung oder Neuherstellung (§ 635 BGB)
- den Mangel selbst beseitigen und Ersatz der erforderlichen Aufwendungen verlangen (§ 637)
- Rücktritt vom Vertrag (§§ 636, 323 und 326 Abs. 5) oder Minderung der Vergütung (§§ 636, 638 BGB)
- Schadensersatz (§§ 636, 280, 281, 283, 311a BGB)
- alternativ zum Schadensersatz Aufwendungsersatz (§ 284 BGB)

Für die Durchsetzung des Rechtes gilt die **Beweislastumkehr**. Innerhalb der **ersten sechs Monate** wird zugunsten des Verbrauchers vermutet, dass die Sache bereits bei Gefahrübergang fehlerhaft war (§ 476 BGB).

Bei **Geschäften zwischen Kaufleuten** (z. B. Zulieferung von Material) hat der Käufer die Ware *unverzüglich zu untersuchen* und ggf. Mängel anzuzeigen. Wird die Anzeige unterlassen, gilt die Ware als genehmigt, es sei denn, dass der Mangel nicht feststellbar war (§ 377 HGB) [Han 22].

Daher erklärt sich zwingend die **Notwendigkeit der Planung und Durchführung der Wareneingangsprüfung**. Von dieser kann sich der Hersteller jedoch **freizeichnen**, indem er [Sch 97a]

- mit den Lieferanten Qualitätssicherungsvereinbarungen abschließt,
- den Lieferanten zur Durchführung einer effektiven Warenausgangsprüfung verpflichtet, die dem neuesten Stand der Prüftechnik entspricht, oder
- eine ordnungsgemäße Dokumentation organisiert.

Der Hersteller muss das System jedoch innerhalb von angemessenen Zeitabschnitten auf seine **Wirksamkeit überprüfen** (Audit, Produkt-Stichprobenprüfungen). In jedem Falle hat der Hersteller bei Anlieferung durchzuführen:

- Identitätsprüfung (Übereinstimmung von Lieferung und Warenbegleitpapieren)
- Prüfung auf Transportschäden

Verjährung der Mängelansprüche: Die gesetzliche Verjährungsfrist von Gewährleistungsansprüchen (gesetzliche Garantie) beträgt nach § 438 BGB:

- 30 Jahre bei in einem Grundbuch eingetragenen Rechten
- fünf Jahre bei Bauwerken
- im Übrigen zwei Jahre

Darüber hinaus kann jeder Verkäufer zusätzliche freiwillige Beschaffenheits- und Haltbarkeitsgarantien geben (§ 443 BGB). Die gesetzliche Gewährleistungsfrist darf aber nicht verkürzt werden (§ 475 Abs. 2 BGB). Vom Gesetz abweichende Vereinbarungen sind selbst dann unwirksam, wenn sich der Käufer damit einverstanden erklärt.

14.4 Produkthaftung

14.4.1 Vertragliche Produkthaftung

In die Situation der vertraglichen Produkthaftung kann ein Verkäufer in zwei Fällen kommen:

- Haftung für zugesicherte Eigenschaften
- Haftung aus „positiver Vertragsverletzung“

Die **Haftung für zugesicherte Eigenschaften** tritt ein, wenn vertraglich zugesichert wurde, dass das Produkt den Folgefehler gerade nicht verursacht, nicht verursachen kann oder wenn das Produkt sogar die Aufgabe hatte, den Folgefehler zu verhindern. Hier spielt ein eventuelles Verschulden keine Rolle – wer etwas verspricht, hat dafür einzustehen.

Unter **positiver Vertragsverletzung** wird die Verletzung der Pflichten des Verkäufers verstanden. „Positiv“ heißt in diesem Zusammenhang „zu bejahend“ bzw. „vorliegend“. Im Falle der positiven Vertragsverletzung wird die Leistung zwar erbracht, ist aber fehlerhaft, sodass Schäden für Personen, Sachen oder Vermögen entstehen.

So hat der Verkäufer die Pflicht, die Leistung so zu bewirken, wie **Treu und Glauben** es mit Rücksicht auf die Verkehrssitte erfordern (§ 242 BGB). Ist es durch die Schuld des Verkäufers **unmöglich**, die Leistung zu erbringen, hat der Käufer Anspruch auf den Ersatz des durch die Nichterfüllung entstehenden Schadens (§§ 280, 325 BGB). Gleiches gilt bei **Verzug** des Verkäufers (§§ 286, 326 BGB).

14.4.2 Produkthaftung nach § 823 Abs. 1 BGB

Die Haftungstatbestände der **vertraglichen Produkthaftung** greifen selbstverständlich nur im Verhältnis zwischen den Parteien eines Kauf- oder Werkvertrages; zwischen dem Endverbraucher und dem Hersteller eines Produktes bestehen gesonderte vertragliche Beziehungen in der Regel nicht. Daher kommen in diesen Fällen nur die **gesetzlichen Regelungen** über die (außervertragliche) Haftung infrage.

Diese Haftung ist **verschuldensabhängig**, d. h., der Hersteller hat für Schäden eines Benutzers an den in § 823 Abs. 1 BGB genannten Rechtsgütern dann einzustehen, wenn ihn in seinem Organisationsbereich ein diesbezügliches Verschulden trifft.

Entgegen der missverständlichen Bezeichnung „Produzentenhaftung“ ist die Haftung nicht auf die Warenhersteller selbst begrenzt. Vielmehr sind auch dem Absatzmittler bestimmte Verkehrssicherungspflichten auferlegt, deren Verletzung zu Produkthaftungsansprüchen führt.

Während bei der vertraglichen Haftung sowohl Gewährleistungsansprüche, d.h. Ansprüche am fehlerhaften Produkt selbst, als auch Produkthaftungsansprüche berührt werden, betrifft die deliktische Produkthaftung nur reine Produkthaftungsansprüche.

Für die deliktische Produkthaftung gibt es zwei Grundlagen: § 823 Abs. 1 BGB und § 823 Abs. 2 BGB.

§ 823 Abs. 1 BGB: „Wer vorsätzlich oder fahrlässig das Leben, den Körper, die Gesundheit, die Freiheit, das Eigentum oder ein sonstiges Recht eines anderen widerrechtlich verletzt, ist dem anderen zum Ersatz des daraus entstehenden Schadens verpflichtet." [Bür 22]

Das Vergleichsnormal bei der Untersuchung einer deliktischen Verantwortlichkeit ist die durch das Produkt geweckte Gebrauchs- und Sicherheitserwartung. Für die Begründung eines Schadensersatzanspruches ist die „widerrechtliche Verletzung eines Rechtsgutes" ausschlaggebend. Solche Rechtsgüter sind vor allem Leben, Körper, Gesundheit und Eigentum.

Für die Feststellung der „Widerrechtlichkeit" hat die Rechtsprechung verschiedene Fehlerkategorien durchgesetzt, die an die Verletzung unterschiedlicher Verkehrspflichten in verschiedenen Stufen des Herstellungsprozesses anknüpfen [Cle 94]:

- Konstruktionsfehler
- Fabrikationsfehler
- Instruktionsfehler
- Entwicklungsfehler
- Verletzung der Produktbeobachtungspflicht
- Organisationsverschulden
- Verletzung der Beteiligungs- und Zulieferpflichten

Konstruktionsfehler: Produkte bleiben schon ihrer Konzeption nach unter dem neuesten Stand der Technik und dem durch den bestimmungsgemäßen Gebrauch vorausgesetzten Sicherheitsstandard [Jvo 21].

Konstruktionsfehler können auftreten durch:

- Auswahl ungeeigneter Werkstoffe oder Einzelteile
- ungeeignete Konzipierung des Produktes

Von Konstruktionsfehlern ist jeweils die ganze Serie betroffen.

Konstruktionsfehler – Beispiele aus der Rechtsprechung [Jvo 21]:

- ein Meißel, der zu hart war und splitterte
- ein Fußschalter, der ohne Wirkung blieb
- eine Software, die fehlerhaft programmiert war

Fabrikationsfehler: Einzelne Produkte der Serie sind aufgrund von menschlichem Versagen oder technischem Versagen fehlerhaft.

Fabrikationsfehler können auftreten durch:

- Verwendung fehlerhafter Rohstoffe
- falsche Einrichtung der Anlagen
- ungeeignete Wartung der Anlagen und Produktionsmittel
- fehlerhafte Fertigungsprozesse
- mangelnde Qualifikation des Personals
- mangelnde Qualität der Verpackung und Beschriftung der Produkte

Fabrikationsfehler – Beispiele aus der Rechtsprechung [Jvo 21]:

- ein Operationsinstrument, das durch einen Materialfehler brach
- die Verarbeitung mit Typhusbazillen verseuchter Milch
- ein Fahrradrahmen, der schlecht verschweißt war und brach
- eine Farbe, die in einen falsch beschrifteten Eimer gefüllt wurde

Instruktionsfehler: Produkt ist fehlerfrei, aber die notwendige Gebrauchsanweisung ist nicht beigefügt oder weist nicht auf mögliche Gefahren im Umgang mit dem Produkt hin.

Instruktionsfehler sind:

- fehlende Gebrauchsanleitung
- fehlende Erkennung der Gefahr durch fehlende Risikoabschätzung
- schlecht lesbare oder schwer verständliche Hinweise
- Hinweise/Warnungen sind versteckt zwischen Werbung und anderen Informationen

Die Pflicht zur Instruktion ist umso höher, je größer die potenzielle Gefahr durch das Produkt ist. Die Darstellung muss so erfolgen, dass sie auch von gedankenlosen und weniger begabten Verbrauchern sofort voll erfasst werden kann.

Instruktionsfehler – Beispiele aus der Rechtsprechung [Jvo 21]:

Fehlende Informationen/Warnungen über:

- die mangelnde Schmierfähigkeit eines Fettes bei niedrigen Temperaturen, die zur Zerstörung des Lagers des Leitrades eines Schiffes und zu dessen Verlust führte
- die Gefahr der Dauerverabreichung von stark gesüßten Getränken an Kleinkinder
- die Notwendigkeit der sicheren Befestigung eines Turngerätes
- die Explosionsgefahr von Rohrreinigungsmitteln

Entwicklungsfehler: Fehler, der trotz Anwendung des Standes der Technik nicht erkennbar ist.

Hier lautet der Grundsatz, dass der Hersteller für solche Fehler **nicht haftet**.

Die Haftung setzt ein Verschulden des Herstellers voraus. Dieses Verschulden kann in **Vorsatz** oder **Fahrlässigkeit** begründet sein. Vorsatz liegt vor, wenn die Pflichtwidrigkeit des Handelns bekannt ist oder zumindest billigend in Kauf genommen wird. Unter Fahrlässigkeit wird die Außerachtlassung der „im Verkehr erforderlichen Sorgfalt" bezeichnet. Zivil- und strafrechtlich wird zwischen **grober und leichter Fahrlässigkeit** unterschieden. Die Verschuldensabhängigkeit der Haftung bewirkt im Umkehrschluss, dass der Hersteller, der diese objektiven Maßstäbe einhält, bei einem trotzdem entstandenen Produktfehler **nicht haftet**. Der **Beweis der Schuldlosigkeit** kann in zwei Fällen gelingen [Jvo 21]:

- Klassifizierung des Fehlers als Entwicklungsfehler, der beim damaligen Stand der Technik nicht zu erkennen war
- Klassifizierung des Fehlers als „Ausreißer"

Ausreißer: Fabrikationsfehler, der trotz aller Sorgfalt nicht zu erkennen oder zu verhindern war.

Inhalt der **Beweisführung für das Vorliegen eines Ausreißers** ist:

- detaillierter Nachweis, dass der Produktionsprozess so organisiert war, dass der Produktionsablauf keinen Störungen durch individuelle Fehlleistungen von Bediensteten ausgesetzt war
- Nachweis der geeigneten Überwachung und Auswahl von Mitarbeitenden

Für die Anerkennung eines deliktischen Anspruchs ist „haftungsbegründende Kausalität" notwendig. Das bedeutet, dass zwischen dem Inverkehrbringen der fehlerhaften Ware und der Rechtsgutverletzung ein direkter Zusammenhang bestehen muss.

Bei der Verfolgung eines Anspruchs ist stets die Frage der **Beweislastverteilung** von großer Wichtigkeit. Die Verfolgung deliktischer Ansprüche für den Verbraucher wäre mit einem hohen Prozessrisiko verbunden, da er folgende Punkte nachweisen müsste:

- Verletzung eines geschützten Rechtsgutes (Leben, Gesundheit, Eigentum)
- Verletzung einer Rechtspflicht (Widerrechtlichkeit)
- Kausalität (Zusammenhang)

Daher hat die Rechtsprechung eine **Entlastung des klagenden Verbrauchers** entwickelt. Diese wird als **Beweislastumkehr** bezeichnet. Im Gegensatz zum allgemeinen Grundsatz „im Zweifelsfalle für den Angeklagten“ wird hier Schuldhaftigkeit angenommen, und es ist Sache des Herstellers, sich zu entlasten.

Beweislastumkehr: Der Hersteller muss seine Schuldlosigkeit beweisen.

Der **Verbraucher** braucht nur den Fehler des Produktes, die Rechtsgutverletzung (Leben, Körper ...) und die Kausalität zwischen beiden darzulegen. Nun aber ist es Sache des Herstellers, sich zu „entlasten“, d. h. nachzuweisen, dass ihn kein Verschulden trifft. Diese Vorgehensweise wird damit begründet, dass der Hersteller – anders als der geschädigte Verbraucher – seinen Verantwortungsbereich überblicken könne, da er den Herstellungsprozess und die Prüfungen des fertigen Produktes organisiere [Cle 94].

Verjährung: Deliktrechtliche Ansprüche verjähren nach § 852 BGB nach **30 Jahren** nach schadensursächlicher Handlung. Kennt der Geschädigte den Schaden und den Schädiger, verjähren die Ansprüche nach den folgenden **zehn Jahren.**

14.4.3 Produkthaftung nach § 823 Abs. 2 BGB

§ 823 Abs. 2 BGB: „Die gleiche Verpflichtung (Schadensersatz, Anm. d. Verf.) trifft denjenigen, welcher gegen ein den Schutz eines anderen bezweckenden Gesetzes verstößt. Ist nach dem Inhalt des Gesetzes ein Verstoß gegen dieses auch ohne Verschulden möglich, so tritt die Ersatzpflicht nur im Falle des Verschuldens ein.“ [Bür 22]

Eine Haftung auf dieser Grundlage tritt dann ein, wenn eine **bestehende gesetzliche Regelung**, ein „Schutzgesetz“, existiert. Solch ein Schutzgesetz ist z. B. das Geräte- und

Produktsicherheitsgesetz – GPSG (Kapitel 13). DIN-Normen und VDA-Richtlinien sind **keine** derartigen Schutzgesetze.

Bei der Vermutung eines schuldhaften Verstoßes des Herstellers gegen ein solches Gesetz muss der Kläger wie bei § 823 Abs. 1 BGB den Fehler, den Schaden und den Zusammenhang zwischen beiden nachweisen. Wiederum ist es Sache des Herstellers, nachzuweisen, dass der Verstoß gegen das Schutzgesetz nicht vorsätzlich oder fahrlässig erfolgte.

14.4.4 Produkthaftung nach dem Produkthaftungsgesetz

Die Produkthaftungsrichtlinie des Rates der Europäischen Gemeinschaft vom 25. 7. 1985 ist am 1. 1. 1990 in nationales Recht umgesetzt worden. Mit dem neu geschaffenen Produkthaftungsgesetz – ProdHaftG [Pro 17] – soll durch die Einführung einer verschuldensunabhängigen Haftung eine **Stärkung des Verbraucherschutzes** bewirkt werden. Da diesem zusätzlich geschaffenen Recht keine Aufhebung eines bisherigen Rechts gegenübersteht, hat damit eine Erhöhung des Produkthaftungsrisikos für die Unternehmen stattgefunden. Die Regeln des ProdHaftG treten neben die Haftung aus dem Bürgerlichen Gesetzbuch (BGB). Deshalb bleiben beispielsweise Gewährleistungsansprüche von der Haftung aus dem ProdHaftG unberührt.

Das Grundprinzip enthält § 1 des Produkthaftungsgesetzes:

§ 1 Abs. 1 (1) ProdHaftG: „Wird durch den Fehler eines Produktes jemand getötet, sein Körper oder seine Gesundheit verletzt oder eine Sache beschädigt, so ist der Hersteller verpflichtet, dem Geschädigten den daraus entstehenden Schaden zu ersetzen." [Pro 17]

Bemerkenswert ist zunächst, dass keinerlei Formulierung über ein Verschulden erkennbar ist. Während in § 823 Abs. 1 BGB steht: „Wer vorsätzlich oder fahrlässig ...", steht hier lediglich: „Wird durch den Fehler eines Produktes ... so ist der Hersteller verpflichtet ...". Es handelt sich daher um eine **verschuldensunabhängige Haftung**.

Die geschützten Rechtsgüter sind ähnlich wie bei § 823 BGB: Leben, Körper und Gesundheit. Der **Haftungshöchstbetrag** für Personenschäden beträgt nach § 10 ProdHaftG **85 Millionen Euro**.

Bei Sachbeschädigung sind nur **Mangelfolgeschäden** betroffen, d. h. reine Produkthaftungsansprüche (im Gegensatz zu Gewährleistungsansprüchen), der Geschädigte hat nach § 11 ProdHaftG eine **Selbstbeteiligung von 500 Euro** zu tragen. Weiterhin ist Bedingung, dass das Produkt für den **privaten Gebrauch** bestimmt war und auch **privat genutzt** wurde. Dies folgt aus der Beschränkung des Produkthaftungsgesetzes auf den Schutz des privaten Endverbrauchers.

In den §§ 2 und 3 ProdHaftG werden die Begriffe „Produkt" und „Produktfehler" definiert:

Produkt: bewegliche Sache einschließlich Elektrizität [Pro 17].

Produktfehler: Produkt bietet nicht die Sicherheit, die berechtigterweise erwartet werden kann [Pro 17].

Die „berechtigte Erwartung" ist hier das Vergleichsnormal. Sie hängt ab von:

- der Darbietung des Produktes (Werbung, Gebrauchsanleitung)
- dem Gebrauch, mit dem billigerweise gerechnet werden kann
- dem Zeitpunkt des Inverkehrbringens

Das entscheidende Faktum der haftungsverschärfenden Regelungen des Produkthaftungsgesetzes ist die Tatsache, dass die in der deliktischen Haftung mögliche Entlastungsmöglichkeit für sogenannte „Ausreißer" im Produkthaftungsgesetz nicht besteht. **Der Hersteller haftet nunmehr für jeden Produktfolgefehler, unabhängig von einem eventuellen Verschulden!**

Eine weitere Konsequenz der Verschuldensunabhängigkeit ist, dass der Hersteller des Endproduktes **gesamtschuldnerisch** für zugelieferte Teile haftet. Eine Entlastung durch den Nachweis einer sorgfältigen Lieferantenauswahl, wie im Deliktsrecht, scheidet aus. Weitere Regelungen sind die subsidiäre Haftung des Händlers im Falle der Nichtfeststellbarkeit des Herstellers, die Haftung des Quasiherstellers (dessen, der unter seinem Namen die Ware eines anderen Herstellers vertreibt) und die Gleichstellung des Importeurs mit dem Hersteller (Tabelle 14.2) [Cle 94].

Verjährung: Ansprüche aus dem Produkthaftungsgesetz verjähren nach § 13 ProdHaftG nach **zehn Jahren** nach Inverkehrbringen des Produktes. Hat der Geschädigte Kenntnis von Schaden, Fehler und Ersatzpflichtigen erlangt, verjährt der Anspruch nach **drei Jahren** (§ 12 ProdHaftG).

14.5 Strafrechtliche Produktverantwortung

Zur strafrechtlichen Produktverantwortung sollen hier nur einige wichtige Sachverhalte wiedergegeben werden. Das herstellende Unternehmen ist prinzipiell **nicht strafbar**. Die strafrechtliche Verantwortlichkeit resultiert aus dem **persönlichen**

Fehlverhalten von Mitarbeitenden des Unternehmens. Nach den Regelungen des Strafgesetzbuches gilt Folgendes [Str 22]:

§ 222 StGB: „Wer durch Fahrlässigkeit den Tod eines Menschen verursacht, wird mit Freiheitsstrafe bis zu fünf Jahren oder mit Geldstrafe bestraft."

§ 223 StGB: „Wer eine andere Person körperlich misshandelt oder an der Gesundheit beschädigt, wird mit Freiheitsstrafe bis zu fünf Jahren oder mit Geldstrafe bestraft."

§ 230 StGB: „Wer durch Fahrlässigkeit die Körperverletzung eines anderen verursacht, wird mit Freiheitsstrafe bis zu drei Jahren oder mit Geldstrafe bestraft."

Strafe droht allerdings nicht dem Täter allein, auch der **Anstifter** und der **Gehilfe** des Straftäters werden bestraft.

§ 26 StGB: „Als Anstifter wird gleich einem Täter bestraft, wer vorsätzlich einen anderen zu dessen vorsätzlich begangener rechtswidriger Tat bestimmt hat."

§ 27 StGB: „Als Gehilfe wird bestraft, wer vorsätzlich einem anderen zu dessen vorsätzlich begangener rechtswidriger Tat Hilfe geleistet hat."

Weitere Straftatbestände ergeben sich beispielsweise aus § 330 StGB für besonders schwere Fälle von Umweltstraftaten und dem Ordnungswidrigkeitengesetz.

Im Falle des schuldhaften Fehlverhaltens kann der Verbraucher auch **direkt das verantwortliche Management verklagen** [Sch 01a]. Hier hatte ein Unternehmen einen gezuckerten Kindertee in Nuckelflaschen mit speziellem Schnuller angeboten. Durch das Dauernuckeln wurden jedoch die Zähne der Babys stark von Karies befallen.

Die persönliche strafrechtliche Verantwortung der Führungskräfte und Mitarbeitenden bei der Verletzung eigener Sorgfaltspflichten wird stets nach der **tatsächlichen innerbetrieblichen Verantwortung** bemessen. Diese Verantwortung ist nicht versicherbar.

14.6 Konsequenzen für das Qualitätsmanagement

Wie im Vorherigen geschildert, stellt das Risiko einer Haftung aus Ansprüchen der Produkthaftung ein **nicht zu unterschätzendes Risiko**, speziell für kleine und mittlere Unternehmen, dar. Während bei der deliktischen Produkthaftung mit einer guten Dokumentation der eingesetzten Qualitätssicherungsmaßnahmen der Nachweis geführt werden kann, dass das fehlerhafte Produkt auf einen „Ausreißer" zurückzuführen ist, lassen sich Ansprüche aus dem Produkthaftungsgesetz damit nicht abwehren.

Die Einführung eines Qualitätsmanagementsystems, z. B. nach ISO 9000 ff., ist eine gute Grundlage, um einen deliktischen Produkthaftungsanspruch abzuwehren. Um vor Ansprüchen aus dem Produkthaftungsgesetz sicher zu sein, hilft nur die konkrete **Ausgestaltung des QM-Systems** in der Weise, dass eine wirkliche „Null-Fehler-Strategie" gefahren wird. Für die Bestimmungen des Produkthaftungsgesetzes ist es nur entscheidend, **ob ein Fehler vorliegt oder nicht.** Es ist gewissermaßen alleinige Sache des Unternehmens, dafür zu sorgen, dass das Produkt „die erforderliche Sicherheit bietet, die berechtigterweise erwartet werden kann". Dazu gehören

- die Planung und Ausgestaltung der Konstruktion des Produktes,
- die Fertigung des Produktes,
- die Darbietung des Produktes,
- der Vertrieb des Produktes sowie
- die Auswahl geeigneter und zuverlässiger Lieferanten und Dienstleister.

Die **Darbietung** beeinflusst wesentlich die „berechtigte Sicherheitserwartung des Produktes". Gemeint sind hiermit Werbeaussagen, Gebrauchsanleitungen und Warnhinweise [Cle 94].

Den einkaufenden Unternehmen sind durch die gesamtschuldnerische Haftung beachtliche Pflichten zur Lieferantenauswahl und -bewertung auferlegt. Ist man selbst Lieferant, so muss man sich bewusst machen, dass der Endherstellers durch die gesamtschuldnerische Haftung ein **hohes Maß an Vertrauen in die Zuverlässigkeit** der ihm zugelieferten Produkte setzen muss. Gerade dadurch wird verständlich, dass z. B. die Automobilindustrie ständig neue Anforderungen und Richtlinien für die Beurteilung von Lieferanten entwickelt (Abschnitt 6.1).

Nunmehr wird klar, dass die Zulieferbetriebe nur die eine Chance haben, sich das Vertrauen des Kunden zu sichern: Sie müssen ein systematisches Konzept aufstellen, um unter beherrschten Bedingungen Qualitätsprodukte herzustellen. Dieses als **Qualitätsmanagementsystem** bezeichnete Konzept muss den jeweils neuesten Anforderungen der Branche standhalten und im Sinne eines kontinuierlichen Verbesserungsprozesses ständig ausgebaut und verbessert werden (Kapitel 7). Insbesondere sind folgende Möglichkeiten der **Minimierung des Produkthaftungsrisikos** zu nennen:

- Aufbau eines QM-Systems
- Verhinderung von Instruktionsfehlern
- regelmäßige Auditierung der Prozesse
- Fähigkeitsuntersuchungen
- Produktprüfungen
- Beachtung des Standes der Technik und der aktuellen Entwicklungen
- Design-Reviews
- Entwicklungsverifizierung und -validierung
- Erzeugen und Archivieren ausreichender Dokumentation
- regelmäßige Prüfungen
- Werkzeuge der Risikoanalyse
- Maßnahmen zur Fehlervermeidung
- Schulung der Mitarbeitenden
- Beachtung aller Sorgfaltspflichten
- Einhalten zugesicherter Eigenschaften
- Regelungen für die Lenkung fehlerhafter Produkte

Von großer Bedeutung ist hierbei die **Verwendung präventiver, prospektiver Methoden** wie der Fehlermöglichkeits- und -einflussanalyse (FMEA) und der Fehlerbaumanalyse (FTA).

Eine 1994 vom Institut für Mittelstandsforschung Bonn durchgeführte Analyse zeigte, dass zwei Drittel aller befragten Unternehmen das Produkthaftungsrisiko als **hoch oder sehr hoch** einschätzen. Ebenso sagten 60 % der Unternehmen aus, dass die Produkthaftung einen bedeutenden Einfluss bei der Entscheidung zur Einführung und Zertifizierung eines Qualitätsmanagementsystems hatte [Cle 94].

Die VDA 6.1 verlangt beispielsweise, dass im Unternehmen die **Grundsätze der Produkthaftung bekannt** sind. Anhaltspunkte für die Kenntnis hierüber können u. a. Nachweise sein von [VDA 16]:

- Information und Qualifizierung von Verantwortlichen
- Rechtsberatung intern/extern
- Produkthaftpflichtversicherungen
- Beobachtung der Wissenschaft und Technik

15 Literatur

[Ado 14] Adolph, L.: Leistungsmessung von Prozessen im integrierten Managementsystem, dargestellt am Beispiel des Unternehmens Sandvik Tooling Supply Germany Werk Schmalkalden. Ilmenau: Technische Universität, Fakultät für Maschinenbau, 2014

[AQA 09] AQAP 2000:2009 (3. Ausg.) NATO-Grundsätze für einen systemintegrierenden Qualitätssicherungsansatz während des gesamten Lebenszyklus

[Bay 03] Bayerisches Staatsministerium (Hrsg.): Integriertes Managementsystem: Leitfaden für kleine und mittelständische Unternehmen. München 2003

[Bec 18] Becker, J.: Unternehmenssoftwareeinführung – Eine strategische Entscheidung. In: Becker, J.; Vering, O.; Winkelmann, A. (Hrsg.): Softwareauswahl und -einführung in Industrie und Handel. 5., neu bearb. Aufl., Berlin [u. a.]: Springer, 2018

[Béd 09] Bédé, A.; Steinbeis-Hochschule Berlin (Hrsg.): Notfall- und Krisenmanagement im Unternehmen: Transfer – Dokumentation – Report. Stuttgart: Steinbeis-Edition, 2009

[BGBl 08] Bundesgesetzblatt: Gesetz über die Einheiten im Messwesen und die Zeitbestimmung (Einheiten- und Zeitgesetz – EinhZeitG). In der Fassung vom 03. 07. 2008, Köln: Bundesanzeiger Verlag

[BIPM 06] Bureau International des Poids et Mesures (BIPM) (Hrsg.): Le Système international d'unités. 8. Aufl., Paris: Eigenverlag, 2006 (*http://www.bipm.org/*)

[Blä 91] Bläsing, J. (Hrsg.): Total Quality Management – Aufgabe des Führungskreises. Tagungsbericht 9. Qualitätsforum, Band 2, 1991

[Bru 13] Bruhn, M.: Wirtschaftlichkeit des Qualitätsmanagements. Berlin Heidelberg/Springer, 2013

[Bru 17] Brunner, F. J.: Japanische Erfolgskonzepte. 4. Aufl., München: Hanser Verlag, 2017

[Brü 08] Brühwiler, B.: Sicher(er) in die Zukunft. Neue Standards für das Risikomanagement. In: Qualität und Zuverlässigkeit 53 (2008), Nr. 7, S. 37–39

[Brü 16] Brühwiler, B.: Risikomanagement als Führungsaufgabe. ISO 31000 mit ONR 49000 wirksam umsetzen. 3. Aufl., Berlin: Haupt Verlag, 2016

[Bür 22] Bürgerliches Gesetzbuch – BGB in der Fassung der Bekanntmachung vom 2. Januar 2002 (BGBl. I S. 42, 2909; 2003 I S. 738), das zuletzt durch Artikel 6 des Gesetzes vom 7. November 2022 (BGBl. I S. 1982) geändert worden ist

[Bun 11] Bundesministerium des Innern (Hrsg.): Schutz Kritischer Infrastrukturen – Risiko- und Krisenmanagement. Leitfaden für Unternehmen und Behörden. 2. Aufl., Berlin: Silber Druck, 2011

[CAQ 01] CAQ AG Factory Systems (Hrsg.): CAQ: Software zum Qualitäts- und Umweltmanagement. Produktkatalog, Rheinböllen, 2001

[CFR 19] Code of Federal Regulations: 21 CFR Part 820 – QSR (Quality Systems Regulation) (FDA-Guidelines bei Medizingeräten für das Qualitätssystem für die USA), Februar 2019

[Cle 94] Clemens, R.: Nationale und europäische Produkthaftung – eine Hürde für den Mittelstand. Stuttgart: Schäffer-Poeschel Verlag, 1994

[Con 06] Conrad, S.; Hasselbring, W.; Koschel, A.; Tritsch, R.: Enterprise application integration – Grundlagen, Konzepte, Entwurfsmuster, Praxisbeispiele. München: Elsevier, Spektrum Akad. Verlag, 2006

[DAkkS 21] Checkliste für die speziellen Kriterien für Prüflabore oder Zertifizierungsstellen nach EU-BauPVO Delta Anforderungen EA 2/17, Rev. 1.0/02. 08. 2021 *FO-B_PL_ZE_EU-BauPVO.docx* (*live.com*)

[DEC 01] Deutsches EFQM Center (Hrsg.): Ludwig-Erhard-Preis – Auszeichnungen für Spitzenleistungen im Wettbewerb – (Informationsbroschüre). Frankfurt a. M.: DGQ-DEC, 2001

[Dem 87] Deming, W. E.: Changes required in management for quality. Proceedings of the International Conference on Quality Control. Tokyo: Union of Japanese Scientists and Engineers JUSE 1987 Supplement, S. XVII–XX

[Dem 94] Deming, W. E.: Out of the crisis. 19. Aufl., Cambridge: Massachusetts Institute of Technology, 1994

[DGQ 86] DGQ – Deutsche Gesellschaft für Qualität e. V.; Franzkowski, R.: DGQ-Lehrgangsunterlagen Block QII – Stichprobensysteme. Ausg. 1986

[DGQ 95b] DGQ – Deutsche Gesellschaft für Qualität e. V. (Hrsg.): Wirtschaftlichkeit durch Qualitätsmanagement (DGQ 14-18). Berlin: Beuth Verlag, 1995

[DGQ 96] DGQ – Deutsche Gesellschaft für Qualität e. V. (Hrsg.): SPC 2 – Qualitätsregelkartentechnik (DGQ 16-32). 5. Aufl., Berlin: Beuth Verlag, 1996

[DGQ 96c] DGQ – Deutsche Gesellschaft für Qualität e. V. (Hrsg.): Qualitätsinformationen und Qualitätskosten. Lehrgangsunterlagen QM. Frankfurt a. M., 1996

[DGQ 99] DGQ – Deutsche Gesellschaft für Qualität e. V. (Hrsg.): Kennzahlen für erfolgreiches Management von Organisationen (DGQ 14-24). Berlin: Beuth Verlag, 1999

[DGQ 00] DGQ – Deutsche Gesellschaft für Qualität e. V. (Hrsg.): Organisatorische Gestaltungsmöglichkeiten für Qualitätsmanagementsysteme (DGQ 12-61). 3. Aufl., Berlin: Beuth Verlag, 2000

[DGQ 07] DGQ – Deutsche Gesellschaft für Qualität e. V. (Hrsg.): Risikomanagement: Risiken beherrschen – Chancen nutzen. Frankfurt: Beuth, 2007

[DGQ 09] DGQ – Deutsche Gesellschaft für Qualität e. V. (Hrsg.): Managementsysteme – Begriffe – Ihr Weg zu klarer Kommunikation (DGQ 11-04). Berlin: Beuth Verlag, 2009

[DGQ 10] DGQ – Deutsche Gesellschaft für Qualität e. V. (Hrsg.): Prozessmanagement und -kennzahlen (DGQ 14-27). Berlin: Beuth Verlag, 2010

[DHH 07] U. S. Department of Health and Human Services (Hrsg.), April 2007: Code of Federal Regulations, title 21 – medical devices, part 820 – Quality System Regulation, 2007

[DHH 22] U. S. Department of Health and Human Services (Hrsg.), EDERAL FOOD, DRUG, AND COSMETIC ACT, As Amended Through P. L. 117 – 180, Enacted September 30, 2022

[DIN 16] DIN Deutsches Institut für Normung e. V.: Qualitätsmanagement – QM-Systeme und –Verfahren. DIN-Taschenbuch 226, Berlin: Beuth Verlag, 2016

[DIN 16a] DIN Deutsches Institut für Normung e. V.: Qualitätssicherung und angewandte Statistik. DIN-Taschenbuch 223, 6. Aufl., Berlin: Beuth Verlag, 2016

[Dis 07] Disterer, G.; Fels, F.; Hausotter, A.: Betriebliche Informationssysteme. In: Schneider, U.; Werner, D. (Hrsg.): Taschenbuch der Informatik. 6. Aufl., München: Fachbuchverlag Leipzig im Hanser Verlag, 2007

[Dut 08] Dutschke, W.; Keferstein, C. P.: Fertigungsmesstechnik. Praxisorientierte Grundlagen, moderne Messverfahren. 6., überarb. und erw. Aufl., Wiesbaden: Vieweg+Teubner Verlag, 2008

[Ebe 13] Ebert, C.: Risikomanagement kompakt: Risiken und Unsicherheiten bewerten und beherrschen. 2., überarb. und erw. Aufl., Stuttgart: Springer Vieweg, 2013

[EFQM 13] European Foundation of Quality Management: Das EFQM Excellence Modell 2013 (deutsche Fassung). Brüssel: EFQM, 2013

[EU 06] Richtlinie 2006/42/EG des europäischen Parlaments und des Rates vom 17. Mai 2006 über Maschinen und Änderung der Richtlinie 95/16/EG (Neufassung) – Maschinenrichtlinie

[EU 14] Richtlinie 2014/35/EU des europäischen Parlaments und des Rates vom 26. Februar 2014 zur Harmonisierung der Rechtsvorschriften der Mitgliedstaaten über die Bereitstellung elektrischer Betriebsmittel zur Verwendung innerhalb bestimmter Spannungsgrenzen auf dem Markt (Neufassung) – Niederspannungsrichtlinie

[EU 21] Vorschlag für eine Verordnung des Europäischen Parlaments und des Rates über Maschinenprodukte. Brüssel, den 21.4.2021 COM (2021) 202 final 2021/0105 (COD), *resource.html* (*europa.eu*), Stand: 10.12.2022

[ExB 09] ExBa forum Marktforschung GmbH (Hrsg.): Excellence Barometer 2009 – Benchmarkstudie zur Excellence in der deutschen Wirtschaft. Mainz, 2009

[Fei 87] Feigenbaum, A.: Total quality in the future – a global review for the next decade. Proceedings of the International Conference on Quality Control. Tokyo: Union of Japanese Scientists and Engineers JUSE 1987 Supplement, S. XI–XVI

[FIR 98] Forschungsinstitut für Rationalisierung an der RWTH Aachen (Hrsg.): Aachener PPS-Modell: Das Aufgabenmodell. 6. Aufl., Aachen: FIR+IAW-Sonderdruck, 1998

[FQS 95] FQS – Forschungsgemeinschaft Qualitätssicherung e.V.; DGQ – Deutsche Gesellschaft für Qualität e.V. (Hrsg.): Qualität und Fehlerkosten im Maschinenbau unter Berücksichtigung technischer und betriebswirtschaftlicher Gesichtspunkte. Forschungsbericht (FQS-DGQ 84-01). Berlin: Beuth Verlag, 1995

[FQS 98] FQS – Forschungsgemeinschaft Qualitätssicherung e.V.; DGQ – Deutsche Gesellschaft für Qualität e.V. (Hrsg.): Prozessorientiertes Qualitätsmanagement für kleine und mittlere Unternehmen der Investitionsgüterindustrie (FQS-DGQ 92-08). Berlin: Beuth Verlag, 1998

[Fri 07] Frisch, J.; Seidel, B.: Einsatz von ERP-Lösungen in Deutschland bei Betrieben ab 50 Mitarbeitern. Leinfelden-Echterdingen: Konradin Mediengruppe, 2007

[Fuc 05] Fuchs, J.; Krautwasser, St.: Falsch geschätzt! Trendstudie – Wie viel Software braucht das Qualitätsmanagement? In: Qualität und Zuverlässigkeit (QZ) 11 (2005), S. 20–24

[Gar 14] Garrecht, A.: Ansatz zur Verbesserung der Planung von Strategien und Maßnahmen im Notfall- und Krisenmanagement. In: Sicher ist sicher: Zeitschrift für Arbeitsschutz 65 (2014), Nr. 4, S. 211–219

[Gei 98] Geiger, W.: Qualitätslehre. Einführung, Systematik, Terminologie. 3. Aufl., Berlin: Beuth Verlag, 1998 (DGQ 11–20)

[Gei 08] Geiger, W.; Kotte, W.: Handbuch Qualität, Grundlagen und Elemente des Qualitätsmanagements: Systeme – Perspektiven. 5. Aufl., Wiesbaden: Vieweg + Teubner Verlag, 2008

[Gev 06] Gevatter, H.-J.; Grünhaupt, U. (Hrsg.): Handbuch der Mess- und Automatisierungstechnik in der Produktion (VDI-Buch). Heidelberg: Springer Verlag, 2006

[Gre 22] Greiner, P.: Webbasierte integrierte Management- und Auditmanagementsysteme. Dissertationsschrift, Ilmenau: Technische Universität, Fakultät für Maschinenbau, 2022

[Gri 13] Grimm, H.: Untersuchungen zur Integrationsmöglichkeit relevanter Normen zu einem Musterhandbuch für integrierte Managementhandbücher und Evaluierung der Praxistauglichkeit. Masterarbeit, Ilmenau: Technische Universität, Fakultät für Maschinenbau, 2013

[Gro 01] Gronau, N.: Industrielle Standardsoftware – Auswahl und Einführung. München, Wien: Oldenbourg, 2001

[Ham 05] Hammerschall, U.: Verteilte Systeme und Anwendungen – Architekturkonzepte, Standards und Middleware-Technologien. München: Pearson Studium, 2005

[Han 22] Handelsgesetzbuch – HGB in der im Bundesgesetzblatt Teil III, Gliederungsnummer 4100-1, veröffentlichten bereinigten Fassung, das zuletzt durch Artikel 1 des Gesetzes vom 15. Juli 2022 (BGBl. I S. 1146) geändert worden ist

[Hau 01] Hauger, W.: Rückversicherung für das Management. Risikomanagement ergänzt und erweitert das Qualitätsmanagement. In: Qualität und Zuverlässigkeit 46 (2001), Nr. 8, S. 1028–1031

[Hel 90] Hellwig, G.: Lexikon der Maße, Währungen und Gewichte. Sonderausgabe, Gütersloh: Bertelsmann Lexikon Verlag GmbH, 1990

[Her 03] Hering, E.; Triemel, J.; Blank, H.-P. (Hrsg.): Qualitätsmanagement für Ingenieure (VDI-Buch). 5. Aufl., Berlin u.a.: Springer Verlag, 2003

[Höl 02] Hölscher, R.; Elfgen, R. (Hrsg.): Herausforderung Risikomanagement. Identifikation, Bewertung und Steuerung industrieller Risiken. Wiesbaden: Gabler, 2002

[Höp 99] Höppner, D.; Lindner, T.; Linß, G.; Tröger, T.: Innovation durch Integration: Die Verbindung von Produktionsplanung, Prozess- und Qualitätssteuerung. In: Qualität und Zuverlässigkeit 44 (1999), 12, S. 1501

[Höp 01] Höppner, D.: Integration der Qualitätsplanung und -steuerung in Produktionsplanungs- und -steuerungssysteme (Dissertation). Ilmenau: Technische Universität, Fakultät für Maschinenbau, 2001

[Höp 03] Höppner, D.: Integration von PPS- und CAQ-Systemen – Möglichkeiten, Prozessmodellierung, Integrationsmodell. Umsetzung: München: Hanser Verlag 2003

[Hof 83] Hofstede, G.: The Cultural Relativity of Organizational Practices and Theories. In: Journal of International Business Studies, 14 (1983), Nr. 2, S. 75 – 89

[Hof 86] Hofmann, D.: Handbuch Messtechnik und Qualitätssicherung. 3. Aufl., Berlin: Verlag Technik/ Braunschweig, Wiesbaden: Vieweg und Sohn, 1986

[Hof 93] Hofstede, G.: Interkulturelle Zusammenarbeit. Kulturen – Organisationen – Management. Wiesbaden: Gabler, 1993

[Hof 01] Hofmann, D.: Lehrmaterial Projektmanagement. Saarlouis: Gesellschaft für Management-methodik, 2001

[Hof 12] Hoffmann, J.: Handbuch der Messtechnik. 4., neu bearb. Aufl., Leipzig: Fachbuchverlag, 2012

[Hof 23] Hoffmann-Bäuml, L.: ISO 9001 leicht gemacht. In: QZ-Qualität und Zuverlässigkeit 06 (2023), S. 48 – 49

[Ill 19] Illhardt, S.: Untersuchung zu den Anforderungen der DIN EN ISO/IEC 27001:2017 – 06 und zur Umsetzung am Beispiel der SQB GmbH Ilmenau. Bachelorarbeit, Ilmenau: Technische Universität 2019

[ISO 22] ISO Survey 2022: *http://www.iso.org/iso/home/standards/certification/iso-survey.htm?certificate=ISO%209001&countrycode=AL#countrypick*, Stand: 13. 09. 2023

[Jan 88] Jahn, H.: Erzeugnisqualität, die logische Folge von Arbeitsqualität. In: VDI-Z, 130 (1988), 4, S. 4 – 12

[Jur 87] Juran, J. M.: Managing for quality – the critical variable. Proceedings of the International Conference on Quality Control. Tokyo: Union of Japanese Scientists and Engineers JUSE 1987 Supplement, pp. I–VI

[Jvo 21] J. von Staudinger: Kommentar zum Bürgerlichen Gesetzbuch: Staudinger BGB – Buch 2: Recht der Schuldverhältnisse: §§ 249 – 254 (Schadensersatzrecht). Neubearbeitung, Berlin: Walter de Gruyter GmbH, 2021

[Kam 00] Kamiske, G. F. (Hrsg.): Der Weg zur Spitze: Business Excellence durch Total Quality Management – der Leitfaden zur Umsetzung. 2. Aufl., München: Hanser Verlag, 2000

[Kam 15] Kamiske, G. F.: Handbuch QM-Methoden: Die richtige Methode auswählen und erfolgreich umsetzen. 3., akt. und erw. Aufl., München: Hanser Verlag, 2015

[Kan 94] Kandaouroff, A.: Qualitätskosten – Eine theoretisch-empirische Analyse. In: Zeitschrift für Betriebswirtschaft, 64 (1994), Nr. 6, S. 765 – 786

[Kaz 02] Kazakos, W.; Schmidt, A.; Tomczyk, P.: Datenbanken und XML-Konzepte, Anwendungen, Systeme. Berlin: Springer, 2002

[Kot 93] Kottmann, K. (Hrsg.): Unternehmensqualität: Überblick über die Erfolgsfaktoren eines Unternehmens. Stuttgart: Teubner Verlag, 1993

[Kra 15] Krahl, L.: Untersuchungen zum Risiko- und Krisenmanagement. Masterarbeit, Ilmenau: Technische Universität, Fakultät für Maschinenbau, 2015

[Kur 16] Kurbel, K.: Enterprise Resource Planning und Supply Chain Management in der Industrie. 8., vollst. überarb. und erw. Aufl., München: Oldenbourg 2016

[Lem 92] Lemke, E.: Fertigungsmesstechnik. 2. Aufl., Braunschweig: Vieweg Verlag, 1992

[Len 12] Lendle, M.; Glasner, J.: Krisenmanagement in der Lebensmittelindustrie. Hamburg: Behr's Verlag, 2012

[Lin 86] Linß, G.: Untersuchungen zur objektivierten rechnergestützten industriellen Qualitätsregelung – dargestellt am Beispiel der Großserienfertigung von Präzisionsmessgetrieben (Habilitation). Friedrich-Schiller-Universität Jena, Mathematisch-Naturwissenschaftlich-Technische Fakultät, 1986

[Mac 99] Mackau, D.; Orban, P.; Janas, I.: Mit Prozeßorientierung in die Zukunft. Integriertes Managementsystem sichert kleinen und mittleren Unternehmen langfristig Wettbewerbsvorteile. In: Qualität und Zuverlässigkeit 4 (1999), Nr. 9, S. 1102–1105

[Mal 01] Malcolm Baldrige Award 2000: Ein Preis, hinter dem ein ganzes Land steht. In: Qualität und Zuverlässigkeit 46 (2001), Nr. 2, S. 134

[Mas 99] Masing, W. (Hrsg.): Handbuch Qualitätsmanagement. 4. Aufl., München: Hanser Verlag, 1999

[Mas 14] Masing, W.; Pfeifer, T.; Schmitt, R. (Hrsg.): Handbuch Qualitätsmanagement. 6. Aufl., München: Hanser Verlag, 2014

[Mea 01] Means, W. S.: Strategic XML. Indianapolis: Sams Publishing, 2001

[Mei 05] Meier, P.: Risikomanagement in Technologieunternehmen. Grundlagen, Methoden, Checklisten und Implementierung. Weinheim: Wiley-VCH Verlag, 2005

[Mes 13] Mess- und Eichgesetz vom 25. Juli 2013 (BGBl. I S. 2722, 2723), das zuletzt durch Artikel 87 des Gesetzes vom 20. November 2019 (BGBl. I S. 1626) geändert worden ist

[Mol 21] Moll, A.; Khayati, S.: Excellence-Handbuch – Grundlagen und Anwendung des EFQM Modells 2020. 2. Edition, Kissing: WEKA GmbH & Co. KG, 2021

[Mys 99] Myska, M.: Der TÜV-Umweltmanagement-Berater. Köln: TÜV-Verlag, 18., Akt./Erg.-Lieferung, 11/1999

[Net 95] Nettelbeck, B. I.: Produktsicherheit – Produkthaftung: Anforderungen an die Produktsicherheit und ihre Umsetzung. Berlin: Springer Verlag, 1995

[Nor 95] Norm DIN 1319-1, Januar 1995: Grundbegriffe der Messtechnik, Teil 1: Begriffe für die Anwendung von Messgeräten. Berlin, Köln: Beuth Verlag, 1995

[Nor 05] Norm DIN EN ISO 9000, Dezember 2005: Qualitätsmanagementsysteme: Grundlagen und Begriffe. Berlin: Beuth Verlag, 2005

[Nor 05b] Norm DIN EN ISO/IEC 17025, August 2005: Allgemeine Anforderungen an die Kompetenz von Prüf- und Kalibrierlaboratorien. Berlin: Beuth Verlag, 2005

[Nor 05c] Norm DIN EN ISO/IEC 17000, März 2005: Konformitätsbewertung – Begriffe und allgemeine Grundlagen. Berlin: Beuth Verlag, 2005

[Nor 08] Norm DIN EN ISO 9001, Dezember 2008: Qualitätsmanagementsysteme: Anforderungen (ISO 9001:2008). Berlin: Beuth Verlag, 2008

[Nor 09c] Norm DIN 10514, Mai 2009: Lebensmittelhygiene: Hygieneschulung. Berlin: Beuth Verlag, 2009

[Nor 09d] Norm DIN ISO 31000 Januar 2009: Risikomanagement. Berlin: Beuth Verlag 2009

[Nor 10a] Norm DIN 1301-1, Oktober 2010: Einheiten – Teil 1: Einheitennamen, Einheitenzeichen. Berlin: Beuth Verlag, 2010

[Nor 10b] Norm DIN EN 9100: Juli 2010: Qualitätsmanagementsysteme – Anforderungen an Organisationen der Luftfahrt, Raumfahrt und Verteidigung. Deutsche und englische Fassung EN 9100:2009. Berlin: Beuth Verlag, 2010

[Nor 12c] DIN EN ISO/IEC 17020, Juli 2012: Konformitätsbewertung – Anforderungen an den Betrieb verschiedener Typen von Stellen, die Inspektionen durchführen. Berlin: Beuth Verlag, 2012

[Nor 12d] ISO 15189, November 2012: Medizinische Laboratorien – Anforderungen an die Qualität und Kompetenz. Berlin: Beuth Verlag 2012

[Nor 13c] Norm DIN EN 1041, Dezember 2013: Bereitstellung von Informationen durch den Hersteller eines Medizinprodukts. Deutsche Fassung EN 1041:2008 + A1:2013. Berlin: Beuth Verlag, 2013

[Nor 13g] Norm DIN ISO/IEC 27001, Oktober 2013: Informationstechnik – IT-Sicherheitsverfahren – Informationssicherheits-Managementsysteme. Berlin: Beuth Verlag 2013

[Nor 14a] Norm DIN EN ISO 15189, November 2014: Medizinische Laboratorien –Anforderungen an Qualität und Kompetenz. Berlin: Beuth Verlag, 2014

[Nor 14b] IATF 16949, März 2014 IATF-Leitfaden für ISO/TS 16949. 2. Ausg., Berlin: Beuth Verlag, 2016

[Nor 14c] Norm DIN 14096 Mai 2014 Brandschutzordnung. Berlin: Beuth Verlag, 2014

[Nor 14d] Norm ONR 49000 Januar 2014: Begriffe und Grundlagen

[Nor 14e] Norm ONR 49002 Teil 3, Januar 2014: Leitfaden für das Notfall-, Krisen- und Kontinuitätsmanagement

[Nor 15b] Norm DIN EN ISO 9000, November 2015: Qualitätsmanagementsysteme: Grundlagen und Begriffe. Berlin: Beuth Verlag, 2015

[Nor 15d] Norm DIN EN ISO 9001, November 2015: Qualitätsmanagementsysteme: Anforderungen (ISO 9001:2015). Berlin: Beuth Verlag, 2015

[Nor 15f] Norm DIN EN ISO 14001, November 2015: Umweltmanagementsysteme – Anforderungen mit Anleitung zur Anwendung. Berlin: Beuth Verlag, 2015, mit Berichtigung 1: 2016-03

[Nor 16a] IATF 16949, Oktober 2016 – Anforderungen an Qualitätsmanagementsysteme für die Serien- und Ersatzteilproduktion in der Automobilindustrie. Berlin: Beuth Verlag, 2016

[Nor 16b] IATF 16949, Januar 2017: Zertifizierungsvorgaben der Automobilindustrie zum IATF 16949-Standard – Regeln für die Anerkennung und Aufrechterhaltung der IATF-Zulassung. 5. Ausg., Berlin: Beuth Verlag, 2017

[Nor 16c] DIN EN ISO 13485, Dezember 2021- Medizinprodukte – Qualitätsmanagementsysteme – Anforderungen für regulatorische Zwecke (ISO 13485:2016); Deutsche Fassung EN ISO 13485:2016 + AC:2018 + A11:2021. Berlin: Beuth Verlag, 2016

[Nor 17e] DIN EN 15224: Mai 2017 Qualitätsmanagementsysteme – EN ISO 9001:2015 für die für die Gesundheitsversorgung. Berlin: Beuth Verlag, 2017

[Nor 18] DIN EN ISO/IEC 17025: März 2018 Allgemeine Anforderungen an die Kompetenz von Prüf- und Kalibrierlaboratorien. Berlin: Beuth Verlag, 2018

[Nor 18b] DIN ISO 45001, Juni 2018: Managementsysteme für Sicherheit und Gesundheit bei der Arbeit – Anforderungen mit Anleitung zur Anwendung

[Nor 18c] Norm DIN EN ISO 9004, August 2018: Qualitätsmanagement – Qualität einer Organisation – Anleitung zum Erreichen nachhaltigen Erfolgs (ISO 9004:2018); Deutsche und Englische Fassung EN ISO 9004:2018. Berlin: Beuth Verlag, 2018

[Nor 18d] DIN EN ISO 19011, Oktober 2018: Leitfaden zur Auditierung von Managementsystemen. Berlin: Beuth Verlag, 2018

[Nor 19] IATF-Auditor-Leitfaden für IATF 16949. Berlin: Beuth Verlag, Mai 2019

[Nor 20] Norm DIN EN ISO/IEC 17000, September 2020: Konformitätsbewertung – Begriffe und allgemeine Grundlagen. Berlin: Beuth Verlag, 2020

[Nor 20a] DIN EN ISO14971:2020-07: Medizinprodukte – Anwendung des Risikomanagements auf Medizinprodukte. Berlin: Beuth Verlag, 2020

[Nor 20b] Klinische Prüfung von Medizinprodukten an Menschen – Gute klinische Praxis (ISO 14155:2020); Deutsche Fassung EN ISO 14155:2020

[Nor 21] Norm DIN EN ISO 13485, Dezember 2021: Medizinprodukte – Qualitätsmanagementsysteme – Anforderungen für regulatorische Zwecke. Berlin: Beuth Verlag, 2021

[Nor 21a] Norm DIN 55350, Oktober 2021: Begriffe zum Qualitätsmanagement. Berlin: Beuth Verlag, 2021

[Nor 22] ISO 13528:2022-08 – Statistische Verfahren für Eignungsprüfungen durch Ringversuche. Berlin: Beuth Verlag, 2022

[Nor 22a] ABNT ISO/TS 9002:2022-06-28 – Quality management systems – Guidelines for the application of ISO 9001:2015. Berlin: Beuth Verlag, 2022

[Nor 22b] DIN EN ISO 14971:2022-04 – Medizinprodukte – Anwendung des Risikomanagements auf Medizinprodukte. Berlin: Beuth Verlag, 2022

[Nor 22c] Medizinprodukte – Symbole zur Verwendung im Rahmen der vom Hersteller bereitzustellenden Informationen – Teil 1: Allgemeine Anforderungen (ISO 15223-1:2021); Deutsche Fassung EN ISO 15223-1:2021

[Nor 22d] ISO/IEC 27001, Oktober 2022: Information security, cybersecurity and privacy protection. Berlin: Beuth Verlag, 2022

[Pad 76] Padelt, E.; Laporte, H.: Einheiten und Größenarten der Naturwissenschaften. 3. Aufl., Leipzig: Fachbuchverlag, 1976

[Pan 97] Panek, N.; Wolf, G.: Managementsysteme zusammenführen. In: QZ 42 (1997), H. 5, S. 566 – 568

[Pei 10] Peither, Th.; Rempe, P.; Büßing, W.: GMP – Anlagenqualifizierung in der Pharmaindustrie: Planung, Durchführung, Beispieldokumente. Schopfheim: Maas & Peither GMP-Verlag, 2010

[Pfe 10] Pfeifer, T.: Fertigungsmesstechnik. 3. Aufl., München: Oldenbourg Wissenschaftsverlag, 2010

[Pfe 15] Pfeifer, T.: Qualitätsmanagement: Strategien, Methoden, Techniken. 5. Aufl., München: Hanser Verlag, 2015

[Pfe 21] Pfeifer, T.; Schmitt, R. (Hrsg.): Masing Handbuch Qualitätsmanagement. 7., überarb. Aufl., München: Hanser Verlag, 2021

[Pic 18] Pichler, W.: EU-Konformitätserklärung – In acht Projektphasen direkt zum Ziel. München: Hanser Verlag, 2018

[Pro 17] Produkthaftungsgesetz – ProdHaftG vom 15. Dezember 1989 (BGBl. I S. 2198), das zuletzt durch Artikel 5 des Gesetzes vom 17. Juli 2017 (BGBl. I S. 2421) geändert worden ist

[ProdSG 21] Gesetz über die Bereitstellung von Produkten auf dem Markt (Produktsicherheitsgesetz – ProdSG) – Produktsicherheitsgesetz vom 16. 07. 2021

[PTB 18] 308. PTB-Seminar Berechnung der Messunsicherheit – Empfehlungen für die Praxis 15. und 16. März 2018 in der PTB Berlin: Microsoft Word – Hernla Vortrag Systematische Abweichungen.doc (*ptb.de*), Stand: 02. 02. 2023

[PTB 19] Physikalisch-Technische Bundesanstalt-PTB: Das Kilogramm. Das Kilogramm – *PTB.de*, Stand: 07. 02. 2023

[QSI 99] U. S. Food and Drug Administration, August 1999: Guide to Inspections of Quality Systems. New Hampshire, 1999

[Rad 97] Radtke, P.; Wilmes, D.: European Quality Award – die Kriterien des EQA umsetzen: praktische Tipps zur Anwendung des EFQM-Modells. München: Hanser Verlag, 1997

[Rei 00] Reichert, A.: Neue Aufgaben für den Qualitätsmanager: Umfassendes Risikomanagement im Unternehmen gesetzlich verankert. In: Qualität und Zuverlässigkeit 45 (2000), Nr. 4, S. 424 – 428

[Rei 22] Reimann, G.: Erfolgreich Managementsysteme integrieren – Lösungen zur praktischen Umsetzung – Textbeispiele, Musterformulare, Checklisten; berücksichtigt: ISO 9001, ISO 14001, ISO 50001, ISO 45001, ISO 22000, GMP+ R 1.0. Berlin: Beuth Verlag, 2022

[RL 2014-31] RICHTLINIE 2014/31/EU DES EUROPÄISCHEN PARLAMENTS UND DES RATES vom 26. Februar 2014 zur Angleichung der Rechtsvorschriften der Mitgliedstaaten betreffend die Bereitstellung nichtselbsttätiger Waagen auf dem Markt (Neufassung)

[RL 2014-32] RICHTLINIE 2014/32/EU DES EUROPÄISCHEN PARLAMENTS UND DES RATES vom 26. Februar 2014 zur Harmonisierung der Rechtsvorschriften der Mitgliedstaaten über die Bereitstellung von Messgeräten auf dem Markt (Neufassung)

[Rös 05] Rössing, R.: Betriebliches Kontinuitätsmanagement. Bonn: Mitp-Verlag, 2005

[Ruh 01] Ruh, W. R.; Maginnis, F. X.; Brown, W. J.: Enterprise application integration: a Wiley tech brief. New York: Wiley, 2001

[SAP 08] SAP AG: Dokumentation R/3, Release 3.0 D, SAP AG: Walldorf, 2008, *https://help.sap.com/docs/SAP_ERP_SPV/8dae2bea4b2044af9b806665fb2d242b/df5dbd534f22b44ce10000000a174cb4.html?version=6.00.33&locale=de-DE*, Stand: 06. 02. 2023

[Sch 97a] Schmid, K.: Größte Sorgfalt gefordert: Restpflichten des Endabnehmers beim Wareneingang trotz Freizeichnung. In: Qualität und Zuverlässigkeit 42 (1997), Nr. 6, S. 714 ff.

[Sch 01a] Scharfer Wind: Der Bundesgerichtshof hat entscheiden, dass Manager für Fehler von Produkten ihrer Firma haften müssen – auch mit ihrem privaten Vermögen. In: Der Spiegel (2001), Nr. 13, S. 60

[Sch 14] Schmitt, M.: Betriebliches Notfallmanagement. Maßnahmen zur betrieblichen Gefahrenabwehr und Schadensbegrenzung. 2. Aufl., Heidelberg: Verlagsgruppe Hüthig Jehle Rehm, 2014

[Schm 23] Schmitt, R.; Dietrich, E.: Handbuch Messtechnik in der industriellen Produktion-Valide Messergebnisse planen, erhalten, auswerten und verteilen. München: Hanser Verlag, 2023

[Seg 13] Seghezzi, H. D.: Integriertes Qualitätsmanagement – Der St. Galler Ansatz. 4. Aufl., München: Hanser Verlag, 2013

[Sto 05] Stottrop, J.: Erste Norm für integriertes Risikomanagement: Aus einem Guss. In: Qualität und Zuverlässigkeit 50 (2005), Nr. 9, S. 34 – 35

[Sto 14] Stoffers, A.; Hoefeld, H. C.: Internationale Interaktive Managementsysteme auf Wiki-Basis. In: QZ-Qualität und Zuverlässigkeit 7 (2014)

[Str 22] Strafgesetzbuch in der Fassung der Bekanntmachung vom 13. November 1998 (BGBl. I S. 3322), das zuletzt durch Artikel 4 des Gesetzes vom 4. Dezember 2022 (BGBl. I S. 2146) geändert worden ist

[Tei 18] Teichert, V.: Integrierte Managementsysteme: Arbeitsschutz, Umweltschutz und Energie. Kissing: WEKA Media GmbH & Co. KG, 2018

[The 11] Theel, S.: Laborinformationssysteme – eine Einführung. Akademische Schriftenreihe Bd. V178197, München: GRIN Publishing GmbH, 2011

[Tho 09] Thomann, Hermann J.: Der Qualitätsmanagement-Berater Prozessorientiertes Qualitätsmanagement in der betrieblichen Praxis. 15. Aufl., Köln: TÜV Media, 2009

[VDA 10b] VDA – Verband der Automobilindustrie e. V. (Hrsg.): Sicherung der Qualität in der Prozesslandschaft. 2., überarb. und erw. Aufl. 2009, akt. März 2010, erg. Dezember 2011, Frankfurt a. M.: VDA, 2010

[VDA 16] VDA – Verband der Automobilindustrie e. V. (Hrsg.): Qualitätsmanagement in der Automobilindustrie. VDA Band 6 Teil 1 QM-Systemaudit – Serienproduktion. VDA/QMC. 5. Aufl., Dezember 2016

[VDA 16a] VDA – Verband der Automobilindustrie e. V. (Hrsg.): Qualitätsmanagement in der Automobilindustrie – Zertifizierungsvorgaben für VDA 6.1, VDA 6.2 und VDA 6.4. VDA/QMC. 6., überarb. Aufl., September 2016

[VDA 17] VDA – Verband der Automobilindustrie e. V. (Hrsg.): QM-Systemaudit – Produktionsmittel – Besondere Anforderungen an Hersteller von Produktionsmitteln für die Automobilindustrie. VDA Band 6, Teil 4. 3. Aufl., Juni 2017

[VDI 91] VDI Verein Deutscher Ingenieure (Hrsg.): Rechnerintegrierte Konstruktion und Produktion. Bd. 5: Produktionslogistik. Düsseldorf: VDI-Verlag, 1991

[VDI 99] VDI/VDE-Gesellschaft Mess- und Automatisierungstechnik VDI/VDE/DGQ 2618, Blatt 1 – 27. Berlin: Beuth Verlag, 1999

[Wal 97] Walder, F.-P.; Patzak, G.: Qualitätsmanagement und Projektmanagement. Wiesbaden: Vieweg Verlag, 1997

[Waß 09] Waßmuth, St.: Office-basierte CAQ-Systeme – am Beispiel der Integration von Prüfplanung, FMEA und Reklamationsmanagement (Dissertation). Ilmenau: TU Ilmenau, Fak. für Maschinenbau, 2009

[Web 01] Bundesinstitut für Risikobewertung BfR: Fragen und Antworten zum Hazard Analysis and Critical Control Point (HACCP)-System. Berlin: 2021, *www.bfr.bund.de/cm/350/fragen_und_antworten_zum_hazard_analysis_and_critical_control_point__haccp__konzept.pdf*, Stand: 01. 11. 2022

[Web 02] UWS Umweltmanagement GmbH: Verordnung (EG) Nr. 852/2004 des Europäischen Parlaments und des Rates vom 29. April 2004 über Lebensmittelhygiene: *www.umwelt-online.de/recht/eu/00_04/04_852gs.htm*, Stand: 01. 11. 2022

[Web 03] Deutsche Gesellschaft für Gute Forschungspraxis e. V.: Grundsätze der Guten Laborpraxis (GLP): *http://www.dggf.de*, Stand: 04. 11. 2016

[Web 04] DIN Deutsches Institut für Normung e. V.: *Interpretationen_ISO.35919.pdf*: *http://www.nqsz.din.de*, Stand: 04. 11. 2016

[Web 06] DAkkS Deutsche Akkreditierungsstelle GmbH (Hrsg.): Akkreditierte Stellen: *https://www.dakks.de/de/akkreditierte-stellen-suche.html*, Stand: 04. 11. 2022

[Web 06b] DAkkS Deutsche Akkreditierungsstelle GmbH: Organigramm: *https://www.dakks.de/de/organigramm.html*, 17. 02. 2023

[Web 07] Arbeitsgemeinschaft Mess- und Eichwesen (AGME): *http://www.agme.de/*, Stand: 17. 06. 2021

[Web 08] Physikalisch-Technische Bundesanstalt (PTB): *http://www.ptb.de/*, Stand: 17. 06. 2021

[Web 10] Lebensmittel- und Futtermittelgesetzbuch in der Fassung der Bekanntmachung vom 15. September 2021 (BGBl. I S. 4253; 2022 I S. 28), das zuletzt durch Artikel 2 Absatz 6 des Gesetzes vom 20. Dezember 2022 (BGBl. I S. 2752) geändert worden ist: *LFGB.pdf (gesetze-im-internet.de)*, Stand: 07. 02. 2023

[Web 12] Verordnung über Anforderungen an die Hygiene beim Herstellen, Behandeln und Inverkehrbringen von Lebensmitteln: *https://www.gesetze-im-internet.de/bundesrecht/lmhv_2007/gesamt.pdf*, Stand: 01. 11. 2022

[Web 13] Richtlinie 2004/10/EG des Europäischen Parlaments und des Rates vom 11. Februar 2004 zur Angleichung der Rechts- und Verwaltungsvorschriften für die Anwendung der Grundsätze der Guten Laborpraxis und zur Kontrolle ihrer Anwendung bei Versuchen mit chemischen Stoffen: *www.bfr.bund.de/cm/343/richtlinie_2004_10_eg_de.pdf*, Stand: 01. 11. 2022

[Web 14] Bundesministerium der Justiz: Gesetz zum Schutz vor gefährlichen Stoffen (Chemikaliengesetz – ChemG): *http://bundesrecht.juris.de/chemg/index.html*, Stand: 01. 11. 2022

[Web 18] Steinwald Datentechnik GmbH: *https://www.steinwald.com*, Stand: 04. 11. 2022

[Web 19] BOBE Industrie-Elektronik: *https://www.bobe-i-e.de/*, Stand: 04. 11. 2022

[Web 19a] UWS Umweltmanagement GmbH: EG-GMP Leitfaden: *http://www.umwelt-online.de/recht/lebensmt/amg/gmp_ges.htm*, Stand: 01. 11. 2022

[Web 20] Physikalisch-Technische Bundesanstalt Braunschweig: Verordnung über das Inverkehrbringen und die Bereitstellung von Messgeräten auf dem Markt sowie über ihre Verwendung und Eichung (Mess- und Eichverordnung – MessEV) § 19 EG-Bauartzulassung: *https://www.gesetze-im-internet.de/messev/__19.html*, Stand: 05. 02. 2023

[Web 21] Statista GmbH, *https://de.statista.com/?kw=statista&crmtag=adwords&gclid=EAIaIQobChMI_5jk8rv_gQMVi_p3Ch2Vjw4xEAAYASAAEgKQsvD_BwE*, Stand 18. 10. 2023

[Web 22] Initiative Ludwig-Erhard-Preis – Auszeichnung für Spitzenleistungen im Wettbewerb e. V. (ILEP): Informationen zum LEP-Bewertungsverfahren für Bewerber: *http://www.ilep.de/*, Stand: 04. 11. 2022

[Web 23] Zentralstelle der Länder für Sicherheitstechnik – ZLS: Grundsatzbeschluss des Zentralen Erfahrungsaustauschkreises zugelassener Stellen nach dem Gerätesicherheitsgesetz zur „Mindestangabe auf Bescheinigungen nach § 7 GPSG (GS-Zertifikate)" ZEK-GB-1/04: *http://www.zls-muenchen.de/*, Stand: 04. 11. 2022

[Web 25] DGQ Deutsche Gesellschaft für Qualität e. V. (Hrsg.): Das EFQM-Modell Excellence 2013: *https://www.dgq.de/dateien/EFQM-Excellence-Modell-2013.pdf*, Stand: 29. 01. 2023

[Web 30] Richtlinie 2000/70/EG des Europäischen Parlaments und des Rates vom 16. November 2000 zur Änderung der Richtlinie 93/42/EWG des Rates hinsichtlich Medizinprodukten, die stabile Derivate aus menschlichem Blut oder Blutplasma enthalten: *http://eur-lex.europa.eu/legal-content/DE/TXT/HTML/?uri=CELEX:32000L0070&rid=2*, Stand: 04. 11. 2022

[Web 31] KTQ-Manual/KTQ-Katalog Krankenhaus, Version 2021: *http://www.ktq.de*, Stand: 04. 11. 2022

[Web 35] International Organization for Standardization: *http://www.iso.org*, Stand: 04. 11. 2022

[Web 36] Kompetenzzentrum Amtliche Veröffentlichungen: Übersetzung „Vertrag betreffend die Errichtung eines internationalen Maß- und Gewichtsbureaus (Metervertrag)", Schweiz: *https://www.admin.ch/opc/de/classified-compilation/18750009/index.html*, Stand: 07. 11. 2023

[Web 37] Physikalisch-Technische Bundesanstalt (PTB): Kalibrierhierarchie: *https://www.ptb.de*, Stand: 07. 02. 2023

[Web 39] Neue Einheiten-Präfixe: Mit Quettabyte und Ronnagramm Großes zählen | heise online, Stand: 10. 02. 2023

[Web 55] Kleinen, C.: Unternehmensberatung Prozess- und Risikomanagement: *http://www.pmsoft.biz*, Stand: 04. 11. 2016

[Web 62] Bundesverband Verbraucher Initiative e. V.: Label-online: *www.label-online.de*, Stand: 04. 11. 2022

[Web 63] Bayerisches Staatsministerium für Wirtschaft und Medien, Energie und Technologie, Kategorie Innovation und Technologie: Anwendung von Normen im Rahmen der CE-Kennzeichnung: Publikationen – Bayerisches Staatsministerium für Wirtschaft, Landesentwicklung und Energie (*bayern.de*), Stand: 04. 02. 2023

[Web 65] Bundesanstalt für Arbeitsschutz und Arbeitsmedizin: *http://www.baua.de/de/Produktsicherheit/Pruefstellenverzeichnisse/Kontrolle-GS-Zertifikate/Suche%20nach%20GS-Pr%C3%BCfstellen/GS-Pr%C3%BCfstellen.html*, Stand: 08. 12. 2022

[Web 66] Konformitätsbewertungsstelle der Physikalisch-Technischen Bundesanstalt Braunschweig, Konformitätsbewertung von Messgeräten. 07. Oktober 2014: *https://www.ptb.de/cms/fileadmin/internet/fachabteilungen/abteilung_9/9.2_gesetzliches_messwesen_und_konformitaetsbewertung/9.21/Info-2014-10/Vortrag2.pdf*, Stand: 10. 12. 2022

[Web 67] Konformitätsbewertungsstelle der Physikalisch-Technischen Bundesanstalt Braunschweig, Verordnung (EG) Nr. 765/2008, Stand: 06. 12. 2022

[Web 68] Springer Professional, (Herausgeber), Gabler Wirtschaftslexikon, 2018 Stichwort: Arbeitsanweisung: *https://wirtschaftslexikon.gabler.de/definition/arbeitsanweisung-31074/version-254642*, Stand: 06. 11. 2022

[Web 69] Springer Gabler Verlag (Herausgeber), Gabler Wirtschaftslexikon, Stichwort: Formular: Revision von Formular vom Di., 22. 07. 2014, 13:24, Definition | Gabler Wirtschaftslexikon, Stand: 06. 02. 2023

[Web 70] Unternehmensstabilisierungs- und -restrukturierungsgesetz (StaRUG) vom 22. Dezember 2020 (BGBl. I S. 3256), das zuletzt durch Artikel 12 des Gesetzes vom 20. Juli 2022 (BGBl. I S. 1166) geändert worden ist, Stand: 27. 12. 2022

[Web 85] Johner Medical GmbH: Johner Institut – Ihr Partner für Regularien im Bereich Medizinprodukte (*johner-institut.de*), Stand: 04. 11. 2022

[Web 86] Zertifizierungsstelle der Tervis Zertifizierungen GmbH: Nutzung des Zertifizierungszeichens: *https://www.fritz-praezision.de*, Stand: 06. 11. 2022

[Web 87] Steinbeis Qualitätssicherung und Bildverarbeitung GmbH: *https://sqb-ilmenau.de/download/pb_sqb_ims.pdf*, Stand: 09. 11. 2022

[Web 90] Das EFQM Modell – 2., überarbeitete Ausgabe: *EFQM_Model_2020_V2_German_Summaryf.pdf* (*mcusercontent.com*), Stand: 17. 11. 2022

[Web 91] Bundesministerium des Innern und für Heimat: Common Assessment Framework (CAF): *https://www.bmi.bund.de/DE/themen/moderne-verwaltung/verwaltungsmodernisierung/qualitaetsmanagement/caf/caf-node.html* (*bund.de*), Stand: 13. 09. 2023

[Web 92] AARP Wins 2020 Malcolm Baldrige National Quality Award: AARP Wins 2020 Malcolm Baldrige National Quality Award (*prnewswire.com*), Stand: 20. 11. 2022

[Web 93] CAQ AG Factory Systems: *https://www.caq.de/de/qs-software*, Stand: 27. 11. 2022

[Web 94] design:lab weimar GmbH: *https://www.designlab-weimar.de*, Stand: 27. 11. 2022

[Web 95] Q-DAS GmbH Weinheim, Q-DAS qs-STAT: *https://youtu.be/Q6hm4uImuCc*, Stand: 27. 11. 2022

[Web 96] Beschluss Nr. 768/2008/EG des europäischen Parlaments und des Rates vom 9. Juli 2008 über einen gemeinsamen Rechtsrahmen für die Vermarktung von Produkten und zur Aufhebung des Beschlusses 93/465/EWG des Rates: *https://eur-lex.europa.eu/LexUriServ/LexUriServ.do?uri=OJ:L:2008:218:0082:0128:de:PDF*, Stand: 06. 12. 2022

[Web 97] Gesetz über die Bereitstellung von Produkten auf dem Markt – Produktsicherheitsgesetz (ProdSG) vom 27. Juli 2021 (BGBl. I S. 3146, 3147), das durch Artikel 2 des Gesetzes vom 27. Juli 2021 (BGBl. I S. 3146) geändert worden ist: *ProdSG.pdf* (*gesetze-im-internet.de*), Stand: 11. 10. 2022

[Web 98] Gesetz über überwachungsbedürftige Anlagen vom 27. Juli 2021 (BGBl. I S. 3146, 3162): *ÜAnlG.pdf* (*gesetze-im-internet.de*), Stand: 10. 12. 2022

[Web 99] Verordnung (EU) 2017/745 des Europäischen Parlaments und des Rates vom 5. April 2017 über Medizinprodukte, zur Änderung der Richtlinie 2001/83/EG, der Verordnung (EG) Nr. 178/2002 und der Verordnung (EG) Nr. 1223/2009 und zur Aufhebung der Richtlinien 90/385/EWG und 93/42/EWG des Rates: *https://eur-lex.europa.eu/legal-content/DE/TXT/?uri=CELEX%3A32017R0745* (*europa.eu*), Stand: 11.12.2022

[Web 100] Mess- und Eichgesetz vom 25. Juli 2013 (BGBl. I S. 2722, 2723), das zuletzt durch Artikel 1 des Gesetzes vom 9. Juni 2021 (BGBl. I S. 1663) geändert worden ist (*gesetze-im-internet.de*), Stand: 14.10.2023

[Wec 04] Weckenmann, A. (Hrsg.); Bettin, V.: Ansatz zur übergreifenden Qualitätsregelung von Prozessketten in der Fertigung. In: Berichte aus dem Lehrstuhl Qualitätsmanagement und Fertigungsmesstechnik. Friedrich-Alexander-Universität Erlangen-Nürnberg, Band 9, Aachen: Shaker Verlag GmbH, 2004

[Wei 00] Weichert, N.; Wuelker, M.: Messtechnik und Messdatenerfassung. München: Oldenbourg Verlag, 2000

[Wil 96] Wildemann, H.: Controlling im TQM – Methoden und Instrumente zur Verbesserung der Unternehmensqualität. Berlin u. a.: Springer Verlag, 1996

[Wil 97] Wildemann, H.: Qualität und Unternehmenserfolg – Neue Lösungen und Fallbeispiele. München: Transfer-Centrum-Verlag, 1997

[Wöh 20] Wöhe, G.: Einführung in die Allgemeine Betriebswirtschaftslehre. 27., überarb. und akt. Aufl., München: Vahlen Verlag, 2020

[Wol 09] Wolf, K.; Runzheimer, B.: Risikomanagement und KonTraG: Konzeption und Implementierung. 5. Aufl., Wiesbaden: Gabler, 2009

[Wol 14] Wolf, J.: Analyse und Re-Engineering, sowie Vereinheitlichung der dokumentierten Verfahren für das Qualitätsmanagement, dargestellt am Beispiel des Unternehmens Sandvik Tooling Supply Germany Werk Schmalkalden. Masterarbeit, Ilmenau: Technische Universität, Fakultät für Maschinenbau, 2014

[WRL 08] Waßmuth, St.; Roßdeutscher, A.; Linß, G.: Der Mittelstand arbeitet mit Bordmitteln – Studie zum rechnergestützten Qualitätsmanagement in KMU. In: Qualität und Zuverlässigkeit (QZ), 7 (2008), S. 33–36

16 Anhang

Unter *www.plus.hanser-fachbuch.de* stehen für Sie folgende Dokumente und Vorlagen zum Download zur Verfügung:

A 16.0 Muster für einen Kalibrierschein für Längenmessmittel

A 16.1 Verfahrensanweisung zur Lenkung von Dokumenten und Aufzeichnungen

A 16.2 Auszug eines QMH-Kapitels zum Prozess Beschaffung

A 16.3 Zusatzanforderungen der DIN EN ISO/IEC 17025:2017 für Prüf- und Kalibrierlaboratorien gegenüber DIN EN ISO 9001:2015

A 16.4 Verfahrensanweisung Notfallvorsorge und Gefahrenabwehr

A 16.5 Beispiel für Struktur und Aufbau eines Notfallplans (Auszug)

17 Die Autoren

Univ.-Prof. Dr.-Ing. habil. Gerhard Linß hat an der Mathematisch-Naturwissenschaftlich-Technischen Fakultät der Friedrich-Schiller-Universität Jena 1976 mit Arbeiten zu kostenoptimalen Stichprobenprüfungen promoviert und hat sich 1986 mit Verfahren zur statistischen Qualitätsregelung in der feinmechanisch-optischen Produktion habilitiert. Nach Tätigkeiten im Messwesen im Kombinat Carl Zeiss wechselte er 1983 an die TU Ilmenau und wurde 1994 zum Professor für Qualitätssicherung berufen. Bis 2014 war er dort Leiter des Fachgebiets Qualitätssicherung und industrielle Bildverarbeitung. Gegenwärtig ist er Geschäftsführer der SQB GmbH Ilmenau.

Dr.-Ing. Elske Linß hat an der Bauhaus-Universität Weimar Bauingenieurwesen studiert und auf dem Gebiet des Baustoffrecyclings promoviert. Gegenwärtig arbeitet sie als wissenschaftliche Mitarbeiterin an der Materialforschungs- und -prüfanstalt an der Bauhaus-Universität Weimar und leitet die Forschungsgruppe „Sensorik für Produkte und Prozesse“.

Index

Symbole

A

B

C

D

E

Q

R

S